U0277986

BLUE BOOK

智 库 成 果 出 版 与 传 播 平 台

黄河流域蓝皮书

BLUE BOOK OF THE YELLOW RIVER BASIN

黄河流域生态保护和高质量发展报告

（2024）

ANNUAL REPORT ON ECOLOGICAL CONSERVATION AND HIGH-
QUALITY DEVELOPMENT OF THE YELLOW RIVER BASIN (2024)

组织编写／内蒙古自治区社会科学院
主　　编／简小文
副 主 编／文　明　刘小燕

社会科学文献出版社
SOCIAL SCIENCES ACADEMIC PRESS (CHINA)

图书在版编目（CIP）数据

黄河流域生态保护和高质量发展报告 . 2024 ／ 简小
文主编 . --北京：社会科学文献出版社，2024. 8.
（黄河流域蓝皮书）. --ISBN 978-7-5228-4042-0

Ⅰ. X321. 22

中国国家版本馆 CIP 数据核字第 2024SZ6664 号

黄河流域蓝皮书

黄河流域生态保护和高质量发展报告（2024）

组织编写／内蒙古自治区社会科学院

主　　编／简小文

副主编／文　明　刘小燕

出版人／冀祥德

责任编辑／桂　芳

责任印制／王京美

出　　版／社会科学文献出版社·皮书分社（010）59367127
　　　　　地址：北京市北三环中路甲 29 号院华龙大厦　邮编：100029
　　　　　网址：www. ssap. com. cn

发　　行／社会科学文献出版社（010）59367028

印　　装／天津千鹤文化传播有限公司

规　　格／开　本：787mm×1092mm　1/16
　　　　　印　张：27.75　字　数：460 千字

版　　次／2024 年 8 月第 1 版　2024 年 8 月第 1 次印刷

书　　号／ISBN 978-7-5228-4042-0

定　　价／178.00 元

读者服务电话：4008918866

主要编撰者简介

简小文 内蒙古自治区社会科学院党委书记，研究员，法学博士，内蒙古自治区资深法律专家，兼任中共内蒙古自治区党委法律顾问、中国共产党内蒙古自治区第十一届纪律检查委员会委员、中国法学会检察学研究会常务理事、内蒙古自治区法学会第六届理事会副会长等职务。先后主持国家级、自治区级课题10余项，在《比较法研究》《兰州大学学报》《学习时报》《中国社会科学报》等报刊发表论文50余篇。成果多次获得国家级奖项，多篇论文被《新华文摘》和人大复印资料转载。

文　明 内蒙古自治区社会科学院牧区发展研究所所长、生态文明研究中心主任，研究员。主要从事草原生态与草牧场制度、草原畜牧业经济和牧区综合发展等方面的研究工作。出版学术专著多部，发表学术论文、研究报告50余篇。主持完成2项国家社科基金项目、多项省部级科研项目。先后入选内蒙古自治区"新世纪321人才工程"二层次人才、内蒙古自治区"草原英才"工程青年创新创业人才一层次人才。

刘小燕 内蒙古自治区社会科学院牧区发展研究所、生态文明研究中心研究员，内蒙古自治区党外知识分子联谊会副会长。从事区域经济、"三农"问题等方面的研究工作，合作出版图书1部，发表学术论文、研究报告50余篇。主持完成多项省部级以上科研项目。入选内蒙古自治区"新世纪321人才工程"二层次人才。

摘　要

"黄河流域蓝皮书"是我国黄河流域青海、四川、甘肃、宁夏、内蒙古、陕西、山西、河南、山东九省区社会科学院联合组织专家学者撰写的反映黄河流域改革发展的综合性年度研究报告，是研究黄河流域经济、政治、文化、社会、生态文明"五位一体"建设中面临的重大理论和现实问题的重要科研成果。

《黄河流域生态保护和高质量发展报告（2024）》由内蒙古自治区社会科学院组织编写，由总报告、省区报告、生态保护报告、绿色转型报告、高质量发展报告、文化传承和弘扬报告、地方案例报告组成。

总报告以"坚定不移走生态优先、绿色发展的现代化道路"为题，肯定了黄河流域生态保护和高质量发展战略提出五年以来，尤其是2023年以来在制度建设、生态保护、流域治理、节约集约水资源、高质量发展、文化保护传承和弘扬等方面采取的重要举措和取得的主要进展，认为黄河流域生态保护和高质量发展正在形成以大保护为关键任务的上中下游"一盘棋"格局，而且山水林田湖草沙系统治理理念深入人心，流域生态屏障作用更加明显，传统产业转型升级正在为流域高质量发展注入新的活力。当然，在流域生态环境保护、水资源高效利用、区域充分均衡发展等方面仍存在诸多困难和问题，需要黄河流域九省区加大流域治理力度，健全黄河全流域横向生态补偿机制，加强水资源对保护生态、发展生产和改善生活的刚性约束，着力推动黄河流域生态、文化、旅游产业的融合发展，主动融入国内国际双循环，探寻高质量发展的新引擎，并不断聚力推动黄河流域乡村振兴，实现新征程上全体人民共同富裕的现代化。

省区报告重点总结2023~2024年黄河流域九省区各自在生态保护和高质

量发展方面采取的主要措施和显著成效,分析各省区深入推进黄河流域生态保护和高质量发展面临的困难和问题,并针对性地提出了克服困难、解决问题、持续推动高质量发展的对策建议。生态保护报告主要聚焦黄河上游——青海省,中游——内蒙古自治区,和下游地区——山东省推进流域生态保护方面的成效和经验,反映沿黄上中下游不同省区借助中央和省区政策支持,立足本省区生态条件不断推进流域生态保护和建设情况,旨在为其自身及其他省区生态保护提供可借鉴经验。绿色转型报告以黄河流域农业绿色转型为切入点,讨论其制约因素和实现路径,并基于四川省黄河流域旅游业发展、内蒙古黄河流域绿色金融发展介绍地方绿色转型的实践探索。高质量发展报告则以培育黄河流域转型发展的新动能为重点内容,讨论传统资源型产业高质量发展、农牧民生计转型和黄河"几字弯"市场一体化等问题。文化传承和弘扬报告,重点探讨继续深化黄河文化研究,促进黄河文化在新时代的创造性转化、创新性发展问题,并反映流域上中下游不同省区做出的努力,展现其取得的显著成绩。地方案例报告载入了流域部分省区在生态保护和高质量发展方面的典型案例,介绍打造国际生态旅游目的地、农村牧区高质量发展、县域经济高质量发展、生态保护和高质量发展的协同推进、黄河口国家公园建设中的实践探索,为黄河流域各省区协同推进经济、社会、文化、生态发展提供参考。

关键词: 国家战略 生态保护和高质量发展 黄河流域

Abstract

The "Blue Book of the Yellow River Basin" is a comprehensive annual report on the reform and development of the Yellow River Basin, written by experts and scholars jointly organized by the Academy of Social Sciences of such 9 provinces and autonomous regions as Qinghai, Sichuan, Gansu, Ningxia, Inner Mongolia, Shaanxi, Shanxi, Henan and Shandong in the Yellow River Basin, which is an important scientific research achievement that studies the major theoretical and practical issues faced in the construction of the "Five-in-one" system of economy, politics issues faced in the Yellow River Basin.

"Annual Report on Ecological Conservation and High-quality Development of the Yellow River Basin (2024)" is edited by Inner Mongolia Academy of Social Sciences, which consists of such parts as General Report, Provincial Reports, Ecological Protection Reports, Green Transformation Reports, High-Quality Development Reports, Cultural Transmission and Communication Reports, and Case Study Reports.

The General Report focuses on the issue of unswervingly taking the modernization road of ecological priority and green development. Since The major strategy of the Yellow River Basin has been put forward, China has taken many measures in system construction, ecological protection, river basin management, water conservation, high-quality development, cultural protection and transmission. The significant progress made in the Yellow River Basin was recognized in these five years, especially 2023. The Yellow River Basin is forming a pattern of 'one chess game' in the upper, middle and lower reaches with the key task of great protection. The integrative ideal of mountain, water, forest, farmland, lake, grass and sand systemic governance is deeply rooted in people´s hearts. The role of ecological barrier in the Yellow River Basin is more obvious. The transformation of traditional

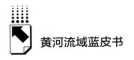

industries is injecting new vitality into the high-quality development of the basin. But there are still many problems and difficulties in ecological environment protection, efficient utilization of water resources and regional balanced development in the Yellow River Basin. Nine provinces should increase the ability of watershed management. We should establish the horizontal ecological compensation mechanism of the whole basin, strength the rigid constraints of water resources. We also should promote the integrated development of ecology culture and tourism industries, actively integrate into the domestic and international double cycle, explore new engines for high-quality development, continue to focus on promoting rural revitalization. We should realize the modernization of common prosperity of all the people on the new journey.

The Provincial Reports focus on summarizing the main measures and remarkable achievements in terms of ecological protection and high-quality development of the nine provinces and regions from 2023 to 2024. These reports analyzed the difficulties and problems faced by each province and region in promoting ecological protection and high-quality development. Also, they put forward countermeasures and suggestions for overcoming difficulties, solving problems and continuously promoting high-quality development. The Ecological Protection Reports focus on the effectiveness and experience of the provinces and regions. Such as Qinghai, Inner Mongolia, and Shandong, which are located in the upper, middle and lower reaches of the Yellow River. With the support of central and local policies, they promote the ecological protection and construction on their own ecological conditions. These contents are intended to provide lessons to themselves and other provinces and regions. The Green Transformation Reports take the green transformation of agriculture as an entry point and discuss the constraints and realization path. And they introduce the practical exploration of local green transformation based on tourism development in Sichuan Province and the green financial development in Inner Mongolia. The High-quality Development Reports focus on the cultivation of new kinetic energy for transformation and development. The reports discuss some issues, such as the high-quality development of traditional resource-based industries, upgrading and transformation of farmers and herdsmen, the market integration problem of the Yellow River 'Jiziwan', and so on. The Cultural Transmission and Communication Reports focus on continuing to deepen the study of culture and promoting their creative transformation and innovative development in the new era. The reports reflect the efforts and remarkable achievements made by provinces and regions in the upper, middle and lower reaches of the Yellow River Basin. The Case Study Reports contain typical cases of ecological protection and high-quality development in some provinces and regions in the basin. They introduce practical explorations in building international ecotourism destinations, high-quality development of rural pastoral areas, high-quality development of county economies, synergistic promotion of ecological protection and high-quality development, and the construction of the Yellow River Estuary National Park. The reports provide references on the coordinated development of economic, social, cultural and ecological development to the provinces and regions in the Yellow River Basin.

Keyword: National Strategy; Ecological Protection and High-quality Development; the Yellow River Basin

目　录 ▶

Ⅰ　总报告

Ⅱ　省区报告

Ⅲ　生态保护报告

Ⅳ　绿色转型报告

Ⅴ　高质量发展报告

皮书数据库阅读**使用指南** 👆

CONTENTS ⊠

I General Report

II Provincial Reports

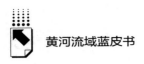

Ⅲ　Ecological Protection Reports

Ⅳ　Green Transformation Reports

Ⅴ　High-quality Development Reports

Ⅵ　Cultural Transmission and Communication Reports

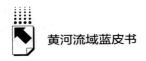

Ⅶ　Case Study Reports

总 报 告

B.1
坚定不移走生态优先、
绿色发展的现代化道路
——黄河流域生态保护和高质量发展报告（2024）

内蒙古自治区社会科学院课题组*

摘　要：　2024 年是我国实现"十四五"规划关键之年，是国家实施黄河流域生态保护和高质量发展战略的第五年。2023 年至今，黄河流域九省区在制度建设、生态保护、流域治理、节约集约水资源、高质量发展、黄河文化保护传承和弘扬等方面采取了一系列措施，取得了一系列值得肯定的成效，以大保护为关键任务的上中下游"一盘棋"格局逐步形成，山水林田湖草沙系统治理

* 课题组组长：简小文，内蒙古自治区社会科学院党委书记，全方位建设模范自治区基地主任，研究员，法学博士，主要研究方向为法学、民族理论与政策、北疆文化等。课题组副组长：包银山，内蒙古自治区社会科学院院长，研究员，主要研究方向为文艺文化理论与政策；朱檬，内蒙古自治区社会科学院副院长，研究员，主要研究方向为行政法、社会治理。课题组成员：文明、吴英达、于光军、天莹、王海荣、康建国、刘小燕、塔娜、陈晓燕、包玉珍、永海、张倩、郝百惠、冯永利等。执笔：文明，内蒙古自治区社会科学院牧区发展研究所所长、生态文明研究中心主任，研究员，主要研究方向为草牧场制度、草原生态保护和牧区发展；郝百惠，博士，内蒙古自治区社会科学院牧区发展研究所、生态文明研究中心助理研究员，主要研究方向为草原生态修复和草原生态经济；永海，博士，内蒙古自治区社会科学院牧区发展研究所、生态文明研究中心副研究员，主要研究方向为干旱区土地利用与农村牧区发展。

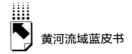

理念深入人心，流域生态屏障作用更加明显，且传统产业转型升级正在为流域高质量发展注入新的活力。但是流域生态环境保护、水资源高效利用、区域充分均衡发展等方面仍存在诸多困难和问题，需要黄河流域九省区加大流域治理力度，加快健全黄河全流域横向生态补偿机制，加强水资源对保护生态、发展生产和改善生活的刚性约束，着力推动黄河流域生态、文化、旅游产业的融合发展，主动融入国内国际双循环，探寻高质量发展的新引擎，并不断聚力推动黄河流域乡村振兴，实现新征程上全体人民共同富裕的现代化。

关键词： 生态优先　绿色发展　黄河流域　现代化

　　2021年10月22日，习近平总书记在深入推动黄河流域生态保护和高质量发展座谈会上明确指出，"沿黄河省区要落实好黄河流域生态保护和高质量发展战略部署，坚定不移走生态优先、绿色发展的现代化道路"①。自2019年黄河流域生态保护和高质量发展战略提出以来，尤其是2023年以来，沿黄九省区认真学习贯彻习近平总书记关于黄河流域生态保护和高质量发展的重要讲话精神，以中国式现代化全面推进黄河流域生态保护和高质量发展，在制度建设、生态保护、流域治理、水资源节约集约、高质量发展和黄河文化转化发展方面进展顺利，取得了显著成效。然而，黄河生态本底"体弱多病"，生态环境保护压力较大，流域发展不充分不平衡状况没有得到根本改观，需要我们清醒地看到黄河流域生态保护和高质量发展仍存在的一些突出困难和问题，要坚持问题导向和目标导向相结合，用心治理、精心呵护、绿色发展，一以贯之、久久为功，为黄河永远造福中华民族而不懈奋斗。

---

①　《习近平主持召开深入推动黄河流域生态保护和高质量发展座谈会并发表重要讲话》，中国政府网，2021-10-22，https://www.gov.cn/xinwen/2021-10/22/content_5644331.htm。

一 推动黄河流域生态保护和高质量发展的主要举措和进展

（一）不断完善黄河流域生态保护和高质量发展的制度建设

1. 总书记亲自决策部署，亲自视察指导

党的十八大以来，习近平总书记走遍沿黄九省区，不仅把黄河流域生态保护和高质量发展上升为国家战略，亲自谋划部署，也针对沿黄九省区在黄河流域生态保护和高质量发展中的功能和定位，亲自把脉指导，充分体现总书记对黄河流域生态保护和高质量发展的关心和重视。例如，2019 年 7 月 15~16 日、2023 年 6 月 5~8 日，习近平总书记两次考察内蒙古，强调筑牢我国北方重要生态安全屏障，是内蒙古必须牢记的"国之大者"①，要求"要全力打好黄河'几字弯'攻坚战，以毛乌素沙地、库布其沙漠、贺兰山等为重点，全面实施区域性系统治理项目，加快沙化土地治理，保护修复河套平原河湖湿地和天然草原，增强防沙治沙和水源涵养能力"②。2019 年 8 月 19~22 日，习近平总书记在甘肃省考察，要求甘肃省"要首先担负起黄河上游生态修复、水土保持和污染防治的重任，兰州要在保持黄河水体健康方面先发力、带好头"③。2019 年 9 月 18 日，习近平总书记在河南郑州主持召开黄河流域生态保护和高质量发展座谈会并发表重要讲话，就黄河流域生态保护和高质量发展战略做出全面部署。2020 年 4 月 20~23 日，习近平总书记在陕西省考察工作时指出，"要坚持不懈开展退耕还林还草，推进荒漠化、水土流失综合治理，推动黄河流域从过度干预、过度利用向自然修复、休养生息转变，改善流域生

---

① 《习近平在内蒙古考察时强调把握战略定位坚持绿色发展奋力书写中国现代化内蒙古新篇章》，中国政府网，2023 - 06 - 08，https：//www. gov. cn/yaowen/liebiao/202306/content_6885245. htm。

② 《习近平在内蒙古巴彦淖尔考察并主持召开加强荒漠化综合防治和推进"三北"等重点生态工程建设座谈会》，新华网，2023 - 06 - 06，http：//www. xinhuanet. com/2023 - 06/06/c_1129674283. htm。

③ 《习近平在甘肃考察时强调　坚定信心开拓创新真抓实干　团结一心开创富民兴陇新局面》，中国政府网，2019 - 08 - 22，https：//www. gov. cn/xinwen/2019 - 08/22/content_5423551. htm。

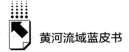

态环境质量"①。2020 年 5 月 11~12 日，习近平总书记在山西考察工作时指出，"要做好'两山七河一流域'生态修复治理，扎实实施黄河流域生态保护和高质量发展国家战略，加快制度创新，强化制度执行，引导形成绿色生产生活方式，坚决打赢污染防治攻坚战，推动山西沿黄地区在保护中开发、开发中保护"②。2020 年 6 月 8~10 日、2024 年 6 月 19~20 日，习近平总书记两次考察宁夏，要求宁夏要有大局观念和责任担当，努力建设黄河流域生态保护和高质量发展先行区。③④ 2021 年 6 月 7~9 日，习近平总书记在青海考察时强调，保护好青海生态环境，是"国之大者"，要求青海省切实保护好地球第三极生态，要把三江源保护作为青海生态文明建设的重中之重，承担好维护生态安全、保护三江源、保护"中华水塔"的重大使命。⑤ 2021 年 10 月 20~22 日，习近平总书记在山东省东营市考察，并在济南市主持召开深入推动黄河流域生态保护和高质量发展座谈会，强调要科学分析当前黄河流域生态保护和高质量发展形势，把握好推动黄河流域生态保护和高质量发展的重大问题，确保"十四五"时期黄河流域生态保护和高质量发展取得明显成效。⑥ 2022 年 6 月 8~9 日、2023 年 7 月 25~27 日，习近平总书记两次考察四川省，强调四川是长江上游重要的水源涵养地、黄河上游重要的水源补给区，也是全球生物多样

---

① 《习近平在陕西考察时强调扎实做好"六稳"工作落实"六保"任务奋力谱写陕西新时代追赶超越新篇章》，中国政府网，2020-04-23，https：//www. gov. cn/xinwen/2020-04/23/content_5505476. htm。
② 《习近平在山西考察时强调全面建成小康社会乘势而上书写新时代中国特色社会主义新篇章》，中国政府网，2020-05-12，https：//www. gov. cn/xinwen/2020-05/12/content_5511025. htm。
③ 《习近平在宁夏考察时强调决胜全面建设小康社会决战脱贫攻坚继续建设经济繁荣民族团结环境优美人民富裕的美丽新宁夏》，2020-06-10，中国政府网，https：//www. gov. cn/xinwen/2020-06/10/content_5518467. htm。
④ 《习近平在宁夏考察时强调：建设黄河流域生态保护和高质量发展先行区　在中国式现代化建设中谱写好宁夏篇章》，中国政府网，2024-06-21，https：//www. gov. cn/yaowen/liebiao/202406/content_6958575. htm。
⑤ 《习近平在青海考察时强调坚持以人民为中心深化改革开放深入推进青藏高原生态保护和高质量发展》，中国政府网，2021-06-09，https：//www. gov. cn/xinwen/2021-06/09/content_5616441. htm。
⑥ 《习近平主持召开深入推动黄河流域生态保护和高质量发展座谈会并发表重要讲话》，中国政府网，2021-10-22，https：//www. gov. cn/xinwen/2021-10/22/content_5644331. htm。

性保护重点地区，要求把生态文明建设这篇大文章做好。①

2. 中共中央、国务院及中央各部委出台发展规划和支持政策

自 2019 年 9 月黄河流域生态保护和高质量发展上升为重大国家战略以来，在组织架构上，党中央成立推动黄河流域生态保护和高质量发展领导小组，全面指导推进黄河流域生态保护和高质量发展战略实施，并下设办公室，由国家发展和改革委员会承担具体工作。水利部等部委以及沿黄九省区均成立推进黄河流域生态保护和高质量发展工作领导小组。在制度保障上，全国人大常委会于 2022 年 10 月 30 日通过《中华人民共和国黄河保护法》，为加强和促进黄河流域生态保护和高质量发展提供了法律保障。同时，中共中央、国务院于 2021 年 10 月印发《黄河流域生态保护和高质量发展规划纲要》（以下简称《规划纲要》），为制定和实施相关规划方案、政策措施和建设相关工程项目提供了重要政策依据。在中央部委层面上，按照党中央、国务院的决策部署，2022 年 8 月 24 日财政部印发《中央财政关于推动黄河流域生态保护和高质量发展的财税支持方案》，出台支持沿黄省区建立以财政投入、市场参与为总体导向的资金多元化利用机制等六个方面 19 条支持政策；2022 年 8 月 31 日生态环境部等 12 个部门联合印发《黄河生态保护治理攻坚战行动方案》，提出了黄河生态保护治理的五大攻坚行动，并列出具体的保障措施；2022 年 10 月 8 日科技部印发《黄河流域生态保护和高质量发展科技创新实施方案》，重点围绕黄河水沙关系，实施水安全保障关键技术攻坚行动等六大行动方案、30 条具体举措。相应地，沿黄河九省区也相继出台本省区黄河流域生态保护和高质量发展规划。

（二）围绕流域定位，有效推进流域生态保护

1. 上游地区不断提升水源涵养能力

位于黄河上游的青海省、四川省和甘肃省共同开展自然保护地整合优化，建立以国家公园为主体的自然保护体系，强化森林、草原与河湖湿地等重点生

---

① 《习近平在四川考察时强调推动新时代治蜀兴川再上新台阶奋力谱写中国式现代化四川新篇章》，中国政府网，2023 - 07 - 29，https：//www.gov.cn/yaowen/liebiao/202307/content_6895414.htm。

态系统保护，建设生物多样性保护网络。以国土空间规划为基础，构建林草绿色空间，优化生态调度，建立生态用水保障机制。加强黄河上游生态系统保护修复，实施重大生态工程，建立水源涵养和生物多样性保护修复区和综合治理区，将水源涵养重要区纳入生态保护红线进行严格管控。切实维护黄河上游行洪、蓄洪、输水、供水、生态等功能，构筑黄河源头自然健康生态格局，全面提升区域水源涵养能力。

青海省发挥"中华水塔"作用，印发实施《保护中华水塔行动纲要（2020—2025年）》。实施三江源、祁连山等重大生态工程，2012年以来，完成国土绿化1297万亩，全面建立五级河湖长体系，初步构建"天空地一体化"生态网络监测体系。推进黄河源头冰川雪山冻土综合保护试验示范点建设，加强冰川雪山冻土系统保护，强化河湖湿地河道保护和修复，不断增强黄河源头水源涵养功能。推进草地生态系统保护，采取适度封育、补播改良、饲草种植、舍饲圈养等适度干预修复措施，对中度以上退化草地进行差别化治理，加大黑土滩治理力度。推进科学放牧管理，加大水源涵养林封山禁牧、轮封轮牧和封育保护力度，建立健全天然林保护修复制度体系，稳固水源涵养能力。近14年，青海省黄河上游平均自产水资源225.6亿立方米，持续偏丰，出省干流断面水质连续12年保持优良。

四川省全面提升国土空间利用效率，推行"一张图"规划，优化布局、协同联动。加强青藏高原、秦巴山区和云贵高原三大生态屏障区的生态保护和修复，严格保护国际重要和国家重要湿地、国家级湿地自然保护区等重要生态空间，提高森林、草原植被有效覆盖率，加强水土保持和生物多样性保护，全面筑牢黄河上游屏障，确保黄河上游水源补给。到2035年，生态保护红线面积不低于14.85万平方千米，建立因地制宜、红线内外协调一致的生态保护体系。以黄河干流支流为重点，合理规划涉水工程，实施航道整治工程，采取建设过鱼设施、生态调度等措施，逐步优化水生生物多样性保护网，恢复河流生态环境。

甘肃省积极推动以若尔盖、祁连山国家公园为主体的自然保护地体系建设，加强黄河重要支流水源涵养区建设，增强尕海国际重要湿地、祁连山等地区水源涵养能力。实施甘南黄河上游水源涵养区治理保护项目，有效恢复和保护高原湿地。综合治理退化、沙化草地，加强天然林保护和公益林管护，实施中幼林抚育和退化林修复，促进森林草地增量提质，提升生态保护能力。通过自然恢复和人工修复，有效遏制生态退化趋势，积极培育健康稳定的生态系统，巩固提升黄河上游水源涵养功能。

2. 中游地区狠抓水土保持和污染治理

位于黄河中游的宁夏回族自治区、内蒙古自治区、陕西省和山西省启动省际协作联动机制，充分把握黄河流域生态保护和高质量发展的一体性、系统性特点，统筹山水林田湖草沙一体化保护和系统治理。聚焦环境污染防治、水资源管理、自然保护区管理，抓好水土保持、林草扩绿、节水控水等工作，促进流域生态绿色发展。强化沿黄河流域生态带建设，实施林草保护修复和水土保持重点工程，加强监督执法，有效控制水土流失。深度治理污水、废水，严抓排黄水质量，严格限制产业项目环境准入，为黄河流域生态保护项目建设提供有力支撑。

宁夏回族自治区重点推进黄土高原丘陵沟壑区、风沙区水土流失综合治理，以雨养、节水为导向，因地制宜采取封山育林、人工造林、飞播造林、种草改良等措施，加强退化林草修复。在宁夏中部干旱风沙区建设黄河上游风沙区宁夏修复站，推进乔灌草结合的防护林体系建设。实施腾格里沙漠锁边防风固沙工程、毛乌素沙地林草植被质量精准提升工程，强化沙漠沙地边缘生态屏障建设。研究创建贺兰山、六盘山国家公园，全面开展绿色勘察和绿色矿山建设。系统推进流域水土流失治理，建设以梯田和淤地坝为主的拦泥减沙体系，优化水沙调控调度机制，减少入黄河泥沙量，至2022年，黄河宁夏段水质连续8年稳定保持在Ⅱ类。

内蒙古自治区以流域为单元，统筹上下游、干支流、左右岸、陆上水上、地表地下治理，以及水资源、水生态、水环境管控。统筹河道水域和岸线生态建设，在黄河干流两侧及毗邻湿地，坚持宜林则林、宜草则草、宜湿则湿，加强河道自然岸线保护，推进河滩区退耕还草还湿和生物多样性保护。建设河两岸防风治沙林、侵蚀沟道淤地坝、拦沙工程，减少泥沙入黄。合理采用工程、林草、耕作等措施，形成综合治理体系，维护和增强区域水土保持、水源涵养功能。开展干支流入河排污口专项整治行动，规范设立审核机制，构建全覆盖监测体系，实现入河污染源与排污口排放联动管理。全面落实河湖长制，落实"一河一策""一湖一策"任务，净化黄河"毛细血管"，将水生态修复、水污

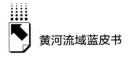

染防治、水资源节约与用水权配置相挂钩。推进灌区总排干水质改善，加大水质监测以及重点湖泊生态环境保护修复力度。加强农业面源污染治理以及灌溉退水和农用地污染管控。加大沿黄"散乱污"工业企业分类整治力度，主要干支流岸线一公里内严禁新增化工园区，推动沿黄高耗水、高污染企业迁入合规园区。依法严格落实排污许可制度，加快污水处理设施建设，确保稳定达标排放。

陕西省以小流域为单元，以多沙粗沙区为重点、以粗泥沙集中来源区为重中之重，开展淤地坝和拦沙工程建设，促进黄土高原水沙关系平衡。以陕北丘陵沟壑区、陕北风沙区、渭北黄土塬区为重点，实施国家水土保持重点工程、京津风沙源治理、坡耕地水土流失综合整治、旱作梯田等项目，提高水土流失治理标准，提升水土保持率。将预防和保护工作作为重点，优化秦岭北麓、子午岭自然保护区等水土流失敏感区域生态环境。利用"互联网+监管"和水土保持遥感监管等手段，强化生产建设项目水土保持全过程监管，实施水土保持信用监管"两单"制度，有效控制人为水土流失。

山西省立足沿黄土壤侵蚀区水土资源特性，完善水土流失防治技术体系，全面推进黄土高原水土流失治理。在沿黄沟壑区域修建水平梯田、坝滩地和排洪设施，统筹安排塬面、塬坡、侵蚀沟综合治理，以保护塬面。有序推进还林、还草、还湿、还滩，营造护岸林、水保林、经济林，加强两岸生态保护修复，提升流域水土保持功能。按照"一河一策"原则，通过控污、增湿、清淤、绿岸、调水"五策并举"，全力推进河流生态保护与修复。对重点河流流域以及19个岩溶大泉实施地下水关井压采、禁采限采，减少煤层气开采对水生态的影响。强化湖泊空间管控和岸线用途管制，加大水污染治理力度，提升湖区水质和水环境。在保障湿地生态用水的同时实施湿地保护和修复工程，并在污染较严重的支流河口建设具有净化水质功能的生态沟渠、净水塘坑、人工湿地。整治黄河流域入河排污口，并配套建设监测、计量设施，实施规范管理，严格控制入河排污总量。

3.下游地区着重强化湿地生态保护

位于黄河中下游的河南省和山东省以干流为先导，实施黄河"中游治山、下游治滩、全段建廊"策略。加强中游黄土丘陵区、河道和库区治理，控制水土流失，恢复矿山生态环境；结合下游河段特点和洪水淹没风险，实施下游滩区差异化管控。实施流域生态保护和修复工程、污染综合防治工程，有效控制水土流失，减少主要污染物排放总量。规划建立地方级、国家级的自然保护区、公园，优化调整功能分区，完善环境分区管控体系，打造沿黄生态廊道。

河南省在黄河中游全面加强林草植被建设、水土流失综合治理和矿山生态环境修复，持续巩固退耕还林还草成果，恢复提升区域水土保持、水源涵养等功能。在黄河下游开展生态综合整治，分区分类推进农田、水域和湿地保护修复，提升生态系统稳定性和多样性。加强豫北黄河海河、豫东黄淮冲积平原区综合治理，加快平原防风固沙林建设等，构建平原生态绿网。在保障防洪安全、保护耕地的前提下，加强黄河干流两岸生态防护林建设，因地制宜建设沿黄生态廊道。加大力度造林种草，修复矿山生态环境，防治土壤侵蚀，保护修复重要湿地。建立太行山猕猴、伏牛山、大别山、鸡公山国家级自然保护区，林州万宝山、洛阳熊耳山地方级自然保护区，提升水源涵养与水土保持水平，维护自然生态系统和生物多样性，稳定生态系统功能。实施黄河下游滩区土地综合整治和生态环境治理，结合堤沟河、低洼坑塘治理等，完善农田基础设施以及大堤防护林、农田林网，从而维护黄河沿线生态系统安全。加大主要支流生态保护和修复力度，严格保护沿河湿地，退养还滩、扩水增湿、生态补水，依托重要河流与水库，建设沿黄湿地公园群，提升黄河廊道功能。

山东省建设以黄河三角洲湿地为主的河口生态保护区，促进黄河下游河道生态功能提升和入海口生态环境改善。实施黄河三角洲自然保护修复提升工程，包括黄河入海口湿地生态修复与水系连通工程、近海水环境与水生态修复工程。全面、严格落实自然保护区确权登记、核心保护区耕地退田还林还草还湿。对三角洲中小河流进行生态修复，加强对河流入海口、重点海湾、近岸海域的污染防治，深入开展环境污染综合整治。加强农田林网和海防林建设，实施引排水沟渠生态化改造、黄河口防护林工程，增强防风固沙能力，遏制土地沙化趋势。优先采用生态方法，加强盐碱地综合治理。实施拦蓄补源、地下水回灌、河口地下水库建设、地下坝截渗等工程，加大黄河三角洲沿海地区海水入侵防治力度。打造沿黄生态保护带，坚持自然生态系统完整、物种栖息地连通、保护管理统一，促进黄河与自然保护区之间、自然保护区内部湿地之间水系连通，优化整合黄河三角洲国家地质公园、黄河口国家森林公园、黄河口生态国家级海洋特别保护区等自然保护地，高水平建设黄河口国家公园。

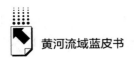

4. 全流域上中下游协同推进生态环境保护

近年来，沿黄九省（区）共同推进省（区）内、省（区）际协作，严格落实《中华人民共和国黄河保护法》，坚持上中下游、干支流、左右岸统筹谋划，共同抓好大保护，协同推进大治理，高标准打造黄河生态带。2021 年以来，河南、甘肃和陕西等省相继签署了省内地级市黄河流域生态保护和高质量发展核心示范区跨区域水污染联防联控合作协议，按照"区域联动、联防共治、互惠共赢、协同发展"的原则，力求核心示范区黄河流域水生态环境稳步提升。

2021 年 5 月，山东、河南两省签署黄河流域首个横向生态保护补偿协议，即《黄河流域（豫鲁段）横向生态保护补偿协议》，搭建起黄河流域省域政府间首个协作保护机制，以黄河干流跨省界断面的水质年均值和 3 项关键污染物的年均浓度值为考核指标兑现补偿资金。协议签署以来，黄河入鲁水质始终保持在 Ⅱ 类以上，山东省作为受益方，在 2022 年 7 月，兑现河南省生态补偿资金 1.26 亿元，中央财政专门安排资金予以奖励，两省实现了共赢，也推动形成上下游同心协力保护黄河生态的良好格局。2024 年 1 月，山东、河南两省签订了《黄河流域（豫鲁段）横向生态保护补偿协议（2023~2025 年）》，有利于保障黄河流域豫鲁段水质量提高，扎实推动生态保护和高质量发展。2023 年 9 月，内蒙古自治区与宁夏回族自治区签署黄河流域横向生态保护补偿协议，建立宁夏—内蒙古段黄河流域生态保护补偿机制；2024 年 3 月，内蒙古自治区与山西省、陕西省签署黄河流域横向生态保护补偿协议，持续提高黄河流域生态环境质量，持续推进水资源节约集约利用。

从水质监测结果来看，2019~2023 年，黄河流域水质持续向好，干流水质均为优，主要支流水质等级由轻微污染转为优，监测的 137 个水质断面中，2019~2023 年 Ⅰ~Ⅲ 类水质断面占比分别为 73.0%、84.7%、81.9%、87.5%、91.0%①。

（三）抓住关键环节，有效保障黄河长治久安

1. 不断完善水沙调控机制

2019 年 9 月，习近平总书记在黄河流域生态保护和高质量发展座谈会上

---

① 水利部黄河水利委员会：《黄河流域水土保持公报》（2019~2023 年），水利部黄河水利委员会官网，2024-03-21，http：//www.yrcc.gov.cn/gzfw/stbcgb/。

指出："黄河水少沙多、水沙关系不协调，是黄河复杂难治的症结所在……要保障黄河长久安澜，必须紧紧抓住水沙关系调节这个'牛鼻子'。要完善水沙调控机制，解决九龙治水、分头管理问题，实施河道和滩区综合提升治理工程，减缓黄河下游淤积，确保黄河沿岸安全。"① 黄河流经黄土高原水土流失区、五大沙漠地，长久以来，黄河"斗水七沙"。黄河的治理，不能仅治水，必须坚持山水林田湖草沙一体化保护和系统治理，厘清水沙关系，才能精准调控与施策。在水土流失治理实践中，处于水土流失集中区的甘肃省、内蒙古自治区、陕西省和山西省总结出了一条以小流域为单元，山区、农田、森林、草地、沙漠、河流、湿地、湖泊、道路统一规划，沟、坪、梁、峁、坡综合治理，生物、工程、耕作措施科学配置，稳步推进三北防护林工程，宜林则林、宜草则草进行荒漠化治理，并且区域退耕还林还草的生态、经济、社会效益协调发展的水土保持之路。2022 年，黄河水利委发布的《黄河流域水土保持公报（2020 年）》显示，黄河流域水土流失面积 26.27 万平方千米，黄土高原水土流失面积 23.42 万平方千米，占比 89.15%。与 1990 年第一次全国土壤侵蚀遥感调查结果相比，2020 年黄河流域水土流失面积减少 20.23 万平方千米，减幅 43.51%。其中，强烈及以上水土流失面积减幅 81.70%，成效显著。截至 2022 年底，黄河流域累计初步治理水土流失面积 26.88 万平方千米，其中修建梯田 646.15 万公顷、营造水土保持林 1335.51 万公顷、种草 244.87 万公顷、封禁治理 461.52 万公顷；累计建成淤地坝 5.72 万座，其中大型坝 6423 座、中型淤地坝 1.1 万座、小型淤地坝 3.98 万座。黄河流域水土保持率从 1990 年的 41.49%、1999 年的 46.33%，提高到 2022 年的 67.85%，其中黄土高原地区水土保持率 64.44%。

2. 注重河套和滩区综合治理

2023 年 6 月习近平总书记在内蒙古巴彦淖尔考察并主持召开加强荒漠化综合防治和推进"三北"等重点生态工程座谈会时强调："河套地区要做好高标准农田建设的科学示范，大力发展现代高效农业和节水产业，不断探索适宜的品种、技术和耕种方式，开展盐碱沙荒地改良改造和综合利用，形成可复制

---

① 《习近平在黄河流域生态保护和高质量发展座谈会上的讲话》，中国政府网，2019-10-15，https：//www.gov.cn/xinwen/2019-10/15/content_5440023.htm。

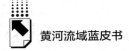

可推广的经验。"① 内蒙古河套地区按照空间生态区域规划，将沙漠（沙地）综合治理区、阴山及阴山北麓生态综合管理区、河套平原建设区、湿地保护修复治理区分区治理，率先落实生态保护红线、环境质量底线、资源利用上线和生态环境准入清单"三线一单"制度，构建生态环境分区管控体系。河套灌区加强农业面源污染治理，深入推进控肥增效、控药减害，加快实施畜禽粪污资源化利用，提高地膜回收率和秸秆综合利用率。同时，加强灌溉退水和农用地污染管控，科学建设生态沟道、污水净塘、人工湿地等形式的氮磷高效生态拦截净化工程，促进农田退水循环利用，完善农田监测网，加强农田灌溉用水和土壤环境质量监测。

一直以来，受水患影响，黄河下游滩区人民苦于"灌溉难，吃水难，用电难，出行难，上学难，就医难，安居难，娶亲难"。为解决黄河下游滩区群众安居脱贫问题，2015 年，在党中央的关怀下，河南和山东相继开展了两期黄河滩区居民迁建试点，涉及居民 6.98 万人。2017 年 8 月，河南和山东两省按照《黄河滩区居民迁建计划》启动迁建工程，共涉及 43 个县（区）189 万居住人口。河南先将地势低洼、险情突出的 24.32 万人整村社区化外迁安置，后续 5.68 万人按批次外迁②。配套学校、公园、商业街、医院，实施产城融合计划，利用市场化运作方式对群众进行"二次补贴"，取得做大城市和改善群众生活的双赢效果。与河南分步实施不同，山东使用"一揽子"解决方案。将通过外迁安置、就地就近筑村台、筑堤保护、修缮旧村台和临时撤离道路改造提升等五种方式进行滩区迁建，到 2020 年，基本解决了滩区居民的防洪安全和安居问题。其中，外迁安置 14.1 万人，就地就近筑村台安置 13.89 万人。迁建工程不仅让滩区居民避免了黄河水患灾害，还重组了土地、劳动力等生产要素，让新城镇聚人聚财，有利于推动农村商贸服务业发展。并且，滩区腾出几十万亩耕地，为发展现代化农业打开新空间。

---

① 《习近平在内蒙古巴彦淖尔考察并主持召开加强荒漠化综合防治和推进"三北"等重点生态工程建设座谈会》，新华网，2023-06-06，http://www.xinhuanet.com/2023-06/06/c_1129674283.htm。

② 《豫鲁黄河滩区居民迁建调查：告别"滩区八难"》，黄河流域生态保护和高质量发展官方网站，2021-08-12，http://hh.hnr.cn/hhdtsd/article/1/1425784284756709376。

3. 警惕水害隐患，积极建立联合应急机制

习近平总书记强调："解决好流域人民群众特别是少数民族群众关心的防洪安全、饮水安全、生态安全等问题，对维护社会稳定、促进民族团结具有重要意义。"① 长期以来，黄河流域自然灾害频发，特别是水害严重给沿岸百姓带来巨大灾难。黄河宁则天下平，2021 年 5 月黄河流域九省区签订黄河流域应急救援协同联动协议，正式建立应急救援协同联动机制②。各省区立足于灾害现实情况，全灾种应对、全链条防范、全天候守护，扎实做好防汛抗旱工作，深入推进森林草原防灭火常态化治理，积极应对地震地质灾害，不断提高联合防灾减灾救灾水平。积极推进智慧水利工程建设、标准化堤防建设，大力开展河道整治，控导河势，加强河口整治和管理，完善水沙调控体系，保证蓄洪区和滩区安全。沿黄九省区相互学习借鉴、研讨交流，共享信息资源，统筹应急力量，落实保障措施，共同完善组织体系，进一步提高联合应对事故灾害的能力，推进应急管理体系能力现代化，保障黄河长治久安。

（四）坚持"四定"原则，推进水资源节约集约利用

1. 切实强化水资源刚性约束

黄河虽是中国第二大河，但其总水量并不大，属于资源性缺水河流，它以占全国 2% 的河川径流量养育了全国 12% 的人口，灌溉了全国 15% 的耕地。黄河天然水资源匮乏，随发展而来的资源短缺问题日益严重。2021 年水利部印发的《关于实施黄河流域深度节水控水行动的意见》指出，沿黄流域九省区要全面实施黄河流域深度节水控水行动，深挖全流域节水潜力，大力提升全流域用水效率③。同时，对黄河节水控水目标提出"计划时间表"，即到 2025年，黄河流域万元 GDP 用水量和万元工业增加值用水量均较 2020 年下降

---

① 《习近平在黄河流域生态保护和高质量发展座谈会上的讲话》，中国政府网，2019-10-15，https：//www.gov.cn/xinwen/2019/10/15/content_5440023.htm。

② 《黄河流域九省（区）应急救援协同联动会议》，人民网，2023-11-29，http：//sc.people.com.cn/n2/2023/1129/c345509-40469762.html。

③ 《关于实施黄河流域深度节水控水行动的意见》，《国务院公报》2021 年第 32 号，2021-08-30，https：//www.gov.cn/gongbao/content/2021/content_5651741.htm。

16%，农田灌溉水有效利用系数提高到0.586，非常规水源利用量增加到20亿立方米，县（区）级行政区基本达到节水型社会标准。到2030年，流域内各区域用水效率达到国际类似地区先进水平，全面建成节水型社会。

为响应黄河节水规划，流域九省区实行以水定需、量水而行、节水为重策略，坚持以水定城、以水定地、以水定人、以水定产，把水资源作为最大的刚性约束。实施用水总量和强度双控，将天然水网和工程水网等重要水域空间和水源涵养区等水资源安全保障区全面纳入水资源空间管控范围，严格水域岸线分区管理和用途管制。充分考虑各类限制因素，保障水资源安全。各省区大力优化水资源配置格局，分市县设定生产用水限额，保障生活、生态用水，健全覆盖各行业各领域的节水定额标准，建立年度节水目标责任制。完善取水许可制度，加强取用水计划管理，强化取用水精准计量，提高农业灌溉、工业和市政用水计量率，实现总量控制、定额管理。

2. 合理规划人口、城市和产业，坚决抑制不合理用水需求

黄河流域九省区在规划编制、政策制定、生产力布局中，依据水资源承载力分类分区状况，合理规划城市发展，适度调整人口分布和产业布局，优化产业结构，倒逼产业转型升级。各省区对工业、农业用水重点问题进行安排部署，坚持节约集约利用，推进工业节水减排、农业节水增效，全面推进节水型社会建设。加强工业废水资源化利用，引导工业企业实施节水技术改造，工业园区实行企业间串联用水、梯级用水、循环用水，促进工业废水"近零排放"，促进形成节水型园区。按照国家发布的高耗水工艺、技术、装备鼓励目录和淘汰目录，推动工业企业应用高效冷却、无水清洗、循环用水、废污水再生利用、高耗水生产工艺替代等节水工艺和技术，淘汰落后的技术装备。农业生产方面全面推进农业用水减压和现代化改造。坚持适水种植、量水生产，削减高耗水作物种植面积，在地下水超采灌区实施保护性耕作。发展管灌、喷灌、微灌等高效节水灌溉模式，推进灌排水网建设，提高水资源利用效率。加快推动完善农业水价形成机制，推动灌区供水成本核算和价格调整，建立农业用水精准补贴和节水奖励机制，引导社会资本参与灌区建设与运营管理，逐步扩大农业水价综合改革面积。

3. 实施节水行动，推动用水方式由粗放向节约集约转变

近年来，黄河流域生活用水总量持续上升，2018年达到187.9亿立方米

并首次超过工业用水（185.8亿立方米），全民深度节水控水行动势在必行①。黄河流域九省区在省（区）、市、县三级行政区实行地表和地下水源用水总量指标管控，规定各地区取用水总量不违反水量分配方案的明确要求，超采地区暂停新增取水许可，对涉及水资源开发利用的工程产业规划开展规划水资源论证，开展节水目标责任考核，全面严把节水关。在深度实施农业节水增效、工业节水减排的同时，推动城镇节水制度的建设和完善。引导居民生活节水，强化服务业节水管理，提升城乡用水效率。建立非常规水利用激励约束机制，积极开发利用再生水、推进雨水集蓄利用。研究制定节水器具推广补贴政策，引导消费者主动选购节水器具，提高节水器具普及率。完善农村居民集中供水和节水配套设施建设，逐步推行计量收费。制定节水型社区、节水型乡村建设标准，引导城乡居民形成节水型生活方式。对照节水型公共机构标准，推进政府机关、学校、医院等单位开展对标达标建设，示范引领全社会节水，严控高耗水服务行业用水，提高水循环利用率。同时，加大力度宣传珍惜水、节约水和爱护水，创新宣传形式，深化节水教育，促进全民节水意识提升。

（五）提倡绿色转型，推动经济高质量发展

1. 发展特色产业，突出相对优势

习近平总书记曾多次强调，黄河流域各地区要发挥比较优势，从实际出发，宜水则水、宜山则山，宜粮则粮、宜农则农，宜工则工、宜商则商，积极探索富有地域特色的高质量发展新路子。黄河上游地区，以生态产品和清洁能源产业为主。以青海为例，近年来，在保障水源涵养的同时，青海着力打造东部高效种养、环湖循环农牧、青南生态有机畜牧业发展区及沿黄冷水鱼绿色养殖发展带，开展绿色循环高效农业试点示范。同时，全面提升水电、光伏、锂电池等全产业链发展水平，把新能源产业打造成具有规模优势、效率优势、市场优势的重要支柱产业，建成国家重要的新型能源产业基地，推动率先开展绿色能源生产和消费革命，推进清洁能源示范省建设，创建国家能源革命综合试点省。在黄河中游地区，以保障国家粮食安全、农牧业转型、能源基地转型为主。以内蒙古为例，近年来，内蒙古落实最严格的耕地保护制度，全面提升耕

---

① 中华人民共和国水利部：《2018年中国水资源公报》。

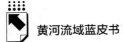
地质量、数量、生态保护水平，推进高标准农田建设，以 1.72 亿亩耕地保障全国粮食安全。2023 年，内蒙古印发《内蒙古自治区 2023 年坚持稳中快进稳中优进推动产业高质量发展政策清单》，发布 16 条相关政策，优化农牧业区域布局和生产结构，增强粮食综合性生产能力，推进农牧业全产业链发展，助力农牧业优质高效转型①。在能源方面，《内蒙古自治区"十四五"能源发展规划》明确提出要实现"一个目标"、推进"三个转型"、打造"四大产业"、实施"十大工程"②。要以建成国家现代能源经济示范区为目标，着力于推进能源产业绿色、数字和创新转型，打造风能、太阳能、氢能和储能等四大新型能源产业，实施新能源倍增、灵活电网、控煤减碳、源网荷储、再电气化、绿氢经济、数字能源、惠民提升、科技赋能、区域合作等十项工程，在全力保障国家能源供应的同时，加快转型，提升能源产业创新链整体效能。在黄河下游地区，主要是在经济发展条件好的区域中心城市进行制造业集约发展。以山东为例，近年来，山东省推进"十强"优势产业集群集聚发展，以"雁阵形"产业集群为依托，加快建设济南信息技术服务、青岛轨道交通装备、淄博新型功能材料、烟台先进结构材料、临沂生物医药等优势产业集群，开展关键共性技术研发和产业化，加大建链、补链、延链、强链力度，推进产业基础高级化、产业链现代化。进一步明确各级各类开发区功能定位和特色优势产业，因地制宜加快产业园区特色集约化发展。此外，深度推进数智赋能产业发展，全面提高产业技术、工艺设备、产品质量、能效环保等水平，打造国家产业转型升级示范区。

2. 加速推进创新创造能力提升

2024 年，习近平总书记在《求是》杂志中发表重要文章《发展新质生产力是推动高质量发展的内在要求和重要着力点》③。文章强调，发展新质生产力是推动高质量发展的内在要求和重要着力点，要全面贯彻新发展理念，把加

---

① 《内蒙古自治区 2023 年坚持稳中快进稳中优进推动产业高质量发展政策清单》，内蒙古自治区人民政府网，2023 - 01 - 19，https：//www.nmg.gov.cn/zfbgt/zwgk/zzqwj/202301/t20230128_2219043.html。

② 《内蒙古自治区人民政府办公厅关于印发自治区"十四五"能源发展规划的通知》，内蒙古自治区人民政府网，2022 - 02 - 28，https：//www.nmg.gov.cn/zwgk/zfxxgk/zfxxgkml/ghxx/zxgh/202203/t20220304_2012787.html。

③ 习近平：《发展新质生产力是推动高质量发展的内在要求和重要着力点》，《求是》2024 年第 11 期。

快建设现代化经济体系、推进高水平科技自立自强、加快构建新发展格局、统筹推进深层次改革和高水平开放、统筹高质量发展和高水平安全等战略任务落实到位，完善推动高质量发展的考核评价体系，为推动高质量发展打牢基础。新质生产力的显著特点是创新，既包括技术和业态模式层面的创新，也包括管理和制度层面的创新。黄河流域各地区高质量发展必须紧跟党中央决策部署，以"创新"做文章，从"高质"出思路，从提升"生产力"强举措，推动新质生产力快速发展。2024 年 6 月，山东黄河河务局印发《发展新质生产力实施方案》，明确了坚持以科技创新为主导，追求水利高科技、高效能、高质量，形成符合新发展理念的先进水利生产力质态①。宁夏回族自治区以建设黄河流域生态保护和高质量发展先行区为牵引，大力推进数字经济发展，建成西部地区唯一的算力与互联网交换双中心，智能铸造、智能仪表、智能机床等高技术制造业达到国际先进水平。河南省聚焦黄河文旅新质生产力发展，数字化、创意化、场景化、科技化展示传统文化，用灿烂的黄河文化滋养国家和人民②。

3. 发挥城市集群与中心城市的巨大发展潜力

按照区域经济发展增长率和人口、生产力布局，依托一定的自然环境和交通条件，城市之间内在联系不断加强，共同构成一个相对完整的城市"集合体"。当前，沿黄河流域经济带规划形成五个城市群（都市圈），分别是兰州-西宁城市群、黄河"几字弯"都市圈、关中平原城市群、中原城市群和山东半岛城市群。其中包含九大中心城市，分别是青岛、济南、郑州、西安、太原、呼和浩特、银川、兰州、西宁。五个城市群有着不同的要素禀赋，形成了各自的优势。兰州-西宁城市群地势较低、气候温和，水资源、能源资源富集，劳动力丰富且农业条件较好，是我国粮食、畜牧、中药材重要生产基地。黄河"几字弯"都市圈属于西部大开发和丝绸之路战略叠加区域，核心地带蕴含着丰富的自然资源，煤、石油、天然气、各种矿石和钠盐含量极高。并且，硅矿石、铝矿石和铁矿石资源的储量也非常高。关中平原城市群以西安为

---

① 《发展新质生产力实施方案》，山东黄河河务局门户网站，2024-06-24，http：//sdb. yrcc. gov. cn/inews/1296。

② 《黄河文化旅游带，上"新"了！》，黄河流域生态保护和高质量发展官方网站，2024-06-26，http：//hh. hnr. cn/hhhhwh/article/1/1805790423757307905。

中心，是华夏文明重要发祥地，也是古丝绸之路的起点。部分区域水网丰富，野生植物资源丰富，是中国种子植物的重要基因库之一。关中平原城市群发展基础较好、发展潜力较大，在国家现代化建设大局和全方位开放格局中具有独特的战略地位。中原城市群以郑州为核心，文化底蕴深厚，经济战略定位为全国工业化、城镇化、信息化和农业现代化协调发展示范区，全国重要的经济增长板块，全国区域协调发展的战略支点和重要的现代综合交通枢纽，华夏历史文明传承创新区。山东半岛城市群是我国北方地区和华东地区重要的城市密集区之一，邻近韩国、朝鲜、日本，位于我国参与东北亚区域合作前沿阵地，经济发展水平较高，产业基础雄厚，城镇体系较为完善，综合交通网络发达。五大城市群全方位对接，携手打造黄河流域科创大走廊，深化经济圈优势互补、产业配套、高效协同发展，共同推动科技成果展示、交易与转化，共建现代产业合作带。

4. 全力保障和改善民生

近年来，黄河流域九省区致力于缩小区域间公共服务、经济收入差距，以县城为重点，优化资源配备，保障居民收入持续增长，推动乡村振兴和城乡融合发展。实施粮食综合产能提升、标准化生产、特色农产品优势区建设、科技支撑和智慧农业示范工程。推进农村一二三产业融合发展，以优势产业、特色农业、乡土产业为重点，不断提高农业竞争力。鼓励有条件的区域建设集中连片、生态宜居美丽乡村，融入黄河流域山水林田湖草沙自然风貌，推广乡土风情建筑，发展乡村休闲旅游。促进城乡要素自由平等交换和公共资源合理配置，加强黄河流域城乡公共设施一体规划、一体推动、一体建设，形成示范带动效应。深入开展农村人居环境整治，提升村容村貌。通过"厕所革命"、保护乡村特色、振兴传统手艺等工程，全面提升人民生活品质。培育壮大农村电子商务经营，促进群众就业创业、提高收入水平。

5. 主动融入"一带一路"倡议下的对外开放

"一带一路"倡议是全球化的中国版本。当前，沿黄河流域经济带在党中央的领导和规划带领下，进行了格局重组和经济联动，在"一带一路"倡议下，加入合作既满足了自身发展需求，又能为中国扩大对外开放作出贡献①。

---

① 李曦辉、张杰、邓童谣：《黄河流域融入"一带一路"倡议研究》，《区域经济评论》2020年第6期，第38~45页。

"一带一路"倡议下的合作需要沿黄各省区有不同的资源禀赋，彼此之间存在有效的需求与供给，经济发展的互补性强，分工潜力与合作空间巨大。而"一带一路"倡议下所需要的交通效率、信息技术、群众交流也是发展沿黄经济带的充分条件。黄河流域自然资源充沛且具有便利的交通设施和丰富的劳动力资源，借助自身优势，搭乘"一带一路"便车，必能助力区域经济崛起。此外，黄河流域跨越中国东中西部，经济技术发展水平存在明显的"梯度差"，其中蕴含的"经济势能"为产业转移提供了机遇。尽管当前各省区参与"一带一路"建设水平差异较大，但积极融入"一带一路"建设，对沿黄经济产业结构调整、产业链条完善和对外开放水平提高都起到了一定的积极作用。目前，沿黄经济带要以全球化的眼光创新、协调、绿色、开放、共享发展，以流域发展为引擎实现生产要素的优化配置，在全球化的视野下形成流域经济、文化竞争优势，探寻新的经济增长点，唤醒黄河流域曾经的经济活力，行稳致远。

（六）深入挖掘时代价值，保护、传承和弘扬黄河文化

1. 保护、传承和发展黄河文化

千百年来，黄河孕育了中华文明，哺育了中华儿女。往"根"上寻，黄河流域是中华文明的核心发祥地。习近平总书记对黄河在我国文明发展史中的地位做了高度概括：在我国5000多年文明史上，黄河流域有3000多年是全国政治、经济、文化中心，孕育了河湟文化、关中文化、河洛文化、齐鲁文化、中原龙山文化等代表性文化，分布有郑州、西安、洛阳、开封等古都，诞生了"四大发明"和《史记》《诗经》《道德经》《论语》等经典著作①。九曲黄河奔腾向前，以百折不挠的气势塑造了中华民族自强不息的民族品格，在漫长历史发展过程中，中华民族不断赋予黄河丰富的文化内涵，它是我们文化自信的重要根基。习近平总书记在郑州主持召开黄河流域生态保护和高质量发展座谈会时提出"保护传承弘扬黄河文化"的要求。沿黄流域各省区，深入挖掘黄河文化的丰富内涵，坚持法治化保护、活态化传承、现代化发展、国际化交

---

① 《习近平在黄河流域生态保护和高质量发展座谈会上的讲话》，中国政府网，2019-10-15，https://www.gov.cn/xinwen/2019-10/15/content_5440023.htm。

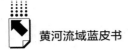

流，建设黄河国家文化公园，打造黄河文化旅游长廊，共建黄河流域文化创造和创新大平台。从挖掘整理黄河文化做起，各省区积极建立文化资源数据库，传承文化基因，塑造文化品牌；实施文物保护展示利用工程，完善文物分级分类名录和档案；对非物质文化遗产进行挖掘和保护，加强传统工艺、地方戏曲、风土人情、餐饮文化、神话传说、名人轶事、民间故事等传习和展示，共同构建黄河文化保护和传承体系。

2. 努力打造黄河文化品牌

品牌化建设是助推黄河文化传承和发展的催化剂，更是助推黄河流域高质量发展的重要举措之一。近年来，沿黄九省区为讲好新时代"黄河故事"，深入挖掘黄河根脉文化、红色革命文化、黄土文化、农耕文化、草原文化、民俗文化等特色文化，促进文旅融合，加强流域各省区交流与合作，共同打造经典文旅品牌。2023年，沿黄九省区启动大河上下——黄河流域史前陶器展、沿黄九省区作家"新时代黄河流域山乡巨变"主题"深扎"活动、黄河文化"两创"年度报告、黄河流域戏曲演出季、"走黄河廊道　看高质量发展"采访活动、沿黄九省区黄河文化国际传播合作、沿黄九省区新时代民歌艺术展演、打造"黄河文化"主题节目品牌矩阵、沿黄九省区青少年儿童中华优秀传统文化经典诵读传习活动和举办"黄河大集"等十大项目，从多个角度对黄河文化进行联动品牌化传播。①

依托黄河丰富的自然和文旅资源，各省区发挥创意设计力量，将现有地域特色文化品牌进行拓展融合，使得一批优秀的新文旅品牌涌现并且受到人们的广泛喜爱。不仅有以黄河文化为根基，让中原历史和文化"活"起来的"只有河南·戏剧幻城"，还有保留了明清标志性古建筑的黄河四大渡口之一——兰州河口古镇、陕北革命旧址热门红色研学路线以及受到国外网站高热度传播的济南百里黄河风景区等。优秀的文旅品牌在带动当地经济和文化发展的同时，还与弘扬中华优秀传统文化、弘扬革命文化、发展社会主义先进文化相结合，不断铸就中华文化新辉煌，为铸牢中华民族共同体意识作出重要贡献。

3. 推动黄河文化旅游带建设

近年来，从国家到黄河沿岸的各省区，都多次提出打造黄河文化旅游带的

---

① 《2023年沿黄九省（区）启动这十个大项目》，黄河流域生态保护和高质量发展官方网站，2023-05-05，http：//hh.hnr.cn/hhhhwh/article/1/1654466527551102977。

设想。随着《规划纲要》的发布，沿黄九省区携手共同打造黄河文化旅游长廊迈出重要一步。各省区深入挖掘黄河文化所蕴含的哲学思想、人文精神、价值理念、道德规范，依靠黄河流域自然地理条件，推动黄河国家文化公园建设，开启讲好黄河故事新篇章。各省区推动中华优秀传统文化的创造性转化和创新性发展，共建合作发展平台，深化文旅资源开发、旅游品牌打造等领域合作，推动建设"黄河故道"生态文化旅游协作区，联合推出历史文化游、自然生态游、研学体验游等优质旅游产品，共同开展黄河旅游节庆活动和特色旅游目的地营销推广。

从规划角度，各省区首先对文旅布局进行优化。进一步整合黄河流域水资源，依托自然景观、水利工程、生态公园，建设水文化体验区，大力发展特色生态旅游。对古都名镇、历史遗址、文化遗产实行品质提升，实施沿黄乡村民宿培育等工程，建设旅游区。挖掘沿黄红色革命历史、事迹和精神，实施沿黄地区革命文物保护工程，打造红色研学、文化体验、乡村漫游等精品旅游路线。其次，培育壮大文化产业。数智赋能推动文化产业中的物联网、虚拟现实、大数据等领域的联合生产、创作、传播和消费。引导新闻出版、广播影视、文艺演出、休闲娱乐、工艺美术等传统文化产业转型升级，大力发展创意设计、动漫游戏、网络视听等新文化创意产业。发展特色文化创意产业，打造一批内涵丰富、影响广泛的黄河文化品牌。同时，各省区还搭建国际化交流平台，举办文化论坛，打造世界级文明对话和交流互鉴平台，推动黄河文化繁荣发展并走向世界。

二 推动黄河流域生态保护和高质量发展趋势与主要挑战

习近平总书记在深入推动黄河流域生态保护和高质量发展座谈会上指出，自黄河流域生态保护和高质量发展上升为国家战略以来，已经搭建了黄河保护治理"四梁八柱"，高质量发展取得了新进步[①]，呈现总体向好的发展趋势。然而，流域生态脆弱、发展不充分不平衡等根本性问题仍然突出，需

---

① 《习近平主持召开深入推动黄河流域生态保护和高质量发展座谈会并发表重要讲话》，中国政府网，2021-10-22，https：//www.gov.cn/xinwen/2021-10/22/content_5644331.htm。

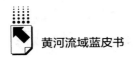

要在顶层设计、政策落地上做好各项工作，深入推动黄河流域生态保护和高质量发展。

（一）趋势

1.逐步形成以大保护为关键任务的上中下游"一盘棋"格局

习近平总书记在参加黄河流域生态保护和高质量发展座谈会时提出，"治理黄河，重在保护，要在治理"，并强调"要坚持正确政绩观，准确把握保护和发展关系，把大保护作为关键任务"。近年来，流域各省区跳出自然地理和行政区划的限制，不断聚焦生态保护和流域治理，正在形成黄河流域重在保护、要在治理的大保护"一盘棋"意识。自2020年财政部等4部委联合印发《支持引导黄河全流域建立横向生态补偿机制试点实施方案》以来，各省区迅速行动，建立省区内和跨省区生态补偿机制，基本形成了贯穿全领域的上下游横向补偿机制。如，2021年3月，甘肃、四川两省签订《黄河流域（四川－甘肃段）横向生态补偿协议》；2021年4月，山东、河南两省签署《黄河流域（豫鲁段）横向生态保护补偿协议》，2024年1月签订了第二轮《黄河流域（豫鲁段）横向生态保护补偿协议（2023～2025）》；2023年6月，甘肃省、宁夏回族自治区签订《黄河流域（甘肃－宁夏段）横向生态补偿协议》；2023年9月，内蒙古自治区和宁夏回族自治区签订补偿协议；2024年3月内蒙古自治区与陕西省、山西省签署黄河流域横向生态补偿协议，建立了宁夏-内蒙古段、晋陕蒙段黄河流域生态保护横向补偿机制。而且，青海、四川、甘肃、宁夏、内蒙古、陕西、山西、河南、山东九省区基本建立了省内流域生态补偿制度，共同形成了黄河流域生态保护和环境治理的"一盘棋"格局，使流域整体生态状况得到显著改善（见表1）。

表1　黄河流域水质变化情况对比

单位：个，%

年份	水体	断面数	比例					
			Ⅰ类	Ⅱ类	Ⅲ类	Ⅳ类	Ⅴ类	劣Ⅴ类
2023	流域	266	10.2	55.6	25.2	6	1.5	1.5
	干流	42	16.7	83.3	0	0	0	0
	主要支流	224	8.9	50.4	29.9	7.1	1.8	1.8

续表

年份	水体	断面数	比例					
			Ⅰ类	Ⅱ类	Ⅲ类	Ⅳ类	Ⅴ类	劣Ⅴ类
2019	流域	137	3.6	51.8	17.5	12.4	5.8	8.8
	干流	31	6.5	77.4	16.1	0	0	0
	主要支流	106	2.8	44.3	17.9	16	7.5	11.3

资料来源：中华人民共和国生态环境部，《中国生态环境状况公报》（2019年、2023年）。

2. 不断践行山水林田湖草沙系统治理理念，生态屏障作用更加明显

习近平总书记多次强调，黄河生态系统是一个有机整体，要扎实推进山水林田湖草沙一体化保护和系统治理。在推进黄河流域生态保护过程中，沿黄九省区，既要强调全流域生态保护和环境治理的整体性，也要结合各自不同的功能定位，不断提升黄河流域重要生态屏障的作用。上游地区不断加强水源涵养能力建设，全面保护三江源地区生态系统的完整性，加大重要湿地保护、草原生态恢复和荒漠化治理力度，尽可能地减少人为扰动。以青海省为例，近年来通过建设国家公园、启动祁连山山水林田湖生态保护修复试点等重点生态工程，完成防沙治沙604.5万亩，全省草原综合植被盖度达到57.9%，生物多样性得到有效保护，生态环境质量得到持续提升。中游地区则不断加大林草生态保护及荒漠化防治力度，努力增强水土保持能力。以内蒙古为例，2019年以来，内蒙古黄河流域完成水土流失综合治理1443万亩，十大孔兑平均入黄沙量从之前的2700万吨降低至1800万吨，并加强"两湖一海"生态治理，加强3061个入河排污口溯源排查工作，使得黄河干流内蒙古段水质连续4年保持在Ⅱ类，支流国考断面年均水质全面消劣[①]。特别是自2023年6月习近平总书记到巴彦淖尔市考察荒漠化综合防治和推进"三北"等重点生态工程以来，内蒙古全区上下积极行动，在黄河"几字弯"地区全面部署库布齐沙漠、毛乌素沙地、乌兰布和沙漠防治工作，形成了"库布齐模式""磴口模式""三元套嵌"模式等治沙模式。在下游地区积极推动黄河下游绿色生态走廊建设，加强黄河三角洲湿地保护和滩区生态综合治理。例如，山东省深入贯彻落实

---

① 《"几字弯"的美丽蝶变——内蒙古扎实推进黄河流域生态保护和高质量发展》，中国政府网，2023-09-18，https://www.gov.cn/lianbo/difang/202309/content_6904979.htm。

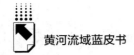
习近平总书记考察时的重要讲话精神,高度关注洪涝灾害,强化防洪减灾体系建设,实施黄河下游"十四五"防洪工程,确保黄河沿岸地区长久安澜;同时,成立黄河口国家公园筹建工作领导小组,公园创建工作全面起步①。

3. 传统产业转型升级取得初步成效,正在为流域高质量发展注入活力

"传统产业转型升级步伐滞后,内生动力不足"② 一直是黄河流域高质量发展亟待补齐的短板。近年来,沿黄各省区坚持问题导向,主动作为,积极探索"质量变革、效率变革、动力变革",初步形成了绿色低碳发展趋势,为流域高质量发展不断注入新的活力。从节约集约用水指标变化看,2019～2022年,黄河区人均综合用水量、万元 GDP 用水量、耕地实际灌溉亩均用水量、万元工业增加值用水量等关键指标均呈现下降趋势,流域节约集约用水效率明显提高(见图 1)。

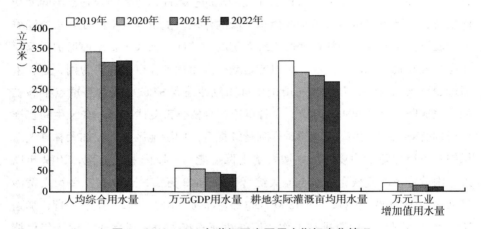

图 1　2019～2022 年黄河区主要用水指标变化情况

资料来源:2019～2022 年《中国水资源公报》。

从能源产业转型升级情况看,沿黄九省区加快推进传统产业的高端化、智能化、绿色化转型,大力发展战略性新兴产业、高技术制造业和非煤产

① 《自然保护区召开 2024 年重点工作推进会议》,山东黄河三角洲国家级自然保护区管理委员会、东营市黄河口生态旅游区管理委员会官网,2024-02-19,http://hhsjzzrbhq. dongying. gov. cn/art/2024/2/19/art_123504_10275071. html。
② 《习近平在黄河流域生态保护和高质量发展座谈会上的讲话》,中国政府网,2019 年 10 月 15 日,https://www. gov. cn/xiwen/2019-10-15/content_ 5440023. htm。

业，不断提升废弃资源综合利用率；同时，加大清洁能源开发力度，风电、太阳能发电等非化石能源发电装机容量在全年发电装机容量中的占比不断提升（见表2）。

表2　沿黄部分省区新能源发电装机容量提升情况

单位：%

省份	年份	火电占比	风电占比	太阳能发电占比	水电占比
山西	2023	58.9	21.2	18.3	1.7
	2019	72.3	13.5	11.8	2.4
内蒙古自治区	2023	55.7	32.9	10.3	1.1
	2020	64.4	25.9	8.1	1.6

资料来源：2019年、2020年、2023年山西省、内蒙古自治区国民经济和社会发展统计公报。

（二）主要挑战

1. 生态本底脆弱，流域生态环境保护压力依然较大

黄河流域生态"先天不足"和"后天失养"并存，一直是黄河流域生态保护面临的主要挑战。自黄河流域生态保护和高质量发展战略实施以来，黄河流域生态状况大为改观，然而在生态本底脆弱、全球气候变化等自身和外在因素的影响下，总体生态状况仍不容乐观。

草地退化依然是流域生态保护的痼疾。习近平总书记于2023年6月在内蒙古自治区巴彦淖尔市考察时指出，"总体上看，内蒙古的草原已经过牧了，要注意休养生息"[1]，而过牧背后便是大面积的草地退化。草地退化以及恢复退化草地效果不佳的问题，不仅在内蒙古，在黄河流域上中游地区也较普遍。据有关报道，三江源地区局地草地退化问题还是存在，超载过牧在某些区域还比较突出[2]。比如，在四川省，全省退化草原面积占到可利用草原面积的一

---

[1] 《习近平在内蒙古巴彦淖尔考察并主持召开加强荒漠化综合防治和推进"三北"等重点生态工程建设座谈会》，新华网，2023-06-06，http://www.xinhuanet.com/2023-06/06/c_1129674283.htm。

[2] 赵新全：《局地草地退化问题仍存在　三江源保护与发展任重道远》，中国科技网，2022-12-20，http://stdaily.com/index/kejixinwen/202212/8053ab5ebb22495393ae41046de673dd.shtml。

半，部分地区草原重度退化面积占比达 56%，草原过度放牧问题也较为突出①。同时，由于黄河上中游草原地区土壤贫瘠、生态条件恶劣，气候变化和人为因素扰动很容易对该地区退化草地修复带来负面影响。例如，据中央第五生态环境保护督察组向青海省反馈的督查情况看，青海省果洛、黄南、海北等州天然草原超载问题依然突出，全省草畜平衡区与应禁牧的自然保护区、重度退化草原重叠面积分别达到 3914 万亩、1031 万亩，尤其是一些地方对黑土滩修复后期管护不重视，导致草原修复成果维持不到两年就回归旧状②。

流域荒漠化治理任重而道远。黄河"几字弯"是我国荒漠化程度最严重的区域之一，也是黄河中下游泥沙的主要来源地，黄河先后穿过腾格里沙漠、毛乌素沙地、乌兰布和沙漠、库布齐沙漠等我国主要沙漠（沙地）。当前，通过"三北"工程、退耕还林、退牧还草等重点治理工程的实施，黄河"几字弯"地区荒漠化、沙化土地治理呈现"双逆转"，面积持续"双缩减"，程度持续"双减轻"，荒漠生态系统呈现"功能增强、稳中向好"的态势，但相比荒漠化沙化面积，治理面积仍然不足，而且治理区域生态系统还处在恢复阶段，自我调节能力相对较弱，系统稳定性仍然不足，一旦遇到不利于生态系统顺向演替的自然和人为干扰，极容易再度沙化。同时，在前期治理过程中，各地普遍采取"由近到远、先易后难"的推进方式，越到后面治理难度越大、推进速度越慢，剩下的区域一般都是荒漠化沙化治理"最难啃的骨头"。另外，随着全球气候变化，极端天气的出现和荒漠区域超载过牧、滥采滥挖滥伐等不合理资源开发利用行为相互叠加、互为因果，往往导致荒漠化沙化治理与扩展相交错，使荒漠化治理工作面临着保护治理成果、推进未治理区域治理和防治新增沙化土地的多重压力。

植被覆盖度较低、水土流失严重依然困扰着黄河流域生态保护。上中游地区荒漠化和水土流失严重一直是黄河水沙关系不协调的关键因素。近年来，通过营造水土保持林、修建梯田、封禁、种草等综合治理，以及淤地坝建设，水土流失总治理面积、林草植被盖度等指标不断提高，但因流域自然条件恶劣、

---

① 《中央第五生态环境保护督察组向四川省反馈督查情况》，生态环境部官网，2021-12-13，https://www.mee.gov.cn/ywgz/zysthjbhdc/dcjl/202112/t20211213_963966.shtml。

② 《中央第五生态环境保护督察组向青海省反馈督查情况》，青海省人民政府，2024-02-26，http://www.qinghai.gov.cn/zwgk/system/2024/02/26/030037834.shtml。

人为干扰和气候影响频繁，水土流失治理进度缓慢且效果并不稳定。《黄河流域水土保持公报（2022）》显示，2022 年黄河流域水土流失面积为 25.55 万平方千米，占流域总面积的 32.15%[1]，比 2020 年水土流失面积缩小 0.72 万平方千米[2]。其中，水力侵蚀面积减少 0.6 万平方千米，风力侵蚀面积减少 0.12 万平方千米。在沿黄九省区中，水土流失面积主要集中在内蒙古自治区、陕西省和甘肃省，占全流域水土流失总面积的 60% 以上，三省区水土流失面积分别占本省（区）流域面积的 43.60%、35.53% 和 31.39%。尤其是黄河中游多沙粗沙区、黄河中游淤粗泥沙集中来源区水土保持率均不足 50%，而且植被覆盖度等级处于中低覆盖和低覆盖的面积占植被总面积的 30.23%，多为黄河流域黄土高原地区。而黄河流域生态保护和高质量发展规划区水土流失面积为 44.40 万平方千米，占规划区总土地面积的 33.28%。其中，水力侵蚀面积 23.12 万平方千米，风力侵蚀面积 21.28 万平方千米，中度以上侵蚀面积占 31.42%。规划区植被面积 90.16 万平方千米，其中中低或低植被覆盖度面积为 34.26 万平方千米，占植被总面积的 38%[3]。

黄河流域生态环境污染屡禁不绝。据《2023 中国生态环境状况公报》和沿黄九省区公布的 2023 年生态环境状况公报，2023 年黄河流域生态环境状况整体优于 2022 年，黄河干流水质为优，主要支流水质良好，各省区环境空气质量持续提高，土壤环境质量保持清洁稳定，自然生态环境质量总体稳定[4]。然而，作为重要的能源流域和农畜产品生产流域，黄河流域长期形成的生产方式和产业结构给黄河流域污染防治带来了极大的挑战。从 2022 年以来中央生态环境保护督查组向沿黄九省区反馈的督查情况看，个别地区污染事件屡禁不止。比如，陕西省部分地区在黄河干支流违法倾倒固体废物，存在污水超标排

① 水利部黄河水利委员会：《黄河流域水土保持公报（2022）》，水利部黄河水利委员会官网，2024-03-21，http：//www.yrcc.gov.cn/gzfw/stbcgb/。
② 水利部黄河水利委员会：《黄河流域水土保持公报（2020）》，水利部黄河水利委员会官网，2024-03-21，http：//www.yrcc.gov.cn/gzfw/stbcgb/。
③ 水利部黄河水利委员会：《黄河流域水土保持公报（2022）》，水利部黄河水利委员会官网，2024-03-21，http：//www.yrcc.gov.cn/gzfw/stbcgb/。
④ 中华人民共和国生态环境部：《2023 中国生态环境状况公报》，生态环境部官网，2024-06-05，https：//www.mee.gov.cn/hjzl/sthjzk/，以及各省区 2023 年生态环境公报。

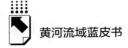

放问题①；内蒙古自治区部分地区排污处理重点工程未完成，存在长期超量、超标排污问题②；甘肃省部分地区部分生活污水直排黄河，部分污水处理厂存在超标排放、超负荷运行溢流等问题③；青海省部分地区城镇污水收集不到位、处理能力不足，存在大量生活污水溢流直排，甚至直排黄河的问题④。再如，2023 年以来，甘肃省某市 PM2.5、PM10 平均浓度分别同比上升 12.1%、4.4%，大气污染防治措施有所放松⑤；河南省全省 PM2.5、PM10 等污染物浓度较高，多地长期违规堆存飞灰，环境风险隐患突出⑥，等等。

2. 发展方式转型缓慢，水资源高效利用难度较大

黄河流域是我国重要的经济地带，但大部分省区仍处在工业化、城镇化加速发展阶段，其经济发展更多依赖"高耗能、高排放"性工矿业、"高投入、低产出"性农牧业等以"高水耗"为主要特征的资源型传统产业。自黄河流域生态保护和高质量发展战略实施以来，虽然沿黄九省区强力推进传统产业转型升级，但短期内仍然难以达到生态优先、绿色发展的高质量发展要求。

产业结构单一，短期内难以改变倚能倚重的特点。正如习近平总书记所言，黄河流域"是我国重要的能源、化工、原材料和基础工业基地"⑦。近年来，黄河流域加快产业结构调整和发展方式转变，然而长期形成的依靠资源、开发资源、输出资源的发展模式短期内还难以得到彻底改变。据沿黄九省区国民经济和社会发展统计公报，从供给侧角度看，2023 年青海、甘肃、四川等省份第一产业比重高于 10%，青海省、宁夏回族自治区、内蒙古自治

① 《中央第三生态环境保护督察组向陕西省反馈督查情况》，生态环境部官网，2022-03-21，https://www.mee.gn/ywgz/zysthjbhdc/dcjl/202203/t20220321_972136.shtml。
② 《中央第三生态环境保护督察组向内蒙古自治区反馈督查情况》，生态环境部官网，2022-06-02，https://www.mee.gn/ywgz/zysthjbhdc/dcjl/202206/t20220602_984282.shtml。
③ 《中央第四生态环境保护督察组向甘肃省反馈督查情况》，生态环境部官网，2024-02-28，https://www.mee.gn/ywgz/zysthjbhdc/dcjl/202402/t20240228_1067177.shtml。
④ 《中央第五生态环境保护督察组向青海省反馈督查情况》，生态环境部官网，2024-02-26，https://www.mee.gn/ywgz/zysthjbhdc/dcjl/202402/t20240226_1067004.shtml。
⑤ 《中央第四生态环境保护督察组向甘肃省反馈督查情况》，生态环境部官网，2024-02-28，https://www.mee.gn/ywgz/zysthjbhdc/dcjl/202402/t20240228_1067177.shtml。
⑥ 《中央第二生态环境保护督察组向河南省反馈督查情况》，生态环境部官网，2024-02-27，https://www.mee.gn/ywgz/zysthjbhdc/dcjl/202402/t20240227_1067094.shtml。
⑦ 《习近平在黄河流域生态保护和高质量发展座谈会上的讲话》，中国政府网，2019 年 9 月 18 日，https://www.gov.cn/xiwen/2019-09-18/content_5440023.htm。

区、陕西省、山西省第二产业产值比重高于40%，其中山西省二产比重高达51.9%，比全国平均水平高出13.6个百分点，传统采矿业，装备制造业和电力、热力、燃气及水生产和供应业等能源原材料工业依然是地方经济发展的主要引擎。比如，2023年内蒙古自治区、陕西、山西三省区原煤产量占全国原煤总产量的72.76%，发电量占全国总发电量的46.86%。从需求侧角度看，沿黄九省区固定资产投资中，以工业投资为主的第二产业投资均出现不同程度的增长。相反，除了山东省和内蒙古自治区外，其他省区第三产业投资均出现负增长。

新兴产业迅速发展，然而存在高度同质化现象。随着"双碳"目标的提出，传统产业转型升级迫在眉睫，黄河流域各省区发展方式转型升级也迎来了新的机遇。近年来，沿黄各省区抢抓机遇，积极发展适合自身特点的新兴产业，新产业新业态新模式迅速成长，正在成为经济发展的新动力。然而受到各省区资源禀赋及已有产业基础影响，黄河上中游地区新兴产业主要集中在新能源开发、新型材料加工等，区域间产业同质化程度较高。同时，转型升级在时空分布上相对集中，且技术供给和产品设计差异化程度相对较低，很容易导致低水平竞争，影响新兴产业的持续发展。从各地国民经济和社会发展统计公报看，2023年青海省、甘肃省、宁夏回族自治区、内蒙古自治区、山西省、河南省等地新能源发电装机容量大幅提升，其中内蒙古风电装机容量增长52.4%，甘肃太阳能发电装机容量增长79.2%；以单晶硅、多晶硅为代表的新型材料产量快速增加，青海省和内蒙古自治区单晶硅、多晶硅产量增速分别为131.1%、176.6%和42.3%、209.9%。

水资源节约集约利用难度仍然较大。缺水是黄河流域固有的特性，黄河水资源总量不到长江的7%，人均占有量仅为全国人均水平的27%。近年来，沿黄九省区虽然不断强化水资源刚性约束，不断细化"四定"措施，努力提升水资源节约集约化程度，但黄河流域水资源利用方式仍然相对粗放，"缺水又浪费水"的现象仍然没有得到彻底改观。仅从2022年以来中央生态环境保护督察组向各省区反馈的督查情况看，各地违规开采地下水、违规取水、超量取水、中水利用不足、用水粗放等问题频发，部分地区没有有效落实"四定"原则。比如，据2022年反馈的情况，陕西省部分地区禁采区、限采区约30家工业企业无证取水，部分地区2020年地下水超采量达1.57亿立方米①；内蒙古自治区部分地区长期超量取用黄河水，部分企业违规取水、违法取水②；宁夏回族自治区部分地区存在违规取水现象，取水量超取水指标19.2%，部分企业工业用水回用率不足 2%，存在未经利用直排黄河现象③。据 2024 年反馈情况，河南省部分地区和企业违规把农业用水改作工业用水，部分地区违规建造湿地公园、人工湖，违规取用黄河水④；青海省部分地区越权审批取水许可，部分地区甚至无取水许可擅自取水⑤；甘肃省多地出现超指标用水、地下水超采等问题，甚至部分地区不顾水资源严重短缺实际，承接高耗水、高污染项目⑥，等等。

3. 发展不充分不平衡问题长期存在

2023 年，随着我国国民经济回升向好，黄河流域九省区也实现了总体向好的态势，青海、四川、甘肃、宁夏回族自治区、内蒙古自治区等省区地方生产总值增速高于全国平均水平。然而，从拉动经济发展的投资、消费、出口"三大马车"结构看，大部分省区依靠投资，尤其侧重工业领域和基础设施建设的投资，消费和出口拉动作用并不显著。2023 年，黄河流域多数省份全年货物进出口总额增速超过了全国平均水平，但除了山东、四川、河南等出口大省外，其他省份进出口贸易基础薄弱、总量偏低，像青海、甘肃、宁夏等省区进出口总额不足千亿元，出口对地区经济发展的拉动作用并不显著。而在消费端，2023 年黄河流域多数省区全年社会消费品零售总额增长速度同样超过了全国平均水平，但总量偏小，尤其是省区内全体居民人均消费能力不足。从表3 可以看出，黄河流域九省区整体消费水平低于国内平均水平，反映了黄河流

① 《中央第三生态环境保护督察组向陕西省反馈督查情况》，生态环境部官网，2022-03-21，https://www.mee.gov.cn/ywgz/zysthjbhdc/dcjl/202203/t20220321_972136.shtml。

② 《中央第三生态环境保护督察组向内蒙古自治区反馈督查情况》，生态环境部官网，2022-06-02，https://www.mee.gov.cn/ywgz/zysthjbhdc/dcjl/202206/t20220602_984282.shtml。

③ 《中央第四生态环境保护督察组向宁夏回族自治区反馈督查情况》，生态环境部官网，2022-03-21，https://www.mee.gov.cn/ywgz/zysthjbhdc/dcjl/202203/t20220321_972078.shtml。

④ 《中央第二生态环境保护督察组向河南反馈督查情况》，生态保护部官网，2024-02-27，https://www.mee.gov.cn/ywgz/zysthjbhdc/dcjl/202402/t20240227_1067094.shtml。

⑤ 《中央第五生态环境保护督察组向青海省反馈督查情况》，生态环境部官网，2024-02-26，https://www.mee.gov.cn/ywgz/zysthjbhdc/dcjl/202402/t20240226_1067004.shtml。

⑥ 《中央第四生态环境保护督察组向甘肃省反馈督查情况》，生态环境部官网，2024-02-28，https://www.mee.gov.cn/ywgz/zysthjbhdc/dcjl/202402/t20240228_1067177.shtml。

域九省区经济活跃度虽然有所提升，但发展总体欠佳、地区居民收入水平普遍较低的基本面。

从全国各省区市国民经济和社会发展统计公报看，黄河流域整体发展程度依然不充分，2023 年黄河流域九省区生产总值低于长江三角洲地区、长江经济带地区。在 31 个省区市中，只有山东省、四川省、河南省的地区生产总值、一般预算收入等经济指标排在前 10 名，山西省、内蒙古自治区、甘肃省、宁夏回族自治区、青海省等 5 个省区地区生产总值排在 31 个省区市第 20 名之后，部分省区人均地区生产总值、地方财政收入也都排在全国靠后的位置。而且黄河流域九省区之间也存在较大的发展不平衡问题。从经济总量上看，排在最前面的山东省，2023 年地区生产总值达 92068.7 亿元，是青海省地方生产总值的 24 倍之多，其一般预算收入是青海省的 11 倍多（见表 3）。

表 3　2023 年黄河流域九省区主要经济指标对比情况

区域	期末常住人口（万人）	地区生产总值（亿元）	人均地区生产总值（元）	一般预算收入（亿元）	居民人均可支配收入（元）		居民人均消费支出（元）
						农村牧区居民	
全国	140967	1260582.0	89358.0	216784.0	39218	21691	26796
青海	594	3799.1	63903.0	635.1	28587	15614	20327
四川	8368	60132.9	71835.0	5529.1	32514	19978	—
甘肃	2465	11863.8	47867.0	1003.5	25011	13131	19013
宁夏	729	5315.0	72957.0	851.7	31604	17772	21629
内蒙古	2396	24627.0	102677.0	3083.4	38130	21221	27025
陕西	3952	33786.1	85447.8	—	32128	16992	22012
山西	3466	25698.2	73984.0	3479.1	30924	17677	19756
河南	9815	59132.4	60073.0	4512.1	29933	20053	21011
山东	10123	92068.7	—	7464.7	39890	23776	24293

资料来源：《中华人民共和国 2023 年国民经济和社会发展统计公报》及各省区 2023 年国民经济和社会发展统计公报。

"—"表示暂无数据。

三　深入推动黄河流域生态保护和高质量发展的几点建议

2024 年是实现"十四五"规划任务的关键一年，也是实施黄河流域生态保护和高质量发展战略第五年。习近平总书记在参加深入推动黄河流域生态保护和高质量发展座谈会时要求，"'十四五'是推动黄河流域生态保护和高质量发展的关键时期，要抓好重大任务贯彻落实，力争尽快见到新气象"。[①]为此，沿黄九省区要持续发力、久久为功，确保黄河流域生态保护和高质量发展取得阶段性成效，圆满完成"十四五"规划既定目标。

（一）加大流域治理力度，降低自然灾害风险

2024 年 4 月 25 日召开的 2024 年黄河防汛抗旱工作视频会议上，气象部门作出预测，2024 年黄河流域气候状况总体偏差，黄河中下游地区降雨较常年偏多，区域性、阶段性旱涝风险较高，在全球气候变暖的情况下，发生旱涝并存、旱涝急转的可能性显著增强[②]。2024 年 6 月 12 日，水利部黄河委员会因甘肃、山西、陕西、河南和山东等地旱情严重，启动了干旱防御Ⅳ级应急响应[③]，到 6 月 16 日小浪底水库下泄流量已经加大至每秒 1800 立方米[④]。可见，虽然新中国成立以来，黄河实现了 70 多年伏秋大汛不决口、24 年不断流，但黄河流域旱涝灾害年年不断，给流域老百姓生产生活带来了巨大的困扰和影响。正所谓"黄河宁，天下平"，黄河流域九省区必须坚定治理流域、降低灾害风险的决心和恒心，时刻保持滚石上山、爬坡过坎的危机感和紧迫感。其中一定要压实责任，牢牢守住水安全底线，流域上、中、下游既要严格贯彻落实《规划纲要》所确定的流域治理责任和任务，也要成为集上中下游于一体的治理联合

① 《习近平在黄河流域生态保护和高质量发展座谈会上的讲话》，中国政府网，2019 年 10 月 15 日，https：//www.gov.cn/2019-10-15/content_ 5440023.htm。
② 《2024 年黄河防汛抗旱工作面临严峻挑战》，水利部黄河水利委员会官网，2024-04-26，http：//www.yrcc.gov.cn/xwdt/hhyw/202404/t20240426_431544.html。
③ 《黄委启动干旱防御Ⅳ级应急响应》，水利部黄河水利委员会官网，2024-06-12，http：//www.yrcc.gov.cn/xwdt/hhyw/202406/t20240612_432508.html。
④ 《快讯 1800 立方米每秒！黄委调度小浪底水库再次加大下泄流量》，水利部黄河水利委员会官网，2024-06-16，http：//www.yrcc.gov.cn/xwdt/hhyw/202406/t20240616_432571.html。

体，做好保护重要水源补给地、加强"几字弯"地区土地沙化荒漠化治理、加强晋陕蒙丘陵沟壑区粗泥沙拦沙减沙设施建设、监测排查并改造提升重要淤地坝、优化和提升重大水库水沙调控能力、推进重点防护堤加固等重点工作，健全预警机制，提升调控能力，堵住薄弱点，强化凝聚力。

（二）健全黄河全流域横向生态补偿机制

如上所述，自财政部、生态环境部、水利部、国家林业和草原局联合印发《支持引导黄河全流域建立横向生态补偿机制试点实施方案》以来，沿黄九省区上下游省区之间基本建立了初步横向生态补偿机制。虽然流域上下游不同省区经济发展不平衡，且各省区对黄河流域生态保护的贡献不均衡等原因使现行生态补偿机制还没能构建打通全流域的上中下游齐治、干支流共治、左右岸同治的格局，但在建立流域横向生态补偿机制方面进行了积极探索，积累了一定的经验。因此，黄河流域各省区在此基础上，充分总结归纳试点经验和教训，在继续落实《支持引导黄河全流域建立横向生态补偿机制试点实施方案》的相关内容的同时，做好全流域生态补偿机制的顶层设计，跳出各省区，从国家视角破除省区之间的不平衡状态。依据《黄河保护法》《生态保护补偿条例》等法律法规，尽早出台《黄河流域生态保护补偿条例》，并编制《黄河流域全流域横向生态补偿实施细则》，进一步明确流域各省区在黄河流域生态保护和高质量发展中的责任和义务、具体贡献率、补偿主体、出资比例、受偿主体、补偿标准等，共同建立黄河流域生态保护的评价体系和监管机制。同时，也要积极吸收国内外流域生态保护补偿实践，以及其他生态系统，比如森林、湿地生态保护补偿实践的成功经验，为我所用。当然，建立和完善黄河流域生态补偿机制，不仅包括各省区政府的横向补偿，也包括省区内部的补偿；不仅包括财政资金的补偿，也包括不同市场主体的补偿；不仅包括现金补偿，也应该包括权益、能力和机会的补偿，是一种政府引导、市场化运作、多元化补偿的机制。

（三）坚持"四定"原则，加强水资源对保护生态、发展生产和改善生活的刚性约束

习近平总书记强调，"要坚持以水定城、以水定地、以水定人、以水定

产，把水资源作为最大的刚性约束，合理规划人口、城市和产业发展"①。如上文所述，近年来黄河流域九省区在水资源节约集约利用方面投入了大量的人力、物力、财力，全面实施深度节水控水行动，优化用水格局、提升用水效率，使工业用水量、农业用水量、万元国内生产总值用水量等指标均大幅度下降。相比而言，在流域用水总量下降的情况下，生活用水和生态环境用水无论是绝对量，还是其在总用水量中的占比均出现了上升态势，生态环境用水量已经超过工业用水量从而成为黄河流域用水第二大户。因此，黄河流域各地区要深入学习贯彻习近平总书记关于"水资源是最大的刚性约束"的重要讲话精神，在保护生态、发展生产、改善生活过程中都要严格落实水资源刚性约束，不能不顾水资源限制搞生态建设、发展工农业生产。即使生态建设也要以节水优先，即使保障生活用水也要以节约为荣。要根据黄河流域水资源承载力和自然地理条件，选择适宜的生态建设方式，"严格限制水资源严重短缺地区大规模种树"②，摒弃以浇水保绿色的生态建设模式。同时，尽可能降低地下水开发利用程度，在农业灌溉和居民用水方面，加大节水力度，加快节水型生活方式的形成，加大地下水超采综合整治力度。加大部分地区对以改变用途、超标取水等方式，引进、维持和发展高耗水工业项目的违规行为的惩治力度，倒逼高耗水项目和产业逐步退出。

（四）着力推动黄河流域生态、文化、旅游产业的融合发展

黄河文化是中华文明的重要组成部分，是中华民族的根和魂③。新时代，既要加强对黄河文化和文化遗产的挖掘、研究和保护，更要传承和弘扬黄河文化，讲好新时代黄河故事。其中，推动黄河流域生态、文化和旅游产业的融合发展是实现黄河文化的创造性转化、创新性发展的关键。近年来，黄河流域各省区围绕黄河文化推出各具特色的文旅精品，如打造经典文旅景点、推介优质

---

① 《习近平在黄河流域生态保护和高质量发展座谈会上的讲话》，中国政府网，2019 年 10 月 15 日，https：//www.gov.cn/xiwen/2019-10-15/content_ 5440023.htm。
② 《黄河流域生态保护和高质量发展规划纲要》，中国政府网，2021-10-08，https：// www.gov.cn/zhengce/2021-10/08/content_5641438.htm。
③ 《习近平在黄河流域生态保护和高质量发展座谈会上的讲话》，中国政府网，2019 年 10 月 15 日，https：//www.gov.cn/xiwen/2019-10-15/content_ 5440023.htm。

文旅线路、推广文旅平台、谋划综合性文旅项目等，大力发展以旅游业为龙头的第三产业，成为拉动地方经济发展的绿色引擎，使地区产业结构调整和动能转换成为可能。随着经济发展和社会变迁，人们对旅游的定义不断更新，黄河流域因其古老、多样、边远正在成为国内外游客旅游目的地。流域各省区要抢抓机遇，在古老多彩的文化、复杂多样的生态、边远狂野的自然优势上做足文章，提供文旅+传统农业、文旅+工业、文旅+康养、文旅+工程等多元素融为一体的旅游产品，打造各具特色却不失黄河生态和黄河文化本色的旅游经济带。不断强化科技赋能，提升黄河文化资源的数字化、智能化水平，既能最大限度地保护黄河文化和文化遗产，又能增强黄河文化的传播力。同时，加强对文旅行业的监管，坚决抵制庸俗、低俗、媚俗之风，提升黄河文化开放性和包容度，激发文化创新性创造活力，不断提升黄河文化软实力和黄河文化的影响力。

（五）主动融入国内国际双循环，探寻高质量发展的突破口

黄河流域是我国农产品主产区，又是我国重要的能源、化工、原材料和基础工业基地，农牧业和重工业成为黄河流域经济社会发展的两大支柱产业。正如前文所述，近年来随着深入实施黄河流域生态保护和高质量发展战略，黄河流域各省区传统产业转型升级取得了显著成效，但依然没能摆脱高度依赖资源禀赋、发展方向同质化的问题，工业投资依然是流域发展最强动力。在以生态优先、绿色发展为导向的高质量发展阶段，流域各省区有必要在持续深化传统产业绿色低碳转型的基础上，依托传统产业优势，从融入国内国际双循环的视角，跳出流域看流域，跳出产业看市场，站在全国、全世界的高度探寻流域高质量发展的突破口。比如，黄河流域上游地区通过打开优质绿色农畜产品国内国际市场，实现优质农畜产品的生态价值，从而保留和发展以现代科技为支撑的旱作农业、畜牧业等生态友好型农牧业，达到生态保护和高质量发展的双赢；上中游地区传统能源产业集聚地区，通过低碳化、智能化、高端化转型，吸引国内外优秀人才、优质资本向该地区中心城市集中，在形成新兴产业发展高地的同时，支撑流域中心城市的繁荣，以及周边产业的发展；中下游省区在继续发挥现有发展优势的同时，充分发挥科技创新、人才流动、交通物流等方面的相对优势，加强与京津冀、长江经济带、长三角地区、粤港澳大湾区的衔

接和互动，成为黄河流域主动融入国内国际双循环的排头兵、领头羊。只有融入国内国际更大的市场，才能利用流域本身以外的资源和市场，跳出自然资源的高度依赖，进入高质量发展轨道。再如，进一步提高中心城市、省会城市在区域和国内城市中的竞争力，提升其对国内国际优质生产要素的吸引力，使其发挥更大的辐射带动作用。尤其是山东、四川、河南等开放型经济相对发达的省区，以及西安、郑州等多个中欧班列枢纽城市，要充分发挥自由贸易试验区、综合保税区、各类开发区等对外开放平台的优势和条件，积极推动提升黄河流域开放型经济发展水平。

（六）聚力推动黄河流域乡村振兴

近年来，黄河流域生态保护和高质量发展取得了骄人的成绩。同时也不可否认，黄河流域部分地区仍处在欠发达状态，尤其是中西部广大农村牧区与东部沿海地区、长江流域，甚至相比全国平均水平还存在不小的差距。众所周知，黄河流域，尤其是上中游地区是我国多民族聚居地区，也是我国巩固拓展脱贫攻坚成果的重点区域，需要加强巩固拓展脱贫攻坚成果和乡村振兴的有效衔接，增强低收入群体的内生动力，不断缩小流域与全国、流域内部的差距。首先，要从提升普通农牧民自身发展能力入手，加大农村牧区基础教育投入力度，改变基础教育阶段资源集中集约的惯性思维，实现农牧民子女就近就地上学；推动普通教育和职业教育均衡发展，加大农牧民职业培训力度，增强农牧民对自然和市场风险的预判和应对能力。其次，要借黄河流域传统农牧业绿色转型之机，开拓优质绿色农畜产品市场，并适度发展家庭农牧场、农牧民合作社、合作社+农牧户、企业+合作社+农牧户等规模经营方式，引导农牧户主动参与劳务输出、旅游开发、文化传播等多种经营，实现大市场与中小农牧户之间的有效衔接，降低中小农牧户孤立经营无序生产的风险。再次，提升黄河流域上中游地区农村牧区基础设施建设水平、基本公共服务供给水平和服务能力，缩小城乡之间、东西部之间的差距，"在幼有所育、学有所教、劳有所得、病有所医、老有所养、住有所居、弱有所扶上不断取得新进展"[①]，使流

[①] 习近平：《决胜全面建成小康社会夺取新时代中国特色社会主义伟大胜利——在中国共产党第十九次全国代表大会上的讲话》，2017－10－27，https：//www. gov. cn/zhuanti/2017－10/27/content_5234876. htm。

域农牧民在黄河流域生态保护和高质量发展中有更多获得感。最后，有必要建立并强化低收入群体跟踪监测和适时帮扶机制，实行困难群众兜底保障政策，使农村牧区严重受灾群众、留守儿童和妇女、孤寡老人、残障人员、失独家庭等特殊人群和弱势群体能够及时得到社会救助和关爱，让黄河成为造福人民的幸福河，实现新征程上全体人民共同富裕的现代化。

参考文献

李娟伟、华甜：《生态环境保护与农业经济高质量发展的协调性》，《开发研究》2023年第1期。

马淑芹、许超等：《协同推进黄河流域生态保护治理的问题、挑战与建议》，《环境保护》2023年第22期。

史歌：《高质量发展背景下黄河流域生态补偿机制的建设思路》，《经济与管理评论》2023年第2期。

王林伶、许洁等：《黄河流域生态保护和高质量发展成效、问题及策略》，《宁夏社会科学》2023年第6期。

邬超、周成等：《黄河流域旅游高质量发展空间差异、重心演化及优化路径》，《中国沙漠》2024年第3期。

省区报告 ⟩

B.2
2023~2024年青海黄河流域生态保护和高质量发展研究报告

李婧梅[*]

摘　要：　2023~2024年，青海黄河流域生态保护和高质量发展成效明显：国家生态安全屏障功能不断提升，在《黄河保护法》的引领下，全省上下依法守护黄河安澜，扎实推进高质量发展，在传承与发展中推动新时代黄河文化繁荣。2024年，青海黄河流域面临新的形势：生态文明建设迈入新篇章、绿色算力赋能青海高质量发展、习近平文化思想指引黄河文化蓬勃发展。但在小水电站整改、生态产品价值转化、文旅融合等层面需要进一步推进。建议青海在黄河流域小水电站的管理监管、"两山"转化水平的提升、文旅多元素融合等方面发力，提升青海黄河流域生态保护和高质量发展水平。

关键词：　青海黄河流域　生态保护　高质量发展

---

[*] 李婧梅，青海省社会科学院生态文明研究所助理研究员，主要研究方向为生态治理、生态环境保护。

一 2023~2024年度青海黄河流域生态保护和高质量发展新进展

（一）国家生态安全屏障功能不断提升

2023年，黄河源头的生态环境持续改善，以国家公园为主体的自然保护地体系建设成果颇丰，生物多样性水平稳步上升，"中华水塔"更加坚固丰沛，黄河源头人与自然和谐共生的图景更加清晰。

1.山水林田湖草沙冰系统治理

一是自然保护地建设走在全国前列。率先建立自然保护地制度标准体系，国家公园示范省建设进入巩固提升阶段，成为全国唯一一个有三个国家公园在建的省份，三江源国家公园、祁连山国家公园、青海湖国家公园在自然保护地建设方面有了新进展。成功举办第二届国家公园论坛，首次发布了中国国家公园标识，国家公园示范省成为青海的一张新名片。二是源头管护力度不断加大。通过"青海生态之窗"系统布设的76个点位，青海省实现对黄河流域青海段重点流域的实时监测。构建起"天空地"一体化生态网络监测体系。全省选聘生态管护员14.51万人。三是山水林田湖草沙冰系统治理。河川径流量稳定性显著增强，黄河上游来水量持续偏丰；黄河干流出省断面水质保持在Ⅱ类及以上，地表水国考断面水质优良比例持续保持在100%①，实现了"天下黄河青海清"。荒漠化和沙化土地面积"双下降"。湿地保护工作取得新成效，青海隆宝滩湿地被国际湿地公约秘书处列入国际重要湿地。新申报的可鲁克湖—托素湖国际重要湿地，已完成现场考察。另有两处新增国家重要湿地：曲麻莱德曲源、泽库泽曲。四是环境质量稳定提升。空气清洁，土壤环境稳定，污染防治攻坚战成效为优秀②。五是"青海经验"走向全国。全国生态文明建设示范区（西宁城西）、"绿水青山就是金山银山"实践创新基地（玉树藏族自治州、同德）彰显生态文明高地形象。

---

① 2024年青海省政府工作报告。
② 2024年青海省政府工作报告。

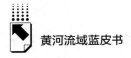

2. 水生态保护修复持续强化

青海作为黄河源头，一直以水生态文明建设为重点任务，确保"一江春水向东流"。2023 年以来，青海省进一步提升水资源管理效率、提升河湖监管能力、加强水土流失防治和推动水生态文明建设①。"十四五"以来，青海省累计完成水土流失治理面积 1523 平方公里，累计减少土壤流失量 242.4 万吨，保水 1731 万吨，全省水生态保护修复持续强化。

一是水资源节约集约利用。2023 年，青海"三条红线"指标连续 11 年实现国家控制年度目标，征收水资源费 5.03 亿元，创历史新高，最严格水资源管理持续强化。西宁市成为国家节水型城市，市区污水日处理能力仅在 2023 年就提升 50% 以上。青海黄河流域有 19 个县域节水型社会达标建设县和 800 余家省级公共机构节水型单位。青海省 10 年累计节水 5.2 亿立方米，万元国内生产总值用水量由 114 立方米降至 69.5 立方米；农田灌溉水有效利用系数由 0.470 提高到 0.509；城市公共管网漏损率由 15% 降至 8.69% 以下。开展取水口管理专项整治和整改提升，全面核查登记取水口 4528 个，实现 1348 家用水单位计划用水管理全覆盖，取水管理更加规范。

二是水生态保护持续优化。积极推动节约用水、小水电清理整改等专项行动，推进引大济湟工程受益区范围内西宁市城市供水地下水源置换工作，推进年度小水电清理整改，加快南川河等 3 条河流母亲河复苏行动，持续做好湟水生态流量保障工作，完成 7 个国家重要饮用水水源地安全保障达标建设评估，6 个水源地评估等级为优，水生态文明建设成效显著。② 全面完成 2021 年黄河警示片反馈、台账内河湖"四乱"、妨碍河道行洪等问题的整改，同时突出对黄河、湟水、大通河等重点河湖实施水土流失综合治理、生态保护修复，强化水域岸线分区管理和用途管制、深化污染综合防治，水土流失防治持续加强。

三是水利工程惠及更多群众。青海省建省以来实施的最大跨流域调水工程"引大济湟"工程全线通水，设计年调水 5.26 亿立方米，为湟水流域农业、工业、生态和城镇生活提供供水保障。同时，建成 2215 处集中式工程、3.36

---

① 王臻：《青海水生态保护修复持续强化　全省水资源"三条红线"指标连续 11 年完成国家控制年度目标》，《青海日报》2024 年 1 月 10 日。

② 王臻：《青海水生态保护修复持续强化　全省水资源"三条红线"指标连续 11 年完成国家控制年度目标》，《青海日报》2024 年 1 月 10 日。

万处分散式工程的供水保障体系，全省自来水普及率、供水保证率分别由 2014 年的 55.2%、78.5%提升至目前的 83%、96.2%，民众饮水安全问题得到历史性解决①。拓宽河湖系统治理路径，一体推进河湖健康评价与幸福河湖建设，青海黄河流域有 15 条（段、个）河湖入选青海省首批幸福河湖名单②，全省各族群众对河湖综合治理保护满意度超过 90%。

（二）依法保障青海黄河安澜

2023 年 4 月 1 日，《中华人民共和国黄河保护法》正式施行，青海黄河流域生态保护和高质量发展驶入法治轨道。

一是法治建设上，青海黄河流域率先推进河湖长制立法，颁布实施河长制湖长制条例，建立省委书记、省长任双总河湖长的省到村五级河湖长制。探索林、草、水一体化管理，1.59 万名河湖管理员与森林、草原、湿地管护员岗位整合，"河湖长+检察长""河湖长+林草长"协同守护青海的山山水水。农牧执法部门与河湖长形成合力，在巡护执法、普法宣传等方面加固黄河"防护网"。

二是地方性法律法规完善方面。相继制定大气污染防治条例、高原美丽城镇建设促进条例、湿地保护条例、湟水流域水污染防治条例等地方性法规。出台实施节约用水管理办法、水土保持目标责任专项考核办法、湿地名录管理办法等制度，探索三江源地区生态管护员制度。

三是开展青海省河湖安全保护专项执法行动。2023 年 7 月，青海省水利厅联合省内司法部门，着重从河湖、水资源水生态保护、重点水利工程三方面开展行动。此次专项执法行动以问题为导向，聚焦河湖安全保护重点领域和关键环节，强化水行政执法与刑事司法衔接、与检察公益诉讼协作，全面加大关系民众切身利益的河湖领域执法力度，依法打击侵占河道、妨碍行洪安全、破坏水工程、非法采砂、非法取水、人为造成水土流失等领域的违法犯罪行为，切实维护河湖管理秩序，保障国家水安全，当好江河源头守护人。

① 张添福：《"世界水日"：青海水资源利用格局优化、江河湖泊面貌历史性改善》，http://www.chinanews.com.cn/sh/2024/03-22/10185082.shtml，2024 年 3 月 22 日，最后检索时间：2024 年 5 月 16 日。

② 《17 条（段、个）河湖入选青海省首批幸福河湖名单》，http://qh.people.com.cn/n2/2024/0510/c378418-40838646.html，2024 年 5 月 10 日，最后检索时间：2024 年 5 月 16 日。

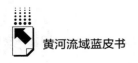

（三）高质量发展稳健有力

青海黄河流域是青海人口活动和经济发展的重要区域，涵盖了全省80%以上的人口、工业产值、耕地和70%以上的GDP，在全省发展大局和现代化新青海建设全局中具有举足轻重的地位、作用。2023年，青海以建设产业"四地"为目标，坚持走与水资源承载能力相适应、具有青海特色的高质量发展之路。

1."四地"建设向纵深发展

自与农业农村部共建绿色有机农畜产品输出地以来，青海省增强品牌意识，主打"绿色"品牌，认证绿色食品、有机农产品和地理标志农产品①。2023年，冷凉蔬菜产业加速发展，全省建成露地蔬菜生产基地312个，建成"供港澳"蔬菜种植基地1.9万亩，蔬菜基地总面积达到40万亩以上②。青薯9号走向全国，油菜良种推广到85%以上的北方主产区，鲑鳟鱼占据全国40%的份额，全年输出绿色有机农畜产品价值168.2亿元。建成了特色农畜产品生产基地25.5万公顷。

世界级盐湖产业基地加快建设，逐步形成钾、钠、镁、锂、氯五大产业集群，全年生产钾肥706万吨、占全国总产量的77%以上，碳酸锂11万吨、增长49.4%，卤水提锂技术国际领先，成功攻克氯化镁脱水这一世界性难题③。

清洁能源建设成为全国头部。每年全省用电84.5%来自清洁能源，连续保持全清洁能源供电的世界纪录④。截至2023年底，青海清洁能源装机规模、新能源装机规模分别占总装机的92.92%、69.19%，占比均为全国最高。新能源成为省内第一大电源，在全国率先实现新能源装机和发电量占比"双主体"。三批大型风电光伏基地加速建设，李家峡电站扩机工程投运，哇让、同德、南山口抽水蓄能电站开工，世界最大液态空气储能示范项目落地，首个绿

---

① 王臻：《高原农牧业逐绿前行 青海省农业农村厅以主题教育成效推动绿色有机农畜产品输出地建设走深走实》，《青海日报》2023年6月13日。
② 王菲菲：《2023年青海省经济"年报"出炉：夯实"稳"的基础积蓄"进"的动能》，《青海日报》2024年1月26日。
③ 2024年青海省政府工作报告。
④ 彭娜：《春风又绿黄河岸｜青海：全力打造国家清洁能源产业高地》，奔流新闻，2024年3月4日。

电制氢项目投产，昆仑山 750 千伏输变电工程投运，青海"绿电"点亮杭州亚运会场馆。2023 年，青海电网成为西北地区首个受、送能力均超过千万千瓦的省级电网。青海电网已建成东接甘肃、南连西藏、西引新疆和直通中原的交直流混合型多端枢纽电网，是我国"西电东送"的重要通道之一。目前，青海电网对外交易电量占比超过 30%，其中新能源电量占比较高①。

国际生态旅游目的地成为高质量发展的新引擎。"一芯一环多带"生态旅游发展格局初步显现，青海湖示范区创建成效显现、接待游客首次突破 300 万人次大关，新增 38 家 A 级旅游景区，大柴旦星空、祁连天境圣湖营地入选国家 4C 级自驾营地，旅游人次、旅游总收入分别增长 1.1 倍、2 倍②，青海省旅游经济得到快速发展。

2. 兰西城市群发展

自 2018 年《兰州 - 西宁城市群发展规划》实施以来，两省协同发力，共谱生态保护与高质量发展的"协奏曲"。在生态共建环境共治方面，强调生态保护和环境治理，着力推进祁连山国家公园建设、实施跨界河流全流域综合治理等项目，以筑牢国家西部生态安全屏障。在基础设施互联互通方面，加强交通网络建设，谋划兰州至西宁城际轨道交通、西宁至成都铁路等，以促进区域间的联系和交流。在产业协作方面，提升资源配置效率，兰州新能源汽车产业与西宁锂电产业上下游衔接，开发碳纤维复合材料和能源装备。在市场要素对接流通方面，促进市场一体化，提高资源配置效率，联合打造青甘旅游大环线，推出红色旅游经典线路。在对外开放提速提质方面，通过发展跨境电子商务、联运班列等，推动对外开放，形成全方位开放新格局。在公共服务共建共享方面，改善公共服务，探索两省相邻区域医联体建设等，开展跨区域医疗服务，就近方便群众就医，推动基础教育精品课等数字资源共享，提高人民生活质量③。同时，还在区域协调发展、国土空间规划等层面加强合作，积极作为，齐力构建生态安全、经济发

---

① 解统强：《青海在 15 个省市实现清洁能源优化配置》，2024-05-08，http：//www. xinhuanet. com/20240508/e1a15415ebf64357be97a9bc6f0101d2/c. html，最后检索时间：2024 年 5 月 20 日。

② 2024 年青海省政府工作报告。

③ 《6 方面 22 条任务 兰州 - 西宁城市群建设又有新进展》，http：//qh. people. com. cn/n2/2023/0720/c378418-40500769. html，2023 年 7 月 20 日，最后检索时间：2024 年 5 月 16 日。

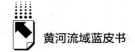
展、社会进步和人民生活改善的协调发展新模式，形成维护西北地区繁荣稳定的重要城市群。

（四）文化事业繁荣发展

青海作为黄河的发源地，积淀深厚，特色鲜明，源头性、多元性、互鉴性、生态性等特征明显，在黄河文化发展史上具有独特而重要的地位和作用。近年来，青海省加强黄河文化的发展，保护与发展共进，挖掘与弘扬同步，展现了青海作为"三江之源"的独特风采和黄河文化的魅力。

一是保护和传承黄河文化。实施了文化保护传承利用工程，2023年，青海省公布第一批省级历史文化名镇名村，9镇33村入选。其中黄河流域占8个乡镇。2023年，青海非遗项目保护传承体系、格萨尔（果洛）文化生态保护实验区、文化保护等有了较大发展，长城、长征、黄河、长江国家文化公园建设持续推进。省博物馆、藏文化馆等重要文化场所为群众提供更多文化滋养，以自媒体形式推出"博物馆之夜""馆长直播"系列活动，推介青海特色文化。文化发展成果惠及更多群众，青海文艺轻骑兵、戏曲进乡村惠民演出3016场次，400个村（社区）配置文化设备。

二是文化与各要素的融合发展。生态、文化、旅游深度融合，大力发展生态教育、生态研学、文创产品等关联产业，做精做强青绣、藏毯、唐卡等传统工艺文化产业，建设青藏高原生态人文传承高地[①]。以打造黄河文化旅游带为目标，改善旅游基础设施环境，提升公共服务水平，支撑文旅深度融合发展，打造黄河文化长廊，推动文化与生态旅游、数字经济、乡村振兴等领域的深度融合[②]。2024年，"大美青海"旅游形象注册商标确权及续展工作，为进一步凸显文旅品牌效应、提高消费者对品牌的认知度和好感度夯实了基础。

三是河湟文化价值挖掘。河湟文化是黄河文化的重要组成部分。青海大力挖掘河湟文化，成立河湟文化研究中心，连续两届举办河湟文化论坛。2023年7月河湟文化博物馆正式开馆运营，举办青海丝路花儿艺术节暨河湟文化艺

---

① 青海省人民政府新闻办公室：《青海举行"新时代、新青海、新征程"文化和旅游专场新闻发布会》，2024年1月17日。

② 栾雨嘉：《青海省黄南州：文旅融合释放经济发展新活力》，《青海日报》2024年5月7日。

术节。同时，将文化活动融入日常节庆中，增进了群众对河湟文化的理解①。这些活动，增强了河湟文化的传播和影响力，成为沿黄九省区文化交流的重要平台。

四是文旅产业发展提质增效。成功举办2023首届（青海）黄河文化旅游带宣传推广活动。2023年前三季度，青海省42家规模以上文化及相关产业企业实现营业收入15.55亿元，同比增长60.2%。分文化产业看，文化服务业实现营业收入10.21亿元，同比增长89.6%；文化批发和零售业实现营业收入2.67亿元，同比增长25.6%；文化制造业实现营业收入2.68亿元，同比增长21.5%。②

二　2024年青海黄河流域生态保护和高质量发展面临的形势与机遇

（一）生态文明建设翻开新篇章

2023年，习近平总书记在全国生态环境保护大会上全面总结了我国生态文明建设取得的巨大成就，随后，中共中央、国务院出台《关于全面推进美丽中国建设的意见》，标志着美丽中国建设将是未来强国建设、民族复兴的重要方面。同时，2024年6月1日，《生态保护补偿条例》正式施行，标志着生态补偿机制进入法治化新阶段，形成"成本共担、效益共享、合作共治"的流域治理新格局，意味着黄河流域未来将加快协商合作共治的局面，有利于对生态保护主体的正向激励，支持相关主体更好地履行维护生态安全和提高生态质量的义务，激发全社会保护生态环境的内生动力，将保护生态环境转化为全体人民的共同行动。2024年8月1日，《青海省国家生态文明高地建设条例》正式施行，条例明确了国家生态文明高地建设的内涵和标准，完善了特许经营活动、耕地保护、荒漠化治理的规定，同时完善了考核的规定并就"法律责

① 海东市文体旅游广电局：《青海海东：挖掘河湟文化价值　保护传承文化遗产》，2024年5月9日。
② 吴梦婷：《青海：文创小产品激活文旅大市场》，《西海都市报》2023年12月12日。

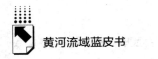
任"进行了进一步细化，这将对青海黄河流域生态保护有积极意义，明确了领导责任，确保生态文明高地建设走向更深层次。

（二）绿色算力赋能黄河流域高质量发展

2023年以来，习近平总书记在多个场合提出"新质生产力"，它代表一种生产力的跃迁，它具有高科技、高效能、高质量特征，将引领我国走入新的发展境界。对于青海黄河流域生态保护和高质量发展，将更加强化科技创新，生态保护与经济社会发展中融入新技术和新思想，全要素生产率进一步提升，产业生态化水平和生态产业化水平得到飞速提升，催生出新的生产关系，生态文明制度体系健全完善。

绿色算力是数字时代的新质生产力，青海清洁能源发展迅速、气候干燥凉爽，是发展绿色算力的天然场所。目前青海在全力部署绿色算力，出台了绿色算力地方标准，也出台了一揽子支持绿色算力产业发展的政策，占据"天时、地利、人和"。在青海建设绿色算力基地，既符合生态环境保护要求，又能把青海能源资源优势转化为产业优势，实现产业能级的跃升。加快算力建设，将有效激发数据要素创新活力，加快数字产业化和产业数字化进程，催生新技术、新产业、新业态、新模式，支撑经济高质量发展①。

（三）黄河文化蓬勃发展

2023年10月7~8日，全国宣传思想文化工作会议在北京召开。会议最重要的成果就是首次提出了习近平文化思想，"两个结合"阐明了新时代文化发展的基础。青海自古以来就是一个多民族聚居、多文化交融之地，青海本土生长演化出的不同文化形态，充分继承和发展了中华文化的核心内涵和根本精神，是中华优秀传统文化的重要组成部分。多年来，青海多民族文化融合发展、互利共生，形成了较为稳定的生存关系和相处模式。青海黄河文化是黄河流域最为丰富的多元文化形式，呈现独特的文化魅力②。青海将在习近平文化思想的引领下，传承中华文脉，积极推动青海文化建设与文化创新，将为社会

---

① 芈峤：《"绿色"纽带将青海算力与世界相连——青海绿色算力产业发展综述（上）》，《青海日报》2024年3月27日。

② 王化平：《找准文化定位 弘扬黄河文化》，《青海日报》2023年6月27日。

提供更多有益的精神产品和文化产品，不断满足人民群众"物的全面丰富和人的全面发展"的现实需求①。

同时，习近平文化思想的形成，将加快推动形成九省区黄河文化研究经常性交流合作机制，在品牌共建、资源共享、活动共推等方面加强合作，对于沿黄各省份树立文化自信、保护传承弘扬黄河文化、深入挖掘黄河文化的时代价值、不断增强黄河文化的传播力影响力有极大的推动作用。

三　青海黄河流域生态保护和高质量发展存在的问题

（一）小水电清理整改工作亟待完成

青海省境内水能资源丰富，小水电站数量众多。2023年11月，中央第五生态环境保护督察组督察青海省时发现，青海省一些地方存在小水电清理整改不严不实、生态流量监管流于形式、部分河流连通性受到阻隔等问题，影响河流生态系统健康。

针对督察发现的问题，中央生态环境保护督察组指出，青海省一些地方政府和相关部门推进小水电清理整改工作迟缓，审核把关不严、监管不力。此外，一些小水电站生态保护意识淡薄，主体责任不落实，清理整改方案不严不实，当地生态流量监管流于形式也是此次督查发现的重点问题。生态流量泄放敷衍应对，生态流量泄放不能满足稳定、足额的要求，导致部分河流出现减水脱水现象。青海省海南州贵德县尕让河是黄河一级支流，年平均流量不足 1 米^3/秒，但尕让乡约 10 公里河段内分布有 7 座引水式小水电站（有 6 座在运营）。这些小水电站平均装机容量不足 150 千瓦。而且，富民一级、鼎盛水电站等未经水利部门同意，擅自在河道内用砂石堆砌河坝，拦水引流发电，造成部分河段出现脱水现象②。

---

① 吕先华：《深入学习贯彻习近平文化思想　厚植现代化新青海文化根基》，《青海日报》2024 年 2 月 20 日。

② 生态环境部：《典型案例｜青海省一些地方小水电开发生态保护不力　影响河流生态系统健康》，2023 年 12 月 8 日，https://www.mee.gov.cn/ywgz/zysthjbhdc/dcjl/202312/t20231208_1058508.shtml，最后检索时间：2024 年 5 月 14 日。

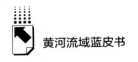
（二）生态产品转化能力有待提升

良好的生态环境不仅是流域内居民最普惠的民生福祉，也是实现区域均衡发展的重要支撑。目前，青海生态产品价值尚未得到充分转化。

生态产品供需不平衡。供给层面，物质供给类生态产品以原生态、绿色、有机、国家地理认证等品牌认证形式实现价值提升，存在规模小、市场散、品牌乱、竞争力弱的问题，经营开发水平不高。同时，大部分生态产品供给地区基础条件相对薄弱，缺乏基础设施建设和配套支撑保障体系，生态产业集中在生态产品初级加工、旅游资源开发等初级阶段，价值实现难度较大。需求方面，当前对生态产品价值转化的研究与实践多倾向于供给层面，但生态产品的价值实现是以需求为主要驱动力的，多数生态产品尤其是调节类产品处于"有价无市"的状态，亟待通过合理的制度安排，实现生态产品供给与需求的精准对接，保障生态产品生态、社会、经济价值的最终实现。

生态产品收益分配不尽合理。生态环境保护者未获得合理回报、受益者未支付足够费用、破坏者未付出相应代价、受害者未获得应有赔偿等分配不平衡的问题依然不同程度存在。生态产品受益主体不明确，生态资源存在产权边界模糊、所有者缺位、产权界定不明晰等现实困难，加剧了生态产品价值收益分配不均的问题。

（三）文旅融合有待加强

尽管青海文旅产业近年来得到了长足的发展，2024年青海有7家企业入选新一批国家文化产业示范基地，但在品牌传播力、文旅资源市场化程度、文旅消费力挖掘等方面仍需精耕细作。文旅品牌传播力指通过有效的沟通和推广方式，将文化旅游目的地或产品的特色和形象传播给目标市场上的潜在或现有消费者，从而提升其知名度、美誉度和忠诚度，增强其市场竞争力和影响力。迈点研究院发布的"2023年中国文旅集团品牌传播力100强榜单"中，青海省内的文旅品牌无一上榜。同时，青海黄河流域多数文旅产业同质化严重，对其各自具有的民族性、原生性等文化内涵挖掘不够，文旅产业对"以文塑旅、以旅彰文"的理解和实践仍待求索。

四 青海黄河流域生态保护和高质量发展的对策建议

（一）加强小水电站的管理

加强对小水电站的监管，完善小水电站的合法合规性，以"三个最大"（青海最大的价值在生态、最大的责任在生态、最大的潜力也在生态）的要求严格小水电站的科学确定生态流量，严格生态流量管理，强化生态流量监测预警，建立目标合理、责任明确、保障有力、监管有效的生态流量确定体系和保障体系。通过建立安全生产标准机制、落实生态流量、促进小水电绿色转型、开展全要素智能管理等措施解决小水电站的管理问题。[①]

（二）进一步释放"两山"转化潜力

完善生态产品价值实现机制是发展新质生产力的重要抓手[②]，青海在生态产品价值转化方面，一要深入实施《生态保护补偿条例》，以及《青海省推动建立健全生态产品价值实现机制的实施方案》，在绿水青山保护修复、生态产品调查监测、核算评价、增加生态产品供给等方面着力，尤其是开展多层次生态产品的经营开发，多渠道促进价值增值。健全生态环境保护利益导向机制。发挥政府主导作用，在中央纵向生态补偿转移支付的基础上，加快探索甘肃—青海省级层面的流域横向生态补偿，实现生态产品调节价值。

二要积极探索绿色金融的支持，引导银行、基金、担保等多元金融机构丰富信贷抵押物种类和形式、成立绿色投资基金、完善担保体系等。绿色金融支持生态产品价值实现是一项创新性、应用性很强的实践命题，增大绿色金融赋能力度，一方面需要创新"生态资产权益抵押+项目贷"等模式，将符合条件的分散化生态资源集中收储，转化为优质生态资产包，按照项目方式获取融资支持，用以提升生态环境质量以及进行市场化运作开发；另一方面应不断探索

① 沈正、梁郁安、罗林等：《广东省小水电绿色全要素智能管理存在的问题及对策》，《中国农村水利水电》，2024年5月23日。
② 崔洪运、张雨宇：《加快完善生态产品价值实现机制　拓宽绿水青山转化金山银山路径》，《习近平经济思想研究》2024年第4期。

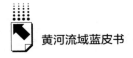

绿色金融产品创新，拓展权益类、增信类信贷抵押物的范围，创新生态信用贷模式，不断拓宽绿色信贷渠道①。

三是依托数字赋能。数字技术是生态产品价值实现机制建设的"动力源"和"助推器"。在生态产品的调查监测、信息普查、价值核算等方面可借助"3S"技术、大数据等手段提升生态产品调查监测的效率、核算评价的效能、经营开发的绩效、供需对接的精准度等。充分依托大数据、物联网、云计算、人工智能等新一代信息技术，建设开放共享的生态产品信息云平台，搭建生态产品价值数字化核算系统，建立生态补偿智能化管理平台，组织开展生态产品线上云交易、云招商，打造数字化生态产品价值转化示范基地。②

（三）加强文旅与多要素的融合发展

一是深刻领会"以文塑旅、以旅彰文"的内涵，推动文旅深度融合。通过叠加更多丰富的"青海IP""黄河元素"，立足文旅与众多行业内在关联、相互牵动等特点，基于观演+观光、民宿+非遗、书店+咖啡馆、村晚、村BA、赛事、影视剧等形式，衍生更为丰富的旅游产品，引发消费的"乘数效应"。

二是推动旅游基础设施的提升。加快数字产业的发展，进一步赋能青海旅游业发展；鼓励旅游企业将科技创新成果与旅游产品和服务设计相结合，不断拓展科技应用场景；鼓励企业加大研发投入力度，提高关键技术和产品的自主创新能力。

三是加强品牌推广，扩大宣传力度。依托自媒体的丰富内容，关注青海本土"网络红人"的带动效应。通过展示青海黄河流域特有的"四月八"、"六月六"、赛马、摔跤等民俗节庆活动，在活动宣传、旅游体验、产品推介等方面进行宣传。同时，还可以发动本地群众进行青海文化宣传，当相似的内容在社交媒体平台传播、产生热度时，外地消费者也会受到吸引，其认知也会受到潜移默化的影响，极大地提升了受众前往该地旅游的可能性。

---

① 金田林、刘峥延：《加快完善生态产品价值实现机制》，《光明日报》2024年4月23日。
② 王东：《完善生态产品价值实现机制，打通"两山"转化路径》，《经济日报》2024年5月8日。

参考文献

毕艳君：《打造波澜壮阔的黄河文化》，《中国土族》2023年第1期。

夏吾交巴：《2023年青海省文旅发展报告》，《新西部》2023年第10期。

B.3

2023～2024年四川黄河流域生态保护和高质量发展研究报告[*]

王 倩 娄伦维[**]

摘 要： 本报告系统总结了2023～2024年四川省推动黄河流域建设的重要举措，分析了生态治理、国家公园建设、产业高质量发展取得的显著成效，探讨了当前四川黄河流域建设所面临的问题与挑战，并以此为基础认为四川省要筑牢黄河上游生态屏障应提升生态环境治理能力和水平、优化产业结构、强化经济竞争实力、加强基础设施建设。

关键词： 四川黄河流域 生态治理 产业发展

黄河四川段干流长174公里，涵盖阿坝州和甘孜州，流域面积1.87万平方公里，水质保持Ⅱ类，年径流量141亿立方米，占全流域的26%。拥有2处国际重要湿地，多个国家级、省级湿地，蓄水量近100亿立方米，湿地保护率达59%。

一 2023年四川黄河流域经济发展概况

2023年，四川省实现了历史性突破，国内生产总值（GDP）超过6万亿元，达到60133亿元，同比增长6%。其经济表现出强劲增长的势头，GDP超越河南省，成为中国第五大经济省份、中西部经济第一大省。

---

* 本文为四川省绿色创新发展软科学研究基地项目"经济提质增效目标下四川工业智能化绿色化融合合化发展的路径创新研究"（项目号：2023JDR0322）成果。
** 王倩，博士，四川省社会科学院生态文明研究所副研究员，主要研究方向为区域经济学与生态经济学；娄伦维，四川省社会科学院区域经济研究所，主要研究方向为区域经济学。

（一）阿坝州经济蓬勃发展，第一、第三产业增长迅速

2023年，阿坝州经济表现亮眼，第一和第三产业显著增长，并以第三产业为主导，第三产业对经济增长贡献最大，反映出阿坝州对服务业的依赖。全州地区生产总值达到503.19亿元，位居全省第5位，同比增长8.8%，超过全省平均水平0.8个百分点（见图1）。

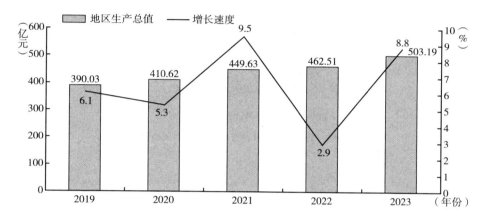

图1　2019~2023年阿坝州地区生产总值及增长速度

资料来源：《阿坝藏族羌族自治州2023年国民经济和社会发展统计公报》。

产业增加值方面，第一产业为98.48亿元，同比增长9.3%；第二产业为122.53亿元，同比增长4.3%；第三产业为282.18亿元，同比增长7%。三次产业结构为19.6∶24.4∶56.0（见图2），第三产业占比超过一半，表明其在经济中占据主导地位。第三产业贡献率为57.2%，拉动经济增长3.9个百分点。2023年阿坝州人均GDP为61067元，同比增长6.2%。

阿坝州"黄河流域"经济健康发展。2023年，若尔盖县、松潘县、阿坝县、红原县四县共实现GDP111.4亿元，同比增长7.9%，拉动全州经济增长1.8个百分点。若尔盖县GDP达到34.12亿元，同比增长8.0%。松潘县GDP为31.86亿元，同比增长7.0%。阿坝县GDP为23.64亿元，同比增长8.4%，在全州排名第11位。红原县GDP为21.78亿元，同比增长8.5%，排名第12位（见表1）。这两个县的经济增长显著，对全州经济贡献突出。

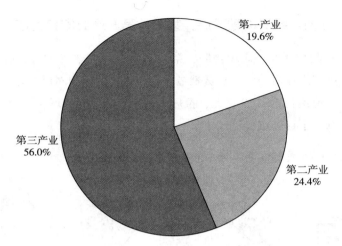

图 2 2023 年阿坝州三次产业构成

资料来源：《阿坝藏族羌族自治州 2023 年国民经济和社会发展统计公报》。

表 1 2023 年阿坝州各县市 GDP 排名

GDP 排名	各县市	2023 年 GDP（亿元）	2023 年增速（%）
1	汶川县	91.55	6.9
2	茂县	55.53	6.8
3	马尔康市	51.86	7.8
4	九寨沟县	37.10	9.2
5	理县	34.89	5.6
6	若尔盖县	34.12	8.0
7	松潘县	31.86	7.0
8	黑水县	31.32	4.4
9	小金县	29.93	6.7
10	金川县	25.35	6.6
11	阿坝县	23.64	8.4
12	红原县	21.78	8.5
13	壤塘县	15.50	6.8

资料来源：据公开资料整理。

（二）甘孜州经济稳健增长，服务业潜力巨大

2023 年，甘孜州经济稳健，GDP 首次突破 500 亿元，达 513.4 亿元，同比增长 8.8%，高于全国和全省平均水平，服务业发展潜力巨大（见图 3）。

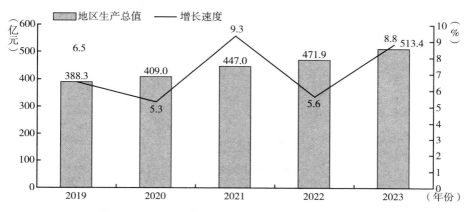

图 3　2019~2023 年甘孜州地区生产总值及增长速度

资料来源：《甘孜藏族自治州 2023 年国民经济和社会发展统计公报》。

2023 年，甘孜州第一产业增加值 86.88 亿元，增长 2.9%；第二产业 147.24 亿元，增长 12.0%；第三产业 279.20 亿元，增长 8.9%（见图 4）。三次产业对 GDP 的贡献比例调整为 16.92∶28.68∶54.40（见图 5）。第三产业拉动 GDP 增长 3.1 个百分点，占比超一半，服务业主导地位显著。

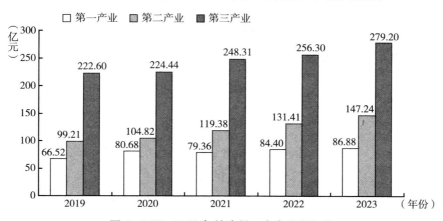

图 4　2019~2023 年甘孜州三次产业增加值

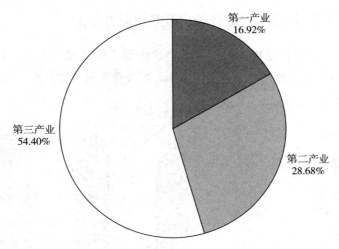

图 5　2023 年甘孜州三次产业构成

资料来源：《甘孜藏族自治州 2023 年国民经济和社会发展统计公报》。

2023 年，黄河流经的甘孜州石渠县 GDP 为 23.64 亿元，在全州排名第五，同比增长 7.4%，在甘孜州经济中占重要地位。

二　2023年四川黄河流域生态保护和高质量发展的举措

2023 年 7 月 25～27 日，习近平总书记视察四川时强调"在筑牢黄河上游生态屏障建设上持续发力"。四川省深入贯彻落实总书记指示精神，高位推进黄河流域建设，切实维护国家生态安全。

（一）全面贯彻落实黄河流域党中央决策部署

1.省级部署

2023 年 7 月 12 日，省长黄强在第二次黄河流域省级河湖长联席会议上强调，要深入实施《黄河保护法》，强力推动黄河流域生态保护和高质量发展，全流域全方位推进大保护大治理。会议还审议通过了《黄河流域贯彻实施黄河保护法指导意见》《黄河流域村级河湖管护体系建设指导意见》。2023 年 10

月 7 日，省委书记王晓晖主持召开 2023 年省田长制、林长制暨省总河长全体会议，强调全面落实落细田长制、林长制、河湖长制，持续用力筑牢黄河上游生态屏障。2023 年 10 月 24 日，副省长胡云主持召开 2023 年黄河流域（四川段）河湖长制工作推进视频会议，强调积极创建若尔盖国家公园，加快推进若尔盖草原湿地山水林田湖草沙冰一体化保护和修复工程，着力推动水环境治理与农村一二三产业深度融合发展。2023 年 11 月，四川省政协主办的沿黄九省区政协黄河流域生态保护和高质量发展协商研讨第六次会议在成都召开，会议围绕"完善黄河流域生态保护和高质量发展长效机制，建设幸福黄河"主题进行深入协商研讨并提出相关建议。

2. 州级部署

阿坝州方面，2024 年 1 月 24~27 日，阿坝州副州长旺娜带队先后赴黄河水利委员会、长江水利委员会等地调研，并召开座谈会，部署全州水务工作。2024 年 4 月 26 日，阿坝州委、州政府印发《美丽阿坝建设规划（2023—2035年）》，明确提出建设长江黄河上游生态安全标杆、青藏高原生态价值转化实践高地、民族地区共同富裕美好家园典范，从山川、河湖、经济、城乡、环境 5 个方面，部署 31 项具体建设行动。甘孜州方面，2024 年 4 月 10 日，甘孜州生态环境保护委员会第四次会议暨创建国家生态文明建设示范区动员部署会议召开，州委书记沈阳强调要加快创建国家生态文明建设示范区，切实筑牢长江黄河上游生态安全屏障。2024 年 5 月 14~16 日，2024 年甘孜州林草重点工作现场推进会召开。会议要求，全州要大力实施生态立州战略，坚持保护优先、"严"字当头，切实守护管理好林草资源，全力推动林草高质量发展。

3. 县级部署

2023 年 7 月 19 日，红原县司法局开展《中华人民共和国黄河保护法》主题宣传活动，普及相关法律条例。2023 年 9 月 4 日，中共松潘县委工作会议召开。县委书记王世伟强调，要切实筑牢生态屏障，持续深化"七大保护"行动，稳步推进"七大治理"工程。2023 年 10 月 24 日，阿坝县召开贯彻落实 2023 年黄河流域（四川段）河湖长制工作推进视频会议精神暨县总河长会，县委书记冯峥勇强调，要深入实施"七大保护""七大治理"行动，加快推进若尔盖国家公园（阿坝县段）建设。2023 年 10 月 23~24 日，若尔盖县政协副主席胡毅带队调研黄河流域生态环境警示片反馈的湿地挖沟排水、牲畜超

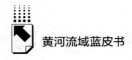
载过牧、草原"两化三害"、泥炭盗采问题整改落实情况，并提出了针对性的建议。2024 年 5 月 17 日，石渠县副县长志玛拉吉主持召开关于筑牢长江黄河上游生态屏障持续发力专项工作会。

（二）加强全域生态治理

2023 年 7 月 13 日，松潘县生态环境保护委员会 2023 年第一次全体会议召开，会议提出了推进生态系统保护、全力实施生态修复治理、全面推动生态价值转化三大工作任务，并审议了《松潘县 2023 年"七大保护行动""七大治理工程"实施方案》《松潘县贯彻落实〈美丽四川建设战略规划纲要（2022—2035 年）责任分工方案〉任务实施分解方案》。2024 年，若尔盖县针对土地沙化、湿地和草原退化等严峻的生态问题，制定系列生态修复措施，投资 1.185 亿元在唐克、辖曼、红星等乡镇开展大规模的生态修复治理工作。2024 年 3 月，《石渠县国土空间生态修复规划（2021—2035 年）》出台，将石渠县划分为 5 个生态修复区，明确了实施生态修复的主要任务和重点工程。2024 年 5 月 9 日，阿坝县举行 2023 年度四川省阿坝州若尔盖草原湿地水源涵养生态保护和修复项目开工仪式，该项目总投资 1856 万元，采取人工修复和自然恢复等措施，开展人工种草 1.42 万亩、天然草原改良 10 万亩、围栏封育 6 万亩、封山育林 3.51 万亩。2024 年 5 月 13 日，阿坝州副州长陶钢率队赴红原县开展山水工程现场督导，要求将其打造成精品示范工程。

（三）深入推进国家公园建设

1. 若尔盖国家公园

2023 年 8 月 14 日，若尔盖县召开若尔盖国家公园创建工作推进会，专门部署加快推进创建工作。2023 年 9 月 26 日，红原县县长阿江主持召开十五届红原县人民政府党组第 24 次（扩大）会议，部署若尔盖国家公园创建与高质量实施"山水工程"。2023 年 10 月 24 日，阿坝县召开贯彻落实 2023 年黄河流域（四川段）河湖长制工作推进视频会议精神暨县总河长会，强调加快推进若尔盖国家公园（阿坝县段）建设。2024 年 1 月 22 日，四川省政府工作报告指出将积极争取国家批复设立若尔盖国家公园。

2. 大熊猫国家公园

2023 年 11 月 7 日，阿坝州召开大熊猫国家公园小水电清理退出工作专题会议，要求全面完成大熊猫国家公园小水电清退任务。2024 年 5 月 22 日，阿坝州州政府党组召开 2024 年第 7 次会议，强调高质量完成若尔盖国家公园创建，高标准推进大熊猫国家公园建设，高质量完成若尔盖"山水工程"项目。

3. 长征国家文化公园

2023 年，阿坝州印发《长征国家文化公园（阿坝州段）建设保护规划》及实施方案。2024 年 4 月 17 日，长征国家文化公园阿坝州段建设保护工作现场推进会在若尔盖县召开。会议要求，州级相关部门和各县（市）要强化文物保护，强化品牌塑造，强化宣传教育，做响红军长征在阿坝"爬雪山过草地"的红色旅游品牌。

（四）大力推动黄河流域高质量发展

阿坝州方面，《阿坝藏族羌族自治州乡村振兴促进条例》于 2023 年 8 月正式施行，明确"应当坚持以农业为主体，依托乡村优势特色资源，构建现代高原特色产业体系"等。2024 年 1 月 23 日，中共松潘县委农村工作领导小组 2024 年第一次会议暨乡村振兴工作专题会议召开，部署 2024 年度"三农"工作。县委书记王世伟强调，要大力实施"现代农业产业园区培育"工程，持续壮大藏红花椒、高原蔬菜、道地中药材、特色养殖业、高原食用菌五大主导农牧产业，做强做优牦牛、生猪、蛋鸡、松潘（瓦布）贝母、高原水果、优质饲草料等多个特色农牧产业。

甘孜州方面，2023 年 6 月 27 日，甘孜州清洁能源发展大会在道孚召开，提出布局东南西北中五大区域清洁能源基地、建设绿色低碳优势产业集群。同时，出台《关于全面推进清洁能源高质量发展的意见》，明确提出到 2025 年，全州清洁能源装机总量超 3000 万千瓦，电网建设更加坚实可靠，送出能力达到 2200 万千瓦以上，初步实现水风光互补发展、网源协同发展，清洁能源供应保障能力显著提升。2024 年 1 月 16 日，甘孜州印发《甘孜州有机产业发展规划（2023—2030 年）》，该文件指出，重点发展"6+3"有机特色产业，推动甘孜州农牧业向绿色化、高端化发展。

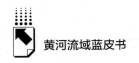

三　2023年四川黄河流域生态保护和高质量发展取得的成效

（一）生态治理成果显著，黄河流域生态系统功能持续提升

2023年，阿坝州建成黄河干支流生态防护带741公里，常态管护天然林5580万亩、天然草原4718万亩、湿地884万亩，全州主要河流出境断面水质达Ⅱ类标准以上，草原综合植被盖度达85.5%，土壤质量保持优良，碳排放强度全省最低。同时，治理干旱河谷0.85万亩、草原"两化三害"743.2万亩，治理河长134.37公里、水土流失65.49平方公里，整治入河排污口3595个，空气质量全省第一，治理经验得到国务院办公厅和生态环境部通报表扬①。2023年12月，在四川省水利厅的大力支持下，阿坝州阿坝县、若尔盖县、红原县县域节水型社会达标县建设顺利通过省级验收。2023年，若尔盖县累计投入资金5437万元，实施黄河上游若尔盖草原湿地山水林田湖草沙一体化保护和修复工程。项目采用创新"鼠害防治+围栏封育+平整地面+划破草皮+草种混播+施肥+田间管理+后期管护"模式，完成鼠害防控425万亩、人工种草2.5万亩及天然草原改良4.4922万亩。2024年，若尔盖县持续在巴西、唐克、辖曼、麦溪等地大规模开展生态建设项目补植补栽工作，截至2024年5月，共补植补栽高山柳180.32万株、云杉2万株，有效提升了生态修复项目成效②。2023年，红原县坚持山水林田湖草沙一体化保护和系统治理，草畜平衡基本实现。退化草地修复88.37万亩，林地提质改造3.73万亩，沙化土地治理1.58万亩，水土流失治理1.66万亩，修复湿地、矿山、河岸带1.87万亩，新建堤防护岸66.17公里，治理地质灾害2处，项目总数、投资总额、中央奖

---

① 《固绿水青山之本　筑绿色发展之基——我州全面推进生态文明建设综述》，"微阿坝"，https://mp.weixin.qq.com/s/pr9ScIv9GuAkfNdRdN6drw，最后检索时间：2024年5月29日。

② 若尔盖县林业和草原局：《若尔盖县完成补植补栽高山柳、云杉182.32万株》，2024年5月15日。

补资金、项目完成率均列全州第一①。2023 年，石渠县累计投入 10.95 亿元实施退牧还草、城乡环境综合治理、饮用水源地保护等工程，完成人工种草 16.8 万亩，治理"三化"草地 487.25 万亩，县、乡、村三级河长累计巡河 7.3 万次，疏浚河道 120 公里②。

（二）国家公园建设取得重大进展，推动黄河流域生态焕新

若尔盖国家公园创建目前已通过省级自评和国家林草局初审。2023 年 9 月 4 日，省政府新闻办在成都举行"壮丽辉煌七十年 感恩奋进新阿坝——阿坝藏族羌族自治州成立 70 周年"新闻发布会，充分展现阿坝州"打造世界最美高原湿地国家名片"的积极实践。围绕国家公园建设，高质量编制 13 个专项方案，高效率完成 16 项创建任务③。

大熊猫国家公园持续高质量建设。第四次全国大熊猫调查显示，阿坝州境内划入大熊猫国家公园范围的野生大熊猫有 330 只，占全国野生大熊猫数量的 17.7%。近年来，阿坝州采取"全民参与、共建共享"的方式，引导大熊猫国家公园阿坝片区居民参与大熊猫国家公园的建设和保护。截至 2024 年 5 月，大熊猫国家公园阿坝片区恢复植被 1.63 万亩，保育生境 2.03 万亩，打造竹产业基地 1.01 万亩④。

长征国家文化公园建设加快推进。2023 年以来，阿坝州推出"雪山草地、长征丰碑"核心主题，倾力打造阿坝红色文化品牌。对 100 余处革命历史纪念设施进行了梳理核查。若尔盖红军长征过草地克包座重点展示园、松潘红军长征纪念碑碑园提升改造等一批国家级重点项目建设完成。有序推进长征国家文

---

① 红原县政府办：《红原县第十五届人民代表大会第三次会议政府工作报告》，2024 年 1 月 16 日。

② 《【回访"怎么办" 各县这样干】㉗石渠县：厚植生态底色 冰天雪地也是金山银山》，《微甘孜》，2023 年 11 月 13 日，https：//mp.weixin.qq.com/s/nyK6fUFb2HMf1FGPMOYVZQ，最后检索时间：2024 年 5 月 29 日。

③ 《若尔盖国家公园创建已通过国家林草局初审》，"川观新闻"，2023 年 9 月 4 日，https：//www.ruoergai.gov.cn/regxrmzf/c100050/202309/00a5af7782f140c5b75832c73013d970.shtml，最后检索时间：2024 年 5 月 29 日。

④ 《国家公园体系建设取得新进展新成效（人与自然）》，https：//mp.weixin.qq.com/s/vktora0UBu2ZDPXgT_VgvQ，最后检索时间：2024 年 5 月 29 日。

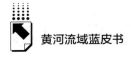
化公园阿坝州段标识标牌建设、达维喇嘛寺特色展示点建设、沙窝会议会址重点建设项目①。2023年,长征国家文化公园甘孜段重要组成部分——石渠县十八军进藏陈列馆正式开馆,收集珍贵的历史照片100余幅、实物200余件。

(三)产业多元化发展助力黄河流域高质量发展

1. 农牧产业提档升级

阿坝州大力发展以牦牛为主导的现代高原特色畜牧产业集群,2023年出栏各类牲畜142万头(只)左右、总产肉奶26万吨②。若尔盖县坚持以产业转型升级激发畜牧资源优势,建设人工饲草基地4万亩,盘活川甘青活畜交易市场,构建国内先进牦牛、藏系绵羊线上交易平台,目前,已成交牛羊4.6万混合头③。红原县圆满承办川浙现代畜牧业高质量发展暨阿坝州牦牛产业大会,预计全年各类牲畜出栏160774混合头,同比增长12%;肉类总产量19653吨,同比增长37.5%;奶类产量40512吨,同比增长3%④。

甘孜州成功举办"有机之州·甘孜甄选"有机产品推介会,现场签约项目8个、订单金额超1.2亿元;大力推进国家级牦牛产业集群和"三江六带"现代农业产业带建设,着力建园区、育龙头、树品牌,启动实施牦牛集群建设项目20个,建成现代高原特色农牧业基地80万亩;组织州内企业参加中国农交会、四川西博会、市(州)长品牌推介等活动。截至2023年底,全州"两品一标"农产品达258个、有机市场主体达89家、有机产品证书达183张、有机认证面积15.7万公顷,年产量8.2万吨、产值15.2亿元。建设高水平的"高原粮仓",粮食产量连续13年稳定在20万吨以上⑤。

① 《长征国家文化公园阿坝州段建设保护工作现场推进会在若尔盖县召开》,"若尔盖发布",https://mp.weixin.qq.com/s/7CJyFx_T5LgtYcl31g-U9g,最后检索时间:2024年5月29日。

② 阿坝州发展改革委:《阿坝藏族羌族自治州2023年国民经济和社会发展计划执行情况及2024年计划草案的报告》,2024年3月20日。

③ 若尔盖县政府办:《若尔盖县2023年国民经济和社会发展计划执行情况及2024年计划(草案)报告》,2024年2月8日。

④ 红原县政府办:《红原县第十五届人民代表大会第三次会议政府工作报告》,2024年1月16日。

⑤ 《2023年甘孜州十大新闻发布》,"康巴传媒",https://mp.weixin.qq.com/s/2PC-yakU5LKZzZG8rdQJdA,最后检索时间:2024年5月29日。

2. 文旅产业蓬勃发展

2023 年阿坝州黄河流域共接待游客 1594.60 万人次，实现旅游综合收入 136.19 亿元①。2023 年，若尔盖县高标准举办 2023 年若尔盖黄河大草原文化旅游节，高质量举办"黄河流域·黄河姑娘大赛""中华民族大赛马·若尔盖县黄河河曲马第十届安多赛马节"等系列活动，全年累计旅游人次达到 314.58 万人次，同比增长 34.3%，旅游综合收入达到 20.94 亿元，同比增长 24.4%②。松潘县在旅游景区创建方面，成功将秘境古道三舍驿站旅游景区等 5 个景区创建为国家 2A 级旅游景区。吸收社会投资 8500 万元，完成"梦回松州·遇见松潘"一期"阿玲吉祥藏寨"项目建设；争取资金 900 万元，用于长征国家文化公园建设项目；完成毛儿盖、下八寨红色美丽村庄建设项目③。此外，全国"红色草原"联盟在红原县成立，红原县被选为第一届理事长单位。2023 年红原县实现接待游客 285.23 万人次，旅游综合收入 23.93 亿元，第三产业预计实现增加值 10.41 亿元、同比增长 6.5%④。

据甘孜州文广旅局最新数据，2023 年，全州接待游客 4130 万人次，年度接待游客总人次首次突破 4000 万，实现旅游综合收入 452 亿元，年度旅游总收入首次突破 400 亿元。石渠县积极探索推行"公路+文化+旅游"的"三环联动"发展模式，贯通松格嘛呢、神鹿谷等 5 个 4A 级旅游景点。截至 2024 年 1 月，设置旅游咨询服务点 3 个，全县累计接待游客 138.23 万人次，实现旅游总收入 15.21 亿元。

3. 清洁能源产业持续释放潜力

阿坝州积极开展能源绿色低碳转型。2023 年，装机 87 万千瓦的金川嘎斯都"光伏+N"、阿坝查理"光伏+N"、黑水毛尔盖电站水光互补项目开工建设。锂产业加快集聚发展，金鑫、德鑫两条 105 万吨/年采选项目投产。载能

---

① 《罗振华：守护黄河文化根脉　助推高质量发展》，"文明阿坝"，https://mp.weixin.qq.com/s/1TZXtylaSBakKa--olmFFg，最后检索时间：2024 年 5 月 29 日。
② 若尔盖县政府办：《若尔盖县 2023 年国民经济和社会发展计划执行情况及 2024 年计划（草案）报告》，2024 年 2 月 8 日。
③ 松潘县政府办：《松潘县切实推进黄河流域文旅融合发展》，2023 年 11 月 28 日。
④ 红原县政府办：《红原县第十五届人民代表大会第三次会议政府工作报告》，2024 年 1 月 16 日。

产业加快转型升级，累计新增备案工业和技术改造项目 48 个①。截至 2024 年 3 月，全州建成水电装机 602.5 万千瓦，在建水电装机 475 万千瓦。积极谋划光伏项目 17 个，总装机规模达 911.1 万千瓦。其中在建光伏项目 3 个，总装机规模 202 万千瓦，首期开发装机 87 万千瓦；计划实施光伏项目 14 个，总装机规模 709.1 万千瓦，其中 8 个项目、总装机 385 万千瓦，已完成法人优选和确认工作，2024 年将全面开工建设。截至 2024 年 3 月，全州已建成清洁能源装机共计 649.3 万千瓦②。2023 年红原县清洁能源示范利用规模日益扩大，2.94 万千瓦分布式光伏发电项目有序推进，安曲 1 号、2 号场址等 4 个点位先行建成投产，全县光伏装机总规模达 6.94 万千瓦。

甘孜州清洁能源第二次普查摸底初步成果显示，全州清洁能源可开发潜力近 2.5 亿千瓦。在"双碳"目标引领下，甘孜州牢牢把握清洁能源优势，大力发展绿色低碳产业，加快推进全国水风光一体化示范区和四川省绿电供应战略高地建设。如全球最大、海拔最高水光互补项目——柯拉一期光伏电站投产，雅砻江流域"十四五"以来开工建设的最大规模水电工程——孟底沟水电站开工建设等。截至 2023 年底，全州新增清洁能源装机 285 万千瓦。光伏项目获批 14 个 1475 万千瓦，占全省新批量的 53%、居全省第一③。2024 年 1 月 23 日，石渠县与雅砻江流域水电开发有限公司签订战略合作协议，雅砻江公司将加大在石渠的投资，加快清洁能源开发，支持石渠高质量发展。

四 四川黄河流域生态保护和高质量发展存在的问题

（一）经济规模较小，发展面临压力

2023 年，阿坝州和甘孜州的 GDP 在四川省分别位列倒数第一和第二，反

---

① 阿坝州发展改革委：《阿坝藏族羌族自治州 2023 年国民经济和社会发展计划执行情况及 2024 年计划草案的报告》，2024 年 3 月 20 日。

② 《新闻发布会③｜发改委：筑牢长江黄河上游生态屏障，推进绿色低碳发展》，"阿坝州生态环境"，https：//mp.weixin.qq.com/s/js6vtxmqhWcdKEbAt05oQA，最后检索时间：2024 年 5 月 29 日。

③ 《2023 年甘孜州十大新闻发布》，"康巴传媒"，https：//mp.weixin.qq.com/s/2PC-yakU5LKZzZG8rdQJdA，最后检索时间：2024 年 5 月 29 日。

映出其经济实力较为薄弱。若尔盖县和松潘县的 GDP 较大，分别为 34.12 亿元和 31.86 亿元，但在阿坝州内仅居中，经济地位不突出。阿坝县和红原县的 GDP 较小，分别为 23.64 亿元和 21.78 亿元，位于阿坝州的中下游位置，经济规模小且发展水平落后。石渠县的 GDP 为 23.64 亿元，在甘孜州排名第五，整体表现中等。总体来看，黄河流域四川段经济实力不强、规模不大，需要加快发展和提升竞争力。

（二）生态环境脆弱，生态建设和保护任务艰巨

四川黄河流域位于青藏高原生态屏障区。受气候变化、人类活动及资金不足等因素影响，该地区生态环境极为敏感和脆弱，面临草原沙化退化、干支流岸线稳定性差、岸线侵蚀严重等多重问题。例如，花湖位于若尔盖湿地国家级自然保护区，作为黄河上游重要的水源涵养区，被誉为"地球之肾"，然而受到人类开发和气候变化的影响，曾经历过生态侵占、湿地萎缩、草地沙化以及畜牧超载等挑战，这些直接威胁到其水源涵养能力和生物多样性。同时，黄河干流四川段作为四川省和甘肃省的界河，其岸坡稳定性较差，岸线侵蚀问题尤为严重。最近的研究发现，尽管在环保基础设施建设方面有所进展，四川省黄河流域仍面临湿地萎缩、草原退化沙化等严峻形势。

（三）产业发展水平较低，产业结构不合理

首先，四川黄河流域区域第一产业增速为 5.5%，在阿坝州和甘孜州整体经济中占比较低（分别为 19.6% 和 16.92%），发展水平不高。其次，四川黄河流域区域第二产业发展不足，在阿坝州和甘孜州所占的比重分别为 24.4% 和 28.68%。最后，四川黄河流域区域以第三产业为主导产业，但结构不合理，阿坝州和甘孜州的第三产业占比分别为 56.0% 和 54.40%，服务业增长存在可持续性和质量问题。整体而言，三次产业比例显示出阿坝州和甘孜州的产业结构失衡，第一和第二产业发展滞后，经济增长主要依赖服务业，缺乏多元化、协同发展的产业体系，不利于可持续发展。

（四）基础设施及治理能力存在不足

一是城镇基础设施建设滞后，管理水平不高，导致居民生活质量和城市发

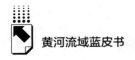

展受限。二是乡村基础设施落后，经济发展基础薄弱，难以吸引和留住人才。三是自然灾害多发，安全生产隐患整治难度大，影响当地经济和居民安全。四是部分政府工作人员本领不强、作风不实，存在腐败现象，影响行政效率和公信力。

五 四川黄河流域生态保护和高质量发展的对策建议

（一）全面提升生态环境治理能力和水平

筑牢"中华水塔"，四川省需加大生态保护修复力度和环境基础设施建设力度。首先，实施水土保持、湿地恢复、草地恢复等生态修复工程，扩大森林覆盖面积，通过植树造林和退耕还林增加植被密度和多样性。加强河流、湖泊治理，改善水质，保护水生态系统。建设和管理自然保护区，强化生态环境监测，保护珍稀物种和生态系统完整性。其次，加快城市和农村污水处理设施建设，提高污水处理率，减少污染，提高环境质量。完善固体废物处理设施，加强分类、收集、处理，减少环境污染。建设黄河流域监测站，提升监测覆盖率和精度，动态监测污染源头，为治理决策提供科学依据。最后，完善水环境监测网络，实时监测水质变化，评估治理成效，保障水资源可持续利用，维护生态系统的稳定性和功能完整性。

（二）强化黄河流域四川段经济竞争实力

促进产业结构升级，鼓励若尔盖县和松潘县发展高附加值产业，如旅游业、生态农业、文化创意产业，以提高经济竞争力。加大交通基础设施投资，改善阿坝县和红原县的发展环境，提升其吸引投资和发展产业的能力。推动科技创新，支持技术转移，为企业提供技术支持和培训，提高技术含量和创新能力，推动经济持续增长。加强区域合作，与周边地区展开合作，通过产业合作联盟、跨境贸易合作等，实现资源共享、优势互补。加大政府扶持力度，通过政策和资金扶持支持经济落后地区发展，鼓励企业投资，带动经济发展。促进消费需求增长，鼓励消费升级，提高居民消费水平，通过增加收入和优化社会保障体系拉动经济增长。

（三）优化产业结构，提升产业发展质量与效益

提升第一产业现代化水平，推广现代农业技术和设备，提高农产品质量和附加值，发展有机和特色农业。加快第二产业升级，发展绿色制造、清洁能源、新材料等优势产业，加强工业基础设施建设，推动企业技术改造。优化第三产业结构，发展金融、信息技术、商务服务等现代服务业，提升文旅产业和公共服务水平。推动产业协同发展，融合农业、工业和服务业，建设产业集群。加强科技创新和人才培养，设立专项资金以支持研发，引进高端人才，开展技能培训。完善基础设施建设，提升交通、物流和信息设施，推进5G网络和互联网建设。健全政策支持和激励机制，扶持重点产业和龙头企业，提供税收优惠和资金补助，建立绩效考核和奖励机制，推动高质量发展。

（四）加强基础设施建设，提升治理能力

通过定期培训提高政策理解和管理能力，建立标准化项目管理流程，提高工作效率。加强国企管理和监督，引入第三方审计，推进企业制度改革。加大城镇基础设施投资，改善道路、供水、排水、供电、通信等条件，引入智慧管理系统，提升公共服务质量。加强公共设施建设，提高居民生活质量。提升自然灾害监测预警系统，开展安全隐患排查和应急演练，提升应急处理能力。加强政府建设，培训干部，推进反腐倡廉，优化行政效能，推行"互联网+政务服务"，简化审批流程，提高行政效率。

参考文献

石常峰等：《近远程耦合视角下黄河流域产业虚拟水流动与水资源短缺风险传递》，《自然资源学报》2024年第1期。

马维兢等：《黄河流域经济规模与水资源边际效益异速增长时空特征及驱动因素》，《自然资源学报》2023年第12期。

周俊丽等：《黄河流域四川段高水平保护推动高质量发展的思考与建议》，《环境保护》2023年第22期。

谢明敏：《黄河上游四川民族地区草原湿地保护问题与对策》，《民族学刊》2023年

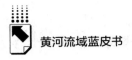

第 11 期。

徐勇等：《我国农业地区"十五五"时期总体布局调整建议》，《中国科学院院刊》2024 年第 4 期。

郭晨思、房锐：《"第二届巴蜀文化与南方丝绸之路学术研讨会"综述》，《四川师范大学学报》（社会科学版）2024 年第 2 期。

樊承志、杨妮：《创新传播方式讲好中华民族故事——中央广播电视总台四川总站传播实践思考》，《电视研究》2023 年第 12 期。

曹杰等：《川西高原典型作物土地适宜性评价及其影响因素》，《中国农业资源与区划》2024 年第 6 期。

余洁、吴泉蓉：《黄河流域旅游经济与生态文明耦合协调发展研究》，《干旱区资源与环境》2024 年第 5 期。

张婕等：《基于共享视角的黄河流域综合生态补偿机制》，《中国人口·资源与环境》2024 年第 3 期。

B.4

2023～2024年甘肃黄河流域
生态保护和高质量发展研究报告

段翠清[*]

摘　要： 本文在对黄河流域（甘肃段）2023～2024年发展现状、举措以及成效进行分析和研判的基础上，认为在黄河流域（甘肃段）经济社会发展与环境保护紧密相关的情况下，黄河流域（甘肃段）高质量发展受到内生动力不足、生态系统承载力较脆弱、绿色发展制度设计存在短板以及流域居民对绿色低碳行为的参与度和践行度还不够等因素制约。在新发展阶段，黄河流域（甘肃段）应采取生态环境保护治理和产业结构优化转型双轮驱动的形式，基于以创新为核心的动力转换，构建闭环产业链，加强维度解构，逐步形成政府、企业、民众三方共治社会体系，重点从培育绿色发展新动能、激活绿色发展活力、优化现代乡村文明治理路径、提升居民践行绿色低碳生活的自觉度、构建绿色低碳发展文化体系等方面实现新的突破。

关键词： 甘肃黄河流域　生态保护　高质量发展　绿色低碳

　　黄河流经甘肃9个市（州）区域，流域总面积为14.59万平方公里，年径流量172.89亿立方米，流域总长度7752.46千米，占甘肃总面积的34.3%。甘肃省处于黄河上游地区，甘肃省对整个黄河流域具有重要影响，是我国重要的生态安全屏障区和黄河上游水资源涵养区。因此，协同推进黄河流域（甘肃段）生态保护和高质量发展，不仅能够保证黄河全流域生

---

　　* 段翠清，甘肃省社会科学院经济研究所副研究员，主要研究方向为恢复生态学、环境科学。

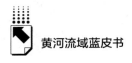

态保护和高质量发展战略的有效实施，还能促进"双碳"战略目标的如期实现。

一 甘肃黄河流域生态保护和高质量发展成效

（一）生态环境保护和修复工作成效显著

1. 不断加强水资源集约利用，水体质量不断提升

水体清洁作为黄河流域（甘肃段）生态保护建设的主要评估指标，是实现流域高质量发展的重要基础任务。近年来，甘肃省积极倡导和加强水资源的节约利用，着力进行水源涵养地的生态保护和修复，使得甘肃省呈现水资源总量上升和供水总量下降的"双好"局面。据统计，2012～2023年，甘肃省水资源总量呈现先降低后增加的趋势，从2012年的300.7亿立方米，降至2015年的198.8亿立方米，后又逐渐增加至2023年的410.9亿立方米，比2012年增长了36.65%，而供水量由2013年的123.1亿立方米降至2023年的109.9亿立方米，降低了10.72%，说明甘肃省在不断调整和优化水资源利用结构，并取得了一定的成效。除此之外，甘肃省也积极进行地表水和地下水环境的清洁保护工作，使得甘肃省水质环境长期处于优良状态，民众拥有健康干净的饮用水环境。

2. 主要污染物数量下降趋势明显，城市空气质量明显好转

甘肃省以生态文明建设为契机，黄河流域（甘肃段）各市州通过积极实施大气污染防治行动，强化"蓝天治理"行动，使得流域内大气环境有了明显的改善。据统计，2013～2023年，黄河流域（甘肃段）区域内城市二氧化硫、二氧化氮和可吸入颗粒物等主要大气污染物的浓度都有了明显的下降，下降幅度分别达到70.45%、34.55%和43.96%，空气质量优良的天数呈增加趋势。分区域看，黄河流域（甘肃段）9个市（州）中白银市二氧化硫污染物排放量较高，为50.41ug/m³，兰州市和平凉市二氧化氮污染物排放量较高，分别为56.00ug/m³和41.23ug/m³，兰州市和白银市大气中PM10含量较高，分别为109.10ug/m³和90.70ug/m³。

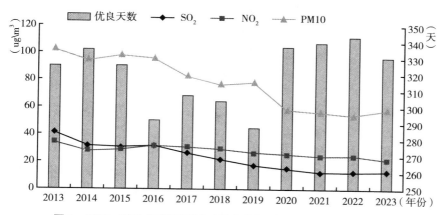

图1 2013~2023年黄河流域（甘肃段）城市空气质量变化情况

资料来源：甘肃省生态环境厅。

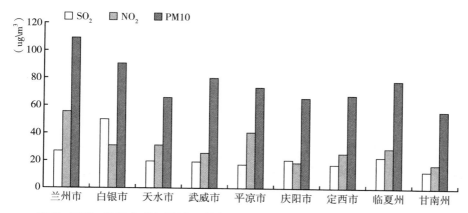

图2 2013~2023年黄河流域（甘肃段）各市州空气中主要污染物排放均值

资料来源：甘肃省生态环境厅。

3.深入践行"两山"理念，筑牢国家西部生态安全屏障不放松

一是积极强化生态环境保护工作，并定期对黄河流域（甘肃段）9个市（州）的生态环境状况进行评级，得分为68.22~22.19分。其中，甘南州和天水市被评定为良好等级，而武威市被评定为较差等级，其余市州评定等级为一般。二是加强自然保护地建设，截至2023年底，黄河流域（甘肃段）区域内拥有祁连山国家级自然保护区、兴隆山国家级自然保护区、尕海—则

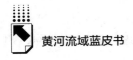

岔国家级自然保护区、民勤连古城国家级自然保护区等保护区 35 个（其中国家级 11 个、省级 21 个），自然保护地 133 个，国家级自然保护区面积为 49300km²，省级自然保护区面积 8200km²，分别占甘肃省国土总面积的 11.58% 和 1.93%。

（二）稳步推进绿色低碳转型发展

1. 全面推动产业结构优化升级

自 2013 年习近平总书记提出"生态文明"建设思想以来，甘肃省委、省政府在不断加强生态环境保护的同时，聚焦以绿色低碳为主导的产业结构优化升级，不断提升甘肃经济高质量发展水平。2018 年，甘肃省委、省政府出台《甘肃省推进绿色生态产业发展规划》，印发《十大生态产业行动规划》，以国家产业发展政策为导向，结合甘肃产业基础和优势，紧盯未来发展趋势，确立了清洁生产、节能环保、清洁能源、先进制造等十大生态产业发展布局，形成了"1+1+10+X"生态产业体系。据统计，2023 年，甘肃省十大生态产业增加值为 3882.96 亿元，占甘肃省生产总值的 32.7%，分别较 2018 年增加了 2371.66 亿元、上升了 14.4 个百分点（见表 1）。2021 年 8 月，甘肃省政府印发《关于加快建立健全绿色低碳循环发展经济体系的实施方案》，对甘肃省"十四五"时期工农业绿色产业体系改造、服务业绿色发展质量、绿色环保产业培育、园区循环产业改造、绿色供应链改造等方面提出了明确方案和目标。2021 年 12 月，在甘肃省委十三届十五次全会暨省委经济工作会议上，省委、省政府提出"强科技、强工业、强省会、强县域"的四强行动，为甘肃"十四五"时期绿色发展提供指引。2022 年 6 月，甘肃省政府制定《甘肃省碳达峰实施方案》，对"十四五"和"十五五"期间，甘肃产业结构布局、清洁能源产业体系建设提出了具体目标，并围绕这些目标，重点实施能源绿色低碳转型行动、节能降碳增效行动、工业领域碳达峰行动、城乡建设碳达峰行动、交通运输绿色低碳行动、循环经济助力降碳行动、绿色低碳科技创新行动、碳汇能力巩固提升行动、绿色低碳全民行动、各市（州）梯次有序达峰行动等十大行动，力争在 2030 年实现碳达峰目标。

表1 2018~2023年甘肃省十大生态产业发展情况

单位：亿元，%

年份	产业增加值	在全省生产总值中占比	年份	产业增加值	在全省生产总值中占比
2018	1511.3	18.3	2021	2852.90	27.0
2019	2061.9	23.7	2022	3278.77	29.3
2020	2179.0	24.2	2023	3882.96	32.7

资料来源：甘肃省统计局。

2. 持续加强新能源产业开发，新能源布局在全域展开

甘肃省抢抓"双碳"战略机遇，依托丰富的太阳能、风能等新能源优势和产业发展基础优势，不断做大做强新能源产业集群。截至2023年底，甘肃省新能源装机总量达到3800万千瓦，占全省总装机容量的53.8%，同比增长31.2%，较"十三五"末增长近1500万千瓦。新能源装机占比达到53.8%，跃居全国第2位，成为省内第一大电源。可再生能源装机占全省电力总装机的67%，高于全国47%的平均水平。2022年甘肃省全年实现新能源发电量557亿千瓦时，占全省总发电量的28%，排名全国第2位；全年可再生能源发电量占全省总发电量的47.4%，高于全国29%的平均水平；非化石能源占一次能源消费的比重达到24.72%，远高于全国16.6%的平均水平。近十年，甘肃省新能源装机占比由2012年底的21.8%提升至2023年底的53.8%，新能源发电量占比由2012年底的8.8%提升至2023年底的28%，新能源利用率由2016年的60.3%提升至2023年底的95.3%，几项指标均远高于全国平均水平。

3. 提振创新文旅商贸产业，推动服务产业多元化发展

从进出口贸易角度来看，2013年甘肃省进出口总额为636.3亿元，2023年进出口总额为584.2亿元，比2013年下降了8.18%，其中，出口总额下降了56.22%，进口总额增长了32.26%，除2014年、2015年、2016年为贸易顺差外，其余年份均为贸易逆差，并在近几年逆差呈现逐年增加的趋势。分区域看，甘肃省商品出口贸易地区主要集中在中国香港、美国、韩国和中国台湾等地，进口地区主要集中在中国台湾、日本、蒙古国、哈萨克斯坦、俄罗斯和澳大利亚等地。从商品类别角度看，出口商品主要集中在农产品、机电产品、高新技术产品、医药材及药品、铁合金、未锻轧铝及铝材、文化产品等类别中，进口商品主要集中在农产品、金属矿及矿砂、未锻轧铜及铜材、电子元件、集成电路、电子技术、计算机集成制造技术、通信技术等类别中。从文旅产业发展角度来看，甘肃省近年来重视文化体育事业的发展，丰富人民群众的精神生活。据统计，近五年（2018～2023年），甘肃省文化产业增加值增长了52.15%，甘肃省中央广播节目、农村广播节目、中央电视节目、农村电视节目综合人口覆盖率分别达到98.05%、99.15%、98.59%和99.29%，较2018年增长了1.5～1.2个百分点。2013～2023年，甘肃境内国内游客年均达21133.92万人次，旅游总花费为1387.71亿元，人均花费为639.85元。甘肃省文化产业和文化事业的长足发展，为民众提升精神文化生活水平创造了条件。

4. 民众对绿色低碳发展的认知持续深入，自觉践行度不断提升

居民作为经济社会发展的参与者和受益者，其绿色低碳生活方式和行为意识直接决定区域高质量发展的速度和质量。因此，本文以黄河流域（甘肃段）为研究范围，以不同民众为研究对象，通过随机抽样的方式，对区域居民绿色低碳发展认知、绿色低碳生活行为、绿色低碳生活消费方式以及绿色低碳生活意愿等方面进行了问卷调研，旨在为甘肃加快推进黄河流域（甘肃段）高质量发展提供决策支持。调查结果显示：83.58%的被访居民表示或多或少地对绿色低碳这一词语的内涵有一定的认知，但是其中大约五成的被访居民只是笼统地知道绿色低碳就是降低碳的排放量，至于对涉及碳源、碳汇以及绿色技术等方面的详细内涵则表示不够清楚；有73.63%的被访居民对"低碳经济，绿色生活"观点持非常认同和基本认同的态度；仅有27.36%的被访居民对自己所在区域的环境保护治理现状表示满意；有32.01%的被访居民表示知道生活中哪些行为会增加碳排放；有15.59%的被访居民表示经常参与绿色低碳宣传活动；有13.1%的被访居民会经常对生活垃圾进行分类投放；有42.79%的被访居民表示会参加免费的植树活动；有28.36%的被访居民表示只要条件允许，就会选择清洁能源；有57.54%的被访居民最有意愿购买低碳类绿色食品和绿色生活用品；有80.26%的被访居民有打包剩余饭菜的习惯；超过八成的被访居民知道塑料制品的危害并会循环使用塑料袋，超过九成的被访居民会在平时的生活中注意电器的节约使用。

二 制约黄河流域（甘肃段）进一步推进高质量发展的因素

（一）经济基础薄弱，内生动力不足

高质量发展需要以科技、财政、人力资源等各方面的综合支撑为基础。虽然以绿色转型为主要方向的高质量发展是黄河流域（甘肃段）未来突破经济发展瓶颈，实现产业结构优化和转型的关键，但是受地理和历史因素的影响和限制，整体而言，黄河流域（甘肃段）区域产业结构比较单一，经济基础较薄弱，为高质量发展提供经济支撑的能力较弱。首先，受到地形、地质、自然资源的影响，农业发展水平和总量受到制约。一方面在地形较广阔平坦且适合发展灌溉和较大规模种植农业的地区，水资源的匮乏却使得农业种植规模受到严重制约，而水资源相对较丰富的陇东南地区却因山地地形条件的制约，而无法进行规模化的农业种植；另一方面，在发展畜牧条件较好的临夏、甘南等地，对生态资源的保护在一定程度上影响了甘肃畜牧业的规模化发展。其次，历年来，流域的支柱产业：石油、化工、钢铁、冶金、有色金属等在产业规模、发展速度、产值总量等方面与国内其他省份相比，略显落后，无法为流域高质量发展提供经济支撑。最后，以文化旅游为支撑的服务业受到季节、气候的制约，以及面临与周边省份同类化行业的激烈竞争，无法发挥出最大的资源效应。

（二）自然资源匮乏，生态系统承载力较脆弱

黄河流域（甘肃段）地处西北干旱半干旱区域，地形狭长、地貌复杂，地形以山地和丘陵为主，其面积占甘肃总面积的78.2%。特殊的地形、地貌和区域位置，使得流域的水资源和土地资源都十分稀缺。据统计，黄河流域（甘肃段）年均降水量为35~800毫米，年蒸发量为1100~3500毫米，人均水资源拥有量为150立方米，为全国平均水平的一半，流域耕地（每公顷）平均水资源量不到全国平均水平的1/3，属于严重缺水地带。在土地资源方面，流域辖区内85%的国土面积属于山地高原和戈壁，45.12%的国土面积

不同程度荒漠化、沙漠化，退化草地面积占年利用草地面积的39%。极端脆弱的生态环境和严酷的自然条件，使得流域在经济发展受到阻碍的同时，还面临耗费资金进行生态环境治理的艰巨任务。在生态环境系统方面，流域境内生态主体功能规划区面积26.76万平方公里，约占全省总面积的62.84%，主要有祁连山冰川与水源涵养生态功能区、甘南黄河重要水源补给生态功能区、"两江一水"流域水土保持与生物多样性生态功能区、这些重要的生态功能区同时也是甘肃经济社会发展所依靠的资源补给区，目前如何高效利用生态资源，进而减轻经济发展对自然资源的依赖将是甘肃面临的重要议题。

（三）科技水平落后，绿色发展制度设计存在短板

先进的科学技术是绿色发展的基础、核心推动力，未来绿色发展的竞争必定是高科技水平的竞争。黄河流域（甘肃段）由于地理位置的制约和经济社会发展水平的滞后，在科技研发投入、科研环境、科研基础方面都落后于全国发展水平。据统计，2023年，甘肃专利授权量为2.2万件，其中发明专利授权量为2472件，占总申请量的10.99%。在全国范围内，甘肃发明专利授权数量与北京（88127件）、上海（36797件）、广东（115080件）、四川（25458件）、贵州（3645件）、陕西（18963件）等发达或者周边省区市相比，相差甚远。在全省范围内，地区间的科技发展水平差异较大。2023年，9个市（州）发明专利授权数量排名前两位的地区分别为：兰州（1899件）、白银市（91件），而排在后两位的地区分别为：临夏州（20件）、甘南州（5件）。省会兰州市发明专利授权数量占全省总量的76.82%。在制度设计方面，近年来为推进高质量发展，制定了大量相关规章制度，涉及产业发展、环境保护、资源利用、绿色金融、社会治理、监督立法等方方面面。但是从整体上看，黄河流域（甘肃段）高质量发展主要还是依靠行政手段推进，虽然在短期内可以起到很好的效果，但是也存在成本较高、反弹效应比较严重以及行政执法手段单一等问题。

（四）居民对绿色低碳行为的参与度和践行度还不够

本次调研中，课题组从居民对绿色低碳行为的认知、绿色低碳宣传活动参

与程度、个人生活习惯选择等方面进行了调研。从调研的情况来看，虽然居民在绿色低碳行为的践行和绿色低碳活动的参与方面或多或少表现出一定的积极性，但不论是践行的深度还是参与的活跃度方面都还远远不够。其中，居民对自己生活中增加碳排放行为的知晓度只有1/3，一半以上的被访居民只参与过1~2次的绿色低碳宣传活动，多数被访居民表示不会参加自付费用的植树活动，多数被访居民主要是依据对自己的便利程度选择或不选择绿色低碳行为。这表明当下，居民践行绿色低碳行为的自觉度还有待提升。

（五）居民对绿色消费的了解和接受程度不够

日常消费作为居民生态足迹中主要的碳源之一，其在生活中是否能够接纳和进行绿色消费活动对甘肃推进绿色低碳发展速度的影响非常深远。从本次调研的整体情况看，只有不到三成的被访居民会主动放弃传统能源使用清洁能源，绿色食品是居民最愿意消费的绿色行为，有五成左右的被访居民只是偶尔会将剩余饭菜打包回家或者长时间将电子产品处于待机的状态，还有超过一成的被访居民有将塑料垃圾袋随手扔掉的习惯。由此可见，居民对绿色消费的了解程度还处于片面和笼统的阶段，而对绿色消费的接纳和执行基本是以与饮食安全、个人生活习惯便利与否等自身舒适度为便利前提进行考虑。

三 甘肃进一步推进黄河流域高质量发展战略重点分析

（一）加强以创新为核心的动力转换

经济学内生增长理论表明，技术进步是保证经济持续增长的决定性因素，随着人类技术的进步和发展，将降低因为资源消耗和环境治理等方面的环境成本，从而促使生产力曲线右移，跳出因为过度资源依赖而限制生产力发展的困境，创新作为技术进步的前提与基础，更是促进流域高质量发展的核心。黄河流域（甘肃段）在面对经济总量不高、资源环境约束以及"双碳"目标等多重压力下，如何突破经济发展瓶颈，实现高质量发展的弯道超车，其首要任务就是加强以技术创新为核心的产业布局和动力转换。当下，以新材料、智能控制、资源节能技术、生物科技、清洁生产、绿色制造等为代表的技术创新，既可以通过提高资源使用效率，减少资源的使用量，获得相同甚至更多产出，同时也可以通过绿色技术找到减少污染排放的最优治理方法，实现经济增长不以环境污染为代价，推动生态环境保护由治理型向预防型转变。整体上来看，甘肃通过进行以技术创新为核心的动力转换，可以有效突破流域生态资源环境约束带来的生产力限制，不仅可以大幅度提升资源使用效率，而且能够有效降低污染物排放量，进而为能源转换，提升风能、太阳能等清洁能源使用效率和扩大其使用范围提供技术保障。

（二）优化绿色发展体系，积极推进闭环产业链构建

流域要实现高质量发展，涉及经济社会的全方位和全过程，就必须构建生产、流通、消费一体化的绿色动脉体系。一是要在起主导作用的生产体系构建中尽快实现绿色生产，在作为碳排放大户的流通领域，尽早实现低碳循环流通，可以对降低资源消耗和减少污染物排放起到关键作用。二是重视绿色消费体系的构建，可以在促进低碳环保产业消费升级的同时，有效拉动绿色经济的快速转型和发展。三是在加快绿色动脉发展的基础上，实现"生产-流通-消费-再生产"的闭环产业链体系，使所有的原材料和能源能够在这个产业链体系中通过不断循环，达到最大化利用程度，降低绿色生产成本、流通成本、信息使用成本，进而提高绿色经济效率。四是通过数字经济实现绿色生产、绿色流通以及绿色消费发展体系的精准配置，实现资源的优化配置，进而推动黄河流域（甘肃段）绿色低碳发展。

（三）加强维度解构，逐步形成政府、企业、民众三维共治社会体系

高质量发展是系统性发展，需要通过建立有效社会体系，让环境治理主体逐步多元化。一个地区，将市场效率提升至最大，提升资源的高效化利用水平，进而实现帕累托最优，是实现绿色发展最有效的机制。在此过程中，政府通过行政手段和顶层制度建设等强有力的手段，有效纠正了市场资源配置的扭曲，但是在执行过程中，政府也会因为政策执行成本高、执行效率降低、容易出现反弹现象等，导致政府政策失灵。而企业和民众的有效参与，会为政府政

策的制定、实施和执行提供良好的环境和弥补不足,降低这些失灵的可能性,为黄河流域(甘肃段)高质量发展保驾护航。一是明确政府治理的重点与核心。流域各级政府需以深化改革和实施精准化政策为切入点,为绿色发展在绿色金融、教育、人口、知识产权保护等方面重点进行顶层制度建设,保证市场机制的有效运行,同时要打破各区域政府之间的行政分割,实施协调发展。二是提升企业在绿色创新发展中的支撑作用。企业作为经济社会发展的细胞,是推动绿色创新的中坚力量。甘肃需要在企业绿色发展中注重企业绿色发展战略的科学布局、绿色科技的创新研发和转化以及绿色产品质量提升等方面,加强对企业的变革,提升企业在绿色发展中的支撑作用。三是提升民众在环境治理方面的参与度。民众是绿色发展政策的推动者和成果的受益者,有效的民众参与可以弥补政府和市场调节的不足,提升公共管理的水平。甘肃在下一步黄河流域高质量发展的过程中,应注重与民众的有效沟通,在公共服务方面应促进民众提升参与程度,主动接受民众对公共服务水平的评价,让民众真正成为绿色发展的治理主体。

四 甘肃进一步推进黄河流域高质量发展的对策建议

(一)以"双碳"战略为目标,加快高质量发展新动能培育

产业结构转型与高质量发展理念相辅相成,高质量发展理念为产业结构转型升级提供引导,而产业结构转型又会促进高质量发展。甘肃当下在面对传统产业发展动力不足和经济发展水平落后的情况下,急切需要通过产业结构质的变革,为甘肃经济增长添加新的动力源泉,从而加快经济增长速度,实现后卫赶超。一是以"双碳"战略为契机,以清洁能源资源储量为依托,以科技创新为核心,加快绿色产业链在甘肃区域的空间优化布局,提升清洁能源产业的生产和使用效率,形成甘肃经济增长新的动力源泉。二是提升甘肃绿色产业中的科技投入,提升科技水平在绿色产业结构布局中的核心地位。甘肃应充分利用在甘科研机构和高校的学术资源,为低碳领域核心技术研发提供资金支持,同时,加快在职业技术等高等职业院校开设绿色低碳类课程,加大绿色低碳应用领域人才的培育力度。三是对甘肃的化工、石油、

冶金等传统产业进行绿色改造升级，通过科学预测和优化布局，淘汰技术落后和重度污染的产业和技术，尽早谋划，提前对传统产业朝着智能化、低碳化、高端化的方向进行布局。四是以现有高科技绿色技术为依托，在甘肃领域发展大数据、中医药、生态农副产品、生物技术等新兴战略产业，延长甘肃绿色产业链生命周期。

（二）依托国内国际双循环格局，提升绿色发展活力

在当下国际形势变化莫测、不稳定和不确定因素增加的情况下，黄河流域（甘肃段）在推进高质量发展时，应遵循立足国内市场、兼顾国际市场的原则，进行绿色低碳产业战略布局。一是建议制定明确的区域碳排放目标，细化"双碳"战略阶段性实现目标。二是立足国内大循环市场，主动了解国内生活用品及服务市场，因势利导本地区企业进行绿色化改革，以适应国内消费市场。三是通过政策引导和制度优化，以及更合理的分配制度和税收制度，进一步刺激流域民众的绿色消费。四是加强与共建"一带一路"国家的国际合作，将甘肃丰富的清洁能源资源输送至共建"一带一路"国家，扩大清洁能源外销渠道，提升清洁能源应用效率。五是加强黄河流域（甘肃段）各区域间的协调发展。甘肃省应统筹协调各区域在资源分配、产业水平等方面的差距，发挥比较优势，因地制宜，形成生态治理、产业升级、区域统筹的协同治理、保护、发展之路。

（三）构建四维协同、多元共治的现代乡村文明治理新路径

黄河流域（甘肃段）区域中有2/3属于农牧业区域，因此提升区域乡村治理水平是推进流域高质量发展的关键举措。一是通过构建生态自然、生态经济、生态社会、生态环境的四维协同发展理念，有序开发乡村自然生态系统资源，合理规划乡土资源，优化乡村生态文明系统①。二是因地制宜，通过在农村建立多种人才综合培养新机制、多元化农村金融服务机制、"互联网+"农业信息化服务体制，进而建立健全农村政策服务发展体系。三是加快农村绿色低碳产业体系构建。依据黄河流域（甘肃段）不同区域的资源禀赋和产业基

---

① 段翠清：《高标准推进"美丽甘肃"建设》，《甘肃日报》2023年3月24日，第8版。

础，加快农村草食畜产业、中药材产业、优质林果产业、有机蔬菜产业的品牌化培育，形成从源头到产品一条龙产业链①。

（四）加快构建文明和谐的绿色低碳发展文化体系

一般而言，居民作为社会的单独个体，非常容易关注他人对自身的评价和态度，同时也更容易受到社会整体环境的驱动而改变自身的看法和行为习惯，因此，在全域社会中构建和谐文明的绿色低碳发展文化体系，将会提升社会管理的驱动能力，使居民产生自愿参与绿色低碳发展的行为。一方面，需要调动全社会的资源力量，政府机构以道德、价值观等"柔性"监管引导为主，企业通过绿色低碳产业体系转型和社会责任强化，调动民众的绿色低碳消费观念的形成，在黄河流域（甘肃段）各区域开展绿色社区、绿色学校、绿色家庭的示范创建活动，以绿色团体影响民众对绿色低碳行为的情感认同度，进而建立起"政府-企业-民众"三位一体的绿色低碳发展体系。另一方面，注重通过绿色低碳教育提升居民的自身文化素养。文化素养决定认知高度，由于对于绿色低碳的深入认知需要一定的专业知识储备和理解能力，更需要居民以"生态环境保护"为前提，摒弃自身一些过度浪费的传统生活习惯，提升个体绿色低碳生活素养水平和行为的自觉性，这些都需要以居民自身文化素养储备为前提。因此，通过政府、企业、社会组织机构开展绿色低碳相关方面的培训，提升居民绿色低碳文化素养，在黄河流域（甘肃段）全域构建绿色低碳的文化发展体系。

参考文献

曹梦渊、李豫新：《数字经济与黄河流域绿色经济效率：机制分析与实证检验》，《统计与决策》2024年第6期。

郝宪印、钱进：《黄河流域协同科技创新实现路径研究》，《理论学刊》2024年第2期。

---

① 王建连、魏胜文、张邦林、张东伟：《乡村振兴战略背景下甘肃农业绿色转型发展思路研究》，《农业经济》2022年第2期。

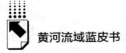
王敏：《黄河流域生态经济带建设的突出问题与破解思路》，《湖北经济学院学报》（人文社会科学版）2023年第4期。

王雅俊、陶乐：《黄河流域绿色金融、产业结构与低碳发展的协调效应测度研究》，《经营与管理》2023年第4期。

岳立、任婉瑜：《黄河流域城市能源综合效率时空分异与影响因素研究》，《地理科学》2024年第4期。

B.5

2023~2024年宁夏黄河流域
生态保护和高质量发展研究报告

摘　要： 生态保护既是宁夏发展的重要篇章，也是可持续发展的"必答题"，通过贺兰山生态修复、黄河"几字弯"攻坚、腾格里锁边固沙等工程，黄河流域宁夏段生态屏障建设取得了显著成效。而行业用水结构失衡，用水格局难以满足刚需，水资源利用效率不高，防洪工程体系还不完善，水资源短缺仍然是宁夏发展的最大"瓶颈"；针对存在的短板弱项，本文提出要以"四水四定"推动水利、生态和先行区建设，构建节水型产业体系和现代水网体系，完善用水安全保障，加强项目建设、扩大有效投资，优化产业布局，落实政策措施，推动宁夏经济高质量发展。

关键词： 黄河流域先行区　生态屏障　"四水四定"

自黄河流域生态保护和高质量发展上升为国家战略后，沿黄九省区掀起了黄河流域治理热潮，各自提出了发展定位和目标方向，取得了新成效。各省区对黄河全流域协同治理，全流域在生态保护与修复、污染物治理、产业转型升级、水资源集约节约利用、水沙调控、创新驱动与新质生产力形成等方面取得了阶段性新进展：绿色生态廊道和绿色生态屏障进一步筑牢，泥沙量逐年减少、荒滩荒漠荒山逐年"披绿"，绿色成为流域的底色；全流域山水林田湖草沙系统治理、协同治理进一步加强；生态产品价值实现路径进一步拓宽，产权转化、地域文旅、康养生态成为特色鲜明的"产品品牌和价值品牌"；产业高

---

* 王林伶，宁夏社会科学院综合经济研究所所长、研究员，主要研究方向为"一带一路"与内陆开放型经济、区域经济与产业经济、资源环境规划与可持续发展。

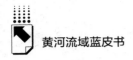

质量发展内生动力进一步增强，农业向着特色化、优质化、绿色化迈进，工业向着清洁化、生态化、智能化转型，服务业向着数字化、融合化、品牌化升级。

一 宁夏建设黄河流域生态保护和高质量发展
先行区现状与成效

黄河是中华民族的母亲河，宁夏素有"天下黄河富宁夏"的美誉，"努力建设黄河流域生态保护和高质量发展先行区"是习近平总书记视察宁夏时为宁夏发展作出的具有前瞻性的顶层设计和重大战略定位。

在国家战略的引领下，在建设社会主义现代化美丽新宁夏新征程中，宁夏坚持生态优先、绿色发展理念，结合地方实际因地制宜，向创新要生产力、向改革要效益，加强基础设施建设，推动产业升级和结构调整，带动了新的技术革新，产品更加多元化、管理方式更加人性化、服务水平更加精准，生产效率和经济效益双提升，生态保护和经济社会发展双进步，"让黄河成为造福人民的幸福河"正在变成现实。

（一）黄河流域生态保护中宁夏实践及成效

宁夏地处中国西北部，是黄河上游重要的生态屏障，其生态状况直接关系区域乃至全国的生态安全。宁夏通过先后实施的三北防护林宁夏段生态屏障工程、封山禁牧工程、贺兰山生态修复工程等一系列生态保护和治理方面的有力措施，取得了显著成效。不仅改善了区域生态环境，提升了生态系统服务功能，更增强了人民群众对生态文明建设的认同感和获得感，体现了宁夏对生态文明建设的高度重视和对黄河流域生态保护的坚定承诺。随着生态环境的持续改善，宁夏正逐步成为人与自然和谐共生的美丽家园。

1. 实施生态防护工程，构筑绿色生态屏障

宁夏践行绿水青山就是金山银山的理念，坚持山水林田湖草沙一体化保护和系统治理，在生态保护方面实施了一系列重大项目，这些项目不仅提升了宁夏的生态环境，也为黄河流域生态保护作出了积极贡献。

宁夏实施的三北防护林工程，作为国家重大生态工程之一，有效构筑了一

道绿色屏障，抵御了风沙侵袭，改善了区域气候，为当地居民提供了更加宜居的生活环境。通过封山禁牧和退耕还林还草政策，宁夏成功恢复了大片退化的草原和森林，增加了植被覆盖度，提高了土壤保持水分的能力，有效防止了水土流失，"十三五"以来，宁夏环境空气质量优良天数比例已连续七年保持在83%以上①。黄河流域宁夏段的河滩治理工程，通过系统规划和科学管理，加快了河湖生态保护和休养生息，恢复了河流的自然形态，改善了水质，黄河干流宁夏段连续多年保持Ⅱ类水质，为水生生物提供了更加良好的栖息地，同时也为当地居民提供了休闲娱乐的好去处。贺兰山生态修复工程，针对过去因采矿等人为活动造成的生态破坏，采取了一系列修复措施，让曾经满目疮痍的山体重新披上了绿装，恢复了生态功能。节水技术改造是宁夏生态保护的另一项重要措施，宁夏干旱少雨，水资源宝贵，通过推广节水灌溉技术，提高了水资源的利用效率，减少了农业用水，为保障区域水资源的可持续利用做出了贡献。宁夏大力推进荒漠治理，黄河"几字弯"宁夏攻坚战和腾格里锁边固沙阻击战，是旨在改善黄河流域生态环境的重要战役，通过开展腾格里锁边固沙阻击战等示范性工程，以"麦草方格"治沙、植树造林、光伏固沙等措施，有效遏制了沙漠的扩张，保护了农田和居民区，为发展生态旅游、光伏发电、既治沙也用沙提供了条件，如2023年宁夏完成了营造林100万亩，草原生态修复26.9万亩，保护修复湿地20.8万亩，荒漠化治理90万亩②，这些项目和工程实现了由"沙进人退"到"绿进沙退"的历史性转变，不仅提升了宁夏的生态环境，也为其他地区提供了可借鉴的经验。

2. 落实"四水四定"，缓解水资源短缺

宁夏三面环沙，干旱少雨、严重缺水是其最大的区情，在宁夏一半是"繁荣"，一半是"荒凉"，有水的地方被誉为"赛江南"，缺水的地方被称为"喊叫水"，人们对水有着深切的渴望，它关系宁夏的生态平衡、农业发展、工业进步乃至整个社会的繁荣。在这样的背景下，"四水四定"为宁夏的水资源管理和利用提供了科学指导。宁夏积极落实"四水四定"原则，从严从细

---

① （记者）崔万杰：《宁夏发布2022年国民经济和社会发展统计公报 地级城市平均优良天数比例为84.2%》，《中国环境报》2023年4月28日。

② 韩治泰、何仲双、宋正宏、杨建军：《2023—2024年宁夏农业农村经济运行情况分析与预测》，载王林伶主编《宁夏经济发展报告（2024）》，宁夏人民出版社，2023。

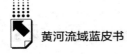
管好水资源，精打细算用好水资源，力争做到"有多少汤泡多少馍"。

宁夏率先出台"四水四定"实施方案，推动农业节水增效、工业节水减排、城镇节水降损，不断压实"四水四定"属地责任，建立总量管控、指标到县、分区管理、空间均衡的配水体系，同时建立刚需用水保障、市场交易调控、丰枯风险应对机制。

在以水定城上，宁夏根据水资源的分布和承载能力，合理规划城市发展规模和布局，避免无序扩张，确保城市发展与水资源的可持续利用相协调。在以水定地上，通过科学评估土地的水资源条件，合理安排农业生产结构和种植模式，推广节水灌溉技术，提高农业用水效率，确保农业生产的可持续发展。在以水定人上，合理配置城乡人口，根据水资源的分布和承载能力，引导人口向水资源丰富的地区集中。在以水定产上，优化产业结构，鼓励发展节水型产业和循环经济，限制高耗水、高污染的产业，推动产业转型升级，实现经济发展与水资源保护的双赢。通过落实"四水四定"原则，宁夏逐步缓解了资源型缺水、工程型缺水、结构型缺水等问题，这不仅优化了国土空间开发格局，还统筹了区域城乡协调发展，使有限的水资源更加精准地惠及更多地方、更多群众。

3. 改革用水权，创新与实践

宁夏积极探索用水权改革，通过用水权确权和水权转换，达到节约用水目的。用水权确权，即明确了水资源的归属和使用权，使得水资源能够根据市场需求和价值进行有效分配，建立了用水权收储调控机制，通过政府收储和调控，有效解决了用水权市场供给侧不足的问题，保障了水资源的稳定供应。宁夏制定出台了用水权价值基准，实行"阶梯水价"、超定额累进加价等制度，建立起覆盖各区域、各行业、各灌区的分区分类水价体系。同时建立了用水权交易平台，促进用水权的流通和交易，激活水资源市场，还实施了节水奖励机制，鼓励和引导用户节约用水，增强全社会的节水意识，用水权水价体系不断完善。

"水权转换"，宁夏开展黄河水权转换项目，将农业节约的水量有偿转让给工业，实现了水资源的优化配置，支持了工业发展，也促进了农业节水，并积极推广节水技术，如滴灌、喷灌等高效节水灌溉技术，提高了农业用水效率，促进了农业可持续发展。同时探索"以水换钱"，即用水权流转、抵押、租赁、交易模式,明确取水用水者的水资源使用支付成本、收益和转让权利。并制定出台金融支持用水权改革的指导意见,指导金融机构创新开发符合用水权项目融资特点的金融产品和服务模式,赋予用水权金融属性和融资功能。

宁夏在用水权改革中,以盐池县、利通区作为县级试点地区,以点带面努力创造可复制、可借鉴、可推广的"宁夏模式"。2023年,宁夏持续推进取用水专项整治行动,整治率99%以上,制定宁夏节水评价技术导则,县域节水型社会建设达标率达到63.6%;据统计,农田灌溉水有效利用系数达到0.572,万元GDP用水量、万元工业增加值用水量分别下降3%、2%,城镇再生水利用率达到38.8%。全区完成用水权交易73笔,交易水量7562万立方米、金额6188万元①。宁夏用水权改革是一项具有创新的举措,它不仅改变了传统的水资源管理方式,推动了水资源市场化配置,而且为干旱地区的水资源高效利用提供了新的思路和实践。

(二)黄河流域生态保护中宁夏高质量发展

宁夏经济发展,如同黄河之水,绵延不息充满活力。宁夏加快推动黄河流域生态保护和高质量发展先行区建设,深入实施创新驱动发展战略,大抓发展、抓大发展、聚力"六新六特六优"产业,抓高质量发展,加强供给侧结构性改革和扩大内需,持续优化工业经济运行调控,统筹各项政策措施协调发力,不断激发市场主体活力,在多个层面展现出了强劲的发展势头。

1. 经济总体平稳,增产增效显著

2023年,宁夏地区生产总值为5314.95亿元,GDP增长率达到6.6%,位列全国第五,人均地区生产总值首次超过7万元,达到72957元,增长6.3%②,规上工业增加值增长12.4%,固定资产投资增长5.5%,地方一般公共预算收入增长9.2%,首次突破500亿元,达到502亿元③。这一跃升不仅展现了宁夏

---

① 韩治泰、何仲双、宋正宏、杨建军:《2023—2024年宁夏农业农村经济运行情况分析与预测》,载王林伶主编《宁夏经济发展报告(2024)》,宁夏人民出版社,2023。

② 宁夏回族自治区统计局、国家统计局宁夏调查队:《宁夏回族自治区2023年国民经济和社会发展统计公报》,《宁夏日报》2024年4月29日。

③ 《踔厉奋发勇争先 阔步迈向新征程——自治区政府工作报告解读》,《宁夏日报》2024年1月24日。

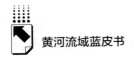
经济的强劲动力，更是宁夏发展质量的有力证明。

2. 以创新为引领，推动技术改造升级

宁夏坚持创新驱动发展战略，致力于加强技术供给和转化能力，以创新引领经济高质量发展。通过围绕产业链布局创新链，积极引导企业加大科技研发投入，推动技术改造升级，加速新旧动能转换。认定了一批国家高新技术企业、创新联合体，这些企业与联合体在技术创新和产业升级中发挥着重要作用；建设了一系列技术创新中心、重点实验室、工程技术创新中心和企业技术中心，这些平台为技术创新和产业升级提供了强有力的支撑；培育了一批"专精特新""单项冠军""科技小巨人"等示范企业，这些企业在各自领域精耕细作，展现出强大的竞争力和创新能力；并通过评选重点产业链"十大链主企业"，进一步激发了企业的创新活力，一批核心技术取得了突破，为工业发展注入了新的动能，提升了市场竞争力。

宁夏正在积极谋划和推进新型工业化，工业生产正朝着高端化、智能化、绿色化方向发展，企业产品精细化、差异化、品牌化作用日益凸显。2023年，宁夏高技术制造业增加值实现40%以上增长，芳纶产能全国第一，单晶硅和煤制烯烃产能分别占全国的1/4、1/5[①]，新兴产品稳定增长，化学农药原药增长51.6%、化学纤维增长91.4%[②]。通过"四链"（即产业链、创新链、资金链、政策链）深度融合，不断加强产业链各环节的协同发展，不仅提升了企业的创新能力和市场竞争力，也推动了产业结构优化升级迈向中高端，为地区经济的可持续发展奠定了坚实基础。

3. 聚焦特色产业，加快构建现代产业体系

现代产业体系建设不仅能为经济高质量发展提供坚实基础，也为可持续发展注入新动力，宁夏聚焦"六新六特六优"产业高质量发展，立足"专而强、优而精、新而特"的特点，以绿色为方向，以智能化和数字化为路径，实施节能低碳、绿色发展战略，加强政策配套发力和要素保障倾斜，全面加速现代产业体系建设，以推动经济向更高质量、更有效率、更可持续的方向发展。

---

① （记者）丁建峰：《新型工业化拔节生长奏强音——住宁全国政协委员关注的那些事之一》，《宁夏日报》2024年3月5日。

② 宁夏回族自治区统计局：《2023年全区经济运行总体平稳 稳中有进 进中向好》，https：//tj. nx. gov. cn/tjxx/202401/t20240125_4428536. html，最后检索时间：2024年6月10日。

宁夏正构建以新型工业、特色农业、现代服务业为基础的产业格局。在新型工业领域，重点发展新能源、新材料、信息技术等"六新"产业，推动产业向高端化、智能化发展，向高技术含量、高附加值和高成长性迈进。在特色农业方面，以葡萄酒、枸杞、牛奶等"六特"产业为重点，致力于建设全国重要的绿色食品生产基地。在现代服务业方面，则以文化旅游、现代物流等"六优"产业为重点，提质升级生活性服务业，培育壮大新兴服务业，推动产业扩容增效。规划建设的产业园区成为促进产业集群发展的重要平台，提高了产业集中度和规模效应，为产业集约化发展提供了有力支撑。宁夏通过出台一系列扶持政策，为产业发展提供了坚实的政策保障和资金支持，并加强组织领导，成立工作专班，确保政策落实落细，还强化与高校、科研机构合作，推动产学研深度融合。宁夏正以其独特的地理优势、资源禀赋和文化特色，积极融入新发展格局，分工合理、特色鲜明、功能互补的现代化产业体系正在加紧形成。

二 影响宁夏当前生态保护和高质量发展的主要问题

（一）水资源短缺与用水矛盾，影响生态保护成效

水资源短缺仍然是宁夏发展的最大"瓶颈"，水环境高质量基础还不牢固，水资源利用效率相对较低，"四水四定"落实还不够，水的综合利用水平还需要进一步提升。

1. 农业用水低效，工业用水粗放，水资源利用效率不够高

宁夏生产用水普遍存在前端取水多、后端产出少，粗放用水方式导致水资源利用低效，宁夏农业用水占比较高，近60%的耕地仍采用传统的渠道灌溉，这种方式容易导致水资源的损失和浪费。工业用水占总耗水量的比例较高，且产业结构中能源和原材料的行业较多，这些行业往往用水量大，全区国家级节水型企业仅有43家、节水型工业园区仍是空白，工业用水效率低，工业节水还有很大的提升空间。生活用水方面，城乡公共供水管网漏损率有增高的趋势，特别是农村供水工程点多线长，每年有部分的水资源在输送过程中被浪费。生态用水压力大，用水结构亟待优化，全社会节水惜水意识还不强，对水

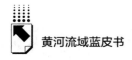

资源价值和稀缺性还缺乏深刻认识。

2. 行业用水结构失衡，用水格局难以满足刚需

宁夏全区用水结构不够合理，农业依然是用水"大户"，占总用水量的80.9%；工业取水量4.461亿立方米，占总取水量的6.7%，表明水资源在农业领域的集中度非常高①；农业内部用水结构也不合理，引黄灌区高耗水作物所占比例偏大。而煤炭、化工、电力等高耗水工业占工业用水的比重较大，对水资源的依赖度较高。同时，随着"六新六特六优"产业的发展，现有的用水格局，尤其是奶牛、肉牛、滩羊、葡萄、枸杞和冷凉蔬菜及青储玉米种植等难以满足新增水量的刚性需求。

3. 防洪工程体系还不完善，防护安全还需加强

黄河宁夏段还缺少战略性、控制性枢纽工程，中小河流山洪灾害多发，水患危险依然较大，极端天气频发，水旱灾害防御形势依然严峻，仍有20%段落未得到系统治理②。贺兰山东麓一些新开发的葡萄种植区尚未部署防洪工程，防御洪水能力堪忧。林草生态建设空间受限，多数地区天然降水严重不足，符合条件区域少，适宜造林绿化空间有限，防沙治沙、治理水土流失任务依然艰巨。

（二）经济运行与高质量发展存在的主要问题

当前传统投资空间变窄，投资效率下降，工业经济运行放缓，部分企业、行业受市场需求不足、产品价格低位运行等因素影响，企业产成品库存增加、成本压力较大，企业盈利空间被压缩，影响企业生产信心。

1. 传统投资空间变窄，投资效率下降

宁夏投资取得了长足进步，但也面临一些现实瓶颈制约，直接影响扩大有效投资的可持续性，需要重点关注和破解。西部大开发至今，经过20多年发展，宁夏传统领域投资趋于饱和，固定资产投资边际回报率开始递减，传统投资空间变窄，投资效率逐年下降。2024年1~4月，宁夏固定资产投资，第一

① 宁夏水利厅：《2022年宁夏水资源公报》，http://slt.nx.gov.cn/xxgk_281/fdzdgknr/gbxx/szygb/202307/t20230724.html，最后检索时间：2024年6月10日。

② 朱云：《奋力建设"四水四定"示范区 为开创全区高质量发展新局面提供有力水安全保障》，宁夏水利厅，http://slt.nx.gov.cn/slzt/qqslhzt/slgzbd/202402/t20240201.html，最后检索时间：2024年6月10日。

产业和第三产业投资同比分别下降19.2%和2.0%，而在第三产业中，房地产开发和交通运输投资同比分别下降18.1%和25.9%①。

房地产市场的投资变化比较明显，"十二五"时期宁夏房地产固定资产投资处于高位增长态势，而"十三五"时期随着中国整体房地产市场的变化，宁夏房地产投资增速开始逐步下降，2017~2019年增速连续下滑10.3%、31.1%、10.3%，2018年增速下降为近10年的最低点。2020~2021年房地产投资短期回暖，分别增长7.5%、7.8%，2022年受全国大环境影响再次下跌-10.1%②，2023年房地产开发投资436.06亿元，同比增长3.8%③（见图1）。

总体来看，宁夏房地产投资已经趋于饱和，目前宁夏城镇居民人均居住面积43平方米、高于全国平均水平6.5平方米，可以看出房地产投资已经进入一个相对成熟的阶段，高增长时代可能已经结束，随着居民对住房需求的逐渐饱和，房地产投资的增长空间也将受到影响。

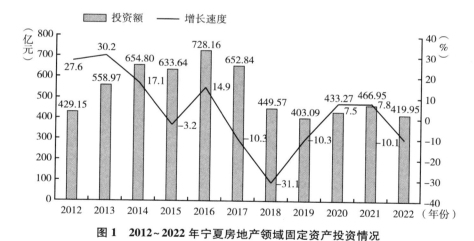

图1 2012~2022年宁夏房地产领域固定资产投资情况

资料来源：《宁夏统计年鉴》（2013~2023）。

---

① 宁夏回族自治区统计局：《2024年1~4月份全区固定资产投资增长5.2%》，https：//tj. nx. gov. cn/tjxx/202406/t20240603. html，最后检索时间：2024年6月10日。
② 宁夏回族自治区统计局、国家统计局宁夏调查总队：《宁夏统计年鉴2023》，中国统计出版社，2022。
③ 宁夏回族自治区统计局：《2023年全区房地产市场基本情况》，https：//tj. nx. gov. cn/tjxx/202402/t20240206_4453880. html，最后检索时间：2024年6月10日。

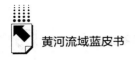
2. 企业生产经营困难，利润空间收缩

受国内国际大宗商品价格及房地产市场低迷等因素影响，尤其是宁夏以原材料制造业为主导的产业结构，工业品价格持续低位运行，部分工业行业需求不振、产销不畅、成品积压较多，部分行业、企业生产下降或增速放缓。大多数小微企业存在成本控制能力较弱，受市场供需波动影响较大，整体竞争力不强，而部分微型企业处于负增长区间，形势较为严峻。

企业利润的下降是一个值得关注的现象，宁夏持续优化企业行业调控，千方百计稳定产业链供应链，虽然企业盈利能力有所增强，但受环境影响，规模以上工业企业面临整体利润空间压缩和发展活力不足的问题。2023年，宁夏规模以上工业企业利润总额同比下降8.7%，营业收入下降4.1%（见图2）。

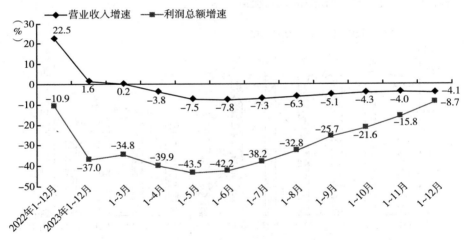

图2 2022~2023年宁夏规模以上企业营业收入与利润总额增速

资料来源：《宁夏回族自治区国民经济和社会发展统计公报》（2022~2023年）。

其中规模以上制造业、采矿业实现利润总额分别为178.2亿元、102.0亿元，同比分别下降33.3%和8.6%；这一下降趋势在不同行业的企业中均有体现，规模以上的6个行业利润总额同比下降，其中化学原料和化学制品制造业下降66.2%，石油、煤炭及其他燃料加工业下降36.7%，有色金属冶炼和压延加工业下降18.4%，通用设备制造业下降13.5%，专用设备制造业下降

7.9%，煤炭开采和洗选业下降6.2%。[1] 这些数据表明，宁夏企业普遍面临较大的经营压力，对经济的稳定增长构成了挑战。

三 努力建设黄河流域先行区对策建议

以黄河流域生态保护和高质量发展先行区建设为目标，以"四水四定"推动水利建设、生态由试点先行带动全面铺开，宁夏建立多部门协同推进机制，构建现代水网体系，完善用水安全保障，加大项目建设和产业布局，推动经济高质量发展。

（一）加强"四水四定"建设，维护生态安全体系

落实"四水四定"原则，坚持量水而行、节水优先，以更大的力度、更实的举措，推动节水、用水效益提升，用水结构优化。加快构建现代水网体系，搭建"主动脉"、畅通"微循环"，打造高质量"供水圈"，为先行区建设提供有力支撑。

1. 落实以水定产以水定地，构建节水型产业体系

着力补齐"四水四定"短板和薄弱环节，加快构建与水资源承载能力相适应的现代产业体系。在农业领域，严格农业用水总量控制，推广滴灌、喷灌等节水灌溉技术，减少水资源的浪费，提高灌溉效率，压减高耗水农业种植规模。在工业领域，落实国家高耗水产业准入负面清单和淘汰类高耗水产业目录制度，以火电、冶金等行业企业为重点，通过技术创新和产业升级，提高工业用水效率，推动落实重点行业水效达到国内先进水平，以宁东能源化工基地试点建立非常规水利用激励约束机制、打造数字治水样板，全面开展节水型企业达标建设。持续优化国土空间开发格局，合理调配区域水资源，根据水资源状况确定土地用途，落实以水定地、以水定产。建立健全水资源管理制度，加大对水资源的分配、使用和保护监管力度，切实提高产业发展质量和水资源利用效率，确保水资源的合理利用，保障"六新六特六优"产业发展用水。

---

① 宁夏回族自治区统计局：《2023年1~12月份全区规模以上工业企业利润下降8.7%》，https：//tj.nx.gov.cn/tjxx/202401/t20240131_4442615.html，最后检索时间：2024年6月10日。

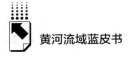

2. 构建现代水网体系，完善用水安全保障

统筹水资源配置、非常规水利用、生态保护修复等项目，构建区域协同、城乡一体、空间均衡的现代水网体系，以及构筑"一山一河一枢纽"洪水防御工程体系，提高水资源统筹调配能力、供水能力、战略储备能力，为先行区建设提供"硬支撑"。

构建完善的水工程防御体系是应对水患、保障安全的第一道防线。防洪减灾涉及面广、关联度高、系统性强，区域协同、部门联动尤为重要，积极构筑宁夏"一山一河一枢纽"洪水防御工程，即贺兰山、黄河、黑山峡水利枢纽，必将能全方位保障宁夏水资源利用与防灾减灾能力。在黄河宁夏段河道治理上，要强化技术支撑，推进堤防建设、加固病险水库、河道整治、滩区治理、中小河流和山洪治理、生态修复等重大工程，完善"导、拦、滞、蓄、泄"一体防洪工程体系建设，打造"水清、岸绿、河畅、景美"的幸福黄河。在贺兰山东麓防洪治理上，不断完善河洪、山洪、城市防洪和全区抗旱布局相协调的水旱灾害防御体系，紧密联系贺兰山东麓葡萄酒园区管委会等部门及沿线县区政府，督促产业开发预留洪水通道，做到产业发展和防洪工程同步规划、同步实施。

统筹推进水源涵养、国土绿化、防沙治沙、水土流失治理，聚焦腾格里锁边固沙防护屏障，全力打好黄河"几字弯"攻坚战宁夏战役，维护六盘山"水塔"功能，提升贺兰山防沙能力。加快实施科学绿化试点示范等项目建设，加强乡土树种草种培育，探索建立生态保护修复成效评价等标准体系，提高科学绿化管理水平。落实重要河湖生态流量管控指标，保障清水河、苦水河、沙湖等重点河湖生态流量，推动河湖保护和修复。实施城乡生活节水，有序推进海绵城市建设，科学规划城镇绿化布局；探索制定宾馆、餐饮等节水型载体评价标准，严控洗浴、洗车、洗涤等高耗水服务业用水，城镇园林绿化优先使用再生水灌溉等。

（二）加强项目建设产业布局，推动经济高质量发展

投资一头连着需求，一头连着供给，是拉动经济持续增长的关键动力引擎。投资对经济发展作用特殊，无论是马克思政治经济学扩大再生产理论，还是西方"三驾马车"需求理论，都对投资的特殊重要性作出深入阐述。

1. 谋划重大项目，扩大有效投资

项目谋划是扩大有效投资的前提基础，只有项目谋划的质量高，扩大有效投资才能有保障。宁夏要紧盯国家"十四五"规划和各类专项规划中的重大工程项目建设，并抢抓"十五五"中央适度超前开展基础设施投资的重大机遇，围绕产业升级、水利工程、交通枢纽、城市更新、生态环保等领域，以谋划一批百亿级、十亿级带动能力强、投资规模大、增值空间大的好项目为目标。要以新项目为"发力点"，聚焦国家重点支持的"风口"，抢抓建设国家新能源综合示范区、城际高速铁路、新能源汽车充电桩、国家算力枢纽节点、新型互联网交换中心的机遇，主动谋划实施一批产业耦合度高、契合度好的特高压、大数据、算力中心、城际高速铁路等"新基建"项目，不断拓展投资新的动力源。

坚持"大抓项目、抓大项目、抓高质量项目"，以重大项目的落地实施为抓手，要把黑山峡河段开发作为黄河流域大保护大治理的战略工程。目前，黑山峡河段开发前期可行性研究工作迈出了具有里程碑意义的关键一步，甘肃和宁夏两省区同步发布了沿黄河两岸停建通告，实现了历史性突破。今后项目实施将正式进入实质性阶段，在水利部的推动下，宁夏要举全区之力主动配合，会同各方破解工作中的卡点，力争尽快开工建设黑山峡项目工程。同时，还要精心谋划一批有一定收益的基础设施和公共服务类重大项目，加大与国家发改委、财政部的对接，争取国家部委将一些试点项目安排在宁夏，为全区经济社会发展奠定良好的基础。

2. 加强政策措施落实，纾解企业发展困难

要围绕新型工业化发展各项要求，不断培育新动能、新优势、新增长点，加快传统产业转型升级步伐，加快战略性新兴产业发展，加快推进工业数字化、智能化改造，加快先进制造业与现代服务业深度融合，持续优化运行调控，提振企业生产信心，稳定市场发展预期，不断提高企业发展质量效益。

以宁夏"六特六优六新"产业高质量发展规划为引领，聚焦产业发展，培育市场主体，夯实关键技术基础、产业链配套基础。继续优化工业经济运行调控，巩固煤炭、石油石化、有色、轻工、纺织、电子等行业快速增长势头，着力从资源要素保障、金融信贷、减税降费等方面全方位一揽子支持企业发展，抓好各项惠企纾困政策措施及接续政策的落地见效，因企施策，分类指导，不断优化各类政策措施的组合效应，降本增效，纾解困难，为工业持续较快增长提供有力支撑。同时，持续关注减产停产企业，坚持问题导向，做好专人帮扶、政策倾斜，深入挖掘供需痛点，提出解决方案，促进产销衔接和供需匹配，破解产品价格均等化和市场信息不对称等壁垒，为企业发展创造良好的营商环境。

B.6

2023~2024年内蒙古黄河流域
生态保护和高质量发展研究报告*

刘小燕　陈晓燕**

摘　要： 2023~2024年，内蒙古黄河流域坚持以生态优先、绿色发展为导向，全面落实国家重大战略、区域协调发展战略。持续完善各类法律法规及配套制度体系、工作机制，确保各项规划有效实施；统筹推进山水林田湖草沙系统治理，紧扣荒漠化防治、水土保持的水沙突出矛盾，全力实施黄河"几字弯"攻坚战，深入推进"三北"等重点生态工程建设；持续推进农业污染、工业污染、城乡污染等生态环境综合整治；强化水资源刚性约束，实施深度节水控水。沿黄地区生态服务功能和区域发展水平逐步提升。但在本底生态基础弱、稳定性差、水资源刚性约束趋紧等因素的影响下，沿黄地区持续推进生态环境保护修复的难度增加，保障污染防治成效稳定并逐渐向好的形势也不容乐观。为进一步推进内蒙古黄河流域生态保护和高质量发展，沿黄地区要从强化"一张图"管理、强化源头保护和全过程治理协同等方面着力提升流域治理能力，从解决水资源短缺与用水粗放并存问题、建立健全生态产品价值实现机制等方面着力提升流域发展能力。

关键词： 黄河流域　生态保护　内蒙古

* 本文系内蒙古自治区社会科学院学科建设专项"内蒙古黄河流域践行'习近平生态文明思想'的实践探索与理论创新研究"的阶段性成果。

** 刘小燕，内蒙古自治区社会科学院牧区发展研究所研究员，主要研究方向为区域经济、产业经济；陈晓燕，博士，内蒙古自治区社会科学院牧区发展研究所研究员，主要研究方向为林业经济、生态经济。

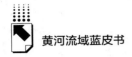
黄河流域重大战略实施近五年来，内蒙古黄河流域①生态保护和高质量发展的思路与构想不断明晰，即全面贯彻新发展理念，坚持以人民为中心，坚持发展和安全并重，坚持以生态优先、绿色发展为导向，促进人与自然和谐共生，以铸牢中华民族共同体意识为主线，共同抓好大保护，协同推进大治理，统筹推进生态环境保护和经济社会发展。

一 2023～2024年内蒙古黄河流域生态保护和高质量发展的主要措施与成效

（一）完善法律法规及配套制度体系、工作机制

1.完善相关法律法规政策

《中华人民共和国黄河保护法》颁布实施以来，自治区印发了《贯彻落实〈中华人民共和国黄河保护法〉实施方案》，围绕落实黄河保护法各项法定职责，结合内蒙古实际，提出52项具体措施，逐项明确责任分工、提出工作要求。沿黄部分盟市依据黄河法及其他上位法对本级水资源管理条例、水土保持条例、地下水保护和管理条例、再生水管理条例等进行了修订。我国《黄河流域生态保护和高质量发展规划纲要》（以下简称《规划纲要》）要求组织编制专项规划，研究出台配套政策和综合改革措施，形成"1+N+X"规划政策体系。依据《规划纲要》要求，内蒙古对目标任务进行了细化落实，陆续出台专项规划，不断完善配套政策制度体系。2023年7月以来，涉及内蒙古黄河流域的多项规划获得批复实施，如《构筑我国北方重要生态安全屏障规划（2020—2035年）》（2023年8月）、《内蒙古自治区国土空间规划（2021—2035年）》（2023年12月）、《内蒙古自治区湿地保护规划（2022—2030年）》（2023年12月）、《内蒙古自治区黄河流域国土空间规划（2021—2035年）》（2024年3月）等。截至2024年8月，沿黄7个盟市的国土空间规划全部获得批复，鄂尔多斯市、乌兰察布市的旗县级国土空间总体规划获得自治区政府批复，《包头市国土空间生态修复规划（2021—2035年）》（2023年10

---

① 本文"内蒙古黄河流域"指内蒙古黄河流域生态保护和高质量发展规划区。

月）获得市本级政府审议通过。

2. 完善区域协作协同工作长效机制

内蒙古与甘肃省依据联防联控联治合作协议，持续开展跨省界河流联防联控联治行动，在信息共享、强化沟通、联合巡查等方面不断加强合作。与甘肃省林草局签订联防联治合作框架协议，合力打好黄河"几字弯"攻坚战和河西走廊–塔克拉玛干沙漠边缘阻击战。鄂尔多斯市、榆林市、庆阳市、石嘴山市、吴忠市5市共同签署毛乌素沙地联防联治框架合作协议。巴彦淖尔市、包头市、鄂尔多斯市、乌海市、阿拉善盟共同签署黄河"几字弯"攻坚战区域联防联治合作协议，深化合作、区域联动、齐抓共管①。2023年9月4日，内蒙古与宁夏签署黄河流域横向生态补偿协议，建立宁夏—内蒙古段黄河流域生态保护补偿机制；2024年3月27日，内蒙古与山西省、陕西省签署黄河流域横向生态补偿协议②。

3. 健全部门协作协同工作长效机制

以林长制为抓手，建立"林长制+重点工作"机制，推行"林长+检察长"协作机制，开展林草湿荒生态综合监测。以河长制为抓手，建立"双总河长"组织体系，形成了五级河湖长制管理体系，实现了河湖管护责任全覆盖。2023年9月，《内蒙古自治区黄河流域村级河湖管护体系建设实施方案》以自治区河湖长令形式印发实施，建成以嘎查村为单元的基层河湖管护体系，建立村级河湖管护长效机制，推进基层河湖综合治理。沿黄盟市健全行政执法与刑事司法衔接、与检察公益诉讼协作机制，形成"流域管理+行政执法+检察监督"的黄河保护共治模式。处于黄河上中游分界点上下游、左右岸的东河区、土默特右旗、准格尔旗、托克托县检察院在管辖衔接、异地调查取证、生态损害修复、办案资源共享等方面加强协作。

（二）持续推进生态系统保护和修复

1. 进一步明晰管控空间，提升统一规划、调度、治理的水平和能力

2023年7月，由水利部会同黄河流域省级人民政府确定的黄河干支流目

---

① 王祺：《五盟市签署区域联防联治合作协议》，《巴彦淖尔日报（汉）》2024年3月16日，第1版。

② 杨帆：《支持黄河流域生态保护和高质量发展》，《内蒙古日报》2024年5月23日，第1版。

录公布。黄河干流流经内蒙古 6 个盟市的 18 个旗县区，71 条一级支流流经 7 个盟市的 35 个旗县区，174 条二级支流流经 7 个盟市的 36 个旗县区。2023 年 11 月，水利部公布了《黄河流域重要饮用水水源地名录》，呼和浩特市黄河水源地、呼和浩特市城区地下水水源地、包头市黄河画匠营子水源地、包头市黄河磴口水源地、乌海市海勃湾区北水源地、鄂尔多斯市中心城区哈头才当水源地、巴彦淖尔市临河东城区自来水厂水源地、巴彦淖尔市临河区黄河水厂水源地被纳入名录①，加强重要饮用水水源地保护工作。2024 年 4 月，水利部发布了《黄河水沙调控体系工程名录》，内蒙古界内已建的海勃湾水利枢纽、三盛公水利枢纽、万家寨水库（右岸）、龙口水库（右岸）被纳入我国黄河水沙调控体系，在实施黄河水沙调控期间由黄河水利委员会统一调度。

2. 全力实施黄河"几字弯"攻坚战，深入推进"三北"等重点生态工程建设

2023 年 6 月，习近平总书记在加强荒漠化综合防治和推进"三北"等重点生态工程建设座谈会上强调要全力打好黄河"几字弯"攻坚战。黄河"几字弯"攻坚战内蒙古片区涉及 7 盟市 35 个旗县（市、区），以强化防风固沙、减少黄河输沙量为主攻重点，在乌兰布和沙漠、库布齐沙漠、毛乌素沙地开展锁边林草带修复，在黄河沿岸水土流失区和十大孔兑实施小流域综合治理工程，在河套平原和土默川平原实施盐碱地治理、高标准农田建设等工程②。林光牧光相结合的光伏治沙模式是内蒙古黄河"几字弯"攻坚战采用的重要模式。在毛乌素沙地、库布齐沙漠、乌兰布和沙漠、腾格里东部沙漠及周边，采用适应干旱、半干旱环境的抗沙尘、高效率光伏技术，对较集中区块进行光伏规模化开发，在沙漠、沙地边缘居住区进行光伏分布式开发。通过光伏板遮蔽阳光，减少地表水蒸发，帮助地表植被恢复。结合耐旱、固土的多年生草本植物的推广种植，在有条件的地区探索种养结合模式，实现林光互补和牧光互补③。多

---

① 《水利部关于印发黄河流域重要饮用水水源地名录的通知》，中华人民共和国水利部网站（2023 年 11 月 28 日），http：//www.mwr.gov.cn/zwgk/gknr/202312/t20231206_1696841.html，最后检索日期：2024 年 6 月 17 日。

② 《治沙攻坚 确保黄河安澜 打好黄河"几字弯"攻坚战一周年综述》，《中国绿色时报》2024 年 6 月 5 日，第 1 版。

③ 《内蒙古自治区人民政府办公厅关于印发自治区光伏治沙行动实施方案的通知》，内蒙古自治区人民政府网站（2023 年 11 月 7 日），https：//www.nmg.gov.cn/zwgk/zfxxgk/zfxxgkml/202311/t20231107_2406466.html，最后检索日期：2024 年 6 月 17 日。

措并举切实保障"三北"等重点生态工程种苗供应，依托国有林场土地资源，新建以柠条、沙柳、沙棘、梭梭等沙生灌木为主的保障性苗圃，在乌兰察布市、巴彦淖尔市、鄂尔多斯市建设以苜蓿、沙打旺等豆科草种为主的草种繁育基地。

3. 强化黄河干支流、重点湖泊和湿地重点生态区保护

加强河湖水域岸线空间管控，常态化规范化排查整治"四乱"问题。持续开展高度超过 0.5 米的生产堤、引水渠道、鱼塘围堤等的清理整治工作。开展河湖遥感疑似问题图斑核查，针对围垦河湖、填堵河道，占用河道开发工业园区、房地产，种植阻水片林和阻水高秆作物，设置妨碍河道行洪的养殖网箱等问题进行核查、清理、整治。全力整治侵占水库库容问题，重点对筑坝拦汊、围（填）库造地、垃圾填埋、弃渣弃土、非法建（构）筑物等侵占水库库容和分隔库区水面以及阻塞溢洪道等行为进行全面排查整治。滚动修编了黄河内蒙古段、乌梁素海等《管理保护实施方案"一河（湖）一策"（2024~2026 年）》，科学制定管理保护目标、任务和措施。全面推进黄河滩区居民迁建工作，已提前完成"十四五"滩区居民迁建任务①。根据滩区居民迁建情况，积极修订完善了黄河滩区"一村一策"防洪（防凌）预案。

（三）继续加强环境污染的治理和防治

1. 加强生态环境监测

布设大气环境质量监测站点 178 个，自治区大气环境超级站、乌海市大气环境超级站所有监测项目与自治区总站及国家总站统一平台联网。布设 124 个水环境质量监测断面（点位）、46 个入河排污口监测点。基本实现干流、主要支流、大气和水环境质量监测全覆盖。完成 166 个乡镇级饮用水水源保护区划定，保障城乡居民饮水安全。开展农业面源污染监测评估试点，在和林格尔县和五原县开展地面监测。着力构建黄河流域生态环境监测"一张图"，开发自治区生态环境监测大数据平台（智慧监测监管平台），建立黄河流域生态环境监测数据集成共享模块，整合大气、水等环境要素，实现各类监测数据统一存

---

① 李晨毓、李建国：《内蒙古持续发力构建幸福河湖》，《内蒙古日报》2024 年 4 月 8 日，第 8 版。

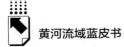

储、综合分析和直观展示。

2. 提升生态治理能力

大气污染防治方面，开展钢铁、焦化、煤电等行业超低排放改造，提升涉气企业污染物治理水平；加强机动车污染物排放监管，加大尾气抽检力度，安装重型柴油货车远程在线监控系统，并与生态环境部门实现联网；推进燃煤污染综合治理，加大燃煤锅炉超低排放改造力度和推进清洁取暖改造，提高采暖季环境空气质量。水环境治理方面，针对枯水低温期、汛期水质出现下降的国考断面，重点排查其汇水范围内的排污企业、工业园区、城镇污水处理厂、农业面源等污染源；针对往年水质波动较大的河流断面，开展汛期河湖水环境质量分析会商和断面水质超标成因分析预警。农业面源污染方面，实施主河槽区严禁使用农药化肥农膜，低滩区、高滩区农药化肥农膜减量等管制措施。

3. 推进重点区域生态环境综合治理

针对乌海及周边地区大气污染等问题着力加强区域统筹与联防联控，建立、完善大气污染案件移送机制和执法案件信息共享机制，落实执法联动工作机制。乌海市与宁夏石嘴山市开展跨区域生态环境联合执法行动，联动鄂尔多斯市启动污染天气矿区应急响应，联动鄂尔多斯市、阿拉善盟启动重污染天气预警，与阿拉善盟建立园区环境信息共享和信访举报推送机制。呼包鄂区域大气环境预测预警与污染防治重大关键技术研究、乌海及周边地区颗粒物传输通量评估研究等科研项目顺利完成，进入业务化应用阶段。乌梁素海治理方面，出台实施《巴彦淖尔市乌梁素海流域生态保护条例》，2023 年推动实施的 7 个治理项目年度建设任务全部完成，全年生态补水 4.87 亿立方米，湖区面积稳定在 293 平方公里，湖区水质整体达到 Ⅴ 类，湖心断面水质达到 Ⅳ 类。全国水土流失动态监测通过卫星遥感影像对比分析显示，乌梁素海生态补水影响评价区湖体生态功能逐步恢复，生态环境持续好转。与 2004 年相比，2023 年乌梁素海生态补水影响监测评价区域 355 平方千米范围内水域面积，增幅 9.14%，湖周水土流失面积减幅达 86%①。

---

① 《2023 年全国水土流失动态监测显示 我国水土流失状况持续改善 生态质量稳中向好》，内蒙古自治区水利厅网站（2024 年 3 月 21 日），http://slt.nmg.gov.cn/sldt/szyw/202403/t20240322_2484130.html，最后检索时间：2024 年 6 月 17 日。

（四）提升水资源管理能力

1. 强化水资源管控和配置

按照自治区水资源配置利用规划和用水总量强度双控目标，将指标逐级分解到盟市、旗县。规模以上工业生产、生活用水基本实现用水计量全覆盖。落实黄河流域水资源超载地区暂停新增取水许可要求，对地表水超载盟市和地下水超载（采）旗县实行新增超载水源取水限审限批。对河道管理范围内建设项目工程按行政区域实施分级管理，黄河干流入境内蒙古至托克托河段上建设的小型项目的管理权限归于自治区，黄河一级支流皇甫川、窟野河上兴建的小型项目以及大黑河、无定河上兴建的所有项目的管理权限归于盟市，其他河湖上兴建的所有建设项目的管理权限归于旗县区，强化建设项目的事前申报、审查、备案和事中事后监督。

2. 实施"一盟市一策"推进科学节水，分类抓好农业、工业和城镇节水

农业方面着力解决大水漫灌问题。鄂尔多斯市达拉特旗、杭锦旗、乌审旗实施农业高效节水项目；巴彦淖尔市加快大中型灌区续建配套与节水改造，统筹灌区骨干工程与高标准农田建设，在乌兰布和灌域、永济灌域等地建设节水型灌区。2023年河套灌区秋浇用水量由2022年的16亿立方米压减至8.8亿立方米[①]。2023年7月，巴彦淖尔市开始颁发首批引黄灌溉用水权确权证书，该证书是国管渠道上开口的直口渠的引黄灌溉用水证明，它将农业用水总量指标分解细化，确权给灌区直口渠涉及的群管组织和行政村，明确农业取用水户对水资源的使用权利以及节约保护水资源的责任和义务[②]。工业方面着力解决节水减排问题，抓好高耗水和落后产能工业企业节水改造，严格高耗水项目取水许可审批，新建、改建、扩建高耗水工业项目严禁取用地下水。城镇方面着力推进节水型社会建设。推动典型地区再生水配置利用试点工作，选取呼和浩特市、包头市、鄂尔多斯市、乌海市等4个城市进行典型地区再生水利用配置试点建设。截至2023年，全区建成的61个节水型社会达标旗县区中有18个黄河流域旗县区，占比为29.51%。

[①] 黄晓东：《持续推进成效显著　构建全链条节水体系》，《内蒙古日报》2024年2月27日，第8版。

[②] 张慧玲：《河套灌区2761张用水证让浇地用水有了"底线"》，《内蒙古日报（汉）》2023年8月7日，第1版。

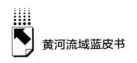

二 内蒙古黄河流域生态保护和高质量发展的现状与压力

（一）2023年内蒙古黄河流域经济社会发展状况

自2019年黄河流域重大战略实施以来，内蒙古黄河流域地区生产总值年平均增速10.77%，公共预算收入年平均增速12.17%，居民人均可支配收入年平均增速5.15%，粮食生产能力增加11.5%，外贸进出口总额增长59.5%。2023年，内蒙古黄河流域地区生产总值同比增长8.07%，高于自治区6.34%的平均水平，增加值占自治区比例为70.17%；公共预算收入同比增长7.7%，低于自治区9.17%的平均水平，总量占自治区比例为52.49%；居民人均可支配收入同比增长5.01%，低于自治区5.71%的平均水平；粮食总产量占自治区比重为24.7%；外贸进出口总额占自治区比重为61.01%。统计指标显示，沿黄各盟市间经济社会发展的差异明显。全体居民人均可支配收入最高的包头市是乌兰察布市的1.93倍（见表1）。常住人口城镇化率，最高的乌海市为96.38%，最低的巴彦淖尔市为60.6%。

表1 2023年内蒙古沿黄盟市部分经济社会发展指标状况

区域		阿拉善盟	乌海市	巴彦淖尔市	鄂尔多斯市	包头市	呼和浩特市	乌兰察布市
2020~2023年平均	地区生产总值增速（%）	9.50	2.47	4.77	6.50	8.60	6.37	5.80
	公共预算收入增速（%）	3.96	16.70	12.80	26.47	11.40	6.93	6.47
	居民人均可支配收入增速（%）	4.94	5.03	7.10	6.20	5.80	6.17	5.97
居民人均可支配收入（元）		46647	52318	34188	50765	54375	46911	28154
常住人口城镇化率（%）		—	96.38	60.60	79.19	87.56	80.70	61.94
万元工业增加值用水量（立方米）		—	—	29.20	18.40	14.72	11.26	11.96
环境空气质量综合指数		2.69	4.25	3.42	3.31	4.21	3.92	3.23
空气质量优良天数比例（%）		88.80	76.40	80.30	86.80	78.60	80.00	87.90
生态质量指数		43.13	44.03	49.37	54.84	57.39	55.71	56.91

资料来源：各盟市国民经济和社会发展统计公报，相关年度；《内蒙古水资源公报》《内蒙古生态环境公报》，相关年度；根据相关数据计算所得。

内蒙古自治区生态环境状况公报显示,① 2023 年,黄河流域内蒙古段水质良好,监测的 32 个国考断面中,Ⅰ~Ⅲ类水质断面占 81.3%,同比上升 4.2个百分点,无劣Ⅴ类水质断面,同比下降 2.9 个百分点;沿黄盟市除乌海市外,其他盟市环境空气质量均达标;除阿拉善盟、巴彦淖尔、乌兰察布市外,其他盟市中心城区环境空气质量综合指数、空气质量优良天数比例均低于自治区平均水平;乌海及周边地区环境空气质量平均优良天数比例扣除异常沙尘影响后比例为 83.3%,PM2.5、PM10 年均浓度创历史最优水平。依据生态质量指数评价,盟市层面乌兰察布市、包头市、呼和浩特市生态质量为二类,其余盟市生态质量为三类,旗县层面包头市昆都仑区、白云鄂博矿区生态质量为四类,乌海市乌达区生态质量为五类,其他旗县以三类为主。同 2019 年相比,沿黄盟市生态质量均有提高,包头市、呼和浩特市由一般转为良,乌海市、巴彦淖尔市由较差转为一般,阿拉善盟由差转为一般,乌兰察布市、鄂尔多斯市保持为一般。

沿黄盟市用水的结构性矛盾比较突出。农业用水量占比较高,最多的巴彦淖尔市占比为 89.57%。除呼和浩特市（11.26 立方米/万元）、乌兰察布市（11.96 立方米/万元）外,其他盟市万元工业增加值用水量高于自治区平均水平（14.4 立方米/万元）。除乌海市（29.6%）外,其他盟市生态用水量占用水总量的 7%左右。2023 年,内蒙古黄河流域降水量和水资源总量较多年平均值偏少;巴彦淖尔市河套平原、土默特川平原、鄂尔多斯市沿黄平原浅层地下水蓄水量减少,地下水埋深增加;流域内呼和浩特市大黑河浅层地下水超采区"大型浅层孔隙水一般超采区"地下水埋深增加。

（二）内蒙古黄河流域持续推进生态保护和高质量发展的压力

黄河流域内蒙古段处于我国黄河流域黄土高原地区、中游多沙区、中游多沙粗沙区,这些区域是全流域水土流失最为严重的地区,流域近 90%的水土流失发生在黄土高原地区。黄河河口镇至龙门区间的窟野河、黄甫川、无定河等 11 条支流,流经内蒙古鄂尔多斯市、陕西延安市与榆林市的 15 个县（市、

---

① 《2023 年内蒙古自治区生态环境状况公报》,内蒙古自治区生态环境厅网站（2024 年 6 月 5日）,https://sthjt.nmg.gov.cn/sjkf/hjzl/_8138/hjzkgb/202406/t20240605_2518814.html,最后检索时间:2024 年 8 月 12 日。

区、旗），这些地区呈"品"字形分布，构成了黄河中游粗泥沙集中来源区，强烈、极强烈、剧烈侵蚀面积达30%以上。黄河流域内蒙古段是全流域水土流失形势最为严峻的地区之一，2020~2022年流失面积分别占全流域的25.54%、25.41%、25.43%。2021年、2022年内蒙古段承担了全流域6.66%、13.98%的水土流失防治责任面积。沿黄7个盟市覆盖了自治区5个生态修复分区，即黄河西岸防沙治沙与生物多样性保护修复区、鄂尔多斯高原生态综合治理修复区、河套-土默川平原生态修复区、阴山东段水土流失综合治理修复区、阴山北麓防风固沙-水源涵养生态保育修复区，以及阿拉善荒漠防风固沙综合治理区。阿拉善盟、巴彦淖尔市、鄂尔多斯市三个治理难度较高的区域承担了内蒙古黄河流域80%以上的水土综合治理任务（见表2）。2023年8月27日，国家林草局在巴彦淖尔市磴口县召开黄河"几字弯"攻坚战现场推进会，攻坚战正式启动。到2030年，"几字弯"片区要重点解决好沙患、水患、盐渍化、农田防护林、草原超载过牧、河湖湿地保护等六大生态问题。在攻坚战的实施过程中，适宜修复模式的探索、关键技术的研发与应用、资金的持续稳定投入、专业技术人才使用等问题都亟待着力解决。

表2 2020~2022年内蒙古沿黄盟市水土流失状况

区域	年度	水土流失面积（万平方千米）	中度（%）	强烈及以上（%）
阿拉善盟	2020	19.045	10.44	57.55
	2021	18.971	9.40	57.50
	2022	18.908	9.05	57.49
巴彦淖尔市	2020	4.718	13.95	23.64
	2021	4.677	15.45	21.24
	2022	4.646	15.89	20.60
鄂尔多斯市	2020	3.412	23.30	6.74
	2021	3.382	23.43	6.66
	2022	3.358	22.79	6.22
乌兰察布市	2020	2.977	8.44	3.02
	2021	2.950	5.22	2.51
	2022	2.949	4.58	2.40

区域	年度	水土流失面积（万平方千米）	中度（%）	强烈及以上（%）
包头市	2020	1.644	14.15	1.18
	2021	1.618	15.22	1.45
	2022	1.586	13.36	1.31
呼和浩特市	2020	0.730	10.29	9.70
	2021	0.695	10.70	8.81
	2022	0.688	11.03	8.52
乌海市	2020	0.113	17.86	0.66
	2021	0.105	13.03	0.57
	2022	0.103	13.88	0.42

资料来源：内蒙古自治区水利厅：《内蒙古自治区水土保持公报》，相关年度。

风沙危害、水土流失等导致的荒漠化问题是内蒙古黄河流域最大的生态问题，70%以上的生态灾害源于风沙侵蚀。依托"三北"防护林体系建设工程、京津风沙源治理工程等，内蒙古通过水土保持林建设、封禁治理与种草等措施，在沿黄盟市进行了水土综合治理。"三北"防护林建设已实施了40多年，京津风沙源治理工程已实施20多年，随着工程的继续推进，未来实施区域普遍立地条件差，实施难度要远高于前期。另外，前期工程建设的防护林开始面临过熟林占比大、同龄林占比大等导致的整体老化问题，防护效果下降的风险较大。沿黄盟市在每年新增治理面积的基础上，还要加大对前期工程的抚育管理力度，沿黄区域防沙治沙处于难度提升的阶段。

三 推动内蒙古黄河流域生态保护和高质量发展的建议

（一）落实国土空间开发保护修复格局和管制要求，强化"一张图"管理

基于"多规合一"改革的《内蒙古自治区国土空间规划（2021—2035年）》《内蒙古自治区黄河流域国土空间规划（2021—2035年）》已分别于

2023 年 12 月、2024 年 3 月获得批复，沿黄盟市、旗县要依据两个规划逐步构建由各级国土空间总体规划、详细规划、相关专项规划等组成的国土空间规划体系。当前内蒙古黄河流域已进入"五级三类四体系"国土空间规划体系建设期、"一张图"管理过渡期，规划体系的编制、实施和管理等环节衔接有待完善。首先，"一张图"管理的落地实施不仅是各类规划指标的衔接，更是实现用途管制规则的上下传导，应形成多级政府间管制目标的有效传导机制以及山水林田湖草沙系统治理目标任务的分配与再分配机制。其次，应在各级层面的规划中明确管制规则，由具体的、指示性的规则代替描述类规则，标准统一、精细落地，以便提高各类规划的可沟通性、可协调性。再次，以国土空间整体性为前提，探索设置基于主导功能的管制分区，形成协同工作机制，解决管制权过于分散的问题。最后，在上位规划的指导、约束下，下位规划要注重提升可行性和可操作性，管制与激励并重，在横向机构间可探索设置与奖惩机制挂钩的评比机制，实现对各级层面的正向激励。

（二）强化源头保护和全过程治理协同，提升生态治理能力现代化水平

内蒙古紧盯国家"三区四带"关键节点，并结合区域性生态保护修复规划，谋划了自治区"一区两带多廊多点"生态修复总体格局，部署了 4 类 13 个生态修复重点工程和 4 类 12 项生态修复重点任务。其中，内蒙古黄河流域承担了腾格里-乌兰布和沙漠防沙治沙、贺兰山西麓生态保护和修复、库布齐沙漠-毛乌素沙地沙化土地综合防治、河套-土默川平原工程生态综合治理、沿黄河湖湿地水源涵养与生物多样性保护、岱海流域一体化保护修复、察汗淖尔湖泊湿地生态综合治理、阴山北麓防风固沙生态修复工程、阿拉善荒漠综合治理等重点任务。随着生态工程推进，应及时进行生态要素问题新识别和生态胁迫指标新诊断，强化源头保护和全过程治理协同。通过土地政策激励、金融工具挖潜、融合产业发展等，创新投融资模式，建立中央财政、地方财政和社会资本的多元化投入机制。引导管理者、规划设计者、相关领域专家、本地居民、社会组织等多方面主体，通过多种方式不同程度参与项目设计、实施、监测、管护等。在生态修复的基础上，发展生态农业、生态牧业、生态旅游、生态文化等相关产业，推进生态产业化、产业生态化发展，探索实现生态产品价值。

（三）着力解决水资源短缺与用水粗放并存的问题

强化农业节水。内蒙古沿黄农业的取水量、耗水量占本区总量的近90%，并且集中于大中型灌区。大中型灌区是开展农业深度节水控水的重点地区。第一，加快沿黄大中型灌区改造提升，推进水利设施续建配套与现代化项目建设，进行渠道防渗衬砌，更新改造水闸、桥、涵等建筑物，建设信息化量测水设施等；推进高标准农田建设，通过缩短输水距离、提高过流速度、减少渗漏来提升用水调度能力和使用效率。第二，对已取得的水沙调控高效节水技术成果加大宣传、推广和应用的力度，解决节水设备的泥沙堵塞、灌区表层土壤次生盐碱化、水肥利用效率低下等问题。第三，对传统的水盐管理模式进行创新研究，逐渐降低秋浇春灌耗水量，通过试验对比来探索"高效节水技术+特定范围内适量漫灌"的灌溉模式，兼顾降低农业用水强度、解决表层土壤次生盐碱化、春耕墒情不足等问题。第四，加大绿色金融支持力度，解决各类节水控水技术应用、设施建设在推广初期需要筹措大量资金投入的问题。第五，在考虑农户承受能力和保障灌区水利设施良性运行的基础上，推进水价成本核定工作，健全水价形成机制，构建"阶梯水价+补偿奖励"的调节机制，全面提升农业水价综合改革效果。

强化再生水循环利用。首先，将可再生水纳入城市水源之一，制定和规范相关技术标准，制定利用规划与建设方案，制定安全监管体系和监管制度，推动可再生水循环利用体系的构建与完善。其次，将可再生水输配水管网、处理设施等纳入城市基础设施改造升级的建设规划，加大政策支持力度，注重管网分源供水、分质供水的设计能力。再次，开展再生水处理技术研发、推广，根据不同标准和工艺处理后用于生态用水、工业用水甚至饮用水等，拓展可再生水的利用空间和利用途径。最后，制定可再生水利用的激励、优惠政策，对投资建设相关设施的企业实施贴息、税费减免等激励政策，对再生水用户实施用水补助等激励政策。

（四）建立健全生态产品价值实现机制，保障流域生态保护和高质量发展获得源头活水，持续推进

建立健全黄河流域内蒙古段这一特定地域单元的生态产品价值实现机制。

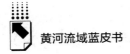

第一，考察该地域单元内不同空间的生态保护是处于生态修复阶段还是生态福利提升阶段，以及产品、产业开发的生态敏感度或依赖度，按照不同的阶段性需求、空间差异进行保护补偿或经营开发。第二，识别和确定区域化综合型生态产品，提供统一标识和溯源认证服务，搭建生态产品数据库，推动整体效益的转化。第三，对生态产品价值实现中的利益相关者，即政府、社会组织、研究机构、企业、公众等，在生态产品价值实现机制中给予差异化的权、责、利配置，引导各方联动配合，形成综合效益最大化。第四，有序推进流域内自然资源确权工作，厘清各层级的财权事权关系、登记体系和监管体系的权责关系，对权属或边界纠纷、不同部门数据偏差等问题，出台指导性意见，形成统一的处理原则，为开展确权工作提供权威的指导。第五，将生态产品价值核算结果应用于生态修复评估、生态保护奖励补偿、生态损害赔偿追责等方面，适时评估生态保护成效，并健全相关激励和惩罚机制。对开展的重点区域生态环境综合治理、流域专项整治项目等进行实施前后的生态产品价值对比，依据生态贡献配置奖惩资金。对实施封禁保护或限制开发的具有生态屏障功能的生态产品价值实施纵向生态保护补偿，依据生态产品价值量变化配置奖补资金，进一步探索建立存量型、增量型生态产品的差异化补偿机制。

B.7
2023～2024年陕西黄河流域
生态保护和高质量发展研究报告

黄懿　张敏　江小容*

摘　要： 2023年，陕西黄河流域在生态环境质量、生态环境治理、特色优势现代产业体系、城乡发展新格局、黄河文化保护传承、改革开放步伐等方面持续取得进展。但黄河流域生态保护和高质量发展的政策效应仍待提升、新增长点新增长极仍待培育壮大、要素投入瓶颈仍待破解、精细化智能化水平仍待提高等问题依然突出。新时代进一步推进陕西黄河流域生态保护和高质量发展，需要在顶层设计、强化动能、聚集要素、提升效能等方面取得突破。

关键词： 陕西黄河流域　生态保护　高质量发展

2023年是全面贯彻党的二十大精神的开局之年，也是实施"十四五"规划承前启后的关键之年。陕西深入学习贯彻习近平总书记关于黄河流域生态保护和高质量发展重要论述，深入学习贯彻习近平总书记在加强荒漠化综合防治和推进"三北"等重点生态工程建设座谈会上的重要讲话精神，贯彻落实习近平总书记历次来陕重要讲话重要指示精神，聚焦生态保护和高质量发展这一重大任务，努力在西部地区发挥示范作用。坚持山水林田湖草沙一体化保护和系统治理，推进荒漠化综合防治和黄河"几字弯"攻坚战，做好新时代防沙治沙工作，扎实开展"三个年"活动，为筑牢我国北方生态安全屏障贡献

---

* 黄懿，博士，陕西省社会科学院农村发展研究所助理研究员，主要研究方向为可持续发展、农村发展；张敏，博士，陕西省社会科学院农村发展研究所副研究员，主要研究方向为县域经济、农业经济管理；江小容，博士，陕西省社会科学院农村发展研究所助理研究员，主要研究方向为农业社会化服务、农业经济管理。

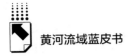

了陕西力量。

2023年末，陕西黄河流域常住人口3333.79万，占全省的84.36%，比2022年下降0.12个百分点；地区生产总值3.04万亿元，占全省的89.91%，比2022年降低0.12个百分点①。

一 2023～2024年陕西黄河流域生态保护和高质量发展的现状

（一）生态环境质量

1. 水环境

2023年，陕西65个国控断面中，Ⅰ～Ⅲ类水质断面62个、占比达95.4%，同比提高1.6个百分点；② 比国家、黄河流域的平均水平分别高6个、4.4个百分点③。其中，黄河干流（陕西段）连续两年全线水质达到Ⅱ类。水质考核指标均提前超额完成"十四五"目标任务。榆林、宝鸡分别列全国水质改善排名第10位、第14位④。2024年一季度，延河、无定河、渭河支流水质优，渭河干流、黄河中游陕西段总体水质良好。

2. 大气环境

陕西黄河流域8个设区市环境空气质量平均优良天数比例为75.45%，同比提高3.15个百分点⑤。关中地区7市（区）全年空气质量综合指数同比提高3.5%，优良天数比2022年增加19.7天。咸阳、西安、渭南空气质量综合指数提高率在全国168个城市中排名分别由倒数的17位、11位、29位，进步到第16位、第24位、第20位。⑥

---

① 陕西省统计局、国家统计局陕西调查总队：《2023年陕西省国民经济和社会发展统计公报》，2024；各市（区）统计局：《2023年国民经济和社会发展统计公报》，2024。
② 申东昕：《2023年陕西生态环境质量稳中有进》，《陕西日报》2024年2月2日，第3版。
③ 中华人民共和国生态环境部：《2023中国生态环境状况公报》，2024，第22～24页。
④ 胡静：《陕西黄河流域水环境质量达历史最好水平》，https://sthjt.shaanxi.gov.cn/html/hbt/media/word/1775021391521128449.html，最后检索时间：2024年6月1日。
⑤ 陕西省生态环境厅：《2023陕西省生态环境状况公报》，2024，第8页。
⑥ 申东昕：《2023年陕西生态环境质量稳中有进》，《陕西日报》2024年2月2日，第3版。

3. 人居环境

西安、咸阳、神木"无废城市"建设稳步推进，分别印发了《"十四五"时期"无废城市"建设实施方案》。截至 2023 年底，西安累计创建国家级绿色工厂 41 个、省级绿色工厂 102 个[①]；咸阳顺利推进三原县餐厨垃圾处置、彬州市生活垃圾焚烧发电等项目，开展的 9 家小微企业和社会源危险废物集中收集试点成效明显；神木启动实施固废堆场渣场遥感排查土壤污染整治、生活垃圾焚烧、发电固体废物智慧管理平台（一期）"互联网+资源回收"利用试点等项目。西安、咸阳、神木制作发布了"无废城市"的形象标识、宣传口号、宣传片，开展了"无废理念""无废文化"等主题宣传活动，社会公众对"无废城市"建设的认知度、参与度、满意度不断提高。

（二）生态环境治理

1. 水污染治理

持续推进黄河及其主要支流保护治理，加强流域水质目标管理与跨界断面监测预警。开展延河、石川河、泾河等流域综合治理。开展黄河流域清废行动，2023 年提标改造县级以上污水处理厂 114 座[②]。开展黄河流域工业园区水污染整治、环境执法专项行动，推动工业集中入园，推进工业园区污水处理设施建设和环境问题整治，建设资源节约型园区、环境友好型园区。

2. 大气治理

2023 年，陕西深入推进蓝天保卫战，组建省大气污染治理攻坚专项行动工作专班，建立关中城市群大气污染治理联席会议制度，重点解决制约关中地区空气质量提高的结构性、根源性问题。开展"攻坚第二年、全力争进位"纵深推进大气污染治理专项行动；制作关中地区"固定源分布图""污染物排放图"，为关中地区大气治理工作的有效开展提供决策依据；2023 年秋冬季对汾渭平原陕西省内的 277 家企业，开展大气污染治理攻坚执法监测专项行动。

---

① 陕西省生态环境厅：《陕西省生态环境厅举办新闻发布会 介绍全省固体废物与化学品环境管理有关情况》，https://sthjt.shaanxi.gov.cn/html/hbt/Interaction/news/1739914265669029890.html，最后检索时间：2024 年 6 月 1 日。

② 陕西省生态环境厅：《2023 陕西省生态环境状况公报》，2024，第 2 页。

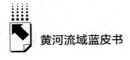

3. 环境监管

生态环境执法方面，法规标准体系不断完善，全面推行包容审慎监管，采取柔性执法，保护行政相对人的合法权益，推动企业自觉履行生态环境保护的主体责任，引导企业及时改正轻微违法行为；针对关中地区大气污染问题，在关中各市开展大气污染防治形势及相关法律法规宣讲，增强落实环境法律职责和齐心协力解决大气环境问题的责任意识；制作《黄河保护法》等法律宣传动漫，并在各类线上平台进行投放。生态环境监测方面，黄土高原水土流失防治区的咸阳市陕西黄土高原站（森林），被纳入生态环境部第一批国家生态质量综合监测站名单；宝鸡、咸阳整合成立区域站，重新构建县级监测力量，全面完善区域内污染在线监测、设施检查、执法监测等能力。生态环境督察方面，推进了第二轮中央和省级生态环境保护督察整改工作，开展第三轮省级生态环境保护督察；2021年、2022年黄河流域生态环境警示片共反馈54个问题，截至2023年底已完成整改49个[①]。

4. 农村生活污水治理

持续加强土壤污染源头防控，扎实推进地下水污染防治，持续推进农村生活污水治理"整县推进"试点，截至2024年6月，陕西黄河流域内的麟游、泾阳、三原、富平、陇县、子长等6县被纳为全省农村生活污水治理"整县推进"试点县。

此外，2023年陕西全面启动荒漠化综合防治和黄河"几字弯"攻坚战，治理沙化土地94.9万亩[②]；黄河流域历史遗留矿山污染状况调查评价全面完成。

（三）特色优势现代产业体系

新兴产业虽然增速放缓，但仍呈现稳中向好的态势。以中兴通讯、比亚迪电子、彩虹光电、西安广知网络为代表的新一代信息技术产业，持续保持较高增速，2023年增加值同比增长9.0%，增速比2022年高2.6个百分点。以西安三角防务、宝鸡中车、西安铂力特为代表的高端装备制造产业，以创新驱动加

---

① 陕西省生态环境厅：《2023陕西省生态环境状况公报》，2024，第1页。
② 赵刚：《政府工作报告》，《陕西省人民政府公报》2024年第3期，第3~14页。

快转型升级，实施重点产业链提升工程，在 2022 年由负转正的基础上，持续恢复增长，2023 年增加值同比增长 8.5%，比 2022 年高 5.5 个百分点。以比亚迪汽车、西安吉利汽车为代表的新能源汽车，依然保持高速发展，2023 年增加值增速仍在两位数、达 15.4%。①

（四）城乡发展新格局

县域是我国经济发展和社会治理的基本单元，是新型城镇化的重要载体，推动县域高质量发展，是实现陕西黄河流域高质量发展的重要基础。2023 年，陕西县域经济总量十强县（市、区）分别是神木、府谷、靖边、高陵、定边、横山、鄠邑、彬州、洛川、韩城，全部地处黄河流域。其中，地区生产总值合计达 6530.91 亿元，占全省县域地区生产总值的比重为 40.3%；平均地区生产总值为 653.09 亿元，是全省县均水平的 3.3 倍；平均增速为 4.6%，比全省县域平均水平高 0.6 个百分点；工业增加值平均增速为 5.2%，比全省平均水平高 0.5 个百分点②。

（五）黄河文化保护传承

黄河流域文化事业繁荣发展，举办中国孙思邈中医药文化节，打造大型民族音乐剧《千金方》，促进了陕西黄河流域中医药传承的创新发展；话剧《路遥》等作品入选新时代舞台艺术优秀剧目；与鄂尔多斯等联合承办的陕北民歌音乐会在全国成功巡演。全面加强了古树名木保护，全国古树名木保护科普宣传周在延安市黄陵县启动，陕西共有 8 棵古树、5 个古树群，分别入选全国"100 株最美古树""100 处最美古树群"名单，如 5000 年树龄以上的延安市黄陵县黄帝手植柏、渭南市白水县仓颉手植柏和商洛市洛南县页山古柏等。霸陵殉葬坑、旬邑西头遗址分别入选 2023 年"世界十大考古发现""全国十大考古新发现"；陕西黄河文化博物馆开馆运营，从自然地理、人文历史、民俗宗教等多方面展现黄河文化；石峁博物馆建成开放，再一次展现了黄河文明在

---

① 陕西省统计局：《2023 年度全省战略性新兴产业运行情况》，http：//tjj. shaanxi. gov. cn/tjsj/tjxx/qs/202403/t20240325_2324058. html，最后检索时间：2024 年 6 月 1 日。

② 陕西省统计局：《2023 年全省县域经济发展企稳加固》，http：//tjj. shaanxi. gov. cn/tjsj/tjxx/qs/202403/t20240325_2324057. html，最后检索时间：2024 年 6 月 1 日。

中华文明起源过程中的重要地位；2024年延安革命文物国家文物保护利用示范区建成授牌，这是第一批国家文物保护利用示范区，也是唯一的革命文物专题类国家级示范区。此外，依托黄河流域丰富的自然和文化资源，发展文化旅游业，陕西打造了多个知名旅游品牌。其中，2024年延安市延川黄河乾坤湾景区被确定为国家5A级旅游景区。

（六）改革开放步伐

1.区域协同发展

晋陕大峡谷协同发展进一步推进，与山西签署了《山西省人民政府 陕西省人民政府推动黄河流域生态保护和高质量发展战略合作框架协议》，围绕高质量共建"一带一路"、关中平原城市群建设、汾渭平原大气污染治理、"三北"工程黄河"几字弯"攻坚战等重大任务，在黄河流域生态保护治理、产业转型升级、文旅融合发展、科教人才支撑等方面深化合作，共同推进生态大保护、能源大转型、科技大创新、产业大升级、区域大协同。

2.跨区联合执法

与河南签订了《河南省—陕西省跨区域、跨流域生态环境执法联动协议》，在固废（危废）非法转移倾倒、跨省河流超标溯源排查、区域环境空气质量综合整治等方面，定期开展联合执法行动，共同推进黄河流域、行政边界地区环境污染综合整治。召开了第一次跨区域、跨流域生态环境执法联席会议，探讨和交流跨区域、跨流域生态环境保护执法工作经验。

此外，2023年陕西出台了《陕西省推进营商环境突破年实施意见》，激发市场主体活力、增强发展内生动力、提振市场信心，在生态环境领域开展审批许可"放管服"改革。

二 2023~2024年陕西黄河流域生态保护和高质量发展存在的问题

（一）政策效应仍待提升

首先，政策体系不够完善。虽然国家和地方政府在推进黄河流域生态保护和高质量发展方面出台了系列政策，但缺乏整体性、长期性，难以全面覆盖流域复杂的生态、经济、民生等问题。其次，政策的执行力度和落实力度不足。如陕西沿黄 13 个县（市），有工业强县（府谷、神木、韩城）、生态脆弱县（佳县、吴堡、绥德、清涧）、传统农业大县（延川、延长、宜川、潼关）、农业强县（合阳、大荔），各县（市）经济实力相差较大、发展阶段不同、生态环境资源禀赋各异，在政策制定阶段未能充分考虑实际情况和地区差异，在政策执行中可操作性可能会降低，达不到预期效果。尤其是基层缺乏必要的人力、技术和资金支持，更难有效推动政策落地。最后，政策协同性不够。虽然机构改革和职能转变在持续推进，各部门的职责范围更加明晰，但是由于兼具资源、环境、生态等多重属性，自然资源、水利、生态环境等不同职能部门对地下水监测网站点、地表水等都有管理职责，相关工作还未形成统一的管理合力。另外，受考核、晋升等诸多因素影响，在基层政府与上级政府的政策目标可能出现矛盾时，基层政府的选择性执行会影响政策实施效果。同时，陕西黄河流域南北跨度大，尤其是西安、宝鸡、商洛地处黄河、长江两大流域交汇处，政策实施更是涉及多个部门、多个区域，对各方协同配合要求更高。

（二）新增长点、新增长极仍待培育壮大

产业结构单一，现代化产业体系建设任重道远。新兴产业发展在一定程度上缓解了资源环境压力，但产业结构调整和经济转型升级的任务依然艰巨。陕西黄河流域一直是传统产业比重大，部分地区仍以传统农业和资源型产业为主，经济发展对生态环境造成一定压力，特别是煤炭、化工等行业对环境影响较大，对水资源的需求较大。另外，服务业发展相对滞后，现代金融、信息技术、现代物流、文化旅游等尚未形成具有竞争力的服务产业集群，西安建设区域性金融中心、信息技术产业基地和文化旅游中心的步伐有待加快。2023 年，西安第三产业增加值占地区生产总值比重为 62.77%，比全国平均水平高 8.17 个百分点；但是，陕西第三产业增加值占地区生产总值比重只有 44.6%，西安对黄河流域第三产业的带动作用还有发挥空间[1]。此外，现代农业、生态旅

---

① 陕西省统计局、国家统计局陕西调查总队：《2023 年陕西省国民经济和社会发展统计公报》，2024；西安市统计局、国家统计局西安调查队：《西安市 2023 年国民经济和社会发展统计公报》，2024。

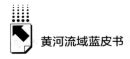

游、新能源等新产业新业态发展相对滞后，未能形成有效的经济增长点和生态保护支撑，未能充分带动产业转型升级和提质增效。

（三）要素投入瓶颈仍待破解

1. 水资源短缺

陕西黄河流域属资源型缺水区域，尽管通过水源地保护、节水灌溉等措施，水资源利用效率有所提高，但水资源短缺问题依然严峻。水资源总量相对较少，供需矛盾突出，特别是在干旱季节和干旱年份，水资源短缺问题尤为严重。水资源的时空分布不均，部分地区由于地理和气候原因，水资源可利用量极低，影响了工农业生产和居民生活。地下水资源过度开采，导致地下水位持续下降，出现了不同程度的地面沉降和生态环境恶化问题。此外，治理红碱淖水位下降、湖水重度污染及保障遗鸥栖息繁殖环境难度大，一直是陕西黄河流域湖库水环境生态治理与保护要克服的难点，需要定期从鄂尔多斯进行生态补水。

2. 生态环境脆弱

退耕还林、天然林保护和湿地修复等措施取得了成效，森林覆盖率和湿地面积有所增加，但生态系统的恢复仍然需要长期努力和大量投入，黄土高原地区生态环境修复任务依然艰巨。一直以来，陕西长江流域的生态质量指数高于黄河流域，全省生态质量"变差"的市、县均在黄河流域。2023年，黄河流域8个设区市及杨凌示范区生态质量指数变化幅度基本稳定，只有延安、榆林略有降低；82个县（区），生态质量为"轻微变差""一般变差"的分别有7个、2个[①]。水土流失量相对较大，造成土壤肥力下降和河流泥沙淤积问题，影响了农业生产和水利工程的正常运行。2023年，陕西水土流失面积61376平方千米，水土保持率为70.15%，比全国低2.41个百分点；水力侵蚀面积59601平方千米，占土地总面积比例为28.98%，比全国高17.79个百分点[②]。此外，土地沙化问题依然存在，植被恢复难度大。自然和地质灾害的频发进一步加剧了生态环境的脆弱性，对生态系统的稳定性和人民群众的生产生活构成威胁。尤其是冰雹、降雨对苹果、大枣等陕西特色优势农业生产的影响；陕北黄土

---

① 陕西省生态环境厅：《2023陕西省生态环境状况公报》，2024，第23~27页。
② 中华人民共和国水利部：《中国水土保持公报（2023年）》，2024，第5~8页。

高原地区在强降雨期间易发生滑坡和泥石流，造成道路中断、房屋损毁和人员伤亡；全省年均自然降尘量最高为榆林，2023年达10.25吨（平方公里·月）[①]，自然降尘对人体健康、动植物正常生长发育、大气能见度都有一定影响。

3. 创新能力不足

陕西拥有众多科研院所，但技术转化及对经济的拉动作用并不理想，与山东、河南等省份相比，知识产权密集型企业数量和专利申请量均较少。2023年陕西研发经费投入强度比2022年下降0.55个百分点、仅为1.8%[②]，且比全国平均水平低0.84个百分点[③]，科技创新投入不足，制约了生态保护、产业转型升级和流域高质量发展。高层次人才和专业技术人才匮乏，尤其是县域发展、农村发展人才欠缺，难以满足高质量发展对创新和技术的需求。

4. 基础设施管护难

近年来，陕西黄河流域尤其是沿黄地区的交通基础设施建设有所推进。但是，交通网络运营维护的投入不够、资源不够、力度不够，白于山区等偏远地区的交通条件较差，黄河沿岸土石山区受自然灾害影响无法通行，制约了这些地区经济发展和资源流动。部分水利设施老化，存在运行效率低、安全隐患大等问题，难以满足现代农业和工业发展的用水需求。

（四）精细化、智能化水平仍待提升

各级生态环境监测能力衔接互补不够，监测装备自动化智能化水平不高，尤其是基层环境质量监测、风险管控溯源预警、执法等能力整体较弱、分布不均。对新污染物的筛查、溯源、监测等技术能力亟待加强，水环境及生态、农业面源污染、生物多样性、人居环境等监测网络有待健全完善。大数据、人工智能等新一代信息技术的应用水平不高，对区域宏观决策、产业发展、民生保障、环境治理、生态环境监测及预警、环境执法的支撑作用还需加强。

[①] 陕西省生态环境厅：《2023陕西省生态环境状况公报》，2024，第14页。

[②] 施蕾：《2022年陕西省研发经费投入超过750亿元》，https://mp.weixin.qq.com/s?__biz=MzIOMzAyMDAxNw==&mid=2651773608&idx=1&sn=a9b1333003d5c963e041a71c527809e1&chksm=f2890336c5fe8a20ef299e9da43b6f4e1619b6188afe54b3738597ea29e4624c36ea65d127ec&scene=27，最后检索时间：2024年6月1日。

[③] 国家统计局：《中华人民共和国2023年国民经济和社会发展统计公报》，2024。

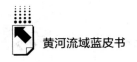

三　陕西黄河流域生态保护和高质量发展面临的形势

就国内国际形势来看，全球经济形势仍然受地缘政治风险、贸易摩擦、气候变化等因素影响。2024 年，气候变化带来的自然灾害频发，对全球经济造成严重影响，如何平衡经济发展与环境保护的矛盾仍是一个难题。国内经济结构持续优化，消费成为主要增长引擎，投资在基础设施和新兴产业中持续发力。在新型城镇化建设、基础设施建设、承接产业转移等政策支持下，中西部地区经济增长加快，对黄河流域生态保护和高质量发展具有积极利好作用。尽管面临外部风险、环境压力等挑战，但政策红利、科技进步、市场潜力等机遇为黄河流域生态保护和高质量发展提供了坚实保障。

从省内形势来看，2023 年陕西持续深化"三个年"活动，发展县域经济、民营经济、开放型经济、数字经济，全省整体经济回升向好。陕西地区生产总值增速从 2023 年前三季度的 2.4% 上升到 2023 年底的 4.3%①；2024 年一季度，地区生产总值增长 4.2%，又比全国、2023 年一季度都低 1.1 个百分点②；黄河流域部分市在 2023 年出现经济负增长。可见，陕西正处于稳经济促消费、结构调整、转型升级的关键时期，实现黄河流域生态保护和高质量发展并不容易。但是，陕西黄河流域生态保护和高质量发展也面临许多机遇。国家为推动黄河流域生态保护和高质量发展，不断完善政策体系和加大支持力度，为陕西黄河流域生态保护和高质量发展提供了坚实的政策保障。互联网、大数据、物联网、污染治理技术、节能技术、干旱半干旱地区农业发展等科技进步，为陕西黄河流域生态保护和高质量发展提供了新动能。生态保护和高质量发展的舆论氛围良好，民众认可度高，全社会参与的积极性也逐渐提高，为陕西黄河流域生态保护和高质量发展奠定了坚实的群众基础。因此，牢牢把握新时代黄河

---

① 陕西省统计局：《2023 年前三季度全省国民经济运行情况》，http://tjj. shaanxi. gov. cn/tjsj/tjxx/qs/202310/t20231031_2305442. html，最后检索时间：2024 年 6 月 1 日。

② 国家统计局：《2024 年一季度国内生产总值初步核算结果》，https://www. stats. gov. cn/sj/zxfb/202404/t20240417_1954640. html，最后检索时间：2024 年 6 月 1 日；陕西省统计局：《一季度全省经济开局平稳　积极因素累积增多》，http://tjj. shaanxi. gov. cn/tjsj/tjxx/qs/202404/t20240424_2327121. html，最后检索时间：2024 年 6 月 1 日。

流域生态保护和高质量发展的极端重要性、长期艰巨性和现实紧迫性，统筹打好蓝天、碧水、净土保卫战，推进经济社会发展绿色化、低碳化，才能实现以高品质生态环境支撑高质量发展、以高质量发展保障高品质生态环境。

四 持续推进陕西黄河流域生态保护和高质量发展的对策建议

（一）完善顶层设计，最大限度发挥政策综合效应

制定系统性、可持续的流域生态保护和高质量发展政策，确保政策的连续性和稳定性。政策制定要充分考虑地方实际情况，制定差异化、适应性强的政策，确保能在基层有效落地。加强政策的科学性和前瞻性，制定符合黄河流域、县域的生态特点和经济社会发展需求的政策。增强地方政府和相关部门的执行能力，加强人才支撑、技术支持和资金保障，确保政策能够有效实施。建立严格的政策执行责任制，明确各级政府和部门的责任和义务，确保政策执行到位。建立跨部门、跨区域的协调机制，确保各项政策在制定和实施过程中协调一致，形成合力。加强各部门和区域之间的沟通与合作，推动政策的统一实施和标准化管理，确保陕西黄河流域生态保护和高质量发展的整体推进、与长江流域的协同推进。

（二）积极强化动能，建立现代产业体系

1. 做大做强现代农业

持续推进"一县一业""一村一品"建设，扶持引导发展水果、畜牧、设施农业等优势特色产业，坚持产业链延伸和提档升级同步进行。推动农产品深加工，开发小麦马铃薯面食产品、苹果猕猴桃终端果饮、高端乳制品、高档牛羊肉制品、多元化茶饮品等农产品。集中建设一批叫得响、有影响的区域公用品牌作为沿黄区域的"地域名片"。整合各方资源和力量，抱团发展，推动传统农业由"单个产业→全产业链"的升级转换。鼓励各地依托特色资源打造全产业链，推动一二三产业融合发展。发展电子商务、休闲农业、健康养生等新产业新业态，促进产业链、供应链、价值链留在县域、下沉乡村。

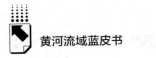

2. 建立健全农业文化遗产保护发展机制，推动文旅融合发展

科学整体谋划，制定以佳县古枣园系统全球重要农业文化遗产，蓝田大杏种植系统、临潼石榴种植系统等全国重要农业文化遗产为代表的农业文化遗产保护规划、实施意见。建立以生态与文化补偿为核心的政策激励机制，建立政府、农业经营主体、公众"三位一体"的多方参与机制。组织编写农业文化遗产相关科普读物，充分利用传统媒体、新媒体、融媒体开展农业文化遗产宣传。深入挖掘重要农业文化遗产资源发展乡村文化旅游等业态，创建农遗品牌，丰富农遗活化利用形式。

3. 推进传统行业的绿色转型

稳妥推进碳达峰、碳中和，发展绿色低碳产业，推动绿色节能低碳环保先进技术的研发及利用，推进煤电、建材、化工、消费等重点行业领域的节能降碳。加快传统能源产业的技术改造和清洁化进程，提高煤炭和石油等传统能源的利用效率，减少污染排放。发展风能、太阳能和生物质能等可再生能源，逐步提高其在能源结构中的比例。推动能源产业与新兴产业的融合发展，支持能源企业在智能电网、能源互联网等领域的创新，形成新的经济增长点。

（三）充分聚集要素，推进科技创新、体制创新

1. 科技创新

持续加大对科研项目、科技企业的资金支持力度，鼓励企业加大研发投入。设立专项基金，支持中小企业的技术创新和成果转化。促进企业与高校、科研机构之间的产学研合作，推动科技成果向实际生产力转化。建立科技创新平台，搭建产学研合作桥梁，增强科研成果的市场适应性和转化率。通过税收减免、政策扶持等手段，激励企业进行技术研发和创新。加强对高层次创新人才的引进和培养，完善人才激励机制，营造良好的创新创业氛围。发挥陕西科教大省的作用，围绕生物技术、资源利用、节水、生态修复、能源等领域，开展生态保护和高质量发展科技协同创新。

2. 体制创新

在目前经济形势下，财政资金有限，要充分发挥其杠杆作用，激发社会资本的投入积极性。探索信贷、保险等投入模式，充分利用大数据等信息技术，实现市场化精准支持。持续推动农村产权制度改革、国有企业改革、行政管理

体制改革。建立健全基础设施建设管护机制。省级统筹、主动发力，立足长远、适度超前、科学规划，优化基础设施的布局、结构和功能。加强沿黄地区基础设施互联互通，加大基础设施管护力度。加快新型基础设施建设，充分发挥数字基建在生态保护和高质量发展方面的决策优势。挖掘阐释黄河文化时代价值，健全以国家公园为主的自然保护地体系。完善县乡联结机制，实现以城带乡、城乡融合发展。

（四）全面提升效能，加快信息技术应用

重视产业信息化基础设施建设，推进传统产业数字化转型，加快数据要素融入各个环节，形成高数字化、高信息化的产业链条。充分利用现代化声光电科技手段，推动黄河文化等特色资源产业化、品牌化，拓展价值链。加大对生态质量、新污染物、温室气体、地下水、噪声、农村环境等监测能力建设的投入。推进监测数据部门间、区域间的应用共享，建设陕西黄河流域天空地一体化监测网络及污染总量监控体系，开展污染溯源预警、数据综合分析、碳监测评估等工作。综合运用物联网、大数据、云计算、人工智能、无人机、无人船等技术，探索可复制、可推广的环境应急监测模式。全面提升基层监测履职能力，因地制宜优化流域监测能力布局，统筹县级站人员、经费、设备及实验室资源，培养一批能够高效支撑污染源监管的技术力量。

参考文献

李青松、胡金荣：《黄河流域陕西段生态保护和高质量发展路径》，《陕西行政学院学报》2024年第1期。

潘文学、杨艳、次央等：《基于陕西省黄河流域生态保护和高质量发展的水资源情势分析》，《陕西水利》2023年第10期。

王林伶、许洁、陈峻：《黄河流域生态保护和高质量发展成效、问题及策略》，《宁夏社会科学》2023年第6期。

中共陕西省委理论学习中心组：《聚力黄河流域生态保护治理　把牢陕西高质量发展基准线》，《经济日报》2023年12月27日，第3版。

B.8
2023~2024年山西黄河流域
生态保护和高质量发展研究报告*

韩 芸 高宇轩**

摘 要： 实施黄河流域生态保护和高质量发展重大国家战略五年来，山西全面深入贯彻落实黄河重大国家战略决策部署和习近平总书记考察调研山西重要讲话重要指示精神，以建设黄河流域生态保护和高质量发展重要实验区为目标，积极探索，大胆实践，不断推动黄河流域生态保护和高质量发展迈上新台阶。然而，推动黄河流域生态保护和高质量发展是一项系统工程，应清楚地认识到，当前距黄河流域生态空间高水平保护、高效能治理、经济社会高质量发展的要求还存在一定差距。下一步要深刻认识困难和问题，扛牢责任，积极实践，积极推动山水林田湖草沙系统治理、深入打好黄河流域生态保护治理攻坚战、全面提升水资源节约集约利用能力、积极培育发展新质生产力、推进黄河文化的保护传承与创新性发展，努力谱写黄河流域生态保护和高质量发展山西新篇章。

关键词： 山西黄河流域 生态治理 高质量发展

自2019年黄河流域生态保护和高质量发展上升为国家重大战略以来，山西深刻领悟习近平总书记重要讲话重要指示精神和黄河流域生态保护和高质量发展重大国家战略的博大内涵，坚定扛起重大历史使命重担，针对黄河山西段

* 本文为山西省哲学社会科学规划课题"山西黄河流域生态保护和高质量发展重要实验区建设研究"（2023YY010）的阶段性研究成果。

** 韩芸，山西省社会科学院（山西省人民政府发展研究中心）生态文明研究所副所长、副研究员，主要研究方向为能源经济、生态文明与绿色发展；高宇轩，山西省社会科学院（山西省人民政府发展研究中心）生态文明研究所研究实习员，主要研究方向为生态经济。

的特点，提出建设黄河流域生态保护和高质量发展重要实验区的重大战略部署，围绕资源型经济转型发展和美丽山西建设，坚持生态保护优化、绿色发展，统筹推进流经县、流域区、全省域生态大保护大治理，实施"两山七河五湖"生态修复治理，推进"一泓清水入黄河"工程，加快产业高质量转型升级，保护传承弘扬黄河文化，推动黄河流域生态保护和高质量发展迈上新台阶，为黄河永远造福中华民族作出山西贡献、体现山西担当。

一 坚持生态优化、绿色发展，山西黄河流域生态保护和高质量发展取得突出成效

（一）注重系统谋划，政策规划保障体系日趋完善

黄河重大国家战略实施五年来，山西在体制机制、规划体系、制度改革等方面持续发力，织密黄河流域生态保护和高质量发展制度体系，为黄河流域生态保护和高质量发展提供了强有力的制度保障。先后印发《山西黄河流域生态保护和高质量发展规划纲要》《山西省"十四五"黄河流域生态保护和高质量发展实施方案》等。2023年4月，出台《山西建设黄河流域生态保护和高质量发展重要实验区实施方案》，从流经县、流域区、全省域三个层次全面推进①。结合实际，出台了《"一泓清水入黄河"工程方案》《山西省黄河生态保护治理攻坚战行动方案》《关于做好2023年度"两山七河一流域"生态保护与修复治理抓落实工作考核工作的通知》等一系列配套政策措施，标志着山西黄河流域生态保护和修复治理工作走向常态化、协作化、制度化。全省11市均出台了市级黄河规划，相关部门出台专项规划。2024年3月，公布《山西省黄河流域生态保护和高质量发展条例（草案）》公开征求意见。目前，山西已构建了1个总规、21个区域规划和专项规划、27个配套政策文件的"1+N"的黄河流域政策体系。

---

① 高建华：《支持山西建设黄河流域生态保护和高质量发展重要实验区》，《山西日报》2024年3月9日，第4版。

（二）着眼生态保护，黄河生态环境质量持续提高

黄河重大国家战略实施五年来，山西以"两山七河五湖"生态保护修复工程为牵引，加快推动"一泓清水入黄河"工程，统筹推进山水林田湖草沙一体化保护和系统治理，持之以恒打好污染防治攻坚战，持续提高生态环境质量。加快推动水土流失治理。以"十百千"工程为抓手，实施51条小流域综合治理、34座淤地坝除险加固、17万亩坡耕地、77座新建淤地坝等重点工程，并以此带动全社会参与水土保持工作。右玉县被确定为全国五个水土保持高质量发展先行区之一，永和县被打造成全省坡耕地综合治理工程建设示范样板，截至2023年底，全省治理水土流失面积589万亩①，水土保持率达到64.58%，提升0.87个百分点②。以太行山和吕梁山为重点，深入开展大规模国土绿化行动，2023年，全年营造林456.7万亩，人工造林规模连续3年排名全国第1位，森林覆盖率稳步提升③。全力实现"一泓清水入黄河"，2023年印发了《深入学习贯彻习近平总书记考察山西重要指示精神奋力实现"一泓清水入黄河"行动方案》，系统谋划了十大工程280余项子工程。2023年，全省"一泓清水入黄河"285个工程，已开工213个，完工88个，开工率74.7%，完工率30.9%④。优良水体比例达93.6%，其中黄河流域达90%，汾河流域优良水体比例为80.9%，同比提升19个百分点，创下山西历史最好成绩⑤。实施重点泉域保护和复流工程，修订出台《山西省泉域水资源保护条例》，断流近30年的晋祠泉水位逐年回升，2023年5月14日首次出流，古堆、兰村泉分别上升7.4米、5.14米。在宁武、静乐、沁县等9县开展黄河流域农业面源污染综合治理项目，蒲县、高平、万荣等7县区获批国家农业绿色发展先行区。全面关停4.3米焦炉，持续开展城镇环境治理设施补短板行动，加快推进农村黑臭水体整治。

① 水土保持处：《加强顶层设计 推进各方协同治理水土流失》，《山西水利》2024年第1期，第53~54页。
② 高建华：《支持山西建设黄河流域生态保护和高质量发展重要实验区》，《山西日报》2024年3月9日，第4版。
③ 高建华：《支持山西建设黄河流域生态保护和高质量发展重要实验区》，《山西日报》2024年3月9日，第4版。
④ 张剑雯：《天蓝水碧地净 三晋颜值更高》，《山西经济日报》2024年2月9日，第2版。
⑤ 程国媛：《全省生态环境质量明显改善》，《山西日报》2024年2月17日，第1版。

（三）坚持"四水四定"，水资源节约集约利用能力全面提升

近年来，山西深入贯彻习近平总书记提出的"节水优先、空间均衡、系统治理、两手发力"治水思路，严格落实《中华人民共和国黄河保护法》和《关于做好治水兴水大文章助推全省高质量发展的实施意见》的"水十条"，加快推进现代水网构建、水资源集约节约利用、水生态保护修复等重点工作。强化水资源刚性约束。开展黄河流域深度节水控水行动，深入落实《国家节水行动山西实施方案》和《山西省黄河流域深度节水控水实施方案》。2023年，全年用水量可控制在85亿立方米的总量目标内，12个县被列入水利部公布的第六批节水型社会建设达标县（区）名单[①]。截至2023年底，全省共有73个县（区）被水利部命名为"国家级节水型社会达标县"，其中黄河流域有54个县区[②]。落实习近平总书记"加快构建国家水网"重要指示精神，2023年5月，省政府批复实施《山西省现代水网建设规划（2021—2035年）》，将大同市列入全国第一批七个市级水网先导区之一，将芮城县列入全国首批深化农业水价综合改革推进现代化灌区建设十个试点县之一。持续推动省级水网规划的重点引调水工程，古贤水利枢纽前期工作取得重大进展，中部引黄工程东、西干截至2023年底共剩余8.78公里"卡脖子"隧洞正在加力攻坚；太忻滹沱河供水、阳泉龙华口调水、小浪底引黄二期加紧建设，禹门口提水东扩工程已建设完工并实现全线供水，万家寨南干滹沱河连通、张峰调水晋城、万家寨引黄北干支线顺利开工建设[③]。

（四）聚焦减污降碳，全力打好黄河"几字弯"治理攻坚战

党的十八大以来，面对"绿色大考"，山西从保护一片蓝天、一泓清水、一块土地开始，强化生态环境分区管控，积极开展减污降碳协同增效行动，全方位打好黄河"几字弯"治理攻坚战。一是大力调整产业和能源运输结构，全省4.3米焦炉全部关停淘汰，保留焦化产能全部配套建成干熄焦装置。2023年，煤炭、焦化、炼铁和炼钢先进产能占比分别达到81%、96.6%、60.5%、

① 张丽媛、范珍：《厚植生态底色　建设美丽山西》，《山西日报》2023年1月17日，第1版。
② 张丽媛、范珍：《厚植生态底色　建设美丽山西》，《山西日报》2023年1月17日，第1版。
③ 晋帅妮：《夯实经济社会高质量发展之基》，《山西日报》2024年1月24日，第5版。

57.3%。推动实施"公转铁"，2018年以来，推动将51个铁路专用线项目分两轮列入国家重点项目清单，总里程超430公里，总投资约440亿元，列全国前列。持续巩固全省11市国家北方地区清洁取暖试点成果，推动中部城市群、上党革命老区散煤清零，累计完成清洁取暖691万户，每年可减少散煤燃烧600多万吨。二是加快工业企业清洁生产和污染治理，认真落实《山西省"十四五"重点行业清洁生产审核实施方案》要求，按季度调度清洁生产审核情况。推动将太原中北高新技术产业开发区列为国家第二批清洁生产审核创新试点。所有在役燃煤机组、在产钢企和80%以上的焦化、水泥企业完成超低排放改造。截至2023年底，PM2.5年均浓度为37微克/立方米，改善幅度全国第二，创历史最低水平；SO_2平均浓度为12微克/立方米，较"十三五"期末下降36.8%[①]。三是强化固体废物协同控制与污染防治，推进太原、晋城市"无废城市"建设，太原市储备40余个"无废城市"建设重点工程项目，晋城市出台《晋城市"十四五"国土空间、市域中心城市、大县城、农村及村庄建设规划》。持续开展黄河流域"清废行动"，全部完成生态环境部向本省推送的523个疑似问题点位现场核查和整改工作，清理清运各类固体废物900余万吨。

（五）坚持绿色发展，高质量发展迈出新步伐

党的十八大以来，习近平总书记反复强调，"绿色发展是生态文明建设的必然要求"，亲自赋予山西建设国家资源型经济转型综改试验区、开展能源革命综合改革试点"两大使命"。山西坚定扛起重大使命，在服务国家大局中扎实推进碳达峰碳中和山西行动，推动经济社会发展全面绿色低碳转型，加快转型发展蹚新路步伐。一是纵深推动能源革命综合改革试点。坚定扛起能源保供政治责任，持续释放煤炭先进产能，2023年新增产能12690万吨/年，原煤产量完成13.78亿吨，以长协价保供24个省份电煤6.2亿吨，增量、总量均居全国第一，为保障国家能源安全作出了突出贡献。加快建设煤炭绿色开发利用基地，积极推进5G智慧矿山建设，煤炭先进产能占比提升至80%，累计建成118座智能化煤矿、1491处智能化采掘工作面，3200处硐室实现无人值守，

---

① 张剑雯：《天蓝水碧地净　三晋颜值更高》，《山西经济日报》2024年2月9日，第2版。

所有重要作业地点实现无监控不作业[①]。推进煤电一体化发展，2023 年，外送电省份扩至 23 个，全省净外送电量 1576 亿千瓦时，创历史同期新高，占全省发电量的比重为 35.3%。持续推进天然气产业发展，2023 年山西地面煤层气产量达 76.62 亿立方米，同比增长 22.62%，居全国第一。持续推动新能源和可再生能源有序替代，统筹推进煤电和新能源一体化发展，加快推进分布式可再生能源发展，持续推进抽水蓄能项目建设，有序推进其他可再生能源开发利用[②]。2023 年。全省可再生能源装机容量 5309.1 万千瓦，比上年增长 22.6%，占到总装机容量的 39.9%，较上年提高 4.1 个百分点。二是积极培育发展新质生产力。高度重视数字经济发展壮大，数字产业化规模和产业数字化规模都在增长。2023 年，算力综合指数和算力规模均列全国第七位，每万人拥有 5G 基站约 26.7 个，进入全国前十位，山西省工业互联网标识解析体系累计上线二级节点 9 个，重点服务煤炭、物流、机械制造等行业领域的 1111 家企业。高效推动数字孪生黄河建设，细化完善《山西河务局数字孪生黄河建设规划（2023—2025 年）》，进一步补齐信息化短板和网络安全保障能力。2023 年 12 月，山西数据流量生态园"由园升谷"，作为全国首家以数据要素驱动的数字经济园区，先后引入了智慧物流、清洁能源、智能算力服务、精密仪器智能制造、煤矿物联网等一批数实融合优质项目，为打造"数字经济产业新地标、中部地区数字经济发展新高地"奠定了坚实的基础。三是积极推进碳达峰碳中和。参与碳排放权交易，基本完成全国碳市场两个履约周期配额清缴。积极开展排污权交易，"十四五"以来，黄河流域完成排污权交易 428 宗，交易额达 2.55 亿元。探索建立省级政府排污权储备库。太原市和长治高新技术产业开发区入选全国首批碳达峰试点城市和园区名单，碳普惠机制被评为全国绿色低碳典型案例，1 市 4 园区被生态环境部列为全国首批减污降碳协同创新试点。

（六）加强保护传承，黄河文化魅力不断彰显

习近平总书记指出："黄河文化是中华文明的重要组成部分，是中华民族

---

① 刘建林、李彦斌：《"指尖"采煤正走进现实》，《工人日报》2024 年 2 月 27 日，第 6 版。
② 张毅：《我省加快建设新型能源体系》，《山西日报》2023 年 2 月 4 日，第 2 版。

的根和魂。"① 黄河重大国家战略实施以来，山西深入梳理和挖掘黄河文化发展的历史脉络、内涵和时代价值，大力推进保护传承弘扬，做了大量卓有成效的工作。一是不断完善基础设施。积极推动配套设施建设，培育发展黄河文化游、古城古镇古村游、黄土特色游、红色黄河游、黄河非遗游，持续打响"旅游满意在山西"品牌。加速推动黄河一号旅游公路建设。将碛口、云丘山、鹳雀楼－普救寺、偏关老牛湾等景区纳入重点景区名单，参照龙头景区标准进行培育。积极推进沿黄景区标准化建设，联合陕西省成功创建壶口瀑布5A级旅游景区；先后创建山西河津市大梯子崖景区、临县碛口景区12家沿黄4A级旅游景区。目前，本省沿黄地区已建成的A级旅游景区共50个，其中4A及以上景区31个（5A级2个）。二是不断擦亮山西黄河文化品牌。充分挖掘黄河文化时代价值，多渠道搭建黄河文化交流传播平台，讲好"黄河故事"。多地举办凸显黄河文化特色和黄河文化魅力的国际论坛和学术交流会。2023年，先后承办"大河论坛·黄河峰会"、第二届黄河文明论坛、黄河主题旅游海外推广季等。三是不断加强黄河非遗文化保护传承。2023年，举办黄河非遗大展、第三届山西非物质文化遗产博览会暨工艺美术产品博览交易会等，发布了10个山西省非遗保护优秀实践案例、10个非遗工坊典型案例、10个第一批非遗旅游体验基地及非遗旅游十大线路和金融支持非遗项目政策等。

二 坚持问题导向，进一步重视制约黄河流域生态保护和高质量发展的短板和弱项

（一）生态环境治理力度不够

山西是全国煤炭生产和消费大省，产业结构偏重，污染物基础排放总量大；能源结构以煤炭为主，单位面积耗煤量大；交通运输结构以公路运输为主，重型车辆多、散货多、过境车辆多，交通污染治理难度大。山西黄河流域80%以上的河流为季节性河流，雨季断面水质超标问题比较突出。加之，山西以山地、丘陵地貌为主，城市坐落在山谷或盆地内，地理条件不利于污染物的

---

① 习近平：《在黄河流域生态保护和高质量发展座谈会上的讲话》，《求是》2019年第20期。

扩散，一旦遇到不利气象条件，极易形成重污染天气。水土流失治理仍面临不少困难，山西境内黄土高原纵贯南北，沟壑纵横、缺水少绿、生态脆弱，是黄河中游多沙粗沙区，是全国水土流失最为严重的省份之一。根据水土流失动态监测成果，截至 2023 年底，全省仍有水土流失面积 5.55 万平方公里尚未治理。山西水土流失未治理区域，多为偏远山沟，自然条件恶劣、立地条件差，治理难度比较大。同时，已治理的区域存在反复的可能，需提升治理标准。

（二）水资源节约集约利用水平不高

山西水资源短缺与用水方式粗放问题并存。山西本地水资源匮乏，禀赋不足，全省人均水资源量不足全国平均水平的 1/6，人均供水量不到全国平均水平的一半。黄河水是唯一可利用的外调水，也是保障山西水安全的长远之策，但是因为黄河水取水工程几乎全部为高扬程提水，大部分工程扬程超过 200米，地高水低，供水成本高、配套设施不完善，导致引黄工程供水能力得不到充分发挥，黄河干流水资源利用不足，国家"八七"分水方案分配山西黄河流域水量指标 43.1 亿 m³，其中黄河干流 28.03 亿 m³，支流 15.07 亿 m³①。2022 年，全省黄河干流实际取水 14.08 亿 m³，仅占干流指标的 50.23%。同时，山西黄河流域地下水超载严重，全省黄河流域水资源超载地区共涉及太原、运城等 7 市 38 个县，占全国黄河流域地下水超载地区总数的 61.3%。

（三）黄河文化内涵挖掘不深

山西文化遗产众多，拥有丰富的物质类和非物质类文化遗产，但长期以来，黄河文化存在"重开发、轻保护"以及盲目开发和超负荷利用的现象，破坏了文化遗产的原真性。现有区域式、分段式、单元式的文化保护模式容易造成各自为政、分散经营和同质竞争等问题，导致创新能力不足，文创产品同质化、文化产品内容雷同、格调单一等，各种相似的文化活动扎堆进行，文化产业的创新性不足，精品少、影响小，品牌响亮的不多，尤其是知名度高、代表性强，能充分彰显山西文化品牌和景区的不多。

---

① 资料来源：山西省水利厅。

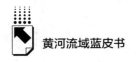

（四）创新驱动能力依旧不足

当前，山西对科研投入力度较弱，整体研发投入水平较低，山西统计局数据显示，2022 年，山西全社会 R&D 投入强度仅为 1.07%，比上年降低 0.03 个百分点①，低于全国平均水平（2.54%）。另有多项数据呈负增长态势，如全省基础研究经费 11.5 亿元，比上年下降 4.4%；研究与试验发展（R&D）经费投入强度为 0.52%，比上年低 0.03 个百分点。截至 2023 年底，山西高新企业数量为 4155 家，少于河南省（1.2 万家）、陕西省（1.61 万家）、山东省（3.2 万家）等其他黄河流域省份，科技创新驱动能力依旧不足。

三 推进山西黄河流域生态保护和高质量发展的思考与建议

推动黄河流域生态保护和高质量发展是一项系统工程，需要久久为功。山西应进一步把握立足新发展阶段、贯彻新发展理念、构建新发展格局的重大逻辑，继续践行"绿水青山就是金山银山"理论，立足现实问题，在抓落实上见行动、在大保护上见进展、在扛责任上见真章，努力谱写黄河流域生态保护和高质量发展山西新篇章。

（一）把握系统治理，持续推动山水林田湖草沙系统治理，筑牢绿色黄河流域生态安全屏障

习近平总书记强调，黄河流域要共同抓好大保护，协同推进大治理。黄河流域生态保护治理是一个多层次、多维度、多尺度的复杂过程，流域内外相互影响、上下游相互作用、左右岸相互支撑，牵一发而动全身。一是扎实推进"两山七河五湖"保护和修复治理。依托太行山、吕梁山构筑黄河流域生态保护屏障、环京津冀生态安全屏障、中条山生物多样性保护屏障②。持续实施"七河"流域山水林田湖草沙一体化保护和系统治理，同步推进"五湖"生态

---

① 《2022 年山西省科技经费投入统计公报》，山西省统计局网站（2023 年 11 月 8 日），http：//tjj. shanxi. gov. cn/，最后检索时间：2024 年 6 月 1 日。
② 张丽媛：《以"绿"为笔 绘就生态文明新画卷》，《山西日报》2022 年 3 月 2 日，第 7 版。

修复，划定河源水源涵养区和河湖水生态保护区，维护河源的生态功能稳定性。二是一体推进治山治水治气治城。持续实施国土绿化行动、采煤沉陷区治理、矿山生态修复、山区土地综合整治等工程，不断提升森林覆盖率、矿山污染治理和生态修复程度。深入开展饮用水水源地环境保护专项行动。持续实施治污、控煤、管车、降尘等环境空气质量提升行动，完善大气污染联防联控机制，充分利用大数据等新一代信息技术，构建大气监测大数据平台。三是统筹推进水土流失综合治理。突出淤地坝建设和坡耕地整治，以小流域为单元，从沟头到沟口，配套实施淤地坝、水保林、坡改梯和小型水利水保工程。针对水土流失不同部位特点，系统建设泥沙拦蓄工程。推进旱作梯田建设。开展小流域综合治理，合理配置工程，紧密结合乡村振兴，推进生态清洁小流域建设。巩固沿黄各县（市）水土保持林、水源涵养林建设，加强退化林草修复。

（二）立足实际，奋力补短板打基础，深入打好黄河生态保护治理攻坚战

一是持续推动黄河流域重点河湖治理。紧盯未达优良水质的重点断面，"一断面一策"推进汾河晋中段、临汾段和运城涑水河水污染综合治理。省市联动推动太榆退水渠治理，确保全线达到优良水质。深入推进工业园区水污染整治、入河排污口查测溯治和城乡黑臭水体排查整治，强化汛期污染防控。组织开展"利剑斩污"，协调保障重点河流生态流量，扎实推动美丽河湖创建。二是全力打好"一泓清水入黄河"攻坚战。进一步细化工程方案、资金方案、技术方案，科学组织工程实施，加快项目前期手续办理，加大资金筹措和投入力度，积极争取中央专项资金项目入库和审核，优先推进实施与断面水质改善直接相关的重点工程，推动工程项目早日建成达效。三是深入打好黄河干流流经县生态环境综合治理攻坚战。针对黄河干流忻州段、吕梁段、临汾段、运城段的生态环境现状和突出问题，实施"净河、减污、治路、洁产、扩绿"五大行动，抓好工程项目资金筹集、技术保障、工程实施和跟踪监督，标本兼治打好黄河干流流经县生态环境综合治理主动仗。四是持续推进黄河流域生态修复治理。完善黄河流域横向生态补偿机制，探索开展水质水量联动补偿考核。持续推进黄河流域"清废行动"。抓好中央生态环保督察、黄河警示片和中央区域协调发展领导小组办公室反馈本省问题整改。

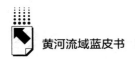
（三）落实黄河流域"四水四定"，强化水资源刚性约束，全面提升水资源节约集约利用能力

一是开工建设古贤水库工程，支持山西建设古贤山西供水区工程。古贤山西供水工程是黄河古贤水利枢纽工程的配套工程，是山西现代水网建设规划的第六横，是本省贯彻落实国家粮食安全战略、重要农产品保障战略等决策部署的重大举措和重要支撑，建议国家层面给予经济、政策和技术指导与支持。二是加大对水生态治理的支持力度。山西生态环境方面欠账较多，建议争取国家在山西水土流失治理、地下水超采区综合治理和岩溶大泉保护、以汾河为重点的"七河"生态保护修复、母亲河复苏、防洪能力提升、大中型灌区续建改造和节水改造等方面给予更多政策和资金支持，使山西的水更清、河更畅、人民更幸福，帮助革命老区与其他省份协同发展、同步实现美丽中国建设目标任务。三是积极建立黄河流域上下游横向生态补偿机制。建立健全黄河流域横向生态保护补偿机制，对强化联防联控、流域共治和保护协作，加快实现高水平保护和高质量发展，保障黄河长治久安具有重要意义①。《黄河保护法》第一百零二条规定，国家引导和支持黄河流域上下游、左右岸、干支流地方人民政府之间通过协商或者按照市场规则，采用资金补偿、产业扶持等多种形式开展横向生态保护补偿。建议统筹指导、协调、推动黄河流域行政区域间建设生态保护补偿机制，在前期试点工作的基础上，全面建立"流域共治、成本共担、利益共享"的横向生态补偿长效机制，构建全流域、全要素、全过程治理格局，打造新阶段流域治理管理新典范。

（四）坚持产业带动，持续深入推进能源革命，培育发展新质生产力，加快黄河流域绿色低碳发展

一是做好能源工业"稳控转"大文章，坚决稳住能源生产基本盘，建立国家能源保供补偿机制。严控"两高"项目盲目上马，加快打造国家清洁能源基地，有序推进煤电绿色转型，推动新能源产业快速发展，加大风光水储绿

---

① 高国力、贾若祥、王继源等：《黄河流域生态保护和高质量发展的重要进展、综合评价及主要导向》，《兰州大学学报》（社会科学版），2022年第2期，第35~46页。

134

电开发力度，促进氢能"制运储用"全链条发展，逐步构建以新能源为主体的新型电力系统。减少非发电用煤比例，不断提高非化石能源在能源消费中的比重。充分考虑山西等省份多年来在保供方面做出的积极贡献，建立国家能源保供补偿机制和中央财政对能源保供省份转移支付机制以及煤炭保供奖励资金投入等。同时，加大重点新能源项目对山西等资源型省份的倾斜力度，在风光储氢一体化等重大新能源项目基础设施布局上给予重点倾斜，加大对山西企业开展分布式光伏、分散式风电、工业绿色微电网和源网荷储一体化等新能源项目建设的支持力度，开展新型储能技术和重点区域试点示范。二是积极培育发展高成长型、高附加值的新兴产业和未来产业。立足黄河流域生态保护和高质量发展的需要，加快培育发展黄河流域新质生产力，瞄准未来产业竞争制高点，加快对新能源、新材料、数字经济等新业态的培育发展，积极构建黄河流域现代产业体系新支柱，抢占未来发展高地。不断深化数实融合，以新质生产力改造提升传统产业。进一步加快 5G 网络部署和云计算数据中心建设布局，推动数字技术和制造业、农牧业、文化旅游等产业的深度融合发展，继续探索数字化、智能化和绿色化协同发展的模式，充分利用信息化助推产业转型升级，培育产业发展新动能。

（五）聚焦文化赋能，积极推进黄河文化的保护传承与创新性发展

建立健全"黄河文化"研究机制，深度阐发黄河文化，为民族复兴注入强大的精神力量。一是加大对黄河文化的发掘研究力度。加大黄河文化资源的普查工作，利用网络技术、云计算、大数据、物联网等信息技术，系统梳理黄河文化资源，建立黄河文化资源名录和数据库，构建科学规范的黄河文化遗产保护和黄河文化旅游可持续发展统筹推进的保护利用体系。二是设立"黄河文化"专门研究院。阐释其核心要义、提炼黄河精神，让"黄河文化"成为专门的学问，不断提升"黄河文化"凝聚力与向心力。积极推出黄河文化研究成果，推动成果转化，全面展现黄河文化所蕴含的人文精神、价值理念、道德规范在推动中华优秀传统文化创造性转化和创新性发展中的当代价值。三是以创新性发展做好黄河文化保护传承。进一步统筹协调文物保护工作与经济社会发展的关系，加强黄河流域地区文物挖掘保护，推进对黄河古道、防洪堤坝等遗址遗迹的发掘，对云冈石窟保护和云冈学建设、永乐宫壁画保护、平遥古

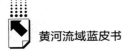

城保护等工作进行"回头看"，夯实黄河地区的文明基础和文化底蕴。四是继续加大黄河文化保护宣传。积极推动黄河国家文化公园建设。加大黄河流域各城市博物馆主题展览，持续举办黄河文化艺术节，建设黄河文化公园、黄河国家博物馆、黄河文化体验廊道、"黄河文化"数字博物馆等。五是深入推动文旅融合。持续讲好"黄河故事"，加强沿黄区域文化旅游整体规划和布局。持续做深做好做强山西省旅游发展大会。结合黄河历史、实物典藏、现实场所等，规划设计出一批专题研学旅游线路，打造具体而形象的实景空间，将黄河文化融入吃住行游购娱等各方面，增强游客的体验性、参与性，引导游客通过文化旅游的方式不断感知黄河文化的独特魅力。

参考文献

董文兵、李迎娣：《习近平关于黄河流域生态保护和高质量发展论述内蕴的方法论思想》，《中国石油大学学报》（社会科学版）2023年第2期。

王承哲主编《黄河流域生态保护和高质量发展报告（2023）》，社会科学文献出版社，2023。

王继源、窦红涛、贾若祥：《以新质生产力为黄河流域生态保护和高质量发展赋能》，《科技中国》2024年第4期。

王林伶、许洁、陈峻：《黄河流域生态保护和高质量发展成效、问题及策略》，《宁夏社会科学》2023年第6期。

B.9

2023~2024年河南黄河流域生态保护和高质量发展研究报告

赵中华　李建华*

摘　要：　面对2023年复杂多变的发展环境和艰巨的发展任务，河南全力以赴攻难关、解难题、防风险，高质量推动安澜黄河、生态黄河、美丽黄河、富民黄河、文化黄河建设，推动黄河流域生态保护迈上新台阶，流域经济社会高质量发展取得新成就。同时，受发展基础、发展条件和思想观念等影响，河南持续推进黄河战略也面临灾害风险依旧存在、水资源供需矛盾突出、经济向好的基础不稳等多重挑战。面向未来，河南还需通过提升调水调沙能力、持续深化污染防治攻坚、着力打造现代化产业体系等，持续推动流域环境保护再创佳绩，区域高质量发展再创辉煌。

关键词：　河南黄河流域　生态保护　高质量发展

河南作为千年治黄的主战场、沿黄经济的集聚区、黄河文化的孕育地、黄河流域生态屏障的支撑带，地位特殊、使命光荣。自黄河流域生态保护和高质量发展上升为国家战略以来，河南认真贯彻落实习近平总书记关于黄河流域生态保护和高质量发展的重要讲话和指示精神，高位谋划、高质量推动安澜黄河、生态黄河、美丽黄河、富民黄河、文化黄河建设，在新时代"黄河大合唱"中奋力谱写出彩河南篇章。2023年，面对深刻变化的外部环境和艰巨繁重的发展任务，河南全力以赴攻难关、解难题、防风险，黄河流域生态保护和高质量发展不断取得新成就。

---

* 赵中华，河南省社会科学院城市与生态文明研究所助理研究员，主要研究方向为区域经济；李建华，河南省社会科学院城市与生态文明研究所助理研究员，主要研究方向为城市生态。

一 2023年河南黄河流域生态保护和高质量发展的 关键举措与成就

河南省黄河流域①包含九个省辖市和济源示范区（以下简称"九市一区"），区位条件优越、资源丰富，是河南重要的能源、化工、原材料和制造业基地，占河南省总面积的40.7%。2023年，河南黄河流域年末常住人口占全省的45.16%，GDP占全省的59.18%，九市一区的一般公共预算收入则占全省的60.82%，是引领带动河南全域经济社会发展的核心区，如表1所示。

表1 2023年河南黄河流域城市主要经济指标

区域	地区生产总值（亿元）	年末常住人口（万人）	社会消费品零售总额（亿元）	一般公共预算收入（亿元）	公共财政支出（亿元）
郑州	13617.80	1300.8	5623.10	1165.80	1519.60
开封	2534.19	471.4	1174.81	153.86	414.22
洛阳	5481.60	707.9	2454.30	404.30	667.00
安阳	2486.10	537.6	959.30	235.70	446.80
鹤壁	1033.17	156.8	345.94	80.34	166.10
新乡	3347.65	612.5	1130.32	241.50	489.88
焦作	2233.90	356.4	938.50	143.60	—
濮阳	1850.64	370.1	777.98	118.55	329.87
三门峡	1620.27	202.0	569.95	140.69	283.06
济源	788.61	73.2	207.50	60.00	75.50
合计	34993.93	4432.3	14181.70	2744.34	4392.03
占全省比重	59.18%	45.16%	54.54%	60.82%	39.70%
全省	59132.39	9815.0	26004.45	4512.05	11062.55

资料来源：根据河南黄河流域九市一区的《2023年国民经济和社会发展统计公报》整理。

---

① 本文所指的河南黄河流域包括河南省行政区域内黄河干流、支流、湖泊（水库）集水区域所涉及的郑州市、开封市、洛阳市、安阳市、鹤壁、新乡市、焦作市、濮阳市、三门峡市所辖行政区域及济源示范区。

（一）奋力建设黄河生态，加速打造美丽黄河

河南上下勠力同心，深入贯彻落实习近平总书记指示精神，围绕"共同抓好大保护，协同推进大治理"要求，统筹推进治水、清污、降碳、增绿，黄河生态保护治理取得了重要进展。

一是大力推进黄河干支流水环境保护治理。河南深化入河排污口溯源整治，将黄河流域入河排污口排查整治作为重点任务，纳入《河南省推动生态环境质量稳定向好三年行动计划（2023—2025年）》，加紧构建全省黄河流域入河排污口"一张图"，建成全国首个省市两级无人机辅助执法队伍，完成了2252个排污口的溯源工作。扎实开展水资源保护专项行动，建立农村黑臭水体监管清单，对流域违法违规取用水问题进行全面排查、集中整治，严厉打击非法采砂，大力清理整治黄河"四乱"（乱占、乱采、乱堆、乱建）。目前，黄河河南段94%的国考断面水质在Ⅲ类以上，出豫入鲁水质保持在Ⅱ类以上①。

二是奋力实施生态修复工程。2022年7月，河南全面启动秦岭东段洛河流域山水林田湖草沙一体化保护和修复工程项目，项目总投资超过501亿元，包含30个子项目，是河南省黄河流域重大的生态修复工程。2023年，河南稳步推进各项子项目高质量实施。截至2023年底，通过实施生态保护修复工程，河南累计修复历史遗留矿山10.2万亩、湿地2.3万亩，建成沿黄生态廊道1200多公里，绿化造林460多万亩，治理水土流失面积9600平方公里②。

三是加快推动绿色发展。河南大力推进产业绿色升级，印发《河南省2023—2024年重点领域节能降碳改造实施方案》等一系列文件，推动企业节能改造，降碳降耗，共创建省级以上绿色工厂185家、绿色工业园区13个，万元工业增加值能耗比2019年下降23.5%③。此外，在水资源利用方面，河南实现万元工业增加值用水量比2020年下降40.8%。可以说，当前河南黄河流域市县产业的含绿量更高了，资源能源利用效率也大幅提升。

---

① 资料来源：《"把黄河装进计算机"？河南用四个关键词详解黄河保护》，央广网，https://baijiahao.baidu.com/s？id=1798575915199409958&wfr=spider&for=pc。
② 资料来源：《2024年河南政府工作报告》。
③ 资料来源：《2023年河南国民经济和社会发展统计公报》。

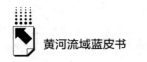

（二）全力确保黄河安澜，持续强化发展保障

河南作为黄河流域的重要省份，肩负着维护黄河安澜、推动可持续发展的历史使命。2023 年，通过强化工程性措施，提升科技支撑能力，并深度融合法治力量，河南省有效保障了黄河的水沙调控与防洪安全，为黄河流域的生态保护与高质量发展提供了强有力的支撑。

一是强化黄河工程性安澜保障。持续强化水沙调节能力，2023 年，充分依托河南省域内黄河干流上的三门峡和小浪底枢纽工程，高效联合支流上的陆浑水库和故县水库，进行水沙调控。高质量推进引水防洪工程建设，提前完成引黄涵闸改建工程（河南段）第一批 10 座涵闸修建工作，快速启动并扎实推进黄河下游"十四五"防洪工程（河南段）主体工程。持续强化堤岸巩固提升，高水平建成 501 公里标准化堤防，修复 16 处水毁工程，黄河水旱灾害防御能力稳步增强①。

二是开展智慧联防联控。近些年，河南持续推进黄河数字孪生体系建设，初步建成了全域智能监测、统一共享和智慧应用的数字孪生体系。在 2023 年河南黄河数字孪生体系建设中，有 3 项成果入选水利部数字孪生流域建设先行先试优秀应用案例，荣获黄河水利委员会科学技术奖 12 项。通过把"黄河装进计算机"，河南高效开展智慧预警和精准调度，统筹推进上下游、左右岸、干支流联防联控，高效处置各类风险。

三是汇聚法治力量保护黄河安澜。2023 年 3 月，河南审议通过《河南省黄河河道管理条例》，这是黄河流域九省（区）首部为《中华人民共和国黄河保护法》配套的地方性法规。率先在全国出台《贯彻实施黄河保护法工作指引》，指导全省法院全面准确适用法律，提升司法保护水平。此外，河南聚焦审判中发现的黄河司法保护问题并提出意见建议，从源头预防和减少诉讼的发生，助力提升黄河保护治理效能。

（三）着力推进产业升级，不断夯实发展基础

河南不断巩固了其作为国家粮食安全压舱石的地位，更以创新驱动为核

---

① 资料来源：黄河水利委员会河南黄河河务局。

心，积极推动制造业转型升级，加速服务业与数字技术深度融合，多维度塑造经济增长的新格局，奋力推动黄河流域高质量发展。

一是扛稳粮食安全重任，农业强省建设取得新成就。河南粮食产量占整个黄河流域的约28%，河南对保障黄河流域乃至全国的粮食安全都有重要作用。而河南四成的粮食产量来自黄河两岸。2023年，全省全力应对"烂场雨"，打赢了"三夏"攻坚战。成功克服"华西秋雨"的不利影响，秋粮产量超过600亿斤，实现增产近20亿斤，全年粮食总产量达到1324.9亿斤，位居全国第二。这一年，河南还完成535万亩高标准农田的建设任务，国家级现代农业产业园达到12个，优势特色产业集群达到7个，乡村振兴得到有力推进。[1]

二是发力高新技术产业，制造业强省建设实现新突破。河南省黄河流域地区制造业富集，通过制造业强省建设，大力发展高新技术产业，有力推动了黄河流域地区工业高质量发展。加速培育战略性新兴产业，先进装备、电子信息、生物医药等战略性新兴产业成长为拉动工业增长的重要力量。2023年，高技术制造业投资增长22.6%，高于全国12个百分点，高新技术企业达到1.2万家，高技术制造业增加值实现两位数增长，达到11.7%。光通信芯片、传感器、超硬材料等产品市场占有率居全国前列，宇通客车、中铁盾构、超聚变服务器成为亮丽名片，战略性新兴产业增加值增长超过10%，占规模以上工业的比重达到25.5%。[2]

三是借力数字经济，服务业质效提至新高度。近年来，河南高度重视数字经济发展，将其作为赢得优势主动的战略着力点。数字经济与服务业结合，催生诸多新型服务模式和业态。数字技术通过推动餐饮、零售、住宿、家政等人工智能化升级，使得产业结构优化，实现了效率和效益双提升，刺激了消费新动力，为服务业转型升级提供了强劲动能。

（四）努力提升创新能力，充分激发发展动力

面对新一轮科技革命和产业变革，河南省把创新摆在发展的逻辑起点、现代化河南建设的核心位置，深入实施创新驱动发展战略，系统谋划推进创新体

---

① 资料来源：《2023年河南国民经济和社会发展统计公报》。
② 资料来源：《2023年河南国民经济和社会发展统计公报》。

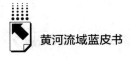
系建设和综合配套改革，科技创新支撑高质量发展内在动能持续汇集。

一是加快打造高能级创新平台。着力构建中原科技城、中原医学科学城和中原农谷"两城一谷"三足鼎立的创新格局，奋力建设国家创新高地和重要人才中心。以河南省科学院为核心，打造环省科学院创新生态圈，推动中原科技城"强心""布点""成片"，吸引了上海交通大学、北京理工大学等一批一流大学在中原科技城设立郑州研究院。高质量打造中原医学科学城，中原医学科学城开启加速建设新征程。高水平规划建设"中原农谷"，截至 2023 年底，中原农谷"一核三区"装备制造产业规模就已超过 200 亿元，入驻省级以上科研平台 53 家、种业企业 74 家。

二是培育活力迸发的创新主体。大力实施创新型企业梯次培育工程，加快培育"微成长、小升规、高变强"创新型企业，推动科技型企业数量质量双提升。积极构建企业主导的产学研深度融合体系，鼓励科研机构成立创新联合体，积极探索产学研用合作新机制新模式。不断加强对科技企业的服务支持，提升财政奖补，强化企业创新的金融支持。2023 年，河南遴选"瞪羚"企业 350 家，新增科技型中小企业近 4000 家，总数达到 2.6 万家，位居全国第七。

三是营造"近悦远来"的人才环境。河南持续加大力度吸引培养人才，充分激发人才活力，奋力打造一支能打硬仗的高素质科技人才队伍。深化人才计划实施，研究制订院士梯次培养计划，组织实施好"中原英才计划"，建立健全青年科技人才发现、培养、激励机制。2023 年，常俊标、康相涛等 6 位科学家当选"两院"院士，徐明亮获得国家杰青项目资助，刘文成等 5 人获得国家优青项目资助。

（五）鼎力推动区域协调，加快凝聚发展合力

2023 年，对于河南而言，是区域发展战略迈向深入、成果凸显的一年，从都市圈的扩容升级到流域协作的创新实践，再到城乡协同发展的全面加速，一系列举措深刻诠释了新时代区域协调发展的新内涵，不仅带动河南省黄河流域城市的协作发展与城乡融合并进，也展现了河南在国家战略中的主动作为。

一是大力推进郑州都市圈建设。郑州都市圈发展迈入新阶段，2023 年 10 月，郑州成为全国第 10 个获得国家批复的都市圈，成为黄河沿岸面积最大的国家级都市圈。推动郑开同城化提速提质提效，持续优化郑开（兰）交通网

络，推进更多民生领域协同融合。多领域深化郑焦融合，促进产业协同，高质量打造特别合作区。

二是科学推进流域城市协作发展。近年来依托呼南高铁豫西通道、洛济焦城际、焦柳铁路、二广高速等区域交通廊道，以产业协同、产业链互补为抓手，联合打造洛济焦千亿级高端石化产业基地。与山东一道，深化鲁豫毗邻地区交流合作。2023年，两省政府联合印发《鲁豫毗邻地区合作发展实施方案》，河南组团开封市、商丘市、濮阳市全域以及长垣市，与山东探索"流域+省际"区域合作新模式。

三是城乡协同发展。聚焦短板大力提升流域乡村发展水平，持续提升农业科技和装备水平，高质量发展乡村产业，多渠道增加农民收入。以县城为载体，扎实推进新型城镇化，深入推进县域农民工市民化，积极破除阻碍要素流动的相关制度性障碍。不断加强中心镇市政、服务设施建设，提升县城建设质量，优化生活环境，使县域承载服务能力得到持续提升。

（六）大力弘扬黄河文化，文旅融合相得益彰

保护、弘扬、传承黄河文化既是河南落实黄河重大国家战略的重要任务，又是河南义不容辞的责任担当，更是新时期推进文化自信自强背景下，河南推动形成文旅文创深度融合新格局，打造中华文化传承创新中心、世界文化旅游胜地的重要机遇。2023年，河南持续传承发展优秀黄河文化，建设具有国际影响力的黄河文化旅游带，文旅文创融合发展取得阶段性成效。

一是深耕黄河文化保护传承。近些年，河南秉承"保护第一、适度开发"的原则，系统推进黄河文化的保护传承工作。持续推进文化遗迹考古工作，2023年，河南对包括宜阳县苏羊遗址、汉魏洛阳故城遗址以及安阳市殷都区洹北商城遗址在内的多处遗址进行发掘。同时，加快对濒危遗产遗存实施抢救性保护，一些濒临失传的非物质文化遗产得到挽救。2023年11月，河洛文化生态保护实验区获国家批复，成为本省第二个国家级文化生态保护实验区。

二是扎实做好黄河文化传播与弘扬。为了向世界更好地展示黄河文化，面向全球讲好中国故事，河南加快建设郑汴洛国际文化旅游目的地和黄河国家文化公园，着力推出黄河文化研学之旅，实现文化搭台，旅游"唱戏"。近些年来，河南围绕郑汴洛国际文化旅游目的地建设，串联郑州、洛阳、开封等优质

143

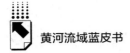

黄河文旅资源，持续叫响"三座城、三百里、三千年"文化旅游标识。"黄河文化千里研学之旅"项目，一经推出，就受到广大学生和社会的欢迎。此外，河南还通过建设文化博物馆来保护和展示黄河文化，截至2023年底，河南省各类博物馆已达402家，其中国家一级博物馆数量达到14家。

二 河南持续推进黄河流域生态保护和高质量发展的短板

（一）黄河灾害风险依然存在

当前黄河发生大灾害的风险依然存在，这是悬在流域人民头上的重大"安全隐患"。一方面，大洪水威胁依然存在，小浪底至花园口区间尚有1.8万平方千米缺乏工程性控制手段，该区域洪水预见期短、预报难度大。另一方面，地上"悬河"问题尚未得到根本性扭转，虽然从2002年始，经过连续22年的水沙调节，黄河下游河道平均下切深度超过3米，"悬河"态势得到初步遏制，但"一级悬河""二级悬河"问题仍然存在，而小浪底后续排沙动力不足，缺少冲沙用水。此外，黄河下游仍有较长的一段游荡型河段，经过多年努力，河势尚未完全控制，河道游荡依然较为剧烈。

（二）水资源供需矛盾仍待缓解

河南省黄河流域承载了河南近一半的人口和超过一半的经济体量，流域城市人口密集、产业集聚。河南本身是缺水地区，而河南省黄河流域仅拥有河南40%左右的水资源，人均占有量不足全国平均水平的1/10。黄河供水量无法大幅增加，流域城市对水资源需求量却在快速增长。2023年，在河南常住人口净流出近60万人的情况下，河南省黄河流域地区常住人口反而增加了10万人①。此外，工业、农业、服务业用水总需求也不断增加，河南省黄河流域地区水资源供需矛盾依旧凸显。

---

① 资料来源：根据河南黄河流域九市一区《2023年国民经济和社会发展统计公报》整理而得。

（三）经济持续回升向好的基础还不牢固

全球经济疲软，加之前些年新冠疫情反复跌宕，给国内经济包括河南省黄河流域地区经济带来重大冲击。疫情过后，随着政府宏观政策持续发力显效，目前九市一区经济持续回升向好。但也要看到，当前经济持续回升向好的基础还不牢固，拉动经济增长的主要动力均呈现一定疲态。从固定资产投资增速来看，河南省黄河流域九市一区固定资产投资增速呈现巨大差异，表现出较为明显的不稳定性，说明社会投资信心仍有待恢复。从社会消费来看，河南省黄河流域仅有三个城市超过全国整体水平，显示出流域居民整体消费信心不足，这成为经济持续回升的突出阻碍。另外，从一般公共预算收入增速来看，九市一区的经济发展成效与全国整体水平也存在明显差距，仅有一个城市与全国持平，即便省会郑州也低于全国整体水平3.3个百分点（见表2）。这些数据暴露出经济增长过程中存在诸多的隐患和风险，需要警惕和注意。

表2 河南黄河流域城市经济增长相关指标与全国整体水平的比较

单位：%

河南黄河流域城市	GDP 增速		固定资产投资增速		社会消费品零售总额增速		一般公共预算收入增速	
	流域城市	全国	流域城市	全国	流域城市	全国	流域城市	全国
郑州	7.40		6.80		7.70		3.10	
开封	0.90		4.80		4.90		—	
洛阳	3.50		11.00		7.00		1.50	
安阳	3.20		−1.90		8.00		6.10	
鹤壁	3.10	5.20	7.80	2.80	6.50	7.20	3.90	6.40
新乡	1.50		−5.40		4.90		6.40	
焦作	3.90		—		7.60		−15.40	
濮阳	2.80		12.70		5.70		1.60	
三门峡	2.00		−23.30		5.30		1.20	
济源	5.40		2.50		5.00		−10.20	

资料来源：根据河南黄河流域九市一区的《2023年国民经济和社会发展统计公报》整理得到。

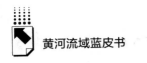

（四）产业转型升级步伐有待加快

近些年，通过推动产业技术改造、绿色转型，培育新兴产业，河南黄河流域产业质量整体得到优化提升，但转型升级步伐仍需加快。目前，流域化工、石油、炼焦、冶炼等传统重工业占全省比例大于80%①。同时，新兴产业规模偏小，产业资本在流域投资战略性新兴产业意愿偏弱，相关企业数量较少，产业链式发展水平较低。此外，河南省黄河流域城市产业的创新能力也有待提升，地区技术研发投入强度比全国整体水平偏低近1%，在产业新技术研发、核心技术突破、高层次人才吸引等方面发展滞后，创新成果转化率较低，限制了新兴产业的快速发展。

三 河南推进黄河流域生态保护和高质量发展的对策建议

迈进新征程，面对新形势、新要求和新任务，立足河南黄河流域生态保护和高质量发展的短板弱项，河南需继续以习近平总书记"让黄河成为造福人民的幸福河"的伟大号召为指引，强化流域安全保障，深入践行习近平生态文明思想，以科技创新引领产业创新，奋力推进高质量发展，不断赓续黄河流域生态保护和高质量发展新篇章。

（一）持续增强调水调沙能力，守牢安全发展底线

实施调水调沙，是改善黄河水沙关系的关键措施之一。发挥小浪底水利枢纽工程在黄河调水调沙中的骨干枢纽作用，加强小浪底水利枢纽工程和黄河上中游、干支流骨干水利工程的联合调度，联动万家寨、三门峡、陆浑、故县等水库实施调水调沙，使进入下游的水和沙的搭配比例更加合理。一方面，充分调节水库库容，为可能发生的洪水留足防洪库容；另一方面，灵活运用水库泄放使下游河道得到冲刷，维持黄河下游中水河槽，减缓河床抬高速度，减小中小洪水漫滩概率。同时，在确保后期抗旱用水安全的前提下，

---

① 资料来源：《强化沿黄工业园区水污染治理　推进黄河流域生态保护》，河南省人民政府网站，https://www.henan.gov.cn/2023/11-22/2852002.html。

实现水库排沙减淤，优化水库淤积形态，并尽量减少对水生生物及其栖息地的影响。此外，加快数字孪生小浪底工程建设，通过智慧化手段提高排沙效果。

（二）全面深化污染防治攻坚，提升生态环境质量

打好黄河生态保护治理攻坚战，把水污染治理作为推动黄河流域生态环境稳定向好的重中之重。加快推进黄河流域涉水排污单位污染治理设施提标改造，聚力提升沿黄地区工业园区水污染治理水平，对雨水、工业废水、生活污水进行分质分类处理，做到化工企业污水应纳尽纳、实时监测、达标排放，不断提升工业园区水污染治理和环境风险防范水平，推动黄河流域水环境质量持续提高、稳定向好。持续实施"清水入黄河"工程，以小流域水污染治理成效促进黄河干流水环境提高质效。抓好小浪底至花园口区间重要支流治理，推进金堤河、蟒河、二道河等污染相对较重河流的综合治理，全面提升源头污染治理成效。推进河道生态环境持续改善，强力实施治"砂"、治"乱"、治"污"、治"岸"行动，加强河道保护治理，加强区域岸线管控，促进生态环境修复。加快建设黄河流域环境治理先行区、生态建设样板区、节水控水示范区，保障南水北调工程安全、供水安全、水质安全。

（三）扎实推进新型工业化，打造现代化产业体系

坚定把制造业作为主攻方向，把推进新型工业化、做强重点产业链作为河南省黄河流域高质量发展的关键任务，深度塑造体现河南省黄河流域特色和优势的现代化产业体系。一是促进产业优化升级，推动河南省黄河流域的煤炭、石油、矿产资源开发等产业链的延链和补链，推进产业深加工，逐步完成这些传统产业的结构调整和升级换代。强化环保、能耗、水耗等要素约束，依法依规推动河南省黄河流域高污染、高耗水、高耗能项目产能退出。二是开展先进制造业集群发展专项行动，壮大新能源汽车产业集群；发展先进装备产业集群，聚焦新型电力装备、工程机械、农机装备、机器人和数控机床，实施重大技术装备攻关工程，推动产品向高端化智能化迈进。着力培育现代轻纺集群、现代食品集群等重点产业链，深化产业链招商，围绕畅通重点产业链循环攻难点，构筑河南制造核心竞争优势。三是加快发展航空航天、生物医药、新材料

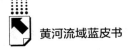

等战略性新兴产业，在新兴产业上抢滩占先，为河南省黄河流域发展新质生产力提供更多支撑。

（四）加快推动绿色低碳转型，擦亮高质量发展底色

绿色发展是高质量发展最鲜明的底色，加快形成绿色生产方式和生活方式，为河南省黄河流域生态保护和高质量发展蓄势赋能。推动能源消费低碳化转型，对电力、钢铁、有色、石化化工等行业企业的主要用能环节和用能设备进行节能化改造，推进重点行业能效提升。在煤化工、有色金属、建材等重点行业实施降碳技术改造升级，通过流程降碳、工艺降碳、原料替代，实现生产过程降碳。开展工业绿色微电网建设，推进多能高效互补利用，提高氢能、生物燃料、垃圾衍生燃料等清洁能源在钢铁、水泥、化工等行业的应用比例。推动水资源集约化利用，对河南省黄河流域工业企业及园区实施工业水效提升改造工程，推进用水系统集成优化，提升水重复利用水平，提高用水效率。推进非常规水资源的开发利用，鼓励河南省黄河流域企业、园区有效利用雨水资源，减少新水取用量。加强工业固废等综合利用，支持废旧动力电池循环利用项目建设，强化新能源汽车动力蓄电池溯源管理，提前布局退役光伏、风力发电装置等新兴固废综合利用，拓展固废综合利用渠道。开展全民绿色行动，以生活方式绿色低碳转型促进生产方式绿色低碳转型。

（五）不断强化科技创新，建设国家创新高地

坚持创新驱动，将科技创新作为第一动力，加快建设国家创新高地和重要人才中心，为河南省黄河流域高质量发展培育新动能塑造新优势。培育一流创新主体。持续强化企业创新主体地位，推动各类创新要素向企业集聚，支持重大科研基础设施和大型科研仪器等向科技型中小企业开放，实现共享利用，打造创新型企业雁阵，提升高等院校科技创新能力，除了支持郑州大学、河南大学"双一流"建设，也要大力支持河南理工大学、河南农业大学等学校创建"双一流"，构筑更多学科高峰。打造一流创新平台。巩固提升中原科技城、中原医学科学城、中原农谷"两城一谷"创新引领作用，加快引进建设一批一流大学、科研机构，加快形成新引擎。整合重组实验室体系，在种业、信息技术等领域积极创建国家实验室或成为其分支（基地），支持现有省级重点实

验室改造提升、优化重组，打造国家实验室的预备队。建设量子信息技术基础支撑平台、优势农业种质资源库等重大科技基础设施，为未来创新筑牢根基。加快构建人才高地。大力集聚高端创新人才，精准引进海外创新领军人才、创业领军人才和青年人才，构建以创新价值、能力、贡献为导向的科技人才评价体系，激发人才创新创造活力。大力发展高端人力资源服务业，提升人才服务保障水平。

（六）深入挖掘黄河文化时代价值，传承发展优秀文化

加强黄河文化保护传承利用，深入挖掘黄河文化所蕴含的时代价值，不断讲好新时代"黄河故事"，使黄河传统文化焕发时代新活力。强化黄河文化遗产保护传承，对河南省黄河流域的古代都城、都邑遗址以及古建筑等文物本体进行深度保护，构建三门峡—洛阳—郑州—开封—安阳世界级大遗址公园保护走廊，守护黄河文化根脉。深化黄河文化研究发掘，持续深化仰韶文化、夏文化等黄河文化重大课题研究，探寻中华文明起源、形成和发展的历史脉络。加快构建黄河文化博物馆体系，高品质建设黄河国家博物馆（郑州）、河南博物院新馆、中国文字博物馆（二期）、河南省文物考古研究院新院等国家级综合馆和市级黄河主题展馆，借助现代科技手段，不断创新展示方式，让文物"活"起来，让历史"动"起来。高水平推出《寻迹洛神赋》《遇见开封》《问道函谷关》等系列沉浸式文旅演艺作品，不断讲好新时代"黄河故事"，让游客在历史时光缩影中了解黄河文化、感悟黄河文明。

（七）着力强化民生保障能力，增进人民福祉

加大民生投入，补齐民生短板，让现代化建设成果更多更公平地惠及人民群众。更加突出就业优先导向，确保高校毕业生、退役军人、农民工等重点群体就业稳定，加强零工市场规范化建设，促进农民工技能提升和就业创业，以更加充分、更高质量就业带动劳动者增收。加快补齐基本公共服务短板，完善养老托育、社区助餐、家政便民、医疗卫生等服务设施，持续提升公共服务质量和水平。构建公平优质教育体系，推动城乡教育均衡发展。持续提升全民健康水平，深化紧密型城市医疗集团和县域医共体改革，推进县域医疗中心综合能力提升"百县工程"，提升基层医疗服务水平。打造新型公共文化空间，举

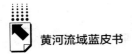

办文化惠民活动，丰富群众精神文化生活。持续完善社会保障体系，做好分层分类社会救助，解决好老年人居家养老、社区养老、就医用药、康养照护等问题。加快推进保障性住房建设和城中村改造，满足人民群众安居宜居需求。

参考文献

席伟、平原野、张雅雯等：《低碳绿色转型发展路径的探讨——以郑州航空港为例》，《低碳世界》2023年第8期。

B.10
2023~2024年山东黄河流域
生态保护和高质量发展研究报告

袁红英　张念明*

摘　要： 立足新发展阶段，山东推动黄河流域生态保护和高质量发展重任在肩。本报告在分析山东贯彻落实黄河重大国家战略成效与优势的基础上，指出山东在深入推动黄河重大国家战略上存在的短板弱项，进而从强化山东半岛城市群龙头作用、增强沿黄产业竞争新优势、打造流域对外开放新高地、加强黄河文化保护传承弘扬、优化黄河流域分工协同合作机制五个方面，提出了山东深入推动黄河重大国家战略落地落实的着力点与有效路径。

关键词： 山东黄河流域　生态保护　高质量发展

习近平总书记对山东发展一直十分关心、寄予厚望。2024年5月22~24日，习近平总书记再次亲临山东视察，明确要求山东在全国发展大局中定好位、挑大梁，完整准确全面贯彻新发展理念，以进一步全面深化改革为动力，继续在服务和融入新发展格局上走在前、在增强经济社会发展创新力上走在前、在推动黄河流域生态保护和高质量发展上走在前，加快建设绿色低碳高质量发展先行区，打造高水平对外开放新高地，奋力谱写中国式现代化山东篇章①。党的二十届三中全会进一步强调要优化长江经济带发展、黄河流域生态

---

* 袁红英，经济学博士，山东社会科学院党委书记、院长，研究员、博士生导师，主要研究方向为产业经济、区域经济；张念明，经济学博士，山东社会科学院经济研究所（生态文明研究院）所长（院长），研究员、山东省泰山学者青年专家、硕士生导师，主要研究方向为产业经济、生态经济。

① 《习近平在山东考察时强调 以进一步全面深化改革为动力 奋力谱写中国式现代化山东篇章 蔡奇陪同考察》，《人民日报》2024年5月25日，第1版。

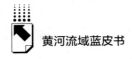

保护和高质量发展机制①。这为新时期山东推进现代化强省建设明确了目标、增强了信心、压实了责任，也为山东聚力推动黄河流域生态保护和高质量发展提供了方向遵循与行动指南。

一 山东深入推动落实黄河重大国家战略面临的新任务与新要求

（一）推进中国式现代化区域实践的责任担当

党的二十大报告指出，中国式现代化是人与自然和谐共生的现代化②。位于山东的黄河三角洲是黄河流域生态保护的重要承载区，山东要"站在全流域谋划入海口，做好入海口服务全流域"，全面推进人与自然和谐共生的现代化。同时，黄河流域承载引领经济高质量发展的重托，在推动经济发展绿色转型中体现大省担当，山东义不容辞。山东是黄河流域的发展龙头，是北方地区经济重要增长极，要站在全国"一盘棋"的高度，坚持在发展中保护、在保护中发展，不断培育绿色新优势，持续释放发展新动能，推动黄河重大国家战略落地落实，推进中国式现代化山东实践"绿富"共赢。

（二）锚定"走在前、挑大梁"是深化推进绿色低碳高质量发展的必然要求

"走在前、挑大梁"，是习近平总书记从战略和全局高度对山东发展的精准把脉定向，是以习近平同志为核心的党中央赋予山东的重大政治任务。在新发展格局下，黄河流域的战略定位更为凸显。深入推动黄河流域生态保护和高质量发展，讲好"黄河故事"，山东应按照"走在前、挑大梁"的目标指向，以绿色低碳高质量发展为主线，推动经济与生态融合发展、区域重点与产业重

---

① 本书编写组：《〈中共中央关于进一步全面深化改革、推进中国式现代化的决定〉辅导读本》，人民出版社，2024年，第35页。

② 习近平：《高举中国特色社会主义伟大旗帜 为全面建设社会主义现代化国家而团结奋斗——在中国共产党第二十次全国代表大会上的报告》，人民出版社，2022年，第23页。

点一体融合，实现高质量发展、高效能治理与高能级生态互融互构，为落实黄河重大国家战略蹚出一条山东路径。

（三）发挥龙头引领作用是推动形成全流域新质生产力的内在要求

2023 年 7 月以来，习近平总书记多次强调要发展新质生产力①。党的二十届三中全会进一步强调要健全因地制宜发展新质生产力体制机制②。以发展新质生产力引领现代化产业体系建设，是推动黄河流域"绿富"共赢的关键。黄河流域生态保护和高质量发展要坚持创新驱动，推动产业创新与科技创新有机融合，推动基础研究与应用转化双轮驱动，推动教育、科技、人才一体统筹，推动传统产业、新兴产业与未来产业一体布局，加快形成全流域新质生产力。

二 山东深入贯彻落实黄河重大国家战略的基础与优势

国家战略，山东担当。作为黄河入海的地方，山东的使命就是要保黄河安澜，保黄河水量，保黄河水干净，保沿黄人民日子好、地方发展好，保黄河文化传承弘扬好，用系统观念进行流域系统治理，用新发展理念推进绿色低碳高质量发展，加快推动黄河重大国家战略在山东见到新气象、取得新成效。

（一）经济实力雄厚

山东经济发展呈现由"量"到"质"、由"形"到"势"的根本性转变。2023 年山东实现地区生产总值 92068.7 亿元，同比增长 6.0%，高于全国 0.2 个百分点，三次产业结构为 7.1∶39.1∶53.8③④。

---

① 习近平：《发展新质生产力是推动高质量发展的内在要求和重要着力点》，《求是》2024 年第 11 期，第 6 页。

② 本书编写组：《〈中共中央关于进一步全面深化改革、推进中国式现代化的决定〉辅导读本》，人民出版社，2024 年，第 23 页。

③ 山东省统计局、国家统计局山东省调查总队：《2023 年山东省国民经济和社会发展统计公报》，《大众日报》2024 年 3 月 3 日，第 4 版。

④ 国家统计局：《中华人民共和国 2023 年国民经济和社会发展统计公报》，《人民日报》2024 年 3 月 1 日，第 10 版。

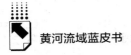

济青烟"三核"引领，新旧动能转换态势更加强劲，支撑全省经济发展迈上新台阶。2023年，济南、青岛、烟台合计实现地区生产总值38680.22亿元，对全省经济增长的贡献率为42.0%。其中，济南市地区生产总值为12757.42亿元，同比增长6.1%，增速高于青岛0.2个百分点；青岛市地区生产总值为15760.34亿元，突破15000亿元大关，增长5.9%，青岛的经济增长依然是山东经济的重要支撑；烟台市地区生产总值为10162.46亿元，同比增长6.6%。首次突破万亿元大关，成为山东第三座万亿元城市。

（二）人力资源富足

山东人口总量占沿黄九省区总人口的1/4，丰富的劳动力资源在黄河重大国家战略的带动下，也在不断释放人才红利。2023年，山东实现城镇新增就业124.5万人，完成全年目标任务的113.2%（见图1）。

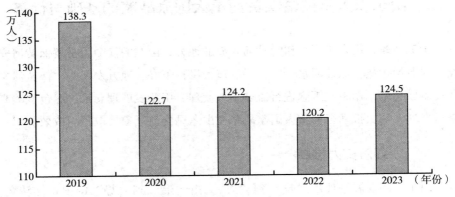

图1　2019～2023年山东城镇新增就业人数

资料来源：《2023年山东省国民经济和社会发展统计公报》。

山东深化技能人才培养、评价、使用、激励改革，培养了一大批高素质、符合发展新质生产力要求的技能人才。2023年，全省技能人才总数达到1494万人，在全国名列前茅；新增高技能人才31.8万人，总数超400万人。

（三）产业体系完备

山东产业门类齐全，新旧动能有序转换。在减量优化上，2023年全省规上工业能耗强度下降5.2%。存量变革方面，山东如期完成"万项技改、万企转型"，2023年，工业技术改造投资同比增长9.4%，高于全国4.7个百分点。在增量崛起方面，山东培强壮大新一代信息技术等新兴产业，前瞻布局元宇宙等未来产业，2023年高新技术产业产值占比突破50%。

山东规模以上工业发展较快，新产业新业态新模式成长提速。2023年，全省规上工业增加值增长7.1%，高于全国2.5个百分点。其中，高技术制造业增加值比上年增长5.6%，占规模以上工业增加值的比重为9.7%。现代服务业增加值为25268.5亿元，同比增长5.4%。

（四）创新活力突出

山东创新实力不断增强。2023年山东发明专利授权55318件，同比增长13.6%。有效注册商标264.3万件，同比增长9.9%。45个品牌入围2023年"中国500最具价值品牌"榜单，累计培育遴选"好品山东"品牌328个，山东省制造业高端品牌培育企业1061家、山东省服务业高端品牌培育企业299家①。

科技创新成果不断涌现。2023年山东新建国家级孵化器10家，全省国家级孵化载体达到330家，居全国第3位；高新技术企业总数突破3.2万家，科技成果转化全面加速。"山东好成果"遴选发布，征集入库成果603项，遴选6批共30项重大科技成果，发布2023年度山东省十大科技创新成果。

区域创新能力进一步提升。山东的综合创新能力居全国第六位，在北方地区仅次于北京。2022年全省研发经费总量迈上2000亿元新台阶，同比增长12.1%，高于全国2个百分点，研发经费投入强度为2.49%，同比增加0.14个百分点，增速高于全国平均水平。

（五）开放优势显著

山东开放型经济发展质量和效益持续提高，进出口贸易活跃，2023年货物进出口总值3.26万亿元（见表1），同比增长1.7%。出口商品中，机电产

---

① 山东省统计局、国家统计局山东省调查总队：《2023年山东省国民经济和社会发展统计公报》，《大众日报》2024年3月3日，第4版。

品出口 8938.3 亿元，占出口总值的比重为 46.0%。民营企业进出口 2.42 万亿元，占进出口总值的比重为 74.3%。对共建"一带一路"国家进出口增长 3.3%，占全省进出口总值的 56.3%，占比提升 0.8 个百分点。

表 1　2023 年对主要国家和地区货物进出口总值

单位：亿元

国家和地区	进出口总值	出口总值	进口总值
东盟	6498.6	2948.7	3549.9
美国	3269.4	2519.9	749.5
欧盟	2975.9	2351.1	624.7
韩国	2621.8	1755.2	866.5
日本	1874.0	1396.5	477.5
合计	32642.6	19430.2	13212.4

资料来源：《2023 年山东省国民经济和社会发展统计公报》。

2023 年，山东实际使用外资 175.3 亿美元，占全国实际使用外资的比重为 11.0%。重大招商活动签约重点外资项目 272 个，总投资 101.7 亿美元。到资过亿美元项目 26 个，比上年增加 4 个。高技术产业实际使用外资 59.6 亿美元，占全省实际使用外资的比重为 34.0%。实际对外投资 94.5 亿美元，规模居全国第 4 位，同比增长 16.5%。

三　山东推动黄河重大国家战略面临的主要问题及不足

（一）沿黄地区产业高质量发展水平有待进一步提升

2023 年 5 月，习近平总书记在视察山西运城时强调，黄河流域各省区都要坚持把保护黄河流域生态作为谋划发展、推动高质量发展的基准线①。

---

① 《习近平在听取陕西省委和省政府工作汇报时强调 着眼全国大局发挥自身优势明确主攻方向 奋力谱写中国式现代化建设的陕西篇章 途中在山西运城考察 蔡奇出席汇报会并陪同考察》，《人民日报》2023 年 5 月 18 日，第 1 版。

2024 年 1 月，习近平总书记在中央政治局第十一次集体学习时强调，绿色发展是高质量发展的底色，新质生产力本身就是绿色生产力①。山东沿黄地区产业仍然存在结构布局不尽合理、用水强度较高等短板，制约了产业高质量发展水平。

一是结构布局不尽合理。由图 2 所示，山东沿黄九市中除济南三次产业构成比优于国家（7.1∶38.3∶54.6）和山东省（7.1∶39.1∶53.8）外，其余城市产业结构中工业、农业仍然占较高比重，同时工业、农业发展也存在一定程度的大而不强现象。

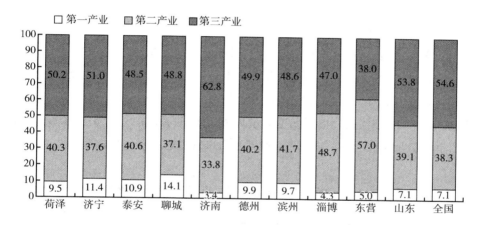

图 2　国家、山东省及沿黄九市 2023 年三次产业构成比

资料来源：国家、山东省及沿黄九市《2023 年国民经济和社会发展统计公报》。

工业方面，根据赛迪顾问先进制造业研究中心发布的《2023 先进制造业百强市研究报告》，山东共有 13 市上榜，沿黄地区共 8 市上榜，除济南列全国第 15 位外，其余 7 个沿黄城市均在 55 位以后，同时沿黄九市中有 5 市的规上高新技术产业产值占规上工业产值比重低于全省平均水平（见表 2），这表明山东沿黄城市先进制造业、高新技术产业发展水平在全国先进制造业百强市以及全省城市中位次偏后。农业方面，2023 年 2 月赛迪顾问

---

① 习近平：《发展新质生产力是推动高质量发展的内在要求和重要着力点》，《求是》2024 年第 11 期，第 8 页。

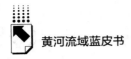

县域经济研究中心发布 2022 赛迪乡村振兴百强县，山东荣成、寿光、平度 3 市入选，均非沿黄县（市、区）。

表 2　2023 年山东省及沿黄九市规上高新技术产业产值占规上工业产值比重

单位：%

城市	菏泽	济宁	泰安	聊城	济南	德州	滨州	淄博	东营	山东
数据	37.60	49.40	65.36	59.30	59.08	54.21	41.40	51.00	47.62	51.35

资料来源：山东省及沿黄九市《2023 年国民经济和社会发展统计公报》、有关报道。

二是用水强度仍然较高。"四水四定"原则是黄河流域生态保护和高质量发展的重要遵循。山东沿黄地区属于严重缺水地区，多年来人均水资源量为 246.0 立方米，为全国人均水资源量的 12%。近年来，山东不断优化工业用水结构，2022 年山东万元工业增加值用水量为 11.52 立方米，仅为全国平均水平的 47.78%，但沿黄九市万元工业增加值用水量除济南（9.76 立方米）、菏泽（10.40 立方米）外，其余 7 市均高于山东省平均水平（见表 3）。

表 3　2022 年国家、山东省及沿黄九市万元工业增加值用水量

单位：立方米

城市	菏泽	济宁	泰安	聊城	济南	德州	滨州	淄博	东营	山东	全国
数据	10.40	14.29	12.66	20.10	9.76	13.10	29.34	17.85	12.96	11.52	24.11

资料来源：国家统计局：《中国统计年鉴 2023》，中国统计出版社，2023；山东省统计局、国家统计局山东调查总队：《山东统计年鉴 2023》，中国统计出版社，2023。

（二）黄河流域区域协作能力亟须加强

山东要在促进区域协调发展上塑造新优势，推进沿黄城市协同发展是首要任务。但黄河流域区域协作能力仍然存在短板，具体表现在济南都市圈辐射带动能力不足、快速交通体系不完善以及流域协同机制不健全。

一是济南都市圈辐射带动能力不足。济南都市圈包括济南、淄博、泰安、德州、聊城、滨州 6 市 25 县（市、区），面积 2.23 万平方公里，组成城市均

为沿黄城市。2023年济南市地区生产总值12757.42亿元，与第1名青岛市的差距由2022年的2893.29亿元扩大至2023年的3002.92亿元，第3名烟台市地区生产总值也在2023年突破万亿元，增长率高于济南0.5个百分点，2023年济南地区生产总值占全省地区生产总值的比重为13.85%，低于青岛地区生产总值占全省地区生产总值比重3.27个百分点。济南本身的城市能级有待提升。从2023年沿黄城市地区生产总值增长率看，济南市增长率为6.1%，与聊城市并列全省第8，自身增长动力在全省城市中排名靠后，济南对都市圈内城市以及整个都市圈对圈外城市的拉动作用有限。

二是立体化快速交通体系不完善。济南都市圈内，济南至滨州尚未实现高铁通达，济滨高铁尚在建设中。从济南都市圈与其他沿黄城市联通程度来看，济南与东营尚未通达高铁，能够实现通达的津潍高铁、济滨高铁均尚在建设中；济南与济宁间的济济高铁仍未开工建设，处在前期论证阶段。

三是流域协同机制不健全。目前黄河流域建立了各类平台、论坛等合作方式，但不同平台间有效沟通协作较少，产出的成果在政策取向上不尽一致。黄河流域"一轴两区五极"发展动力格局尚未完全形成，跨流域协同治理仍需进一步深化。

（三）黄河文化保护与开发力度待提升

习近平总书记强调，黄河文化是中华文明的重要组成部分，是中华民族的根和魂[①]。山东人文沃土可以深度耕作，红色文化、儒家文化、齐文化、泰山文化、长城文化、运河文化、海洋文化等交相辉映，共同构成了具有山东特色的黄河文化。但是，山东在保护传承弘扬黄河文化方面仍然存在文化遗产保护力度不足、黄河故事讲述不够精彩、文旅融合程度不高等问题。

一是文化遗产保护力度不足。山东在黄河文化遗产保护资金投入方面仍有进一步提升空间。以文物工作财政预算为例，2024年山东省本级一般公共预算支出总计11191943万元，其中用于文物工作的支出为8117万元，占比0.07%。而内蒙古2024年自治区本级一般公共预算支出总计10777635万元，

---

① 习近平：《在黄河流域生态保护和高质量发展座谈会上的讲话》，《求是》2019年第20期，第11页。

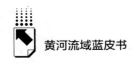

低于山东 3.7%，但其中用于文物工作的支出为 14444 万元，为山东的 1.78 倍；占比 0.13%，高于山东 0.06 个百分点。

二是黄河故事讲述不够精彩。自 2019 年黄河重大国家战略确立以来，山东虽然推出了纪录片《大河之洲》、广播剧《守望黄河口》、电影《我的父亲焦裕禄》、吕剧《一号村台》等讲述黄河故事的文艺精品力作，但后续传播热度有限，鲜有达到邻省河南卫视《唐宫夜宴》《敦煌飞天》等火爆程度的现象级黄河文化 IP。

三是文旅融合程度不高。以文塑旅、以旅彰文是新时代文旅融合工作的指导原则。在以文塑旅方面，山东黄河文化资源活化利用水平有待提高，沿黄地区目前仍然存在国有博物馆空白县；遗址文化公园建设、运营水平不高，《国家考古遗址公园运营报告（2023）》显示，2023 年全国 55 家国家考古遗址公园中接待游客总量达 100 万~1000 万人次的有 10 家，而位于泰安的大汶口考古遗址公园自 2016 年建成运行以来年均接待游客仅 8 万人次，园区内的大汶口遗址博物馆 2022 年 6 月闭馆改造，直至 2023 年 2 月才重新对外开放试运行。在以旅彰文方面，沿黄部分城市在借助旅游热度顺势宣传弘扬本地特色文化方面有所欠缺，比如淄博市聊斋园曾因经济纠纷长期闭园并被《问政山东》节目曝光，2023 年淄博旅游火爆出圈时仓促开园免费迎客，但园中游乐项目与游客期待落差较大，引发不满，后又闭园整修，给淄博聊斋文化的保护传承弘扬以及淄博旅游热度的进一步提升都带来了影响。

四 山东深入推动黄河重大国家战略的现实举措

站在新的历史起点上，山东要按照习近平总书记的殷殷嘱托，走在前、挑大梁，持续强化山东半岛城市群在黄河流域的龙头引领作用和责任担当，大力增强沿黄产业竞争新优势，高标准打造流域对外开放新高地，巩固加强黄河文化保护传承弘扬，深化优化黄河流域分工协同合作机制，奋力在推动黄河流域生态保护和高质量发展上走在前，为中国式现代化山东实践注入强大动能。

（一）强化山东半岛城市群龙头作用

山东半岛城市群地处京津冀、长三角两大世界级城市群之间，拥有黄河流域唯一出海口，发挥龙头作用责无旁贷。山东要高水平打造济南都市圈，加快黄河流域设区城市提质升级，深化黄河流域与胶东半岛一体化发展，让山东半岛城市群龙头高高扬起。

一是高水平打造济南都市圈。大力支持济南建设黄河流域中心城市，锚定打造黄河流域生态保护和高质量发展示范引领区、我国北方地区绿色低碳高质量发展重要增长极的宏伟目标，充分发挥济南作为黄河下游唯一特大城市的独特优势，强化科技创新策源功能，引导聚集高能级服务和高端要素，加快推进济南新旧动能转换起步区成形起势。大力提升济南都市圈一体化发展水平，率先推进济南、淄博、泰安一体化建设，构建东营、德州、聊城、滨州等城市组成的都市圈外围联动圈层，将济南都市圈打造成为具有全国影响力的黄河流域绿色低碳高质量发展主引擎。

二是加快设区城市提质升级。坚持"四水四定"原则，完善防洪排涝体系，统筹生产、生态、生活、安全，优化沿黄设区城市空间结构和功能布局，建设绿色低碳城市、全龄友好城市和韧性安全城市，着力推动济南增强创新策源和辐射带动能力，提振淄博、济宁资源型城市转型成效，擦亮东营湿地城市、泰安山城一体特色名片，充分释放区域交界城市德州、聊城、滨州、菏泽的活力潜力，为沿黄地区高质量发展提供重要支撑。

三是深化黄河流域与胶东半岛一体化发展。以济、青双核联动引领济南、青岛都市圈深度合作，辐射带动鲁西、胶东、鲁南地区高质量发展，深度融入全球城市网络。打造以"济南—淄博—潍坊—青岛—烟台—威海"为主轴的济青科创智造廊带，科学布局工业互联网、氢能、医养健康等战略性新兴产业和未来产业。加强生态保护与安全协调联动，协同开展引黄济青、胶东调水工程，共同开展莱州湾海域污染治理和鲁中山区生态修复，筑牢山海屏障。

（二）增强沿黄产业竞争新优势

沿黄地区要进一步强化基准线意识，聚力打造乡村振兴齐鲁样板，培育壮大新质生产力，深化产城融合发展。

一是进一步强化基准线意识。始终坚持把保护黄河流域生态作为谋划发展、推动高质量发展的基准线，把水资源作为沿黄地区产业高质量发展的最大刚性约束，持续强化高耗水行业用水定额管理，大力建设节水及循环用水设

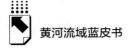

施，引导企业分级、分质用水以及一水多用、循环利用；积极推动已建成高耗水、高污染、高耗能项目搬入合规园区，严控上述新建项目准入。

二是聚力打造乡村振兴齐鲁样板。推进沿黄耕地集中连片布局，落实最严格的耕地保护制度，加快建设鲁北、鲁西北、鲁西南、汶泗、淄潍（西部）等沿黄五大农田集中区和建成一批高标准农田，完善引黄灌区设施配套与改造，有序开展盐碱地、荒草地综合开发利用。树立大食物观，积极发展海洋渔业，打造现代化海洋牧场，加强沿黄肉牛、鲁西肉鸡等畜禽养殖特色化、品牌化建设，结合洼地、采煤塌陷区治理和山区生态修复，大力发展渔农综合开发利用、特色种植和林下经济。坚持以科技创新引领农业农村现代化，高标准建设黄河三角洲农业高新技术产业示范区，建设、引进一批国家级、省级农业科创中心、重点实验室和孵化器，打造一批智慧农业应用基地和试验区。

三是因地制宜发展新质生产力。坚持以科技创新引领现代化产业体系建设，描绘新质生产力绿色底色，打造黄河科创大走廊和现代产业合作示范带。改造升级传统产业，优化调整重化工业布局与结构，引导钢铁、石化产能整合、转移，大力扩充精品钢、高端新材料产能和延伸产业链条。培优塑强新兴产业，聚焦新能源、新医药、绿色环保等产业综合施策，培育壮大一批战略性新兴产业集群。超前布局未来产业，充分依托沿黄地区教育、科技、人才资源，围绕人工智能、人形机器人、元宇宙等未来产业，精心谋划、抢占先机，打造一批未来产业集群。

四是深化产城融合发展。统筹人、地、产、城关系，引导位于中心城区、已完成开发的产业园区向城市综合功能区转型，推动其他产业园区与城市服务功能融合，压减零散工业用地，鼓励企业入园入区，在环境安全基础上发展产业社区、产业小镇，实现产城一体布局、融合发展。

（三）打造流域对外开放新高地

山东拥有黄河流域唯一出海口，要着力构建全域开放格局，打造高水平开放平台，构建"东联日韩、西接欧亚"的国际互联互通大通道。

一是构建全域开放格局。发挥与日韩等东亚国家开放合作的传统优势，巩固传统市场，深度融入共建"一带一路"，拓展 RCEP 成员国、非洲等新兴市场，把山东半岛城市群打造成为国内大循环战略节点、国内国际双循环战略枢纽。

二是打造高水平开放平台。高标准建设中国（山东）自由贸易试验区济南片区，升级济南综合保税区、章锦综合保税区，增强综合承载能力。打造国际招商产业园、中日国际医疗产业园等重大载体平台，推动沿黄地区参与中国—上海合作组织地方经贸合作示范区建设与高质量发展。

三是构建"东联日韩、西接欧亚"的国际互联互通大通道。提升海铁联运、欧亚班列国际运能，发挥沿海港口、航空枢纽辐射能力，增强陆海空域的全方位国际连通度，推动沿黄地区空港海港与日韩主要口岸"多港联动"，构建全国面向日韩服务最优、效率最高、成本最低的物流通道和服务体系。加强综合枢纽和多式联运中心建设，在济南、济宁等沿黄地区枢纽承载城市打造不同类型各具特色的国家物流枢纽，建设淄博鲁中国际陆港，支持有条件的市申建国家中欧班列集结中心示范工程，做强跨国多式联运枢纽体系。

（四）加强黄河文化保护传承弘扬

山东要坚持以习近平文化思想为引领，大力构建黄河文化发展格局，高质量推进黄河文化遗产保护传承，高标准建设国家文化公园，促进黄河文化交流互鉴。

一是大力构建"一轴两带，九大组团"黄河文化发展格局。着力打造黄河干流文化旅游融合发展轴，发挥黄河带动串联作用，打造一批黄河高端文化创意产业集聚区和文旅景区。构建齐鲁优秀传统文化"两创"示范带和黄河故道生态文化协同发展带，促进曲阜优秀传统文化传承发展示范区、泰山曲阜文物保护利用片区、齐文化传承创新示范区贯通发展，深入挖掘黄河故道治理文化、农耕文化、民俗文化，推出黄河故道生态观光、医疗康养等旅游精品线路。培育九大黄河文化组团，即"黄河入海""黄河入城""黄河济运""黄河入鲁"四大区域文化合作区，曲阜、泰山、临淄三大传统文化发展高地以及九河故道、微山湖两大生态文化集群。

二是高质量推进黄河文化遗产保护传承。开展黄河文化资源普查，建立黄河文化遗产保护体系，重点保护黄河干流、大运河、齐长城三大文化遗产廊道和曲阜、泰山、临淄三大重要文化资源富集区域。推进非物质文化遗产活态保护，支持创建黄河文化生态保护区。

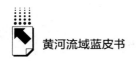

三是高标准建设国家文化公园。建设黄河国家文化公园（山东段），推进黄河干流分段特色化发展和黄河故道生态文化协同发展，促进黄河文化与齐鲁文化融合。建设大运河国家文化公园（山东段），打造"鲁风运河"，链接德州、聊城、泰安、济宁、枣庄五大特色文化分区，引导运河文化与沿线黄河文化、红色文化、儒家文化、泰山文化等优秀文化融合发展。建设长城国家文化公园（山东段），以齐长城本体及其沿线典型的文化遗存为主体，突出齐长城"中国最古老长城"的鲜明特征，串联沿线文化资源。

四是促进黄河文化交流互鉴。聚焦国山、圣城、母亲河中华民族文化地标的重要标识作用，以济南、曲阜、东营等市为主，推进大河文明永久性会址建设，加强黄河文化与世界文明的交流对话。

（五）优化黄河流域分工协同合作机制

山东要着力推进黄河全流域协同联动和跨流域协同治理，全面对接融入重大国家战略，增强黄河流域内协作、邻域协同和广域合作。

一是强化全流域协同联动。山东要与沿黄省份共护黄河之绿，与河南共建黄河下游绿色生态走廊，建立流域资源开发补偿等各项补偿制度，与山西、河南等黄河中下游省份协同推进大气、农业面源等污染综合治理。要共保黄河安澜，优化水沙联合统一调控调度机制，推动共建水利联合调度平台和全流域水权分配机制。要共扬黄河活力，共同塑造黄河流域"一轴两区五极"的发展动力格局，打通沿黄陆海大通道，以因地制宜发展新质生产力为导向，提升科技创新支撑能力。要共塑黄河魅力，铸牢中华民族共同体意识，推动齐鲁文化与河湟文化、草原文化、中原文化、晋商文化等交往交流交融，共同打造具有国际影响力的中华文明重要地标和黄河文化旅游带。

二是开展跨流域协同治理。积极参与海河流域治理，精准承接北京非首都功能疏解，大力支持雄安新区建设，全面对接京津冀协同发展。扩大与长江经济带合作，主动对接长三角产业和创新梯次转移布局，接受上海自贸试验区、虹桥国际开放枢纽等重大平台辐射带动，深度融入长三角一体化。加强与粤港澳大湾区交流合作，促进大湾区新一代信息技术、人工智能等战略性新兴产业落户山东沿黄地区，推动山东高质量发展。

参考文献

郝宪印、邵帅：《黄河流域生态保护和高质量发展的驱动逻辑与实现路径》，《山东社会科学》2022年第1期，第30~38页。

苗长虹、张佰发：《黄河流域高质量发展分区分级分类调控策略研究》，《经济地理》2021年第10期，第143~153页。

任保平、巩羽浩：《数字经济助推黄河流域高质量发展的路径与政策》，《经济问题》2023年第2期，第15~22页。

宋敏、肖嘉利：《黄河流域生态保护与高质量发展耦合协调现代化治理体系》，《西安财经大学学报》2023年第4期，第90~99页。

王林伶、许洁、陈峻：《黄河流域生态保护和高质量发展成效、问题及策略》，《宁夏社会科学》2023年第6期，第173~181页。

王兆华、邹朋宇、李浩等：《经济－能源－水耦合视角下黄河流域区域协同发展路径》，《中国人口·资源与环境》2022年第8期，第10~19页。

徐勇、王传胜：《黄河流域生态保护和高质量发展：框架、路径与对策》，《中国科学院院刊》2020年第7期，第875~883页。

余东华：《黄河流域产业生态化与生态产业化的战略方向和主要路径》，《山东师范大学学报》（社会科学版）2022年第1期，第128~138页。

于法稳、方兰：《黄河流域生态保护和高质量发展的若干问题》，《中国软科学》2020年第6期，第85~95页。

张震、徐佳慧、高琦等：《黄河流域经济高质量发展水平差异分析》，《科学管理研究》2022年第1期，第100~109页。

生态保护报告 ⟫

B.11
黄河青海流域打造生态优美
"绿河谷"对策研究

郭　婧*

摘　要：　河湟谷地不仅承载着黄河青海流域的多元化功能，还是生态综合治理和城乡一体化发展的建设示范区。本文通过总结黄河青海流域优美"绿河谷"建设过程中生态保护的成效，分析得出流域生态保护和建设中存在流域生态环境脆弱、流域肥料和农药的使用不均衡、水土流失治理难度较高、流域发展科技支撑能力不足等诸多问题。本文最后提出要打造黄河青海流域生态优美"绿河谷"应从强化河湖湿地环境监管体系、构建循环经济的绿色经济体系、强化创建绿色宜人的城乡生活环境、优化区域发展布局、发展好源头河湟文化等多方面探索流域可持续发展之路。

关键词：　黄河青海流域　生态保护　河湟谷地　"绿河谷"

＊　郭婧，博士，青海省社会科学院生态文明研究所副研究员，主要研究方向为生态经济、恢复生态学。

2019 年 9 月 18 日,习近平总书记在河南郑州主持召开黄河流域生态保护和高质量发展座谈会并发表重要讲话①。此次会议为青海推进黄河流域生态环境保护工作提供了明确的指导思想。目前,青海省联合国家有关部委开展了多项以黄河流域为中心的研究课题,因地制宜组织开展了源头保护和水源涵养、生态补偿、"三个最大"等相关研究,相继启动生态保护修复、水利发展、高质量发展、黄河文化保护传承弘扬等专项规划编制,并同步开展总体规划思路研究。

国务院在 2023 年 12 月 29 日批准了青海的前瞻性规划蓝图,即《青海省国土空间规划(2021—2035 年)》,该规划创新性地提出了"核心—区域—节点"的空间战略构想。规划中的"核心"聚焦于河湟谷地的构建,特别强调了西宁和海东两市的联动效应。从 2019 年到 2023 年,西宁的 GDP 从 1327.82亿元跃升至 1801.13 亿元,充分展示了西宁市的强劲增长动力和河湟谷地蕴含的无限潜力。作为河湟谷地城市群的核心城市,西宁扮演着驱动引擎的角色,而海东则被定位为重要的副中心,肩负着联结西宁与周边区域的关键职责。海东位于青藏高原的东北边缘,其因优越的地理位置,成为青海内外交通网络的交会点和商业物流的枢纽。2023 年,海东的 GDP 达到 580.13 亿元。按照规划,海东将充分利用其地理优势,大力推动有色金属、新能源、新材料和高科技产业的发展,塑造出独具特色的产业格局。总体而言,西宁与海东的协同进步有力推动了青海省经济的提升和黄河流域的协同发展。

河湟谷地位于我国黄河流域上游的生态脆弱区,它承载着青海多元化的功能,不仅是政治、经济和文化的交会点,还是生态综合治理和城乡一体化发展的建设示范区。在此背景下,提升该地区的生态效益和社会经济发展显得尤为关键。同时,河湟谷地汇集了众多国家级项目,如湟水流域的高标准农田整治重大项目、青海省东部黄河谷地百万亩土地开发整理项目、"退耕还林还草"工程,以及一系列生态修复与保护工程,构成了流域生态保护区和自然保护地的核心区域。"十四五"规划期间,河湟谷地生态优化与黄河青海流域打造绿色生态走廊的任务对于黄河流域生态保护和高质量发展战略具有不可估量的现实价值。这些举措对于实现黄河流域可持续发展和青海省的长远繁荣具有决定性作用。

---

① 栾雨嘉:《让黄河成为造福人民的幸福河》,《青海日报》2022 年 10 月 3 日。

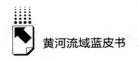
一 研究区概况

（一）区位概况

河湟谷地地处青海省以东，东邻甘肃省，西邻环湖，南部邻三江源区，是我国"生态屏障"和黄河上游的生态脆弱区，也是亚洲和全球气候变化的"敏感区"。河湟谷地由东往西依次为湟水流域的民和县、乐都区、平安区、互助县、西宁市、大通县、湟源县、湟中区、海晏县，及黄河流域的循化县、化隆县、尖扎县、贵德县①。流域面积近 3/4 为三北防护林，是我国重要的工程与生态保护地区之一。区域内辖有 197 个县，海拔 2000~3000 米的乡镇达到 175 个。"十四五"时期，青海省担负着保卫"中华水塔"、巩固全国生态屏障、打造具有国际特色的高原特色城市的重要任务。因此，位于青海省政治、经济和文化等多方面交会之处的河湟谷地，肩负着生态综合整治和城市集聚发展的艰巨任务，具有举足轻重的作用。

（二）社会经济条件

自古以来，河湟谷地凭借其独特的地理优势，扮演着在西部战略与经济中的关键角色。在经济布局上，它嵌入我国的"兰州—西安—格尔木"经济带中，成为青海以及整个青藏高原的核心经济增长极。该区域不仅是政治、经济及文化的核心，同时也是全省粮食生产的核心基地，第三产业尤为发达，人口密度达到 81%，耕地占有率为 85%，粮食和油料产量分别占据了全省的 80% 和 70%。在"迈向新的时代，承担新的使命"的指引下，根据《青海省国土空间规划（2021—2035 年）》，未来五年，青海将重点推进"双轴"建设，以增强区域间的互动合作，促进均衡发展。目标是塑造兰青—青藏—青新"丝绸之路经济之路"，并加强黄河流域的生态保护和绿色发展沿线，增强城市影响力，建设涵盖现代服务业、循环经济、绿色能源和特色农牧业的综合发展

---

① 乔宝华、曲衍波、冶祥：《耕地压力时空演变分析——以青海河湟谷地为例》，《经济与管理评论》2015 年第 3 期，第 155~160 页。

带，以及黄河上游的生态旅游与特色农牧业繁荣区。作为生态综合治理和城镇化集中的关键区域，河湟谷地在青海新时期的发展蓝图中占有不可替代的地位。

二 黄河青海流域"绿河谷"建设生态保护成效

扎实开展黄河流域水生态综合整治工作，既是贯彻落实习近平总书记重要讲话精神，又是构筑国家生态安全防线的必然选择，也是实施"十四五"生态文明战略和构建生态文化高地的迫切需要。目前，已经完成了西宁市清水入城工程，湟水河的综合整治和提升改造；海东市实施的"南北山绿化""中小河流治理""水土流失"等生态防护项目，使该地区的生态环境得到了明显的提高。

（一）流域环境污染整治力度加大

青海以创建全国文明城市为契机，把流域的环境整治工作与乡村振兴战略相结合，整治违法土地。在棚户区改造、道路拆迁、国土绿化等方面，根据存在的问题来制定联合执法的内容和方案，进行了统一的协调，确保责任分工明确，标准严格，完成时限明确，推进成效显著。定期开展了联合执法巡查，确保所有顽症死角均清理干净；垃圾分类随产生随清，坚决防止各种问题反弹，从根本上解决了流域历史遗留和由来已久的问题。加强了对涉水企业的监督管理，对各县市区的污水处理厂开展实地巡查，保证每个企业的污染物都能达标排放。

（二）绿色发展取得阶段性成果

作为国家重要的生态安全屏障，依靠区位、产业等方面的优势，青海流域清洁能源发展势头良好，取得了明显成效；从而构成了新的能源工业、风、水、光相结合的发展模式。截至 2023 年 12 月，青海省新增风电机组 4325 万千瓦，其中，新能源装机 90.9%，新能源发电比例为 84.8%。风力发电和太阳能发电装机已达到 61.8%，黄河上游地区是我国新能源发展的一个主要地区。另外，青海省通过了黄河流域绿色农田建设与高品质发展的信贷，并从亚洲银行申请了 1.18 亿元的资金，建设了 0.33 万亩的绿色高标准农田，治理了 1.33

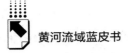

万亩的土壤侵蚀，其中包括大通、湟源、互助、共和3个市（州）4个县，8个乡镇38个村庄，受益区总人数3.4万人，该资金对项目区的绿色农田建设、生态环境保护、乡村产业发展，以及扶贫攻坚的成效起到积极的推动作用。该项目可为黄河流域绿色气候韧性农业生产基地构建、农业产业链升级及体制机制建设等方面提供支持。

（三）流域环境污染系统治理成效显著

习近平总书记曾在黄河流域生态保护和高质量发展座谈会上提出，治理黄河，重在保护，要在治理。经过综合治理，黄河青海流域生态环境面貌及其发展已取得显著成效。一是加大了对农业非点源污染的监控力度。初步建立了小流域农业非点源污染控制的监测平台，实现了对农田非点源污染的长期定点监测。在此基础上，结合流域内的农业污染源类型分布和地理气候条件，选择了相应的试验区。二是重视臭氧和PM2.5的协同控制。随着臭氧污染的不断增加，PM2.5的含量也有所下降。通过结合项目研究，不仅可以优化PM2.5与臭氧的协同控制技术，还可以为前体污染物的氮氧化物（NOx）和挥发性有机物（VOCs）的"双控双降"提供保证。三是提高了生活垃圾的使用和处理能力。在流域内开展"三废"治理，是推进"源头治理"、改善流域生态环境的一项重大举措。对各种非法倾倒固体废物，尤其是历史遗留固体废物问题进行科学处理，在有效解决固体废弃物对环境的污染问题的同时，对提升黄河青海流域有害废物的综合利用与处置能力及全程信息化监督管理水平具有重要意义。此外，流域加强了对危险废物的源头控制，持续优化处理设施的布局，提高了环境质量。在有效防范流域沿线生态环境安全风险的同时，形成了"遥感排查—分批交办—地方整改—专家帮扶—遥感再看"的闭环管理工作模式，取得显著成效。

（四）黄河文化保护传承成果丰硕

黄河流域的湟水河和隆务河构成了黄河文化的主要载体，形成了具有独特区域文化特征的河湟文化、热贡文化和格萨尔文化，展现了青海多元一体的特征。对黄河地区的特殊人文遗产进行了深度发掘，形成了以国家为龙头、以省级为骨干、以州为基础的四级非遗名录系统。例如，河湟文化公园、源头文化公园、喇家国家考古公园等一些重要的文化工程均在有条不紊地推进。近年来，黄河地区的文化和旅游业得到了快速的发展，各地采取了多种措施，加快了创建全国全域景区的步伐。青海省发布了《黄河青海流域文化保护传承弘扬规划》，根据黄河青海流域的自然、人文等优势，以"黄河—青海"为重点，建设"三大工程""五大功能区"，推动了旅游业的发展，促进了黄河文化的保护、传承与弘扬。

三　存在的主要问题

（一）流域生态环境脆弱

黄河流域是我国生态脆弱区面积最大、脆弱生态类型最多的区域，局部地区伴随生态系统退化、水源涵养功能降低等情况①。同时，黄河流域地区基础设施建设和能源资源开发增多，防治人为水土流失任务艰巨②。黄河流域城市发展面临的重大现实问题依然是缺水、干旱、风沙、水污染、雾霾、城市人居环境问题等。例如，黄河上游面临地区土壤污染、水污染、大气污染、草原退化和水土流失等问题。近几年，在国家重点实施生态工程下，黄河青海流域生态保护工作虽取得积极成效，但整体生态安全格局尚未完全形成。主要表现在河湖草地湿地统筹不到位。一方面，生态系统退化趋势还未得到根本性大扭转，湿地蓄水功能退化，自然灾害频发，这些均是危害流域生态环境安全的重点因素。另一方面，随着全球变暖，草场面临"沙化""板结化""黑土化"的威胁，加之这些地区生态系统自我修复能力弱，导致生态系统失衡，草场承载力下降，从而反向制约了畜牧业的发展③。因此，源头地区生态环境恢复和治理实现"整体恢复、全面好转、生态健康、功能稳定"的长远目标任务十分繁重。

---

① 新华社：《习近平在深入推动黄河流域生态保护和高质量发展座谈会上强调　咬定目标脚踏实地埋头苦干久久为功　为黄河永远造福中华民族而不懈奋斗　韩正出席并讲话》，《水利建设与管理》2021年第11期，第1~3页。

② 付标、唐正清、时统成等：《河南省黄河生态带建设研究》，《国土与自然资源研究》2019年第6期，第13~15页。

③ 李浩：《青海省黄河流域生态保护与经济高质量发展研究》，《市场论坛》2021年第3期，第24~30页。

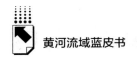

（二）流域肥料和农药的使用存在不均衡

当前，流域的农业活动中，肥料和农药的使用存在不均衡问题，可降解农业材料如生物农药和可分解农膜的普及程度相对较低。氮肥、磷肥和复合肥是流域内主要的化肥类型，而农药则普遍依赖于传统的杀虫剂和除草剂。由于流域土壤发育不足，保水能力有限，这些化肥和农药可能在雨水冲刷和地下水交换过程中流入河湖内，加剧了水体污染的风险。此外，部分农业投入品如农药、化肥、农膜以及畜牧业排泄物含有重金属元素，过度使用超出标准的这类农资可能导致农业土壤中重金属累积，对土地健康构成威胁。以海东市2023年的情况为例，其覆膜种植区域达到11553.3公顷，普通农膜的分配量为116.95万千克，然而生物降解膜的分配量仅为0.4万千克，仅占总农膜分配量的0.3%。尽管近年来政府加大提倡使用生物农药和生物降解膜，但在实际操作中，流域内的主要选择仍然是化学农药和常规塑料农膜。

（三）黄河青海流域水土流失治理难度较高

黄河青海流域水土保持可控性较低、治理难度高，主要表现在2023年青海流域水土流失面积占全国水土流失面积的61.71%。2019~2023年青海省流域水土流失面积虽有减少趋势，但减少面积较小。2023年的水土流失治理面积仅占流失总面积的1.02%，需要大力实施生态保护工程、林草修护工程来治理流域内水土流失情况。流域降水量低而蒸发量大、水资源天然补给少，加之流域内荒漠化土地集中等，导致流域内植被保护修护难度大。2023年，青海省平均降水量356.2毫米，折合水量2481.6亿立方米，比上年偏少4.9%。且省内降水量年内分配不均，集中在6~9月，占全年降水量的57.8%~72.1%；枯季降水量仅为全年的8.7%~21.7%。近年来，青海省深入贯彻落实习近平生态文明思想，牢固树立绿水青山就是金山银山理念，不断加大水土流失综合治理力度。2023年，水土保持率达到76.8%，水源涵养能力稳步提升。但在水资源供需矛盾大、水土流失治理难度高、水环境污染防治任务重的多重制约因素叠加下，黄河青海流域要不断协调配合生态环境保护治理与资源开发利用的关系，因地制宜、精准施策，使水土流失面积、强度进一步达到双降的目标，进一步筑牢高原生态安全屏障。

（四）区域发展科技支撑能力不足

黄河青海流域河湟谷地面临源头地区特殊的气候条件和敏感脆弱的生态环境特征，但产业结构的转型升级以及新型业态经济的发展都需要以科技水平和人力资源作为支撑。目前，流域整体科技水平在全国范围内一直处于比较落后的处境，生态环境保护建设领域科研院所较少，技术人才缺乏，科技支撑能力不足，产业结构转型需要的高端管理人才和专业技术人才都十分紧缺，与黄河流域的中东部发达地区差距甚远，难以满足生态环境高水平保护与经济社会高质量发展的需求。尤其是区域产业结构的优化升级以及农牧业效率的提升都急需良好的人力资源作为基础和高端的人才支撑。而青海受所处地理位置和经济社会发展水平的制约，还面临对高端人才吸引力度降低、人才流失严重等问题，使得黄河青海流域区域经济社会在高质量发展过程中存在制约。

四　黄河青海流域打造生态优美"绿河谷"的对策建议

2024 年至"十四五"时期末，青海作为源头区和干流区，对于黄河流域生态保护和高质量发展生态地位尤为重要。在打造生态文明建设前沿阵地的同时，青海保护好"中华水塔"，建设国家公园示范省，筑牢国家生态安全屏障，为下一个时期高质量发展赋能赋势、谋篇布局，为黄河流域生态保护和高质量发展提供新空间，为打造流域优美"绿河谷"提供支撑。

（一）强化河湖湿地环境监管体系，稳固水源涵养能力

强化河湖湿地环境监管体系的构建，推进湿地保护与修复项目，特别关注重度退化区，实行严格的保护性管理措施。努力扩大湿地生态效益补偿政策的覆盖范围。以自然河湖水系的原貌为出发点，着重于河流、湖泊与湿地的生态重塑，从而增强整个生态系统的健康循环。精确设定江河湖泊的生态流量和生态水位标准，并将其融入全面的流域水资源管理和配置中。

针对河湟谷地的特定问题，特别是侵蚀沟道，实施系统性治理策略，聚焦源头、两岸及上下游协同行动。首先，通过实施水土保持的植树造林活动，强化对草地生态系统的保护，采用精准的干预方法，如部分封闭、补种改良、种

植饲草以及推广舍饲圈养，对中度以上的退化草地进行差异化的恢复治理。其次，提升草原火灾预警和有害生物防控能力，构建完善的应急响应体系。在森林植被保护上，加大对水源涵养林的保护力度，强化封山禁牧和轮牧管理，建立健全天然林修复制度。最后，积极推动生态友好型、保土型和水源涵养型小流域的建设，构建以小流域为核心的河湟谷地综合防洪抗旱体系，优化雨水收集和利用机制，有效控制河流泥沙输入和局部污染源，从而稳固生态基础，确保水质纯净流入河川。

（二）牢固树立绿水青山就是金山银山的理念，构建绿色的循环经济体系

长远视角下，绿色发展被确立为伦理至高准则，它要求我们探寻一种能融合生态与经济的和谐发展模式①。生态文明建设是可持续发展的本土深化与创新，其标志着生产力进入了一个全新的层次。实际上，环境保护与经济发展并非对立，而是相辅相成，正如绿水青山蕴含着无尽的经济效益。审视全局，河湟谷地在黄河上游的生态地位举足轻重。其依托祁连山冰川水源保护区的核心地位，不仅是生态走廊交会的关键节点，也是国家生态安全的基石，以及"三江源"保护的前沿阵地，更是兰西城市群的战略支点，连接西北西南，面向青藏高原，堪称兰西城市群的核心引擎。

一方面，积极推行大规模国土绿化行动，巩固拓展周边绿化成果，致力于恢复和提升林草植被质量，提升整体植被覆盖率，以期使黄河水质清澈、山色翠绿，环境更加宜人。应加速推进国家湟水规模化林场试点项目，持续开展西宁、海东、海西及黄河沿岸的造林绿化计划。另一方面，进一步优化城市绿化布局，加快公园绿地和重要节点的绿化建设，提高城市建成区的绿化覆盖率。大力推广绿色有机农业的发展，充分发掘特色农牧业资源的潜力，通过创新驱动，强化绿色发展的政策引导，构建一个循环经济的绿色经济体系，并塑造具有地方特色的产业链。青海应积极争取政策支持，致力于发展成为全国领先的绿色有机农畜业中心，特别是有机牦牛和藏羊养殖基地的建设，将进一步有力推动区域生态与经济的双赢。

---

① 咸文静：《实现青海河湟谷地绿色发展》，《青海日报》2020年9月22日。

（三）强化干流两岸的生态治理，全力创建绿色宜人的城乡生活环境

整合山水林田湖草沙冰的多元生态组成部分，同时考虑生态、安全、文化、景观及经济等多个维度，不断致力于流域水质保护、生态恢复和污染治理工作，以期构建一幅"清澈河水、鱼儿欢跃、水草繁茂"的和谐景象。首先，以汇集湖泊、激发活力、生态复原和城市修复为核心策略，依托大型水利工程如引大济湟、引黄济宁等，联结周边主要支流，调整补充生态流量，打通河湖库渠，提升水质。其次，全力创建更加绿色宜人的城乡生活环境，强化湟水河、黄河干流两岸的生态治理，积极推动农村水系的综合整治，启动千里碧道项目，让碧水环绕城市，滋润城市，赋予城市生机。再次，进一步推进流域的全面生态综合治理工程，增加对全流域生态保护修复、水资源管理和水土保持等工程的投入，加速综合治理进程，提升综合管理标准。最后，建立青海—甘肃联合治理机制，以推动流域的全面生态治理，建设黄河上游的湟水河流域生态文明示范区。

（四）制定全面的区域环境综合规划，优化区域发展布局

要实现宏大的绿色发展战略，打造黄河青海流域优美"绿河谷"，应从制定全面的区域环境综合规划和推行有序的实施策略两方面着手。环境规划需着眼长远，兼顾全局，深度融入经济、政治、文化和社会建设的各个方面，覆盖所有领域、行业和要素。首要任务是优化区域发展模式，以妥善应对现有的和预期的生态环境问题。策略上，强调在推进城市化进程的同时强化生态保护，防止盲目扩张导致的资源浪费；优先保障水资源安全，通过提升湟水河等重要水系的治理水平，使之成为水质管理的示范点。同时，着重解决地区空气污染问题，包括基本环境质量的提升、季节性污染的防控和颗粒物排放的严格控制。同时，对高能耗、高水耗和高强度的土地开发设定上限，并逐步降低。鉴于河湟地区的独特环境地位和生态意义，以及对提升空气和水环境质量的迫切要求，同时抓住国家强化生态文明建设的时机，建议打造三个管控示范区：一是将湟水河流域设为国家重要流域的水质重点提高和管控区域；二是设立北山—祁连山的生态屏障保护区；三是打造青海高原河谷地区的生态文明建设先行区，以此展示可持续发展的实践范例。

175

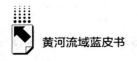

（五）弘扬黄河文化精神，发展好源头河湟文化

青海，作为黄河的发源地，承载着中华民族多元一体的文化精神象征。至关重要的是黄河青海流域在传承并发扬河湟文化的同时，应深刻理解讲述"黄河故事"在文化延续中的价值。要加强对河湟文化的探索与阐释，全力以赴发掘其深厚的历史文化底蕴，致力于河湟文化的传承与弘扬，使其生命力持久，日益繁盛。为将河湟谷地构建成为黄河流域各民族和睦共处的典范区域，并成为一个展示开放、多元、包容特质的窗口，以及农耕与游牧文明交融、中华文明起源与多元民族文化融合的展示平台，青海应努力塑造沿黄地区独特鲜明的河湟文化形象，以此为目标推进黄河流域的生态文明建设示范区。

五　展望

根据绿色发展目标，未来5年，黄河青海流域将全面推进差异化环保治理策略，着力优化产业结构与空间布局，培育出一种经济社会发展与生态保护"双赢"的新型区域发展模式。主要污染物的排放量将显著降低，资源能源消耗率将显著改善，资源环境效能将跃升至国内城市前列。基础环境服务也将得到显著提升，生态环境质量将迎来质的飞跃，初步建立人与自然和谐共生的绿色图景，生态文明建设的核心目标将基本达成。展望2035年，生态系统将达到动态平衡，环境质量健康，资源利用高效且持久，公共服务在环保领域将跻身全国领先城市行列。城市的繁荣发展、经济增长与环境保护将在深层次上相互促进，最终建成一个人与自然和谐共生的优美"绿河谷"新景象。

B.12
内蒙古黄河流域生态系统治理的
经验及推进措施

天莹　张倩*

摘　要： 　内蒙古坚决贯彻落实黄河流域国家重大战略，坚持生命共同体理念，坚持山水林田湖草沙系统治理，取得了显著成效和值得推广的经验，对其他地区具有借鉴意义。本文重点对增强组织领导和完善体制机制、坚持以人民为中心、增强生态治理的整体性系统性、积极探索生态价值转化和产业绿色化路径、发挥试点示范带动作用与标杆作用等方面的经验进行总结，提出节水控水、打好防沙治沙攻坚战、加强组织管理、加强生态环境治理、推进生态产业化产业生态化等持续推进系统治理的建议，以提高黄河流域生态环境质量、增强生态系统功能和稳定性，保障黄河流域生态安澜，筑牢我国北方重要生态安全屏障。

关键词： 　内蒙古黄河流域　生态治理　生态安全

一　内蒙古黄河流域生态治理成效

（一）防沙治沙取得突破性进展

内蒙古紧紧围绕筑牢我国北方重要生态安全屏障这一重大战略定位，贯彻落实习近平总书记重要讲话精神，2023年8月全面启动三北工程和三大标志性战役，2024年内蒙古把防沙治沙和风电光伏产业一体化工程放在自治区六大重点工程的首位强力推动，坚持山水林田湖草沙一体化保护和系统治理，坚

* 天莹，内蒙古自治区社会科学院经济研究所所长，研究员，主要研究方向为生态经济；张倩，内蒙古自治区社会科学院经济研究所研究实习员，主要研究方向为产业经济。

持绿水青山就是金山银山的理念，取得了突破性进展。2023 年，全区累计完成造林 556 万亩、种草 1817 万亩、防沙治沙 950 万亩，规模居全国第一，全面超额完成年度计划，防沙治沙面积较 2022 年增加 100 万亩以上①。2024 年，计划防沙治沙面积 1500 万亩以上，新增新能源装机 1320 万千瓦、配套完成沙化土地综合治理 230 万亩②，其中，黄河"几字弯"攻坚战区已经完成沙化土地治理面积 512 万亩③。鄂尔多斯建设光伏长城，加快沙化治理和新能源一体化融合发展。内蒙古磴口县挂牌成立三北工程研究院，鄂尔多斯市建立了国际荒漠化防治技术创新中心，为国家重大生态工程建设提供科技支撑。

（二）生物多样性保护水平稳步提升

生物多样性是维护生态系统稳定性和较高生产力、提升生态系统服务功能的重要基础。黄河流域大力开展生物多样性保护，维护森林草原湿地等重要生态系统的连续性、完整性，为未来可持续发展留下宝贵的物种、基因资源，为经济社会发展保存后备资源。一是扎实推进规划、监测和评估体系建设。呼和浩特市完成生物多样性本底调查和市级生物多样性调查评估报告，编制《生物多样性保护规划》④，夯实基础和规划引领。阿拉善盟从 2023 年夏季到 2024 年开展为期一年的季度性东居延海鸟类资源的调查，共记录鸟类 83 种，其中国家一级重点保护鸟类 2 种，二级 11 种⑤。二是提高自然保护地建设水平。如大青山保护区是我国北方面积最大、全国第五大森林生态系统类型自然保护区，自建立以来先后加入国际自然保护地联盟、中国生物圈保护区网络，并积极筹备

---

① 《春风催新绿　防沙治沙忙》，内蒙古自治区人民政府官网（2024 年 3 月 26 日），https：//www.nmg.gov.cn/ztzl/tjlswdrw/staqpz/202403/t20240326_2485304.html。

② 《内蒙古发布 2024 年第 2 号总林长令》，内蒙古自治区林业和草原局官网（2024 年 3 月 21 日），https：//lcj.nmg.gov.cn/xxgk/gzdt/202403/t20240321_2483406.html？slh＝true。

③ 《筑牢我国北方重要生态安全屏障丨内蒙古黄河"几字弯"完成沙化土地治理 512 万亩》，内蒙古自治区发展和改革委员会官网（2021 年 6 月 21 日），http：//fgw.nmg.gov.cn/ztzl/zxzt/tjstwmjs/202406/t20240621_2527897.html。

④ 《2023 生态保护工作盘点·生态篇》，呼和浩特市人民政府网（2024 年 1 月 12 日），http：//www.huhhot.gov.cn/wugongkai/zhixinggk/shehuigy/hjbhkl/202401/t20240112_1646416.html。

⑤ 《稳步开展生物多样性调查，为建设祖国北方重要生态安全屏障建言献策》，阿拉善盟生态环境局官网（2024 年 5 月 10 日），http：//sthjj.als.gov.cn/art/2024/5/10/art_688_514578.html。

创建大青山国家公园和申请加入世界生物圈保护区，持续提升生物多样性保护水平。三是不断加大自然保护监管力度。组织开展国家级、自治区级自然保护地遥感监测核查。协助生态环境部完成全区 29 个国家级自然保护区生态环境保护成效评估，其中有 8 个位于内蒙古黄河流域。

（三）污染防治攻坚战向纵深发展

坚决持续打好蓝天碧水净土保卫战。一是持续强化大气污染治理。推动呼包鄂、乌海及周边地区大气污染联防联控，持续深化工业污染治理，加大区域内钢铁、焦化行业及燃煤锅炉超低排放改造力度①，乌海及周边地区区域内四项大气污染物浓度实现下降。不断扩大燃煤污染治理范围，呼包鄂乌城市群大力推进清洁取暖改造。在全区推行轻重型汽车国六 B 排放标准，降低机动车尾气对环境的污染，完成呼和浩特市、包头市、乌兰察布市等中西部 6 个重点城市重型柴油货车远程在线监控系统安装。逐步健全重污染天气应对机制。二是着力加大黄河流域水环境治理力度。推动碧水保卫战向系统治理转变，全面实施入黄支流消劣整治、入河排污口分类整治，加强大黑河、四道沙河等重点断面水质监测预警，黄河干流内蒙古段水质连续 4 年保持在 Ⅱ 类，支流国考断面首次全面消劣，流域内优良水体比例 77.1%。无定河鄂尔多斯段入选国家第二批美丽河湖案例。积极实施生态补水、应急补水，强化河湖生态流量保障，开展综合治理，岱海和察汗淖尔生态环境稳中向好，乌梁素海湖心断面水质保持在 Ⅳ 类水平②。东居延海实现连续 19 年不干涸③。深入开展黑臭水体整治，将治理范围扩展至旗县建成区，强化监督检查，未发现新增黑臭水体、无返黑返臭水体。全面加强饮用水水源保护。三是着力加强土壤污染源头防控。聚焦重点行业、重点企业、重点污染物，开展土壤镉等重金属污染溯源整治，启动土壤污

---

① 《乌海及周边地区"气质"持续改善》，内蒙古自治区生态环境厅官网（2024 年 1 月 24 日），https：//sthjt. nmg. gov. cn/sthjdt/ztzl/gclsxjpstwmsx/sthjlygg/202401/t20240124 _ 2445671. html。

② 《自治区政府新闻办召开"回眸 2023"系列主题新闻发布会（第 5 场——自治区生态环境厅专场）》，内蒙古自治区生态环境厅官网（2023 年 12 月 29 日），https：//sthjt. nmg. gov. cn/hdjl/xwfbh/202312/t20231229_2434403. html。

③ 《内蒙古河湖水生态环境持续向好》，内蒙古自治区生态环境厅官网（2024 年 3 月 18 日），https：//sthjt. nmg. gov. cn/sthjdt/ztzl/gclsxjpstwmsx/sthjlygg/202403/t20240318_2481854. html。

染防治试点旗县建设，持续提升土壤污染防治能力。加强农业面源污染防治，实现化肥、农药使用量负增长。秸秆综合利用率达到91.2%，畜禽粪污综合利用率达到82%①。全面推进新污染物治理，稳步推动呼和浩特市、包头市、鄂尔多斯市"无废城市"建设。推进包头市、鄂尔多斯市国家级地下水污染防治试验区建设。自治区受污染耕地安全利用率保持在98%以上。

（四）黄河流域生态保护制度、体制机制更加健全

内蒙古坚持规划引领、制度保障、机制联动，有序推进黄河流域生态系统治理。2023年，自治区制定出台《贯彻落实〈中华人民共和国黄河保护法〉实施方案》，强调将黄河流域生态保护和高质量发展纳入国民经济和社会发展规划，编制黄河流域国土空间规划，落实黄河流域省级河湖长联席会议制度；2023年8月出台《内蒙古自治区建设我国北方重要生态安全屏障促进条例》，提出建立深化区域间的联防联治机制，为转变生态环境保护地区分割、单打独斗的局面提供法律保障。之后，榆林市、庆阳市、石嘴山市、吴忠市、鄂尔多斯市5地签订了联防联治合作协议，共同推进毛乌素沙地蒙陕宁甘四省区交界区域生态治理，内蒙古巴彦淖尔、包头、鄂尔多斯、乌海、阿拉善等5盟市签署联防联治合作协议，合力推进黄河"几字弯"攻坚战。修改完善《乌海及周边地区大气污染联防联控工作机制》，深入打好重点地区蓝天保卫战。建立林草碳汇专班，建立碳汇交易工作联席会议机制，起草推进方案，探索碳汇市场化实现途径。2024年《内蒙古自治区黄河流域国土空间规划（2021—2035年）》获自治区政府批复，系统优化了黄河流域国土空间开发保护布局，为各类建设活动提供基本依据。

二 内蒙古黄河流域生态系统治理经验

（一）加强组织领导，完善体制机制、强化责任担当

内蒙古始终坚持党对生态文明建设的全面领导，坚决扛起保护黄河重大责

---

① 《自治区政府新闻办召开"回眸2023"系列主题新闻发布会（第4场——自治区农牧厅专场）》，内蒙古自治区人民政府官网（2023年12月28日），https://www.nmg.gov.cn/zwgk/xwfb/fbh/zzqzfxwfb/202312/t20231228_2433164.html。

任，多次组织召开推动自治区黄河流域生态保护和高质量发展领导小组会议、专题会议，自治区主要领导亲临实地调查，落实国家重大战略，明确关键任务和工作重点。2024 年 3 月，自治区领导赴黄河流域鄂尔多斯市、阿拉善盟等黄河流域 7 盟市及东部 5 盟市督导，全面打响三北工程和三大战役（黄河"几字弯"攻坚战、科尔沁与浑善达克沙地歼灭战、河西走廊—塔克拉玛干沙漠边缘阻击战）的大会战，为防沙治沙和风电光伏一体化工程提供强大的组织保障，展现了内蒙古担当。

深化林长制。内蒙古不仅在自治区到嘎查村建立了五级林长体系，在嘎查村级设立了林长、护林员和草管员，而且充分发挥检察、公安、自然资源、生态环境、农牧、林草等涉及林草生态保护管理和执法部门职能优势，建立了"林长+检察长""林长+检察长+公安局局长""林长+智慧林草"等模式，形成多部门协同的联动机制。如呼和浩特市依托智慧林草生态大数据平台和智慧城市建设，打造了全区首个智慧林长管理平台及手机 App，显著提升管理精准度①。2023 年，自治区林草局成立自治区林业和草原局林长制工作领导小组，进一步提升自治区林长制办公室统筹协调能力②。

建立横向生态补偿机制。建立区域间横向补偿机制一直是区域生态补偿的难点。2024 年，内蒙古主动与周边的宁夏回族自治区、山西省、陕西省相关部门沟通协商，推动形成省际权责对等、共建共享的黄河流域横向生态保护补偿模式③，促进了区域生态补偿机制的不断丰富和完善。

（二）坚持以人民为中心，打造生态环境共建共享的格局

"良好生态环境是最公平的公共产品，是最普惠的民生福祉。"④ 党的十八大

---

① 《呼和浩特市以"五高"推深做实林长制》，呼和浩特市林业和草原局林长制办公室网站（2023 年 11 月 17 日），http://lcj. huhhot. gov. cn/zyzl/ztzlgx/lzc/202311/t20231117_1620780. html。

② 《自治区林草局成立林长制工作领导小组》，内蒙古自治区林业和草原局官网（2023 年 11 月 20 日），https://lcj. nmg. gov. cn/xxgk/gzdt/202311/t20231120_2413392. html。

③ 《内蒙古 3 年统筹 551. 21 亿元支持黄河流域生态保护和高质量发展》内蒙古自治区人民政府官网（2024 年 5 月 23 日），https://www. nmg. gov. cn/ztzl/tjlswdrw/staqpz/202405/t20240523_2512595. html。

④ 《习近平十谈"绿色发展"：良好生态是最普惠的民生福祉》，《人民日报》2018 年 4 月 2 日。

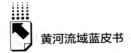

以来，内蒙古党委、政府高度重视环境保护，着力解决与人民群众切身利益相关的环境问题，充分体现了以人民为中心的发展思想和生态惠民富民的价值取向。针对人民群众关心的、影响人民健康的环境问题，下大力气进行综合治理。积极开展呼包鄂及乌海和周边地区散乱污企业治理、城市黑臭水体治理、城市垃圾和污水的处理以及农村厕所革命、农村污水治理、生活垃圾收集处置、村容村貌提升等活动，加快了城乡宜居、人居环境建设和城乡生产生活方式绿色化转变。一度严重污染的乌海及周边地区四项大气污染物浓度下降，黄河流域地级市辖区黑臭水体基本消除，城乡污水处理能力、垃圾收集处理能力明显提升，城乡居民生活在天蓝地绿水清的美丽环境中，幸福感、获得感大为增强，人民群众对美好生活的需求得到满足。

紧紧依靠人民，使人民群众成为生态文明建设的参与者、支持者。"坚持人民主体地位，充分调动人民积极性，始终是我们党立于不败之地的强大根基。"① 在生态文明建设中，广大群众不仅要成为生态文明成果的共享者，也要成为实践者，人民群众是生态文明建设的重要保障。内蒙古黄河流域积极探索制度创新，通过以工代赈、先建后补等举措，构建多元参与的新型治沙模式，鼓励农牧民和社会力量参与防沙治沙，推动生态环境改善和促进农牧民就业增收。2023年，鄂尔多斯市实施以工代赈资金达5.54亿元，参与人数达1.09万人②。此外，通过开展低碳日主题健步行、节能低碳宣讲等活动，促进群众生活方式和消费模式向低碳绿色的方向转变。乌海市通过使用"碳普惠小程序"③，以碳积分并兑换实物奖品的方式广泛宣传绿色低碳理念，让市民参与到低碳生活实践当中。

① 中共中央党史和文献研究院等编《习近平新时代中国特色社会主义思想专题摘编》，中央文献出版社、党建读物出版社，2023，第109页。
② 《鏖战治沙一线 荒漠又见新绿——内蒙古鄂尔多斯聚力打好黄河"几字弯"攻坚战》，内蒙古自治区林业和草原局官网（2024年1月15日），https：//lcj. nmg. gov. cn/xxgk/zxzx/202401/t20240115_2441158. htm。
③ 《内蒙古自治区各地积极推动应对气候变化工作》，内蒙古自治区生态环境厅官网（2022年12月7日），https：//sthjt. nmg. gov. cn/sthjdt/zzqsthjdt/202212/t20221207_2184210. htm。

（三）坚持人与自然和谐共生，积极探索生态价值转化及绿色发展路径

坚持人与自然和谐共生，是中国式现代化的本质要求。绿色发展是实现人与自然和谐共生的根本路径。内蒙古加快传统产业转型升级，积极培育新兴产业和现代服务业。推进绿色技术应用，创建绿色产品、绿色园区、绿色供应链，推动重点行业节水、节能、降碳、减排，促进产业绿色发展。如鄂尔多斯市推进传统煤电行业节能降耗改造、供热改造、灵活性改造，促进清洁生产，加快产业低碳化发展。同时，内蒙古黄河流域依托丰富的可再生能源资源优势，发展风光氢储产业集群，重点推进大型风电光伏基地项目建设，2023 年内蒙古自治区新能源装机、新能源发电均位居全国第一，新能源发电量占比不断提升。其中鄂尔多斯市新增新能源装机 420 万千瓦。实施防沙治沙和风电光伏一体化工程，实现板上发电、板下修复、板间种植养殖，形成了"光伏+农牧业"产业互补发展模式，努力构建新能源开发与生态保护协同融合发展格局。

推进生态产业化，打通生态产品价值的实现路径。近年来，内蒙古积极探索完善生态产品价值实现机制，将生态与林果、扶贫、旅游、养生相融合，形成多种生态产业化发展模式，重点发展林果产业、林旅产业、林药产业和林下养殖等产业，推动林草产业向特色化、优质化、多元化方向发展。包头市积极发展以苍耳、黄芪、黄芩、山茶等为主的林下经济产业，全年林草产业总产值实现 26.63 亿元[①]。鄂尔多斯市建立柠条产业发展中心，加强沙棘、苹果等优势生态经济林建设，全年林草产业总产值达 65 亿元[②]。呼和浩特市积极发展海红果、沙棘、黄芪，林草总产值达 85.15 亿元[③]。阿拉善盟发展肉苁蓉、锁

[①] 《包头市林草产业产值创历史新高，获自治区表扬!》，内蒙古自治区林业和草原局官网（2024 年 1 月 31 日），https://lcj.nmg.gov.cn/xxgk/zxzx/202401/t20240131_2462327.html。

[②] 《鏖战治沙一线　荒漠又见新绿——内蒙古鄂尔多斯聚力打好黄河"几字弯"攻坚战》，内蒙古自治区林业和草原局官网（2024 年 1 月 15 日），https://lcj.nmg.gov.cn/xxgk/zxzx/202401/t20240115_2441158.html。

[③] 《闲地变宝地　一地生多金　林果产业美了乡村富了乡亲》，内蒙古自治区人民政府官网（2024 年 2 月 27 日），https://www.nmg.gov.cn/ztzl/tjlswdrw/nxcpsc/202402/t20240227_2473058.html。

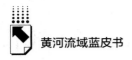
阳等产业，成为农民增收的重要来源。自治区制定方案、开展碳汇核算、建立机制、进行项目储备和交易，促进林草碳汇价值转化为经济价值。

（四）统筹山水林田湖草沙，增强生态环境保护治理的系统性

内蒙古自然景观多元、生态类型多样。为推进黄河流域高质量发展，内蒙古科学把握人与自然和谐共生规律，从生态系统的整体性出发，坚持统筹推进山水林田湖草沙一体化保护和修复，强化系统治理源头治理，全面加强生态环境保护，着力培育稳定性高、功能性强的森林、草原、湿地、荒漠生态系统。如乌梁素海流域山水林田湖草生态保护修复试点工程，重点涉及沙漠、矿山、草原、农田、湖泊等诸多生态系统，通过生态补水、生物措施、农业面源污染防治、污水处理厂的提标改造、退化草原修复等综合措施，乌梁素海重现生机，生物多样性增加，湖水水质消劣，湖心断面水质达到了IV类，生态功能逐步恢复，生态状况的改善带动了旅游业的发展。

（五）以点带面、因地制宜，充分发挥试点示范带动作用

创建生态文明建设示范区、创新生态治理模式、创建试点，是习近平生态文明思想的生动实践，是激发广大群众因地制宜、探索生态治理多样化路径的有效方式，是引领生态文明建设的标杆。

一是创建国家生态文明建设示范区。生态文明建设示范区，是推进生态文明具体实践的重要载体。2023年底，内蒙古先后成功创建了国家生态文明建设示范区13个，"绿水青山就是金山银山"实践创新基地10个①。其中，有6个国家生态文明建设示范区、4个"绿水青山就是金山银山"实践创新基地位于内蒙古黄河流域。生态文明示范区建设增强了广大群众生态保护意识，促进了绿色转型发展和生态环境持续改善。

二是创新生态建设模式。在多年防沙治沙实践中，内蒙古黄河流域涌现出"库布齐沙漠治理模式""磴口模式""阿拉善模式"等行之有效的治理模式，这些模式是广大人民群众的智慧结晶，也是"三北"精神的体现，为自治区

---

① 《自治区政府新闻办召开"回眸2023"系列主题新闻发布会（第5场——自治区生态环境厅专场）》，内蒙古自治区生态环境厅官网（2023年12月19日），https：//sthjt.nmg. gov.cn/sthjdt/ztzl/srgclbcjtl/bsls/202312/t20231229_2434146.html。

荒漠化沙化防治树立了典范，将为创造新时代防沙治沙新奇迹树立新标杆。

三是积极推动各类试点建设。2023年鄂尔多斯市、包头市入选国家首批碳达峰试点名单，2023年、2024年包头市、鄂尔多斯市、呼和浩特市先后入选第一批第二批国家区域再生水循环利用试点。2024年呼和浩特市入选"深化气候适应型城市建设试点"。试点建设，促进了水资源节约、减污降碳，增强了城市气候适应性和韧性，加快了自治区绿色发展、安全发展、可持续发展的进程。

三　持续推进内蒙古黄河流域生态系统治理的措施

（一）节水控水，增强生态保护治理的水资源支撑

内蒙古水资源短缺，水资源是内蒙古经济社会发展的最大刚性约束。增强水资源支撑，是内蒙古生态系统治理成果可持续的关键。"节水优先、空间均衡、系统治理、两手发力"的新时代治水思路，为内蒙古黄河流域水资源节约高效利用提供根本遵循。要坚持节约优先的原则，坚持"四水四定"，量水而行，加大水资源节约和循环利用，推进水权交易，优化空间配置，争取外来水源，持续提高水资源利用效率，加快水资源利用方式的转变。一是节约农业用水。建设高标准农田，提高基础设施运行效率，推广浅埋滴灌、直滤滴灌等节水技术，优化种植结构，实施水价综合改革、以电折水和农业用水精准补贴，改变粗放式的传统用水方式；通过水改旱、坡改梯，发展旱作高标准农田。加强水资源管理，对地下水超采区，实行智能精准灌溉、耕地轮作休耕等方式，促进地下水管控和节水，逐步实现采补平衡。二是节约工业用水。严格控制高耗水项目审批上马，从源头上控水节水。加大对现有耗水大的企业进行节水改造，促进企业自身节水和水资源循环利用。加强再生水管网建设，以再生水替换企业的自来水，优化水资源配置。对再生水进行适当补贴，降低企业使用再生水的成本，提高再生水的用水比例。三是节约生态用水。生态建设也要坚持节水优先的理念，多种植灌木、草本植物，少种乔木，采用本土化耐旱的植物以实现节水。充分利用分凌水、疏干水、再生水用于生态工程建设和城镇绿化用地的浇灌。研究干旱半干旱地区的原生植被耐旱机理，大力发展雨养

林草业，推广低密度造林技术，减少生态用水量。四是节约居民、单位用水。加大宣传，继续创建节水园区、节水社区、节水单位、节水家庭，让节水深入人心，推进全民节水。五是维护水生态平衡。加大流域水生态管理，尤其是跨区域的河流，合理分配流域生态流量，建立完善生态流量的监测、评估、预警及考核机制，保障下游生态用水，维护流域整体生态平衡。

（二）打好防沙治沙攻坚战、歼灭战和阻击战，推进生态保护和修复治理一体化

内蒙古生态类型多样，生态地位、生态系统服务功能十分重要。但荒漠化沙化面积大、范围广、程度重、治理难，形势依然严峻，影响着生态系统的稳定性和生态屏障功能的提升。因此，首先，要实施好防沙治沙重点工程。重点打好攻坚战、歼灭战和阻击战，落实规划方案，不断创新防沙治沙模式，调动农牧民的积极性，推进防沙治沙和风电光伏一体化发展，实现增收、治沙、扩绿多赢目标。坚持节水优先，量水而行，发展低密度节水林草、雨养林草。加强区域间的协调和协作，按照同一个沙地、沙漠地理单元统一规划、统一步骤，共同开展跨省区跨盟市的防沙治沙工程。其次，保护好生物多样性。内蒙古是干旱半干旱生物多样性的宝库。加强生物多样性保护，完善一站多点生态监测网络并开展监测，制定生态系统健康评估标准，强化生态红线、自然保护区生态监督，加强自然保护区的监测、培训、管理，提升管理能力。创建生态文明示范区建设，巩固已有示范区成果，更好地发挥示范作用、标杆作用，将生态文明理念转化为广大群众的自觉行动，使得广大人民群众成为生态文明建设的实践者、推动者。最后，加大水土流失治理力度，将工程和生物措施相结合，加固堤坝，建设水土保持林，完善体制机制，吸引社会资本参与水土流失治理。

（三）加强组织管理、监测、资金支持，强化基础和保障

一是完善河湖林草长制。加强河湖长林草长制度建设。特别是加强乡镇、苏木嘎查村一级的河湖管理。本着生命共同体理念和系统治理的原则，在基层可将林草河湖进行一体化监督管理，把河湖管理员、护林草管员合为一体，将河湖林草一起管起来，节约人力、物力，提高管理效率。加强常态化巡河，推

进智慧巡河，消除死角，实现河湖精准管理。二是加强执法管理。加强执法能力建设，加强行政主管部门与综合执法部门的衔接协调，保护好来之不易的生态建设成果，防止新的毁林毁草行为发生。三是推进林草水监测评估一体化。推进对水资源、林草资源的监测体系建设是生态建设保护的基础性工作，是作出科学决策的重要依据。特别是对于大规模生态建设项目，采用立体监测方式，对地上生物量、生物多样性和群落结构及地下生物量、土壤、水资源状况进行全方位监测，系统评估生态建设效果以及生态建设对土壤和水资源的长期影响，以此作为依据，促进生态建设工程成果的可持续。四是要增加投入。草原生态监测、管理以及河湖规划管理、水利基础设施运行维护因资金不足影响着后期管理效果、运行效率，制约着监测和治理能力的提升，因此，秉承系统理念，在生态建设投入中增加监测、管理投入及河湖管理的投入，彻底改变重林轻草、重建设轻管理的思维惯性，不断提升治理效率、治理能力和水平。

（四）加强生态环境治理，让天更蓝、水更清、地更绿

良好生态环境是民生福祉的重要体现，是新时代人民群众追求美好生活的必然要求。因此，面对当前的环境问题，要深入打好蓝天碧水净土保卫战。一要加强重点行业的超低排放改造，继续推进重点地区清洁取暖改造。加强乌海及周边地区的污染治理，持续提高环境质量。二要加强工业园区污水处理厂建设和城镇污水处理厂的提标改造，提升污水处理能力。三要推动呼包鄂无废城市建设。完善激励和约束机制，重点做好固体废弃物处理和循环再利用，深入推进生活垃圾分类工作。四要持续推进化肥农药减量化、地膜回收利用。从源头、过程、末端全程发力，依法对农村废旧地膜的销售、使用、回收、资源化再利用进行全程管理，完善地膜回收体系，提高地膜回收率。源头上，对生产销售的企业进行监管督查，严禁生产销售不符合国家强制标准的地膜。过程中，推广使用高强度加厚地膜和全生物降解膜，坚持谁使用、谁回收，谁污染、谁治理的原则，坚持奖惩并用，调动地膜使用主体回收地膜的主动性，增强约束性。推广典型经验，根据地膜回收的难易程度，按照资源化、焚烧、填埋等不同方式分类进行利用和处理。推广测土配方技术、无底肥技术，增施有机肥、缓控释肥替代化肥，促进化肥减量化。

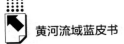
加强病虫害预防预警，开展统防统治、绿色防控，推广使用生物农药、高效低毒低残留农药。五要推进农村人居环境综合整治，健全生活污水处理、垃圾收集转运处置体系，采取多种形式鼓励农牧民参与到乡村环境治理中，建设美丽宜居乡村。

（五）推进生态产业化产业生态化，加快生态价值转化和产业绿色发展

生态产业化产业生态化是推进绿水青山向金山银山转化、实现人与自然和谐的重要路径。生态产业化是将生态资源通过市场化、产业化方式实现经济价值的过程。内蒙古拥有在全国面积分别排第一、第二和排前列的森林、草原、湿地等重要资源，具有维护涵养水源、调节气候、防风固沙、保持生物多样性、提供良好人居环境的功能和巨大生态服务价值，但产业规模小、与大资源不匹配、转化路径单一、龙头企业不强限制了其转化程度。通过发展林果、林药、草产业，不断培育壮大龙头企业，扩大生产规模，延链强链、创建知名品牌、积极开拓国内外市场等措施，将生态优势转化为竞争优势、发展优势，促进群众增收，实现保护发展共赢。大力发展生态旅游业，促进旅游业可持续发展。要注意生态系统的承载力，适度限制旅游人数，设置旅游线路和步道，保护旅游区生态环境，促进旅游业的可持续发展。加快旅游业与文化、智慧、教育、康养有机融合，为生态旅游提供新的发展动力。加强旅游地交通等基础设施建设，增强服务水平，缩短旅游区与客源地的距离，扩大旅游半径和增加客源，促进旅游业向高端化、生态化发展。加强碳汇核算、储备、交易，实现生态系统巨大碳汇价值的显性化、市场化。

推进产业生态化。产业生态化是按照环境友好的方式，进行传统产业改造，大幅降低环境损害和碳排放，实现产业绿色发展的过程。大力发展生态农业、生态工业和服务业，发展资源节约环境友好的产业，加快产业绿色发展、循环发展、低碳发展。坚持生态优先，绿色发展是实现可持续发展的根本出路，是实现生态保护和产业协调发展的必然要求。加快生态农业发展，打造生态农业示范区，扩大绿色有机农产品的生产规模，建立农产品质量追溯体系，增加农产品品牌数量，提升质量。加大"两高"（高耗能、高排放）项目严格管控，对传统能源产业进行超低排放改造，采用节能环保的新工艺、新设备、新技术，降低资源

消耗、减少碳排放和污染物排放，实现清洁生产。加大科技支撑，加快煤矸石、粉煤灰、钢渣等工业固体废弃物的综合利用、高值化利用，拓宽利用途径，提升废弃物的资源化利用率，将固体废弃物综合利用产业培育成自治区新的经济增长点。优化能源结构，加快风光氢储新能源产业发展，构建现代能源体系，推进能耗双控向碳排放双控转变，实现节能降耗增效。

B.13
山东推进黄河流域生态保护治理成效与经验研究

于 婷*

摘 要： 山东省深入贯彻落实黄河国家战略，坚持以高质量发展为纲，着力加强黄河流域生态保护修复、强化污染综合治理、提升水资源安全保障能力、推动经济社会绿色低碳转型和提升生态文化产业价值，形成了具有山东特色的黄河流域生态保护治理道路。本文深入刻画山东省以打造绿色低碳高质量发展先行区为抓手，主动服务和融入黄河生态保护和高质量发展国家战略的生动实践，梳理出构筑完备战略体系框架、完善协同推进工作机制、提升生态文明示范创建水平、实施最严格水资源管理制度的生动实践经验。并明确未来要进一步构建绿色发展新格局、持续推进黄河流域生态保护，用文化引领黄河流域生态保护治理，为沿黄各地区以及其他地区流域生态环境保护治理提供经验借鉴和参考。

关键词： 山东黄河流域 生态保护治理 绿色低碳转型

2021 年 10 月，习近平总书记亲临山东视察，并在济南主持召开黄河流域生态保护和高质量发展座谈会，为黄河流域生态保护和高质量发展指明了方向。党的十八大以来，总书记多次亲临山东视察，作出重要指示批示，为山东发展精准把脉、定向引航。从"走在前列、全面开创"，到"走在前、开新局"，再到这次视察要求山东继续"走在前"，到 2024 年 5 月提出要"继续在服务和融入新发展格局上走在前、在增强经济社会发展创新力上走在前、在推

---

* 于婷，管理学博士，山东社会科学院经济研究所助理研究员，主要研究方向为生态经济。

动黄河流域生态保护和高质量发展上走在前"。① 山东积极响应，深入贯彻习近平总书记的重要指示精神，立足山东、放眼全国，既注重当前发展，又谋划长远未来，既发挥自身优势，又加强区域协同，全面深化黄河流域生态保护与治理，高标准推进绿色低碳高质量发展的先行区建设，进一步彰显山东半岛城市群的引领作用，打造高水平对外开放新高地，奋力谱写中国式现代化山东篇章。

一 山东省推进黄河流域生态保护治理主要做法

山东牢记嘱托，坚决扛起黄河流域生态保护和高质量发展重大国家战略任务，坚持系统谋划、全域统筹、一体推进，着力从加强生态保护修复、强化污染综合治理、提升水资源安全保障能力、推动经济社会绿色低碳转型、谱写黄河文化山东篇章五方面构建完善黄河流域生态保护治理战略推进体系，各界干部群众以赶考的决心和奋斗的精神，用心谱写"黄河答卷"，着力答好每一道"必答题"，为黄河流域生态保护和高质量发展亮出绿色鲜明的山东特色。

（一）着力加强生态保护修复

生态保护是推进黄河重大国家战略的首要任务，也是山东面对的一道重要"必答题"。一方面，加强生物多样性保护，山东建成了全国首个省级生物多样性保护监管平台，发布《黄河三角洲的生物多样性保护》白皮书。山东已完成东平湖青头潜鸭、黄河口海草床生态系统、黄河口刀鲚、山东（齐河）生物多样性、泰山植物和山东（高青）黄河湿地6个黄河流域生态环境定位观测站挂牌建设。东营市黄河三角洲生态修复及生物多样性保护项目中的互花米草的治理项目已全面完成。黄河入海口地区湿地总面积超过30万亩，恢复了滩涂湿地与海洋潮汐的良性循环，为鸟类的栖息、越冬、繁育和原生物种的恢复生长提供了天然条件，生物多样性保护水平得到明显提升。另一方面，山东坚持以项目为载体，把黄河流域生态保护落实到具体项目上，在生态治理、

---

① 新华社：《习近平在山东考察时强调：以进一步全面深化改革为动力　奋力谱写中国式现代化山东篇章》，2024 年 5 月 24 日，http：//www.mva.gov.cn/sy/xx/szyw/202405/t20240527_421303.html。

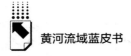

防洪减灾等方面取得了明显成效。近四年来，聚焦生态修复、污染综合治理、防洪能力提升、水资源集约节约利用等领域，分类储备、滚动推进，累计实施重大项目 864 个，完成投资 9257 亿元，生态环境质量和水安全保障能力明显提升。而且，坚持生态优先、保护优先，强化'三区三线'和国土空间规划管控约束，山东省划定生态保护红线 3100 万亩，其中沿黄九市 25 县（市、区）划定 695 万亩，水源涵养、水土保持、防风固沙等生态功能重要区域和生态环境脆弱区域全部被划入保护范围。

（二）着力强化污染综合治理

坚持系统思维，强化综合治理。在推进城市建成区市政道路雨污合流管网改造的同时，因地制宜、统筹推进建筑小区雨污合流管网改造。加大城市黑臭水体"网格化"巡查力度，开展专项行动，定期进行水质监测，实行群众有奖举报，及时发现问题，即知即改、动态清零。另外，山东省不断强化农业污染面源管控，实现化肥农药使用量负增长，累计创建国家农业绿色发展先行区 4 个。以沿黄九市 25 县（市、区）为重点，开展畜禽粪污资源化利用大排查大整治，畜禽粪污综合利用率达 90%以上。同时，山东强化工业污染管控，出台黄河生态保护治理攻坚战行动计划，实施黄河流域生态保护"十大行动"，黄河流域水环境质量优于全省平均水平，治理"散乱污"企业 11 万家。土壤污染防治方面。因地制宜开展农村生活污水和黑臭水体治理，筛选建立适合山东的农村生活污水治理模式和技术工艺。有序推进化工园区地下水污染详细调查，持续开展重点污染源地下水污染状况调查评估。全面开展黄河流域"清废行动"。2023 年度"无废城市"建设 84 项重点任务，推进全域建设"无废城市"。强化土壤污染防治，开展土壤污染状况调查报告复核和抽查抽测，受污染耕地安全利用率达到 100%。

（三）着力提高水资源安全保障能力

山东在加快构建抵御自然灾害防线、保障黄河长治久安方面，积极进行顶层设计，完成"十四五"水安全保障规划、山东省国土空间规划，开展黄河流域防洪规划、黄河河口综合治理规划等重大规划编制工作。开展专题研究，以河道和滩区、东平湖蓄滞洪区、河口地区为核心，分别编制新阶段综合治理提升方案。编制实施方案，印发贯彻落实规划纲要实施方案、山东治黄事业高质量发展"十四五"行动方案。初步构建新阶段山东黄河保护治理和高质量发展框架体系，统筹谋划山东黄河保护治理总体布局，系统推动堤防加固、河道整治、"二级悬河"治理、东平湖和河口综合治理。另外，围绕国家省级水网先导区建设等重点任务，坚持全省一体、三级联动、协同推进，先后印发实施《山东现代水网建设规划》《国家省级水网先导区建设方案（2023—2025年）》《山东省黄河流域生态保护和高质量发展水利专项规划》，16个设区市印发实施现代水网规划等文件，为推进水网项目建设提供了规划依据。从省级层面谋划构建"一轴三环、七纵九横、两湖多库"的水网主骨架和大动脉，市县重点推进区域水系连通，打通防洪排涝和水资源调配"最后一公里"。加力重大水利项目建设，2023年山东省完成水利建设投资682亿元，投资总量和增幅均创历史新高。

（四）着力推动经济社会绿色低碳转型

绿色低碳发展是潮流所向、大势所趋。推动经济社会高质量发展的关键路径之一就是实现发展方式的绿色化、低碳化转型。"十强"产业是新旧动能转换的主战场，"十强"产业"雁阵形"集群和领军企业不断壮大，是山东发展动能持续优化、发展质效不断提升的印证。另外，山东大力实施碳达峰"十大工程"，分步出台碳达峰碳中和若干措施、碳达峰实施方案以及能源、工业、科技等15个分领域工作方案、保障方案，构建起"1+1+N"政策体系，"一业一策"有序达峰。同时，山东把"双碳"工作纳入生态文明建设总体布局，着力提高产品、工序能效和能源利用率，对"两高"项目实施清单管理、分类处置、动态监控，严格落实五个减量或等量替代，推动重点行业、企业能效尽快达到全国先进或国际水平。截至2023年，山东万元GDP能耗累计下降11.1%，已完成"十四五"任务目标的72%，大幅快于时序进度。同时，聚焦"十强"产业关键核心技术，每年组织实施100项左右重大科技项目；强化创新主体培育，沿黄九市高新技术企业数量达到12000家。

（五）着力提升生态文化产业价值

为完善黄河文化保护传承政策体系，山东印发实施了黄河文化保护传承弘扬规划、黄河国家风景道（山东）建设指南等政策文件，同时，制定规划实施机制、分工方案、任务台账，健全定期调度、督导检查、考核评估等制度，不断完善工作推进体系。在文物保护方面，实施了一批重大文保工程，鲁国故城、大汶口考古遗址公园、曲阜"三孔"、定陶汉墓等项目扎实推进。实行齐长城"红黄绿"段保护，开展卫星遥感监测，这些做法都走在了全国前列。在文旅融合建设方面，坚持以文塑旅、以旅彰文，谋划实施一批重大文旅项目，打造沿黄河文化体验廊道，加快推进黄河国家文化公园建设。在全国率先探索旅游民宿集聚区建设，举办黄河流域民宿设计大赛。策划实施"乡村好时节"、"黄河大集·沿黄自驾欢乐 GO"、群众性小戏小剧创演等活动。

二　山东推进黄河流域生态保护治理成效

党的十八大以来，山东在省委、省政府的坚强领导下，按照全国、全省生态环境保护大会部署，坚持稳中求进总基调，持续深入打好污染防治攻坚战，以高品质生态环境支撑高质量发展，人民群众生态环境满意度居全国前列，在中央污染防治攻坚战成效考核中成绩名列前茅。本部分总结了山东省自觉融入黄河流域生态保护和高质量发展国家战略、实现经济社会高质量发展的主要成效。

（一）生态环境质量明显提高

2023 年，山东省 PM2.5 的平均浓度已稳定维持在"30+"标准线之上，连续三年实现了对国家年度标准的超越，超出幅度逾 10%。同时，国家监控下的地表水考核断面中，优质与良好水体的占比高达 84.3%，比年度预期目标高出 15.7 个百分点。受污染耕地和关键建设用地均实现了 100% 的安全利用。黄河山东段的干流水质连续八年稳定保持在Ⅱ类标准，而其主要支流的优质与良好水体占比更是连续两年实现了 100% 的达标率。山东被列入国家级考核的79 处县级及以上城市的集中式饮用水水源地，其水质均已达到既定标准。2020~2023 年，连续四年向清水沟、刁口河流路补充的清洁水源超过 2 亿立方米，这一数值较前十年的平均水平提升了 3 倍有余。近岸海域的水质优良率也达到了 95.6%，较 2022 年提升了 10.2 个百分点，这一成绩刷新了历史监测纪录。针对治理农村生活污水的任务，山东省不仅超额完成，而且对排查出的所有农村黑臭水体进行了全面治理。此外，黄河流域重点区域的生物多样性得到了显著提升，黄河口地区的野生动物种类增加至 1764 种，植物种类增加至 411 种，鸟类种类更是从 187 种增长到了 383 种。

（二）经济社会绿色低碳转型取得明显成效

绿色低碳发展是实现高质量发展的必由之路，黄河流域的发展亦是如此。一是新旧动能转换"五年取得突破"确定的主要指标已基本完成。2023 年，山东省实施 500 万元以上技改项目 1.25 万项，技改投资同比增长 9.4%；规上工业增加值增长 7.1%、工业利润增长 24.4%，分别高于全国 2.5 个、26.7 个百分点，在工业大省中名列前茅。二是数实融合深入推进。开展数字经济"创新攻坚年"，实施制造业数字化转型提标行动。2023 年，山东省信息技术产业营收增长 12.4%，持续保持较高增速。三是产业生态不断优化。加强企业培育和固链强群，全省单项冠军、小巨人等优质企业数量走在全国前列；实施融链固链活动，18 家企业入选全国制造业重点产业链"链主"。四是绿色制造体系逐步完善。实施工业领域碳达峰行动，全面构建绿色制造体系，山东省累计培育省级以上绿色工厂 521 家、绿色工业园区 45 家，数量居全国前列。制定实施建设绿色低碳高质量发展先行区三年行动计划。"十四五"以来，规上工业单位增加值能耗累计下降 19.8%，万元工业增加值用水量累计下降 11.8%，高新技术产业产值占规上工业比重超过 51%，数字经济总量占 GDP 的比重突破 47%。

（三）生态环境分区管控效能进一步提升

山东省通过制定全省生态保护红线、环境质量底线、资源利用上线和生态环境准入清单，初步建立了覆盖全域的生态环境分区管控体系。山东省在陆域建立了"1 个省级+3 个区域+16 个市级+2354 个管控单元"的四级生态环境准入清单体系，实施一单元一策，从空间布局约束、污染物排放控制、环境风险防控、资源开发效率要求四个维度确定差异化的准入清单。在全域科学划定的 3.5 万平方公里的生态空间，实现了重要生态区域应划尽划、应保尽保。在大气、水、土壤、海洋等各要素分区管控的基础上，将陆域划分为 475 个优先

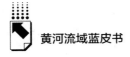
保护单元、1057 个重点管控单元和 822 个一般管控单元，将海域划分为 139 个优先保护单元、130 个重点管控单元和 127 个一般管控单元，实现了山东省全域的分类管控。

三　山东推进黄河流域生态保护治理经验启示

黄河治理，水是最大刚性约束。山东作为农业大省，沿黄地区作物生长关键期用水依赖黄河水。黄河水不但供养着庄稼瓜果，还发展出盐碱地南美白对虾、黄河口大闸蟹等特色产业，为保障粮食安全提供重要支撑。另外，水是生存之本、文明之源，推动黄河流域生态保护和高质量发展，既需要稳定的水资源作为基础保障，也需要形成水资源可持续利用与绿色发展长效机制。山东以水定城、以水定地、以水定人、以水定产，推进水资源集约节约利用，实施最严格的水资源管理制度，筑牢流域水生态环境安全屏障。从中可以得到以下几点启示。

（一）坚持政策先行，构筑完备战略体系框架

首要任务在于系统性规划与全局性考量，进而推动黄河流域生态保护国家重大战略实施体系的持续优化。山东省注重黄河流域生态保护法治体系的完善。2023 年，山东省先后出台了《山东省黄河流域生态环境保护专项规划（修订版）》《山东省沿黄生态廊道保护建设规划（2023—2030 年）》等政策文件，到 2024 年 3 月出台《山东省黄河保护条例》，山东省围绕黄河流域的突出问题进行制度设计，先后出台了 17 部与黄河保护相关的法规，为黄河流域生态保护治理提供了政策保障。在有效衔接《黄河保护法》的同时，也彰显了鲜明的山东特色。另外，首创服务黄河国家战略的流域协同立法。2023 年 1 月，山东沿黄九市制定九件"黄河水资源保护与节约集约利用"相关法规，既有针对九市黄河水治理共性问题的搭配立法，也有基于各市实际情况的特色规定。山东针对黄河三角洲发布特色保护条例，对黄河三角洲水资源保护与利用作了全面规范。

（二）坚持常态长效，完善协同推进工作机制

山东省委、省政府为确保各项任务的高效实施，定期召集领导小组会议与

工作推进会，对阶段性任务进行精准调度与部署。通过组织全省范围的观摩活动、开展专项巡视，并每季度对全省黄河战略推动情况进行通报，山东不仅确保了各项任务目标清晰明确，还确保了责任层层落实，形成了强有力的执行与监督机制。省、市、县逐级签订承诺书，紧扣目标任务，系统梳理各级工作指标，建立工作台账，实现工程项目化、项目清单化、清单责任化、责任时效化。对全省城市排水"两个清零、一个提标"工作实行月调度、季通报，通过召开视频推进会、现场观摩会、业务培训会等方式，提高工程质量、加快工程进度；通过下发提示函、督办函以及通报批评、公开约谈等措施，逐级压实责任，确保任务落实。截至目前，"两个清零、一个提标"各项指标均超额完成任务。

（三）坚持实践探索，提升生态文明示范创建

山东省组织生态文明示范区遴选时，除了对候选地区的自然生态基础进行深入评估外，还特别强调其对周边区域的辐射带动效应。通过全面考量沿海、内陆、山区、平原等多元地理特征，以及市、县、乡、村四级行政单位的实际情况，确保每一个示范区的创建都能发挥引领示范作用，实现"一域突破，全域提升"。为激励生态文明建设的积极性，山东省建立了完善的示范激励机制，累计投入奖补资金超过 3 亿元。对于成功创建并命名的示范区，不仅给予生态资金奖补，还将创建成果作为评优评先的重要依据，从而有效激发了各地参与生态文明建设的热情。例如，济南、潍坊等城市根据创建级别，对成功创建的县（市、区）给予不同层次的资金奖励。同时，为确保示范区的持续性和先进性，山东省建立了严格的动态管理机制，明确了取消创建申报资格的重大情形。任何被中央或省级生态环境保护督察列为典型案例，或环境空气质量、水环境质量排名长期落后的地区，都将被排除在申报之外。此外，定期对全省所有命名地区的核心环境质量指标，如大气、水等进行排名通报，以确保示范区在生态文明建设领域的引领地位。截至 2023 年底，山东省已成功创建了 32 个国家级生态文明建设示范区，以及 11 个"绿水青山就是金山银山"实践创新基地，这一成果在全国范围内均名列前茅。

（四）坚持集约利用，实施最严格水资源管理制度

山东关注灌溉效率和黄河灌区发展，保障粮食安全。山东沿黄各市均属于

国家粮食主产区，山东省沿黄灌区面积大、范围广、用水需求量大，引黄灌溉要引得来、用得上、用得好。2023 年 9 月，省水利厅印发《关于全面加强水资源节约高效利用的实施意见》，从灌溉水有效利用系数，到灌区发展，都提出了明确的目标，为各地加强水资源节约高效利用提供指引和遵循。一方面，《实施意见》明确到 2025 年，全省农田灌溉水有效利用系数达到 0.65 以上。提升灌溉水有效利用系数，就是让黄河水从灌区到田间的途中，损失得越少越好。另一方面，《实施意见》提出将推进大中型灌区续建配套和现代化改造，到 2025 年创建 20 处节水型灌区，鼓励发展旱作农业，大力发展高效节水灌溉。以黄河第二大灌区、山东省最大的灌区位山灌区为例，位山灌区不但把节水技术覆盖到各个环节，还不断加快推进数字灌区建设，实现了田间智慧供水，大大提高了农田高效节水灌溉效率。

四 山东更好开启黄河流域生态保护治理新篇章

山东省秉持习近平总书记"在黄河流域生态保护和高质量发展上走在前列"的殷殷嘱托，正加速构建生态保护典范区域，并在黄河保护工作中发挥带头和引领作用，这是山东对"黄河为人民谋福祉"理念的具体实施。面对"十五五"生态文明建设的战略部署，为实现美丽中国建设的伟大目标，山东省坚持习近平生态文明思想的指引，全面落实习近平总书记对山东工作的指示要求，倾力打造黄河流域生态保护和高质量发展的典范区域。

（一）积极构建绿色发展新格局

2018 年 6 月，习近平总书记在山东考察时强调，切实把新发展理念落到实处，不断取得高质量发展新成就，不断增强经济社会发展创新力，更好地满足人民日益增长的美好生活需要。山东省时刻牢记总书记嘱托，以新旧动能转换为抓手，坚持走绿色发展、循环发展、低碳发展道路，加快创新型省份建设，积极构建绿色发展新格局。

加快推进生产体系向绿色低碳循环发展方向转型。为促进生产体系向绿色低碳循环发展方向的深度转型，山东将针对冶金、化工、轻工、建材、纺织服装、机械等核心工业领域，精心设计分层分类的改造提升策略，进而推动传统产业的提质增效与升级。同时，加速农业的绿色转型，提升服务业的绿色发展水平，并积极培育壮大绿色环保产业，使之成为经济发展的新引擎。针对高污染、高耗能产业，通过提高准入标准，并通过财政、税收、金融等多元化政策，激励各地大力发展高新技术服务业和高新技术制造业。通过精心编制国土空间规划，并严格执行生态环保红线制度，我们将进一步提升绿色低碳循环型产业的综合竞争力。此外，继续实施更为严格的环境规制，并出台绿色产品扶持政策，以支持对节能环保产品和服务的应用与推广。同时，大力推进绿色园区和绿色企业的试点示范工作，逐步引导生产方式向绿色化转变。在产业结构升级的全过程中，全面推动高质量发展的要求，以高端化、智能化、绿色化、集群化为方向，深入推动先进制造业强省战略的实施，为实现绿色、可持续的发展目标奠定坚实基础。

在改善发展动力上持续发力。一方面，鼓励绿色低碳循环技术研发，实施绿色发展技术创新攻关行动，通过强化高校、科研院所、创新技术中心平台建设等措施加大绿色低碳循环创新技术的供给；另一方面，支持企业联合高校、科研院所、产业园区等力量构建绿色技术创新联合体，促进绿色技术创新项目新动能，通过合理的制度设计支持创新技术的应用，加大创新技术的市场转化率；同时，提升绿色金融服务，加大绿色信贷和各类基金等财政支持力度，鼓励环保企业上市融资。

（二）持续推进黄河流域生态保护

黄河奔腾入海，山东作为其流域内唯一的沿海开放省份，在黄河流域生态保护和高质量发展国家战略中扮演着举足轻重的角色。习近平总书记对山东在黄河流域的战略地位给予了充分肯定，并赋予其引领发展的重任。为此，山东将继续深化，开启黄河流域生态保护和高质量发展的新篇章。

坚定推进黄河三角洲生态保护，实施陆海统筹推进策略。黄河三角洲国家级自然保护区因其位于黄河入海口，拥有得天独厚的陆地与海洋资源。无论是自然条件还是经济基础，该保护区都在我国陆海一体化生态治理与保护中起到了示范作用。根据我国陆海一体化的发展战略，结合保护区的实际情况，山东进一步加强湿地的恢复与保护工作，提升海水质量。同时，加强保护区与海洋科研团队的交流协作，重点关注海水淡化技术如何助力湿地补水，发挥其对湿地的滋养作用。借助现代科技，对海水进行淡化处理，以满足湿地补水需求，为黄河三角洲湿地生态补水问题提供新的解决方案。在保护的前提下，合理开发和利用湿地与海洋资源，充分利用其自然条件创造更多经济价值，树立生态价值观，促进生态产品价值的实现，为保护区陆海一体化的生态治理与保护提供有力的经济支撑。

（三）用文化引领黄河流域生态保护治理

习近平生态文明思想厚植于民族历史文化沃土，以马克思主义为指导，弘扬中华优秀传统文化，并进行了创造性转化和创新性发展，倡导人与自然和谐共生。齐鲁文化是黄河流域文化的重要组成部分，并已经成为中华文化的重要标志，必将在习近平生态文明思想的阐释和宣传方面发挥更加积极的作用。

扎实推进生态文明理念传承高地建设。习近平生态文明思想中的许多重要理念与论述都体现了对以儒道为主的中华传统生态智慧的传承与阐释。比如"像保护眼睛一样保护生态环境，像对待生命一样对待生态环境""让资源节约、环境友好成为主流的生产生活方式"等论述，即是对于儒家仁民爱物观的极大丰富和发展。山东省作为集黄河文化、儒学文化、泰山文化、红色文化、海洋文化于一身的文化大省，既肩负着传承弘扬黄河生态文化的重任，又洋溢着向海图强的开放心态。山东将进一步增强传承弘扬黄河生态文化手段的灵活性，未来将以习近平文化思想为指导，将生态文明与之交融，融入中华民族现代文明建设中。

在遵循《山东省沿黄生态廊道保护建设规划（2023—2030年）》的核心理念与规划路径下，山东省积极推动黄河流域山东段文化遗产的创造性转化。致力于精心策划并培育一系列生态、文化与旅游深度融合的"黄河文化品牌"，这些品牌不仅契合新时代的发展趋势，还深度满足现代文旅消费市场的多元化需求。在此过程中，山东省不断探索以发展的视角促进资源保护与合理利用的新途径。为全面推动黄河沿线文旅产业的高质量发展，山东省将系统规划并推进一系列精品文旅项目与生态旅游产品的打造。这些项目包括黄河生态风景廊道的基础设施完善、黄河口都市农业文旅综合体的建设等，通过科学规划与精细管理，确保这些项目既能够彰显黄河文化的独特魅力，又能够实现生态、生活、生产三者间的和谐共生与融合发展。

参考文献

周乃翔：《政府工作报告——2024 年 1 月 22 日在山东省第十四届人民代表大会第二次会议上》，《山东省人民政府公报》2024 年 3 月 20 日。

孙爱军：《关于全省黄河流域生态保护和高质量发展工作情况的报告——2023 年 7 月 24 日在山东省第十四届人民代表大会常务委员会第四次会议上》，《山东省人民代表大会常务委员会公报》2023 年 8 月 4 日。

王沛：《山东加快构建现代化产业体系》，《人民日报》2023 年 12 月 6 日。

刘伟：《抓好大保护　推进大治理》，《联合日报》2023 年 11 月 21 日。

范俐鑫：《山东晒出推动黄河重大国家战略"成绩单"》，《济南日报》2023 年 11 月 17 日。

王比学、侯琳良等：《奋力谱写中国式现代化山东篇章》，《人民日报》2024 年 5 月 26 日。

张友国：《建设绿色低碳循环发展经济体系》，《红旗文稿》2020 年第 17 期。

苏锐：《山东：以发展眼光保护黄河文化生态》，《中国文化报》2023 年 8 月 31 日。

绿色转型报告

B.14
黄河流域农业绿色发展：
制约因素及实现路径

代明慧　于法稳*

摘　要：　黄河流域生态保护和高质量发展作为重大国家战略，对流域产业发展提出了更高要求。实现农业绿色发展有助于黄河流域生态保护和高质量发展，需要围绕保障粮食安全、保护水土资源、防治面源污染、治理水土流失等领域，采取更加有效的路径：一是强化组织领导，系统做好流域农业绿色发展的顶层设计；二是加强规划布局，全面引领流域农业绿色发展的未来方向；三是加强科技创新，全面提升流域农业绿色发展的支撑能力；四是采取有效措施，提高流域农业绿色发展的生产环境质量；五是坚持因地制宜，整体提高黄河流域的水土流失治理水平。

关键词：　黄河流域　农业绿色发展　生态保护　高质量发展

---

* 代明慧，管理学博士，中国社会科学院农村发展研究所访问学者、菏泽学院商学院讲师，主要研究方向为生态经济与农业经济、农业农村绿色发展；于法稳，管理学博士，中国社会科学院长城学者、二级研究员，中国社会科学院大学应用经济学院教授、博士生导师，主要研究方向为生态经济理论与方法、农业农村绿色发展。

黄河流域作为我国粮食生产的主要区域，对保障国家粮食安全发挥着重要作用。实现黄河流域农业绿色发展，不仅是落实重大国家战略的根本要求，也是有力有效推进乡村全面振兴、实现农业农村优先发展、建设农业强国的有效路径。同时，实施黄河流域县域生态治理，农业绿色发展是一个重点领域。[①]因此，研究黄河流域农业绿色发展问题，具有重要的理论意义和实践价值。

一 黄河流域农业绿色发展的重要意义

（一）农业绿色发展有助于黄河流域生态环境保护

1. 农业绿色发展推动黄河流域水土流失治理及成效保持

黄河流域，尤其是黄土高原地区是水土流失最为严重的区域。生态环境友好的农业生产方式，有助于流域内水土保持，减少泥沙进入水体导致的河道泥沙淤积，实现黄河流域的生态安全。

2. 农业绿色发展推动黄河流域耕地资源保护及肥力提升

农村改革开放 40 多年来，黄河流域的农业农村经济取得了举世瞩目的成就，但也存在耕地数量减少、耕地土壤质量下降等问题。农业绿色发展可以有效地保护耕地数量，并实现土壤健康、提升耕地肥力，为提高耕地综合产能水平奠定基础。

3. 农业绿色发展推动黄河流域水资源保护及效率的提高

水资源保护是黄河流域生态保护和高质量发展中的关键问题，同时，如何提高水资源利用效率是农业绿色发展中需要高度关注的问题。农业绿色发展可以减少农业面源污染物的流量，进而减轻黄河流域水资源污染问题；同时，采取适宜的农业节水技术，提高水资源利用效率，实现黄河流域水资源永续利用。

4. 农业绿色发展推动黄河流域草地资源保护及价值提升

实践表明，近年来，黄河流域相关省区草地利用与保护中依然存在过度放牧、违规占用等问题，草地资源数量和质量在一定范围内有所下降，草地生态

---

① 于法稳、林珊、王广梁：《黄河流域县域生态治理的重点领域及对策研究》，《中国软科学》2023 年第 2 期，第 104~114 页。

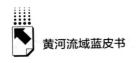

系统服务能力与水平也在下降，成为草原农牧业可持续发展的重要约束。农业绿色发展将会推动草地资源的有效保护和质量提升。

（二）农业绿色发展有助于黄河流域生产环境改善

1.农业绿色发展推动黄河流域农业投入品的绿色化

黄河流域农业生产中过量化学品的投入，在影响耕地质量的同时，也对流域水体造成一定的影响。农业绿色发展要求实现化肥农药减量增效的同时，加大推广有机肥、生物农药、可降解农膜等绿色投入品力度，再加上绿色防控技术的应用等措施，可有效改善流域内农业生产环境。

2.农业绿色发展推动黄河流域农业生产方式的清洁化

农业绿色发展在注重投入品绿色化的同时，也注重生产方式的清洁化，一方面减少了化肥农药的使用，另一方面避免了养殖业成为污染源，关键是从源头上减少了农业面源污染的产生，改善了流域内农业生产环境。

3.农业绿色发展推动黄河流域农业废弃物的资源化

对黄河流域而言，农业废弃物是造成流域水资源污染的重要源头。农业绿色发展，注重农业废弃物的资源化利用，减少对生态环境尤其是对水体的二次污染，有利于对流域水体质量的保护。

（三）农业绿色发展有助于黄河流域生态农产品供给能力提升

1.农业绿色发展推动黄河流域农产品数量的充足

黄河流域作为粮食生产的主要区域，立足流域农业生产实际，依靠农业科技创新，提升粮食综合产能水平，保障国家粮食安全。同时，流域内生态资源、气候具有鲜明的局部特点，为推进农业绿色发展、提高特色农产品供给能力提供了基础条件。

2.农业绿色发展推动黄河流域农产品结构的优化

黄河流域具备多元化的生态、气候特点，独特优势明显，为多元化的生态农产品生产提供了条件。因此，农业绿色发展，可以充分利用黄河流域独特的优势，在保障生态农产品充足供应的同时，实现产品结构的优化。

3.农业绿色发展推动黄河流域农产品品质的提升

黄河流域具备生产生态农产品的优势，这也是农业绿色发展的优势所在。

在推动黄河流域生态保护和高质量发展重大国家战略背景下，农业绿色发展通过生产方式绿色化，可以有效地推动流域农产品品质的提升。

二　黄河流域农业绿色发展面临的困境

黄河流域农业绿色发展实践中，依然存在诸多困境，其中一些困境是黄河流域所独有的，需要采取有效措施，选择适宜的路径进行破解。

（一）实现粮食安全的任务依然艰巨

黄河流域作为我国粮食生产的重点区域，在保障国家粮食安全中具有重要的作用①。从表1可以看出，2021年以来，黄河流域粮食总产量是持续增加的，但占全国粮食总产量的比重有所变化，从2021年的34.95%增加到2022年的35.33%，到2023年则降为35.09%，比2022年下降了0.24个百分点。

表1　黄河流域不同省区粮食产量变化情况

单位：万吨，%

地区	2021年		2022年		2023年	
	产量	占流域的比例	产量	占流域的比例	产量	占流域的比例
全国	68284.8	—	68652.8	—	69541.0	—
青海省	109.1	0.46	107.3	0.44	116.2	0.48
四川省	3582.1	15.01	3510.6	14.47	3593.8	14.73
甘肃省	1231.5	5.16	1265.0	5.22	1272.9	5.22
宁夏回族自治区	368.4	1.54	375.8	1.55	378.8	1.55
内蒙古自治区	3840.3	16.09	3900.6	16.08	3957.8	16.22
陕西省	1270.4	5.32	1297.9	5.35	1323.7	5.42
山西省	1421.3	5.95	1464.3	6.04	1478.1	6.06
河南省	6544.2	27.42	6789.4	27.99	6624.3	27.15
山东省	5500.8	23.05	5543.8	22.86	5655.3	23.18
黄河流域	23868.0	100.00	24254.6	100.00	24400.9	100.00
占全国的比例	34.95	—	35.33	—	35.09	—

资料来源：国家统计局，国家数据，https://data.stats.gov.cn/。

---

① 林珊、于法稳：《黄河流域粮食安全的战略地位及实现路径》，载王承哲主编《黄河流域生态保护和高质量发展报告（2023）》，社会科学文献出版社，2023。

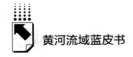

需要指出的是，黄河流域中的四川、内蒙古、河南、山东4省区是国家粮食主产区，在国家粮食安全中发挥着重要作用，不仅承担着区域粮食供给，还承担着商品粮的提供任务，在为粮食主销区实现有效供给中也发挥了重要作用。从这4省区最近三年粮食产量的变化来看，山东、内蒙古2省区粮食产量持续增加，四川省粮食产量变化呈现"U"形特征，2022年有所下降，到2023年实现了回升。而河南省粮食产量则相反，呈现"倒U"形特征，即2022年实现了一定幅度的增长，到2023年又有所下降。青海、甘肃、宁夏、陕西、山西5省区则是粮食产销平衡区，对全国粮食产量贡献有限，但基本能保持自给自足。从表1可以看出，5个省区中只有青海的粮食产量变化呈现"U"形特征，其余4省区的粮食产量均实现了不同程度的增加。因此，从数量、质量及结构三个方面实现粮食安全任务艰巨、形势严峻。

（二）保护水土资源的压力依然存在

耕地保护是"国之大者"，是国家粮食安全的"压舱石"。在快速工业化、城镇化进程中，黄河流域耕地保护也面临着严峻形势，提高耕地保护水平的压力依然很大。黄河流域水资源开发利用率高达80%，流域经济社会发展与生态保护之间的竞争性用水矛盾非常突出。谋划"十五五"乃至更长时期内，黄河流域水土资源数量保护和质量提升，将会面临更大的压力。

从图1可以看出，四川省水资源量为2209.2亿立方米，占流域水资源总量的比例为44.53%。需要说明的是，四川省仅有一个州属于黄河流域，其行政单位的水资源总量统计明显偏大。处于第二位的是青海省，其水资源占黄河流域水资源总量的14.63%，内蒙古自治区、山东省水资源量均占黄河流域水资源总量的10.26%。

农业是用水量最大的部门，在水资源不足的情况下，势必出现如下情况：一是农业生产用水难以得到有效保障，二是农业生产更难以得到优质水源保障，三是农业生产用水难以得到及时保障。在推动黄河流域农业绿色发展中，水资源将是最大的资源约束。表2是不同时期黄河流域各省区农业用水比例情况。

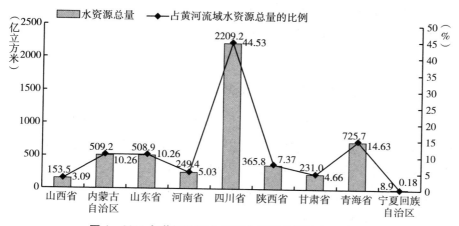

图1　2022年黄河流域九省区水资源总量及占比情况

资料来源：国家统计局：国家数据，https：//data. stats. gov. cn/。

表2　不同时期黄河流域农业用水比例的变化情况

单位：%

地区	"十一五"时期	"十二五"时期	"十三五"时期	2022年
全国	62. 14	62. 90	61. 88	63. 04
山西省	58. 92	58. 90	58. 98	56. 17
内蒙古自治区	77. 01	74. 06	72. 95	74. 88
山东省	72. 03	68. 08	62. 84	45. 28
河南省	58. 60	56. 59	52. 40	59. 43
四川省	55. 42	58. 46	60. 85	65. 50
陕西省	67. 50	64. 64	61. 56	60. 59
甘肃省	78. 01	79. 32	78. 77	72. 90
青海省	69. 61	79. 13	73. 76	69. 80
宁夏回族自治区	91. 13	88. 31	85. 35	80. 84
黄河流域	68. 04	66. 70	64. 55	62. 26

资料来源：国家统计局：国家数据，https：//data. stats. gov. cn/。

　　水质是影响黄河流域农业绿色发展的重要因素，也是影响农业生产环境质量，尤其是土壤健康水平的关键因素。当前，黄河流域的水质状况不容乐观。《2022中国生态环境状况公报》中的数据显示，2022年黄河流域

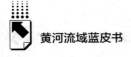

263 个断面中，V类、劣V类断面比例分别为 1.9%、2.3%。其中干流水质总体较好，但主要支流水质相对较差，V类、劣V类断面比例分别为 2.3%、2.7%。

（三）防治面源污染的任务依然艰巨

黄河流域农业面源污染防治的功能体现在两个方面：就生产功能而言，是提高农业生产环境质量，提升土壤健康水平，确保农产品品质；就生态功能而言，是保护黄河流域水体水质，实现流域高质量发展，保障流域生态安全。

农业面源污染主要来源于化肥农药的使用、农用废弃农膜、畜禽养殖粪污以及农药包装物等，这里以化肥施用为例进行分析。2022 年，黄河流域化肥施用量（折纯量）为 1805.5 万吨，占全国化肥总施用量的 35.55%；其中，四川、内蒙古、河南、山东 4 个粮食主产区化肥施用量占全流域化肥施用量的 76.94%。据农业农村部数据，2022 年我国水稻、小麦、玉米三大粮食作物化肥利用率达到 41.3%。按照这个数据匡算，2022 年黄河流域仅有 745.67 万吨化肥得到有效使用，1059.83 万吨的化肥没有实现有效使用，这部分化肥滞留在土壤中或者随地表径流进入黄河流域的支流，最终汇集在黄河干流之中，对水体水质造成一定的影响。若再考虑到上述农业面源污染来源，那么黄河流域面源污染防治的任务依然繁重。

（四）治理水土流失的范围依然较大

黄河流域最重要的生态问题就是水土流失，在宏观尺度上研究水土流失问题、微观尺度上治理水土流失问题是黄河流域生态保护和高质量发展的重要基础性工作，也是实现流域农业绿色发展的有效路径。研究表明，黄河流域水土流失具有流失面积大、范围广、区域分布相对集中、土壤侵蚀类型多样、高侵蚀强度区比例大等特点[①]。

《黄河流域水土保持公报（2022 年）》数据显示，2022 年，黄河流域水土流失面积为 25.55 万平方千米，占全国水土流失面积 265.34 万平方千米的

---

① 李晶晶、张建国：《水土流失仍是黄河流域重要生态问题》，《中国科学报》2021 年 11 月 18 日，第 4 版。

9.63%。根据侵蚀强度分级来看，轻度、中度、强烈、极强烈、剧烈侵蚀面积分别为 17.09 万平方千米、5.48 万平方千米、1.87 万平方千米、0.90 万平方千米、0.21 万平方千米，分别占流域水土流失总面积的 66.89%、21.45%、7.32%、3.52%、0.82%（见表3）。

表3　2022 年黄河流域水土流失面积及强度构成

单位：万平方千米，%

侵蚀类型		合计	轻度	中度	强烈	极强烈	剧烈
水土流失	面积	25.55	17.09	5.48	1.87	0.90	0.21
	比例	100.00	66.89	21.45	7.32	3.52	0.82
水力侵蚀	面积	18.54	11.15	4.68	1.70	0.85	0.16
	比例	100.00	60.15	25.24	9.17	4.58	0.86
风力侵蚀	面积	7.01	5.94	0.80	0.17	0.05	0.05
	比例	100.00	84.74	11.41	2.43	0.71	0.71

资料来源：《黄河流域水土保持公报（2022 年）》。

对黄河流域而言，地处中游的黄土高原区是水土流失最为严重的地区。近年来，流域水土流失治理取得了明显成效。截至 2022 年底，黄河流域水土保持率达到 67.85%。在新发展阶段，黄河流域农业绿色发展对流域水土流失治理提出了更高的要求。在已有水土流失治理成效的基础上，按照推进黄河流域生态保护和高质量发展、提升流域农业绿色发展能力的要求，高质量推动水土流失治理需要采取更加有效的措施，届时面临的困难会更大。

三　黄河流域农业绿色发展的实现路径

从上述分析可以看出，黄河流域农业绿色发展所面临的困境是多方面的，既有保障国家粮食安全的任务，也有保护流域生态环境的需求。为此，需要根据这些困境的特点，尤其是应充分考虑黄河流域农业生产的实际，采取多样化的路径加以破解。

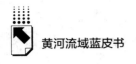

（一）强化组织领导，系统做好流域农业绿色发展的顶层设计

1.站在国家粮食安全的战略高度谋划农业绿色发展

在推动流域农业绿色发展中，应牢牢树立确保守住国家粮食安全的底线思维，发挥流域粮食生产对保障国家粮食安全的作用，尤其是黄河流域四川、内蒙古、河南、山东四大粮食主产区，更应该将粮食生产作为首要任务。在此基础上，对农业绿色发展进行系统谋划。

2.站在黄河流域生态保护和高质量发展的战略高度谋划农业绿色发展

黄河流域生态保护和高质量发展重大国家战略，对流域发展提出了更高的要求。在生态优先绿色发展理念之下，根据重大国家战略的要求，对农业绿色发展进行谋划，包括农业产业的区域布局、农业生产方式的绿色转型、农业绿色生产技术支撑、机制制度体系保障等等，高质量实现农业绿色发展。

3.站在推进乡村全面振兴的战略高度谋划农业绿色发展

中国要强，农业必须强。党的十九大报告提出乡村振兴战略，党的二十大首次提出加快建设农业强国。对黄河流域而言，农业绿色发展更具有特定的意义。为此，应站在推进乡村全面振兴的战略高度，锚定建设农业强国目标，谋划农业绿色发展，夯实农业绿色发展根基，绘就宜居宜业和美乡村新画卷，推进中国式农业现代化。

（二）加强规划布局，全面引领流域农业绿色发展的未来方向

1.基于理念创新，系统制定流域农业绿色发展的规划

提升生态农产品供给能力，满足人民日益增长的美好生活需要，是实现农业绿色发展的根本目标。对黄河流域而言，实现农业绿色发展具有重要的战略意义。为此，应以生态优先、绿色发展理念为指导，遵循山水林田湖草沙是生命共同体的系统观点，根据黄河流域生态保护和高质量发展国家重大战略、农业强国战略以及健康中国战略的总体要求，系统制定流域农业绿色发展中长期规划，聚焦流域资源利用效率提高、农业生产环境质量提高两个重要方面，实现生态农产品供给能力提升、农业应对气候变化能力增强以及助力"双碳"战略稳步推进三个重要目标，充分体现农业绿色发展规划的科学性、系统性、前瞻性。

2. 基于流域实际，精准甄别农业绿色发展的重点领域

黄河流域自然生态条件不同，社会经济发展水平不同，农业发展的基础及内容更不同。因此，在确定上中下游地区农业绿色发展的重点领域之时，需要充分考虑流域的实际。对黄河流域上游而言，农业绿色发展应重点关注生态环境保护，在注重生态功能的前提下，确定农业绿色发展的重点领域；同时，采取生态环境友好的生产方式，将保护农村生态环境作为第一要务；对黄河流域中游而言，农业绿色发展应重点关注生态环境的修复，尤其是水土流失的治理，在此基础上根据种植传统和资源条件，确定农业绿色发展的重点领域；对黄河流域下游而言，农业绿色发展应重点关注生态环境的改善，尤其是农业生产环境质量的提高，提高耕地土壤健康水平，为提升生态农产品供给能力夯实基础。作为粮食主产的重点区域，黄河流域尤其是4个主产区应把粮食生产作为第一要务，同时根据消费市场变化趋势，确定重点领域。

3. 基于生态差异，科学实施农业绿色发展的空间分布

黄河流域生态差异明显，耕地资源、水资源、草地资源、森林资源等禀赋迥异，一方面决定了农业绿色发展的重点领域不同，另一方面决定了农业绿色发展的空间布局存在差异。为此，基于黄河流域生态差异，根据农业绿色发展的中长期规划中确定的重点领域，对整个流域农业绿色发展的空间分布进行科学分析，系统作出整个流域农业绿色发展的空间分布图，并将上、中、下游农业绿色发展的重点领域等信息落实在图上，借助信息化技术手段，将分布图进行数字化呈现。在此基础上，针对流域不同地区农业绿色发展的重点领域，划分出不同类型，对每一种类型提出相应的生产方式、技术手段等措施。此外，建立黄河流域农业绿色发展信息平台，实现整个流域的信息共享，共同推动流域农业绿色发展。

（三）加强科技创新，全面提升流域农业绿色发展的支撑能力

1. 加强流域农业绿色发展关键技术研究

农业绿色发展应聚焦生物育种、农机制造、智慧农业等重点领域，强化对关键核心技术的创新，占领农业绿色发展的高地。特别是，针对黄河流域农业发展的实际，应充分利用流域生态条件优势，加快建设现代化的种质资源库，实现农业科技供给与农业实践各环节的有效融合，走出一条具有黄河流域特点

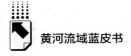
的农业绿色发展之路，助力黄河流域生态保护和高质量发展，也为我国流域农业绿色发展提供可以借鉴的范本。

2. 注重农业绿色发展技术创新的适宜性

研究表明，任何一项技术都具有正负两方面效应，同时也表现出一定的区域适宜性特点，对黄河流域而言尤其如此。黄河流域上、中、下游生态资源基础、生态系统类型、气候资源条件、农业生产状况等方面均存在极大的差异性，农业绿色发展所需要的技术自然也应该是多样化的。因此，在进行技术创新之时，应基于区域特点，注重技术的区域适宜性，以便更好地支撑流域农业绿色发展。

3. 基于流域实践需求推动农业装备创新

基于黄河流域上游、中游、下游的实践需求，农业装备创新应充分考虑农业生产的区域适宜性、种植模式的适宜性以及种植主体的适宜性；农业科技和装备应在投入品的绿色化、生产过程的清洁化、废弃物的资源化等领域实施创新，推动农业绿色发展，保障农产品质量安全；充分利用信息化技术手段，对农业生产环境状况进行实时监测，并实现整个流域的数据共享，通过大数据综合分析及时提出解决问题的科学方案①。

（四）采取有效措施，提高流域农业绿色发展的生产环境质量

1. 以投入品的绿色化推动农业生产环境质量提高

对黄河流域而言，推动农业面源污染防治、提高农业生产环境质量具有双重作用。为此，一是对黄河流域农业面源污染进行普查，并划分出强污染区、中污染区、轻污染区以及无污染区等，同时系统分析每个类型区对黄河水质的影响程度，以及上、中、下游农业生产的基础，选择优先治理区域，分区分类采取治理措施。因地制宜依据区域土壤条件，确定合理的施肥标准，中下游粮食种植区应注重化肥的减量增效，上游经济林果种植区应推广施用有机肥，这也可以充分发挥上游省区畜牧业发达的优势。二是推广使用绿色投入品。当前，农产品价格下农民对生物农药、生物可降解农膜的使用意愿不强。但从长

---

① 于法稳、林珊：《中国式现代化视角下的新型生态农业：内涵特征、体系阐释及实践向度》，《生态经济》2023 年第 1 期，第 36~42 页。

远来看，生物农药、生物可降解农膜等一定会成为农业绿色发展的重要投入品。为此，可以在黄河流域重点区域进行试点示范，采取补贴等激励措施加以推动，这是从源头减少农业面源污染的根本所在。

2. 以生产方式清洁化推动农业生产环境质量提高

生产方式清洁化，是减少农业面源污染、提高农业生产环境质量、提升生产环境系统健康水平、推动农业绿色发展的有效措施之一。黄河流域农业绿色发展，在注重增加绿色投入品的同时，应关注生产过程的清洁化。为此，一是以专业化社会服务组织为主体，推广绿色防控技术。黄河流域上中下游农业生产中，每年发生的病虫害等不会相同，专业化社会组织一方面可以发挥其优势，及时获取病虫害发生的相关信息，并据此制定出防治方案，开展统防统治并逐步提高覆盖范围；另一方面，可以根据需要选择适宜的绿色防控技术，提升防治效果，进而减少农药使用量。二是创新农业绿色发展模式。黄河流域尤其是上中游地区，具有发展种植业与养殖业相结合的循环型生态农业的优势。为此，可以根据上述农业面源污染区划分，考虑到不同地域农业发展的实际，建立一批循环型生态农业示范基地，构建种植业、养殖业协调发展的产业体系。同时，充分发挥中医药优势，探索中药与畜牧业、农业发展相结合之路，从根本上提高农业生产环境质量，提高生态农产品供给能力，满足人民日益增长的美好生活需要①。

3. 以废弃物的资源化推动农业生产环境质量提高

在农业面源污染防治攻坚战中，关注的重点在于农业生产的前端和过程中污染物的产生，对农业末端废弃物导致的面源污染没有给予同样的关注。基层调研发现，农作物秸秆、农药包装物、废弃农膜、畜禽粪污等农业废弃物，成为农业面源污染的重要来源，造成的影响程度越来越严重。对黄河流域而言，沿岸地区农业废弃物若得不到有效处置，随意丢弃就容易进入水体，对黄河水质造成一定的影响。为此，一是严禁在黄河流域沿岸一定范围内布局畜禽养殖场。按照黄河流域生态保护和高质量发展的总体要求，黄河流域及其主要支流沿岸至少2公里范围内不能布局畜禽养殖场，范围之外的养殖场，必须加强环

---

① 于法稳、王广梁：《推进农业生产方式绿色转型的思考》，《中国国情国力》2021年第4期，第12~15页。

保设施的配套，对畜禽粪污进行无害化处理；同时，按照区域适宜性原则，在养殖场周边适宜半径范围内，推行种植业与养殖业相结合的循环型生态农业发展模式，实现养殖业粪污资源化利用。二是多途径实现农作物秸秆资源化利用。黄河流域尤其是中下游地区，是粮食主产区，农作物秸秆产生量大，需要采取多种渠道实现其资源化利用。一方面可以为适宜距离之内的养殖场提供饲料，另一方面可以在微生物技术支撑下实行秸秆还田。一些特定的区域，也可以采取有组织、有时序、有选择的方式，对农作物秸秆进行焚烧。三是注重对农业废弃物的回收利用。黄河流域农业生产中的农药包装物、废弃塑料薄膜如果没有适宜的处理方式，很容易进入水体，对黄河流域水质造成影响。为此，流域上下游应结合农业发展中这些废弃物产生的情况，选择适宜区域特点的方式进行回收。同时，应延伸相关企业的环保责任，发挥其在农业废弃物回收处理中的作用，共同提高农业废弃物资源化利用率，减少农业废弃物对环境的二次污染，尤其是对黄河流域水体的影响。

（五）坚持因地制宜，整体提高黄河流域的水土流失治理水平

1. 精准甄别流域上中下游水土流失状况

提高水土流失治理水平的前提，是精准甄别流域上中下游水土流失状况，以及水土流失的原因。为此，应以县域为单元，对流域内水土流失状况进行普查，弄清不同区域水土流失的面积以及不同流失强度的面积，作出空间分布图。在此基础上，分析导致水土流失的原因，并提出相应的治理方案。

2. 采取有效措施提升水土流失治理水平

黄河流域是水土流失综合治理的重点区域。不同区域水土流失的原因不同，有的是自然因素导致的，有的则是人为因素造成的。为此，应依据水土流失的具体原因，因地制宜地采取相应的措施，全面提升水土流失治理的质量，增强生态系统恢复的稳定性[1]。

3. 提升黄河流域高标准农田建设的质量

高标准农田建设是一个复杂的系统工程，在推动高标准农田建设中，应坚

---

① 于法稳、方兰：《黄河流域生态经济带研究》，载张廉、段庆林、王林伶主编《黄河流域生态保护和高质量发展报告（2020）》，社会科学文献出版社，2020。

持系统观念，以确保高标准农田建设的质量，进而实现预期目标。对黄河流域而言，高标准农田建设无论是规划设计还是设施建设，都应考虑上游高寒地区、中游高原地区以及下游平原地区的特点，因地制宜选择合适的推进模式，保障高标准农田建设取得成效并实现可持续性。同时，高标准农田建设要注重硬件与软件之间的配套，制度机制等软件是保证硬件设施发挥功能并实现可持续性的关键；此外，也要注重硬件设施之间、软件环境之间内部的相互配套[1]，高质量推进黄河流域高标准农田建设。

参考文献

查建平、周霞、周玉玺：《黄河流域农业绿色发展水平综合评价分析》，《中国农业资源与区划》2022年第1期。

敬莉、冯彦：《黄河流域农业绿色发展水平测度及耦合协调分析》，《中南林业科技大学学报》（社会科学版）2021年第5期。

李魁明、王晓燕、姚罗兰：《黄河流域农业绿色发展水平区域差异及影响因素》，《中国沙漠》2022年第3期。

---

① 于法稳、孙韩小雪、刘月清：《高标准农田建设：内涵特征、问题诊断及推进路径》，《经济纵横》2024年第1期，第61~68页。

B.15
四川黄河流域生态旅游发展

赵川 刘泓伯 徐海尧*

摘 要： 四川地处长江黄河上游，黄河干流枯水期 40% 的水量、丰水期 26% 的水量来自四川，在筑牢长江黄河上游生态屏障上有重要责任。四川黄河流域有壮丽的自然风光和灿烂的民族文化，生态旅游资源丰富，但也存在生态环境脆弱、基础设施薄弱、旅游淡旺季明显等问题。本文结合习近平总书记对旅游工作作出的重要指示精神，立足四川黄河流域生态旅游特点，在总结当地生态修复和生态旅游发展经验的基础上，提出了四川黄河流域生态旅游要从把握三个产业方向、坚持三条发展原则、处理好五对主要关系以及抓好五项重点任务入手来实现生态旅游的高质量发展。

关键词： 四川黄河流域 生态旅游 高质量发展

2024 年，我国第一次以中央的名义召开全国旅游发展大会，提出要以习近平新时代中国特色社会主义思想为指导，完整准确全面贯彻新发展理念，加快建设旅游强国。四川省也依托包括四川黄河流域在内的生态旅游资源，提出了建设世界重要旅游目的地的目标。四川黄河流域自然景观多样、民族文化多彩、地域特色鲜明，多年以来在生态保护的同时有效地开发旅游，带动了当地经济社会的发展，建设了一批展现黄河生态文明的标志性旅游目的地，生态旅游目前正在成为支撑当地高质量发展和共同富裕的区域性支柱产业。

---

* 赵川，博士，四川省社会科学院社会学所副研究员，主要研究方向为生态经济、旅游经济；刘泓伯，四川省社会科学院社会学所硕士研究生，主要研究方向为人口与资源环境；徐海尧，四川省社会科学院社会学所硕士研究生，主要研究方向为人口与资源环境。

一 四川黄河流域生态旅游发展基础

（一）四川黄河流域的生态文化特色

四川位于黄河上游，区域内有众多支流汇聚。其中，黄河在境内干流河道长174公里，地处青藏高原东南缘和横断山脉与川西北高山峡谷的接合部，涉及阿坝州阿坝县、红原县、若尔盖县、松潘县和甘孜州的石渠县5个县，流域面积为1.87万平方公里。四川黄河流域平均海拔3000~4000米，境内黄河流域主要支流有白河、黑河，流经阿坝县和若尔盖县。虽然四川境内流域面积只占黄河全流域的2.4%，但黄河干流枯水期40%的水量、丰水期26%的水量来自四川[1]。在黄河流经的若尔盖国家公园中，有世界上面积最大、分布最集中、保存较完好的高原泥炭沼泽[2]，孕育了丰富的高原沼泽珍稀动植物，构成黄河上游重要的水源涵养区，被誉为"黄河上游蓄水池"。

黄河除了为四川带来壮丽的自然风光，也为当地孕育了灿烂的民族文化。四川黄河流域作为黄河文化的重要组成部分，自古是羌、氐、藏、汉等民族生活、迁徙、交流、融合的场域和通道；岷江、涪江在此发源并蜿蜒向南汇入长江，也使得这里成为勾连中国两河（黄河、长江）的文明纽带。黄河流经的四川阿坝、甘孜两州作为民族交流融合与藏羌彝文化走廊的重要节点，也是红军长征途经的重要区域，历史文化、民族文化、红色文化交相辉映。

（二）四川黄河流域旅游资源特色

四川黄河流域的自然、经济、社会特征展现了其在黄河流域生态保护和高质量发展中的重要地位。该区域的生态旅游资源以草原湿地为主，具有鲜明的高原特色，主要包括河流、草原、湿地、雪山、钙华、森林、冰川、峡谷等自然景观，其中典型的有黄河九曲第一湾、花湖、日干乔湿地、月亮湾、俄么塘花海、黄龙、牟尼沟、曼泽塘湿地、黄河入川口、莲宝叶则、石渠长沙贡玛湿

---

[1] 寇敏芳：《若尔盖：保护高原之肾》，《四川日报》2022年10月26日，第9版。

[2] 李国明、王洪军、张建红等：《地表覆盖时空分布定量分析与生态荷载评价——以若尔盖湿地国家级自然保护区为例》，《测绘与空间地理信息》2016年第9期，第40页。

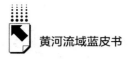

地、邓玛湿地等优质的生态旅游景观，还有黄河与长江水系的分水岭红原县查真梁子等地标性景观。

除了丰富的生态旅游资源，四川黄河流域的文化也独具特色，所在行政区拥有格萨（斯）尔民间文学、藏族民歌、锅庄舞（甘孜锅庄）、藏棋、藏族编织等国家级非物质文化遗产，还有藏戏、唐卡等其他绚丽多姿的文化资源，这些黄河上游各民族在长期融汇交流过程中提炼升华而成的思想文化的结晶，为中华优秀传统文化创造性转化和创新性发展提供了动力和源泉。同时，四川黄河流域是红军北上铸就雪山草地精神的地方，留下了"更喜岷山千里雪，三军过后尽开颜"的典故，红原县就因红军长征走过的大草原而得名，松潘县则有着红军长征纪念总碑。

（三）四川黄河流域生态旅游发展中存在的问题

四川黄河流域的海拔较高，生态环境脆弱，一旦遭到破坏很难恢复，这对生态旅游的发展提出了更严格的要求。同时由于地处高原，旅游旺季集中在夏秋季，春季和冬季的气候严寒，草木枯黄，旅游适游期短。同时，基础设施相对落后，交通、住宿、餐饮等方面的条件有待进一步提高，旅游厕所简陋的状况仍需改变。生态旅游人才短缺问题较为突出，旅游规划、市场营销等管理人员缺乏，民宿管家、厨师、研学旅游指导师、户外向导等专业人才缺乏。

二　四川黄河流域生态修复和生态旅游发展的经验

2019年以来，四川省明确了17项修复保护黄河生态环境重点任务，涉及重大生态保护修复和建设工程、农村人居环境整治、生态管护人员全覆盖等，在生态保护治理、红色项目开发、深化文旅融合等方面积累了相关的经验，呈现出较好的成果，为生态旅游奠定了良好的基础。

（一）做好生态修复和生态补偿工作

作为黄河上游重要水源涵养地、补给地，四川黄河流域的阿坝州坚持山水林田湖草沙一体化保护和系统治理，通过筑牢生态屏障、坚持绿色发展，当地上百条大小河流，每年将40多亿立方米雪域清水经白河等重要支流汇入黄河。

监测数据显示，黄河阿坝段水质常年为优、出境断面水质达标率100%。

以若尔盖湿地为代表的川西北湿地，因气候变化、历史上为发展畜牧业而"开沟排水""向湿地要草地"等不当做法，湿地一度退化严重。若尔盖湿地最大的湖泊花湖，曾一度萎缩至215公顷。2010年起，当地通过实施花湖湿地修复工程，以生态堤坝抬高水位，在生态核心区禁牧、限牧，禁止泥炭开采和禁止违规建设旅游设施等做法，恢复湿地及周边沼泽892公顷，让花湖湖面扩大至原来的3倍。在花湖区域，东方白鹳、花脸鸭、蓑羽鹤、大杓鹬、反嘴鹬、灰头麦鸡等新增珍稀鸟类陆续出现，国家一级保护动物黑颈鹤的数量从2010年的1000只左右增至2023年的2000只以上①。在防沙治沙方面，四川黄河流域通过"高山柳沙障"网格覆盖的方式，让许多以前草原退化的沙坡被"高山柳沙障"组成的网格覆盖，许多地方现在已经长出了青草。同时通过宣传教育和生态补偿，当地群众也提高了生态保护意识，并加入生态保护工作中，过去以"瓦切鱼"闻名的红原县瓦切镇已经不再从河中捕捞高原鲤，阿坝县漫泽塘湿地附近的许多群众加入了草原灭鼠队伍，若尔盖县唐克镇等地群众成立了巡河治污的"黄河护河队"。

（二）高位谋划生态旅游发展

四川长期以来坚持在黄河流域生态保护的基础上科学规划生态旅游发展，从构建自然教育、游憩服务等多方面建立服务体系，努力建设黄河生态文明示范区。2020年，四川通过了《四川省"十大"文化旅游品牌建设方案（2021—2025年）》，要求重点培育"大草原"特色文旅品牌，指出要体现绿色（湿地保护区）、黄色（黄河文化）、红色（长征精神）来发展区域特色旅游。"大草原"文旅品牌集结了川西北高寒草原的旅游资源、古老悠久的黄河和民族文化，串联起草原、湿地、雪山、冰川、彩林等资源，对四川黄河流域创新文旅产品、构建文旅经济带、发展区域特色文旅产业有着极大的助推作用。目前，四川黄河流域正在重点建设以若尔盖国家公园、国际重要湿地（若尔盖湿地国家级自然保护区、长沙贡玛国家级自然保护区）、国家生态旅

---

① 肖林、王曦、谢佼：《新时代中国调研行·黄河篇｜"水源涵养地"四川阿坝州筑牢生态屏障》，新华网（2023年9月18日），http：//www.news.cn/politics/2023－09/18/c_ 112986 9500.htm。

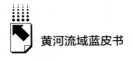

游区（莲宝叶则）等为代表的生态区和旅游区，以实际行动切实推动生态旅游高质量发展。

（三）文旅融合促进生态旅游产业链发展

旅游业的发展离不开与文化的融合。四川黄河流域生态旅游的发展充分依托区域特色，将黄河文化的保护传承弘扬结合进来，融合打造集生态、人文、民族、红色于一体的旅游目的地。若尔盖县唐克镇的白河社区依托九曲黄河第一弯的地理优势，积极发展餐饮、旅游接待等服务行业，镇上开起了很多名为"黄河"的宾馆酒店；当地妇女将传统草原文化和现代创新设计相融合，打造了属于唐克本土特色的产品"吉祥娃娃"，实现了从非遗文化到旅游商品的转化，逐步形成了具有集体经济特色的多元化产业基地。千年文化古城松潘县依托黄龙景区、松潘古城等资源，借助成兰铁路开通的交通优势，形成了包含生态景区、历史古城、特产小吃、藏羌民宿、特色农业、文化演艺等多元一体旅游产业链，为退耕还林和退牧还草的农牧民提供了众多就业岗位，促进旅游逐步从观光旅游向休闲体验旅游转变。

三　把握四川黄河流域生态旅游高质量发展的三个产业方向

（一）高原生态脆弱区经济社会发展的支柱产业

四川黄河流域凭借其大美的风光和多姿多彩的民族文化，如黄龙和若尔盖花湖等景区已经在世界具有一定的知名度，让旅游业作为区域性支柱产业的地位更加巩固。在过去的发展中，高原民族地区往往出现"资源富集"与"发展滞后"的矛盾，也就是通常所说的"富饶的贫困"状态。矛盾转化的关键就在于努力变资源优势为产业优势，变发展潜力为经济实力，特别是要把培育和壮大旅游产业作为最根本的发展途径，依托独特的资源优势和生态优势，发展有比较优势的产业和产品。要发挥旅游业的综合带动作用，以生态旅游业作为重要抓手统领地方经济社会发展，通过整合项目、多规合一，以旅游业为支柱，争取发展、稳定、民生三者交集部分的最大化，充分延伸交通、文化、商贸、藏医药、民族手工艺、特色农牧业等产业链，促进富民增收、改善民生，推进政治稳定、社会和谐，最终实现长治久安。

（二）巩固拓展高原民族地区脱贫攻坚成果的民生产业

长期以来，四川黄河流域各县从脱贫攻坚到巩固拓展脱贫攻坚成果，一直将解决群众的民生问题作为重点任务，紧紧围绕民族团结和民生改善推动经济发展、促进社会全面进步，在克服发展短板上投入了巨大的努力和资源，让各族群众更好地共享改革发展成果。当前，随着经济发展和人民群众生活水平不断提高，以观光为主的旅游已不能满足人们的需求，更要发挥旅游业强大的综合带动作用，与黄河国家文化公园、若尔盖国家公园、长征国家文化公园的建设紧密衔接，推动生态旅游高质量发展，融入乡村振兴、新型城镇化等国家战略，助力西部大开发区域发展战略，通过推动生态旅游业、特色农产品以及现代服务业的发展，为当地居民提供致富的更多途径。

（三）惠及广大居民及游客的幸福产业

我国已形成全球最大国内旅游市场，成为国际旅游最大客源国和主要目的地。四川黄河流域凭借优质的生态旅游资源和逐步改善的交通条件已经具备了良好的市场知名度；此外，还通过"9+3"免费教育计划，显著提升了当地群众的教育水平，为地区的长远发展奠定了坚实的基础。从发展经验看，旅游业通过促进对外交流、改善基础设施、提升公共服务，已成为当地居民和外地游客美好生活的重要内容。当前四川黄河流域的生态旅游已从观光之旅、红色之旅、文化之旅，细分发展到非遗游、研学游、摄影游、户外游等多种新业态，让游客在出行的同时体验历史人文，品味特色文化。将来还要深入贯彻以文塑旅、以旅彰文的理念，让游客在母亲河上游的壮美旅行中感悟中国大地的地大物博、中华文化的博大精深、中华民族的多姿多彩，在旅游中增强文化自信，铸牢中华民族共同体意识。

四　新时代下四川黄河流域生态旅游高质量发展的原则

习近平总书记在全国旅游发展大会上的重要指示提出了要"坚持守正创

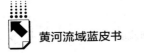

新""坚持提质增效""坚持融合发展"的要求，这为新时代加快建设旅游强国提供了根本遵循。对于四川黄河流域而言，需要立足于自身生态特色找准发展定位，在保护的前提下贯彻新发展理念，实现生态旅游提质增效。

（一）守正创新，在保护中促进发展

四川黄河流域的生态旅游发展一定要守护好生态环境和民族文化的"基本盘"。湿地草原、黄河青山、民族文化、红色文化、优质服务等都是生态旅游高质量发展的基础，必须始终守护。创新则是四川黄河流域生态旅游发展的驱动力。旅游业具有较强的市场敏感性、业态包容性、场景丰富性，这就决定了旅游业必须把创新作为发展的动力源，结合四川黄河流域的特色资源，紧扣高质量发展目标、紧盯旅游市场变化、紧跟新技术迭代发展、紧贴人民群众需求，及时引入创新理念，运用创新手段，推进旅游产品和服务的研发与提升。只有结合市场需求集思广益，大胆求变，才能实现跳出传统观光业态，实现产品和服务的全面升级。

（二）提质增效，以科技进步促进产业升级

我国旅游业发展潜力巨大，空间无限。四川黄河流域需要充分运用新质生产力来改造提升传统产业，以满足人民群众对美好生活的向往这一刚性需求，不断提高质量、提高效率。四川黄河流域位于若尔盖草原湿地国家重点生态功能区，虽然地大物博，但能够开发旅游的资源有限，适宜开展旅游的季节有限，要统筹考虑空间、时间、市场等制约因素，深入研究消费者需求，对资源进行合理开发，推出满足广大游客的高品质产品，不断加强服务，不求人山人海，而是要用心创造更多能发挥旅游的带动作用、能让更多人受益、能形成巨大美誉度的生态旅游精品。

（三）融合发展，构建旅游全产业链

旅游业是综合性产业，具有业态类型多样、产业链条长、辐射行业广泛等特点。2020年9月，习近平总书记在教育文化卫生体育领域专家代表座谈会上强调，要坚持以文塑旅、以旅彰文，推动文化和旅游融合发展。旅游业对资源利用方式、就业群体、产品形式、发展路径等的广泛包容，使得其发展能够

实现多行业的配合、多产业的融合。四川黄河流域要在发展中贯彻宜融则融的理念，做好科技、教育、交通、体育、工业等更多领域与生态旅游的相加相融、协同发展。要结合科考研学、低空旅游、户外旅游、特种旅游等新业态来延伸生态旅游产业链，从而创造新价值、催生新业态，形成更广阔的发展空间。

五　四川黄河流域生态旅游高质量发展需要统筹的五对关系

（一）统筹政府与市场的关系

四川黄河流域的特殊性在于其发展底子薄、基础弱，必须政府扶持，为各族群众走出农牧区到城镇和企业就业、经商创业提供更多帮助。在旅游发展过程中，既要充分发挥市场在旅游资源配置中的决定性作用，也要发挥好政府在优化旅游规划布局、公共服务、营商环境等方面的重要作用。对于四川黄河流域而言，适度超前发展生态旅游业，是缩小与经济发达地区差距、实现可持续发展的重要产业战略。作为欠发达地区，依靠产业的自然演进只会使当地与经济发达地区差距"马太效应"加剧，必须走政府与市场统筹的跨越式发展道路。要在资本、技术、市场等劣势明显的条件下，依托生态旅游资源的突出优势、蓬勃发展的旅游消费需求，发挥旅游业对经济社会的综合带动作用，利用后发优势缩短现代化过程，实现旅游与生态文化、经济社会同步发展。通过政府主导加快基础设施建设和生态环境保护，并统筹动员省州资源、用好集中力量办大事的制度优势，在旅游业"做大蛋糕"和"做出名片"，避免低水平的重复建设。

（二）统筹供给与需求的关系

旅游业的供给与需求是相互作用、动态变化的双螺旋结构。供给端的优化与创新是基于对市场需求的精准预判与响应，而需求端的变化则引导着供给的转型与升级。从"有没有"到"好不好"，国内旅游消费需求已经从基础观光向高品质、多样化、定制化转变，在四川黄河流域，旅游业不仅要立足于市场

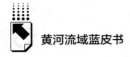

实际，灵活应对需求变化，还要遵循可持续发展原则，确保旅游供给与生态保护的平衡。需通过大数据、云计算等技术手段，对旅游市场进行精细化细分，识别不同游客群体的特定需求；再通过开发特色旅游项目和提升服务标准，增加高端、定制化旅游产品的供给，满足游客对独特性和深度体验的需求，推出生态徒步、文化体验、亲子科普等体验性强的旅游产品，确保供给与细分市场需求高度匹配。

（三）统筹保护与开发的关系

牢固树立"绿水青山就是金山银山"的发展理念，变"重物轻人"为"以人为本"，从重游客数量向重旅游质量转变，不让观光人海消耗绿水青山。在四川黄河流域，保护好生态环境不能单纯地把实现物质享受作为发展的目的，也不能以保护为理由不发展、不作为；更不能以破坏、牺牲生态环境来换取金山银山。习近平总书记曾指出，"发展仍是解决我国所有问题的关键""环境就是生产力，良好的生态环境就是 GDP"。新一轮科技革命和产业变革深入发展，为推动旅游业从资源驱动向创新驱动转变提供了有利条件。四川黄河流域区域经济的发展一定要围绕生态旅游做文章，大力发展生态经济，变生态资源优势为经济优势，以科学合理的开发促进生态旅游的快速发展；以积极有效的保护保证生态旅游的健康发展，通过走可持续发展的路子，做到生态良好、物质富裕、精神富有。

（四）统筹国内与国际的关系

在做优做强国内旅游市场之外，提升中国旅游竞争力和影响力还要求坚定不移扩大开放，发展好入出境旅游。四川黄河流域生态旅游在交通条件还亟待优化的情况下，一方面，要立足于国内市场，积极推动国内市场深耕与升级，针对不同消费群体开发细分市场，利用数字化技术提升旅游体验，并积极加强与邻近的甘肃、青海等其他旅游目的地的联动，形成跨区域的旅游线路，提升国内旅游的连通性和吸引力，激发国内消费潜力。另一方面，需要在国际化视野下对四川黄河流域的资源、产品进行再认识，从全球旅游市场的需求出发，提炼具有国际吸引力的品牌形象。在产品方面需要结合四川黄河流域的生态优势，开发国际流行的绿色旅游项目，同时引入绿色环球等国际通行的服务体系和认证，增强国际游客的信任与满意度。还要借鉴邻近的九寨沟经验，加强与国际旅游组织、友好城市的交流合作。通过稳步提升国内旅游市场，积极拓展国外市场，持续展现其独特的生态与文化魅力，为构建具有全球影响力的旅游目的地奠定坚实基础。

（五）统筹发展与安全的关系

安全是发展的前提，发展是安全的保障，要将安全作为检验生态旅游可持续发展的重要标尺，守住旅游生产安全底线、生态安全底线、意识形态安全底线。面对当地高寒高海拔的特点，要用好科技力量，增强医护救援能力，普及应急知识，持续维护游客和当地居民的生命财产安全。要严格保护生态环境，把生态旅游打造为当地的"美丽产业"，能为地区发展创造更好的生态条件和社会环境。要通过生态旅游和文化保护有力推进当地社会治理方式转型，通过全面正确贯彻党的民族政策和宗教政策，通过生态旅游发展带动，让人民的生活质量得到持续提高，形成稳定增长的收入来源，在当地形成支持旅游开发、拥护团结和睦、社会稳定的大好局面，谱写民族团结的新篇章。

六 四川黄河流域生态旅游高质量发展的五项重点任务

习近平总书记对旅游工作作出的重要指示中提出了旅游业的五项使命任务：服务美好生活、促进经济发展、构筑精神家园、展示中国形象、增进文明互鉴。四川黄河流域生态旅游发展，需要结合自身的资源特色，完整准确地贯彻这五项重点任务。

（一）以生态旅游服务新时代民族地区的美好生活

旅游是促进人民生活水平提升的美丽产业、幸福产业，四川黄河流域凭借着大江大河、湿地草原的天地大美，要让人们在领略自然之美中感悟文化之美、陶冶心灵之美，让生活更加美好。对于四川黄河流域而言，一是要加强旅游基础设施建设，持续改善道路状况，推动旅游景区开发和景区的可达性；加强旅游厕所的建设和提升改造；用机动性灵活性更强的网约车提供便捷的出行方式，持续提升交通便利性。二是要开发特色化旅游产品，打造如研学旅游、草原体验、户外徒步等多元化的生态旅游线路和活动；用好当地民居和集体建设用地，建设多样化、高品质的酒店、民宿等住宿设施；做好传统餐饮文化的现代化转化，提供改良的藏餐美食等特色餐饮选择等。三是提升旅游服务质量，通过培训提高旅游从业人员的服务意识和专业水平，提供定制化旅游行程、导游服务、管家服务、研学指导、户外向导等个性化的服务，建立游客反馈机制，不断提升服务水平。

（二）以生态旅游促进高原经济高质量发展

对于四川黄河流域而言，生态旅游业就业容量大、门槛低，集聚性、带动性强，适合不同群体就业创业。要以生态旅游带动相关产业融合发展，鼓励加工企业开发具有高原特色的青稞产品、牦牛奶粉、藏药等旅游商品，提高产品附加值。要加大招商引资力度，通过提供优惠政策、优化投资环境等措施，用好集体建设用地，盘活当地闲置的乡村藏房、定居点等资源来吸引社会资本投入旅游项目建设。要鼓励连锁酒店、民宿、租车公司、研学机构、户外机构等旅游相关企业以规模效应和品牌效应提高市场竞争力，促进产业的规模化和品牌化发展。要通过旅游发展餐饮、住宿、零售等创业机会，提供更多导游、服务员、厨师、司机等旅游岗位，提高当地居民的收入水平。并通过生态旅游开发带动区域内交通运输、建筑、商贸物流等其他产业的发展，促进区域经济实现可持续、高质量增长。

（三）以生态旅游构筑民族团结进步的精神家园

旅游是文化的重要载体，四川黄河流域不仅要关注旅游的经济作用，也要关注其增强当地居民和游客精神力量的作用。首先是结合当地红色文化传承，利用长征文化资源开展主题旅游活动，通过组织游客参观红军长征遗迹、纪念馆等场所，让游客深入了解长征历史和精神内涵；开展定制化的长征线路产品，形成兼具体验功能、教育功能和旅游功能的精品徒步旅游线路产品；运用四川黄河流域的红色文化资源建设一批爱国主义教育和党性教育基地，加强对党员干部和青少年的教育。其次是加强对民族文化的保护与传承，打造精品文化体验项目，让游客亲身感受和体验藏族的精美服饰，感受锅庄舞、赛马、藏戏等特色文化，亲身体验并制作唐卡、藏香等非物质文化遗产产品。要在传承发展民族特色文化的同时促进当地人的自信心和自豪感，激发他们的爱国热情和发展信心。最后是要加强精神文化场所建设，建设一批如长征纪念馆、黄河文化博物馆、非遗传习所等文化场馆，通过非遗进景区、进社区，举办文化节庆活动等方式来营造浓厚的精神文化氛围，让游客在旅游的同时感受到四川黄河流域丰富的精神文化。

（四）以生态旅游在对外开放中展示中国形象

四川黄河流域拥有丰富的自然资源和独特的文化遗产，发展生态旅游不仅可以促进当地经济的发展，还能更好地展示新时代的黄河形象，提升中国在国际旅游领域的影响力。通过统一的品牌形象、宣传口号和标识，四川黄河流域生态文化旅游的知名度和美誉度明显提高；利用网络、电视、纸媒等各种渠道进行品牌宣传和推广，吸引国内外游客的关注。加强对外宣传推广，通过宣传四川黄河流域的生态之美、文化之美和发展之美，持续发布旅游信息和产品，提升游客关注度和游客到达率。举办与生态旅游相关的国际会议，邀请国内外专家学者参加，加强国际交流与合作。举办与生态旅游相关的国际赛事，如马拉松、徒步、自行车赛等活动吸引国内外选手参加，提升四川黄河流域美丽、生态、和谐的形象。加强与国际旅游组织、旅游企业的合作，共同推广生态旅游，提升若尔盖国家公园、长征文化公园等品牌在国际旅游领域的影响力。

（五）以生态旅游增进文化交流与文明互鉴

黄河是中华民族的母亲河，四川黄河流域生态旅游发展在增进文明互鉴方面具有重要意义。旅游作为友谊的桥梁，可以让彼此在"双向奔赴"中交流文化、互相借鉴、增进友谊。四川黄河流域位于川甘青三省接合部，首先，通过加强区域旅游合作共同开发旅游市场，联合打造黄河旅游品牌。还要积极学习先进的旅游发展经验和管理模式，如欧美注重环境保护和社区参与的生态旅游管理模式，日韩在旅游文化传播方面的经验等。其次，举办和参与多元的文化交流活动，用线上和线下相结合的方式展示四川黄河流域的独特民族文化，促进不同民族之间的文化交流与融合，推动传统服饰、工艺、音乐、舞蹈等文化的传承和创新。最后，与黄河流域沿线区域联动，在多地举办以四川黄河流域为主题的摄影展、书画展等艺术展览，展示黄河流域的自然风光和人文景

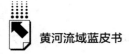

观。还要通过"送出去""引进来"等方式培养国际化旅游人才，提高从业人员的跨文化交流能力，使其能够更好地服务国内外游客。

参考文献

高子轶、卓玛措、张俊英等：《青藏高原生态旅游资源与基础设施空间协同的区划研究》，《干旱区资源与环境》2024年第3期。

黄渊基：《推动民族地区旅游业高质量发展的几个着力点》，《中国民族报》2022年9月6日，第5版。

喇明英：《川甘青交界区文化生态旅游融合发展的理念与路径探讨》，《西南民族大学学报》（人文社会科学版）2016年第2期。

苏锐：《扎实走好保护每一步　用心筑造传承风景线》，《中国文化报》2022年7月20日，第1版。

羊进拉毛：《黄河源园区社区参与生态旅游开发研究》，《青海社会科学》2022年第3期。

杨艺茂：《"大草原"文旅发展联盟成立　造就最美"黄河天路"》，《四川日报》2021年7月22日，第9版。

B.16
绿色金融驱动内蒙古黄河流域
高质量发展研究

包玉珍*

摘　要：　黄河流域是内蒙古生态文明建设和经济转型发展建设的主战场，围绕生态系统保护和经济发展绿色转型等方面自治区进行了积极的实践探索。内蒙古黄河流域作为重要的农业和工业区域，面临着生态保护与高质量发展的双重压力。绿色金融在促进经济高质量发展、推动低碳经济的实现等方面具有非常重要的作用。本文在总结内蒙古黄河流域绿色金融实践探索的基础上，对绿色金融驱动内蒙古黄河流域高质量发展中存在的主要问题进行深入分析，并提出了丰富绿色金融工具、拓展绿色金融融资路径、完善金融运营体系、提升绿色金融产品创新能力等对策建议。

关键词：　绿色金融　高质量发展　内蒙古黄河流域

在党的二十大报告中习近平总书记曾指出，推动绿色发展，促进人与自然和谐共生。加快经济绿色转型发展，是党中央实现第二个百年奋斗目标、全面建成社会主义现代化强国作出的重要战略部署，同时，也是以中国式现代化全面推进中华民族伟大复兴的实现途径，具有非常重要的意义。"黄河流域生态保护和高质量发展"是我国新时代生态文明建设的重要组成部分，习近平总书记多次赴沿黄地区考察调研，强调要坚持生态优先、绿色发展，促进黄河全流域高质量发展、改善人民群众生活。2023 年 6 月，习近平总书记到巴彦淖尔市的现代农业示范园区、自然保护区、水利部门考察调研，总书记内蒙古之

---

* 包玉珍，博士，内蒙古自治区社会科学院牧区发展研究所副研究员，主要研究方向为牧区经济与牧区金融发展。

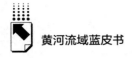

行再次强调坚持绿色发展。

近年来，内蒙古黄河流域作为自治区生态文明建设和经济转型发展建设的主战场，围绕生态系统保护和经济发展绿色转型等方面进行了积极的实践探索。但作为自治区重要的农业和工业区域，内蒙古黄河流域面临着生态保护与高质量发展的双重压力。为贯彻习近平总书记提出的生态文明思想，加快内蒙古经济社会向绿色转型发展，有必要对内蒙古黄河流域绿色金融发展现状进行深入分析并提出对策建议，以期绿色金融能够更好地服务内蒙古黄河流域各盟市的经济高质量发展。

一 绿色金融驱动内蒙古黄河流域高质量发展的现状

（一）内蒙古黄河流域经济发展情况

黄河流域生态保护和高质量发展，与长江经济带发展、京津冀协同发展等并列为重大国家战略。内蒙古黄河流域位于黄河上游下段，处于黄河流域最北端。黄河流经内蒙古843.5公里，流域面积为15.2万平方公里，是黄河全长的1/6，沿线有草原、湿地等多种自然景观，是黄河流域的重要生态屏障[①]。从经济发展情况看，黄河流域内蒙古段流经呼包鄂榆经济圈大部分地区，该地区资源丰富、产业密集、农牧业发达。目前在内蒙古黄河流域集聚了全区一半以上人口、大多数的重型工业，黄河流域的发展对内蒙古经济转型升级起到主导性作用。在内蒙古黄河流域还聚集了全区79%的炼钢、75%的发电量、50%的有色金属和多数煤化工行业[②]。我国是世界第一稀土储量大国和第一生产大国，其中内蒙古包头市拥有全国84%、全球55%的储存量。西部的河套平原是全国有名的粮食主产区，内蒙古黄河流域的粮食生产占据了全区粮食生产的较大比重，在此集中了全区23%的粮食生产、60%的牛奶和34%的肉类生产，创造了全区69%的生产总值[③]。

---

① 《黄河流经内蒙古6市（盟）17县（区、旗）》，www.toutiao.com，2022年11月22日。

② 中国人民银行呼和浩特中心支行、中国人民银行巴彦淖尔市中心支行联合课题组：《金融支持内蒙古黄河流域生态保护与高质量发展研究》，《北方金融》2021年第5期，第17~22页。

③ 中国人民银行呼和浩特中心支行、中国人民银行巴彦淖尔市中心支行联合课题组：《金融支持内蒙古黄河流域生态保护与高质量发展研究》，《北方金融》2021年第5期，第17~22页。

（二）内蒙古金融机构加大绿色贷款投放力度，引导信贷资源流向黄河流域绿色低碳领域

内蒙古金融系统积极执行稳定的货币政策，综合运用再贷款、再贴现及窗口指导等货币政策，开展绿色信贷支持节能环保和生态治理等新兴经济发展，在助力建设我国北方重要生态安全屏障方面贡献了金融力量。内蒙古绿色金融覆盖面不断增加，绿色贷款占比逐年提高，2023 年 12 月末，全区绿色贷款余额为 4729.24 亿元，占本外币各项贷款余额的 13.02%，同比增长 34.84%。其中乌兰察布、鄂尔多斯、乌海等黄河流域各盟市的绿色贷款增速更明显（见图 1）。相对内蒙古其他盟市而言，黄河流域 7 个盟市绿色贷款占比增长较快，截至 2023 年 12 月末，内蒙古黄河流域各盟市绿色贷款平均增速达到了 55.47%。[①]

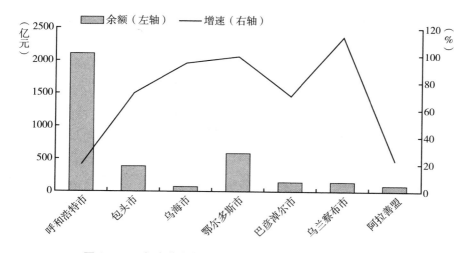

图 1　2023 年内蒙古黄河流域各盟市绿色贷款余额及增速

资料来源：中国人民银行内蒙古自治区分行。

围绕内蒙古黄河流域清洁能源、水利改造、绿色农牧业等重要领域，引导金融机构加大绿色信贷投放力度。截至 2023 年 12 月末，黄河流域 7 个盟

---

① 资料来源：中国人民银行内蒙古自治区分行。

市的绿色贷款余额3499.1亿元，占内蒙古全区绿色贷款余额的比例为74%。其中，扶持清洁能源产业贷款1904.6亿元，扶持节能环保产业贷款230.73亿元，扶持基础设施绿色升级贷款841.7亿元，扶持清洁生产产业贷款157.6亿元，扶持绿色服务贷款4.1亿元，扶持生态环境产业贷款360.4亿元。从绿色贷款的用途看，内蒙古清洁能源产业、基础设施绿色升级、生态环境产业的绿色贷款余额排名前三，各项绿色贷款余额黄河流域占全区的比重分别为72.5%、82.8%和73.36%。从绿色信贷投向行业看，内蒙古地区电力热力及水生产业、交通运输和邮政业、制造业绿色贷款余额排名前三，各项绿色贷款余额黄河流域占全区的比重分别为71.4%、85.8%和92.1%。截至2023年9月末，人民银行内蒙古自治区分行会同自治区发展改革委、工信厅等部门对接新材料产业、新能源产业领域项目58个，融资金额达2541.1亿元①。

绿色金融的发展，将对内蒙古黄河流域经济增长方式和环境保护产生积极而深远的影响。内蒙古各银行业金融机构针对性地加大了黄河流域各盟市的绿色贷款支持力度。农业银行内蒙古分行认真贯彻落实总分行工作部署，针对黄河流域推出改善农村牧区居住环境、生态保护建设等领域的信贷产品。该行突出关键领域，做好金融服务乡村振兴，聚焦重点粮食生产主体，提升特色农畜产品的金融服务可得性和覆盖度。截至2023年11月底，农业银行内蒙古分行黄河"几字弯"地区各项绿色贷款合计2101.62亿元，较年初增长268.46亿元②。建设银行内蒙古分行坚持与内蒙古经济社会发展同频共振，积极推进绿色金融发展，为筑牢我国北方生态安全屏障贡献金融力量。该银行关注清洁能源、基础设施等重要领域，加大内蒙古黄河流域的绿色贷款投放力度。截至2023年6月末，建设银行内蒙古分行绿色贷款余额713亿元，绿色贷款在各项贷款中占比为20.59%，较年初上升2.64%③。

---

① 李永桃：《全区绿色贷款余额达4388.6亿元，同比增长32.9%》，《内蒙古日报》2023年11月6日。
② 王晓明：《中国农业银行内蒙古分行 绿色金融擦亮生态发展底色》，《经济日报》2023年12月31日。
③ 谢东：《以绿色金融支持北疆生态安全屏障建设》，《北方金融》2023年第6期，第12～14页。

（三）创新推广绿色金融产品，有效支持内蒙古黄河流域高质量发展

绿色金融的发展将引导金融资源向内蒙古黄河流域低碳领域倾斜，通过绿色信贷、绿色基金、绿色保险等金融产品支持企业绿色转型，鼓励内蒙古黄河流域企业在节能环保、清洁能源、清洁生产、生态环境等领域发行绿色债券，在化工等重污染行业推广绿色保险，通过完善绿色消费激励机制等方式支持内蒙古黄河流域绿色低碳工程建设。

由于绿色项目是公益性项目，具有融资需求大、经济效益见效慢、收益低等特点，因此，实力雄厚的国有商业银行和股份制商业银行的支持力度较大。截至 2024 年 3 月末，内蒙古工农中建四大国有商业银行绿色贷款余额为 3621.11 亿元，占绿色贷款总额的比重达到了 76.6%。除了工农中建四大国有商业银行发放绿色贷款外，内蒙古其他金融机构还创新推出了绿色保险、绿色基金、绿色债券等金融产品，多方面推进内蒙古黄河流域金融和经济高质量发展。2023 年初，人民银行内蒙古分行制定印发《关于深入开展内蒙古自治区金融"贷"动绿色发展专项行动的通知》，加大碳减排支持工具政策宣传推广力度，将碳减排支持工具使用机构拓展到地方法人金融机构。内蒙古各金融机构加大了黄河流域绿色贷款扶持力度，当年内蒙古银行、蒙商银行和鄂尔多斯银行等 3 家地方法人银行被纳入碳减排工具支持范围。内蒙古黄河流域各盟市部分金融机构成立了绿色金融工作组，推出"碳排放权质押贷款""生态保护贷"等 21 项绿色信贷产品，提供差异化的金融服务并推动绿色贷款的快速增长①。

人民银行内蒙古分行联合内蒙古水利厅深入推进"节水贷"融资服务工程，推动黄河流域金融机构积极开展"节水贷"业务，培育壮大节水服务产业。2023 年 8 月底，兴业银行呼和浩特分行为内蒙古达智能源科技有限公司授信 100 万元，标志着内蒙古黄河流域金融系统在水资源节约利用、扩大绿色

---

① 李永桃：《全区绿色贷款余额达 4388.6 亿元，同比增长 32.9%》，《内蒙古日报》2023 年 11 月 6 日。

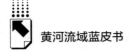

金融服务领域、创新绿色金融模式上实现新突破①。截至 2024 年 1 月，全区已有 20 余家银行参与"节水贷"业务，通过"节水贷"融资服务系统发放贷款超过 6 亿元②。

（四）探索绿色普惠发展模式，协同推进乡村振兴与内蒙古黄河流域高质量发展

内蒙古金融机构在绿色金融业务中兼顾了农牧民群众的增收以及小额信贷的可得性等因素，创新交叉型金融产品，形成了生态保护与乡村振兴的多赢局面。鄂尔多斯市将乡村振兴与绿色金融两大战略统筹规划、协同推进。充分发挥人民银行结构性货币政策工具的引导作用，推动金融机构充分探索"再贷款+绿色农业"新模式，创新推出"央赋惠农贷""央赋兴企贷"等信贷产品。截至 2023 年 9 月末，鄂尔多斯市活体牲畜抵押贷款余额 4.11 亿元，同比增长 35.93%③；农村牧区土地草牧场承包经营权抵押贷款余额 4.92 亿元，同比增长 7%，进一步拓展了农牧民融资渠道。鄂尔多斯市将引导全市各金融机构使用发展绿色信贷的各项政策，加大绿色信贷投放力度，为鄂尔多斯市构建绿色产业发展新格局贡献了金融力量。

人民银行内蒙古自治区分行创新绿色普惠金融服务、建立与绿色金融需求发展相适应的多层次金融服务体系。内蒙古黄河流域各盟市金融机构结合实际情况，创新推出"节能容易贷""绿色产业贷""绿税贷""清洁贷"等 20 余项多样化、便利化的绿色信贷产品。建设银行内蒙古分行打造独具特色的"绿色+"经营策略，以"绿色+能源"为主轴、以"绿色+普惠""绿色+乡村振兴"为两翼的创新绿色发展模式④。建设银行内蒙古分行重点支持布局在沙漠荒漠上的风电和光伏电站，为荒漠化和沙化土地的综合防治工程提供绿色信贷，加大对"光伏+生态治理"基地建设模式的支持力度；该行批复的三峡集

① 《内蒙古首单"节水贷"落地！兴业银行呼和浩特分行创新服务内蒙古节水行动》，正北方网（2023 年 9 月 5 日），http：//www.northnews.cn。
② 《内蒙古绿色金融快速发展》，新华网（2024 年 1 月 26 日），http：//nmg.news.cn。
③ 《鄂尔多斯市：大力发展绿色金融 支持经济转型发展》，央视网（2023 年 11 月 7 日），https：//jingji.cctv.com/2023/11/07/。
④ 莫日根高娃：《双碳背景下商业银行加速发展绿色金融的实践与思考》，《财会信报》2023 年 9 月 7 日。

团牵头建设的库布齐沙漠鄂尔多斯中北部新能源基地工程，是我国第一个开工建设的千万千瓦级新能源基地项目①。建设银行内蒙古分行在巴彦淖尔市打造了"防沙治沙+光伏+旅游"的产业模式，推动巴彦淖尔市、鄂尔多斯市等地区的光伏治沙项目，截至 2023 年 6 月末，为光伏治沙项目累计投放贷款金额超过 20 亿元②。各银行机构围绕内蒙古黄河流域企业差异化的融资需求，不断丰富绿色金融产品和服务模式，持续提升内蒙古黄河流域绿色金融服务水平。

二 绿色金融驱动内蒙古黄河流域高质量发展面临的困境

尽管近年来绿色金融的理念不断深入人心，内蒙古绿色金融实践也不断创新，但绿色金融的发展仍然负重致远。与国内绿色金融发展的地区相比，内蒙古黄河流域的绿色金融尚处于发展初期，面临着潜在融资需求较大、部分绿色项目资金回报率低等诸多难题。

（一）内蒙古黄河流域具有潜在绿色融资需求较大与实际有效需求不足的矛盾

内蒙古是能源生产和消费大省区，长期以来作为重要的能源和矿产资源开发基地，对推动国家经济发展发挥了重要的作用。内蒙古黄河流域的经济增长对资源的依赖程度较高，在"双碳"目标的限制下，当前内蒙古正处于经济结构转型发展的关键时期，传统产业的绿色转型等产业升级的投融资需求较大，对金融需求日益增强。"十四五"期间，内蒙古自治区传统产业的绿色调整，仍然以高耗能产业为主导，新兴产业的比重较低。内蒙古传统产业转型发展离不开银行金融机构的信贷支持，推动农牧业的可持续发展需要"三农三牧"保险、抑制高污染企业的"三废"排放也需要强制污染责任险等绿色保险。但是目前内蒙古黄河流域支撑绿色融资增长的产业基础薄弱，资源型产业比例较高，低碳产业发展缓慢，导致有效绿色信贷需求不足。金融机构的逐利

①　谢东：《以绿色金融支持北疆生态安全屏障建设》，《北方金融》2023 年第 6 期，第 12~14 页。
②　谢东：《以绿色金融支持北疆生态安全屏障建设》，《北方金融》2023 年第 6 期，第 12~14 页。

性决定了银行对公益性项目的投资较少，内蒙古黄河流域生态保护和高质量发展项目多为公益性项目，主要依靠财政资金的投入，缺乏有信贷需求的市场主体。在内蒙古金融机构绿色贷款用途统计情况中了解到，依然是水电和光伏企业获得的绿色贷款较多，并集中在清洁能源领域，其他绿色产业贷款规模明显偏低。截至 2024 年 3 月末，内蒙古黄河流域各盟市主要用于清洁能源产业的绿色贷款余额为 2204.45 亿元，占比为 54.8%（见图 2）。

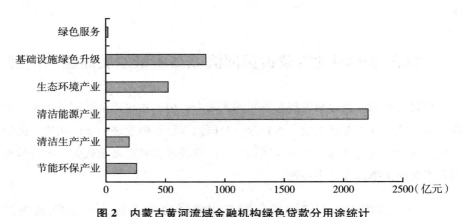

图 2　内蒙古黄河流域金融机构绿色贷款分用途统计

资料来源：中国人民银行内蒙古自治区分行。

（二）内蒙古黄河流域绿色金融服务主体单一，金融资产增值困难

内蒙古黄河流域银行业金融机构发展较快，非银行业金融机构发展缓慢，绿色金融服务主体比较单一。地方法人金融机构在内蒙古自治区绿色金融体系中的占比较小，工农中建四大国有商业银行的绿色贷款占内蒙古自治区绿色贷款的比重高达 65%，国有商业银行和股份制银行在内蒙古黄河流域绿色信贷市场中处于主导地位（见图 3）。内蒙古黄河流域绿色信贷产品，无法满足中小企业和"三农"融资、生态治理和经济高质量发展等领域的绿色金融需求。绿色金融服务主体单一现象又导致内蒙古黄河流域绿色金融市场竞争不充分。

保持稳定的投资利润，是绿色金融支持黄河流域高质量发展的前提。内蒙古绿色金融发展的规模虽然已经在全国领先，但是在服务实体经济转型升级、

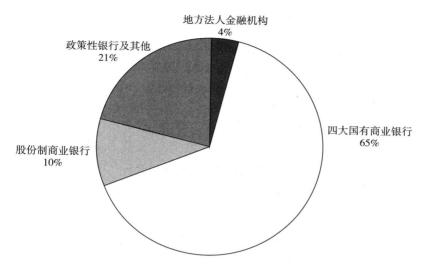

图3　内蒙古黄河流域高质量发展金融机构绿色贷款占比

资料来源：中国人民银行内蒙古自治区分行。

满足多样化的市场需求等方面与绿色金融发达地区相比还存在较大差距。内蒙古黄河流域金融机构在降低绿色投资成本、优化中小型企业绿色转型方面的金融服务还需要进一步创新。从当前内蒙古黄河流域发展情况来看，产业发展缺乏竞争力，企业与金融机构无法获得长期稳定的投资利润，对绿色金融支持内蒙古黄河流域高质量发展形成了限制①。部分项目的规划主要考虑阶段性的高质量发展需求，在资金管理方面没有考虑到企业与金融机构的经营发展需求，阻止了企业与金融机构的资金回收②。怕出现资金风险问题，部分企业与金融机构会选择不投入或者少投入，使得绿色金融支持内蒙古黄河流域生态保护和高质量发展支持力度不足。绿色金融资产增长困难，对于内蒙古黄河流域绿色金融高质量发展形成了阻碍。

---

① 廉志雄：《绿色金融支持黄河流域生态保护与高质量发展的问题与策略》，《湖北开放职业学院学报》2023年第8期，第145~147页。

② 廉志雄：《绿色金融支持黄河流域生态保护与高质量发展的问题与策略》，《湖北开放职业学院学报》2023年第8期，第145~147页。

（三）内蒙古黄河流域绿色金融中介服务体系发展比较滞后

推进绿色金融快速发展的关键是要发展中介服务体系。内蒙古黄河流域绿色金融中介服务发展不足，缺乏绿色信息共享平台，黄河流域各盟市绿色企业和绿色项目库的建设能力不够，金融机构与绿色企业之间无法有效应对。绿色产业属于资金技术密集型产业，绿色金融发展中的环境保护信息收集和风险评估等复杂的专业工作，需要中介机构提供服务。业务能力强的金融机构才能为绿色产业服务，这些金融机构还需要具备较高的风险评估能力，而在内蒙古黄河流域这类金融机构还比较缺乏。

内蒙古黄河流域相关金融机构还没有充分了解与认识绿色金融的性质和内容。绿色金融发展需要资产评估机构、第三方认证机构、信用评级机构、环境风险评估机构等专业性中介服务机构的相互配合①。同时，生态环境、财政和金融管理等部门的合作也是绿色金融发展过程中必须涉及的，但是在实际中绿色项目库建设、信息共享和财政扶持等方面，这些部门的合作仍然不畅通。因此，内蒙古黄河流域绿色金融机构缺乏专业领域的技术识别能力，中介机构难以满足黄河流域日益增长的绿色金融发展需求，延缓了绿色金融驱动内蒙古黄河流域高质量发展的速度。

（四）内蒙古黄河流域绿色金融产品创新不足，难以满足市场主体的多样化需求

虽然内蒙古的生态环境建设和产业绿色升级都得到了一定的金融支持，但是黄河流域绿色金融产品的种类仍然有限。支持内蒙古黄河流域经济高质量发展的绿色金融信贷产品研发能力不足、差异化金融服务欠缺，多样化的绿色融资需求难以得到有效满足。目前，内蒙古绿色金融体系的市场参与主体以银行业金融机构为主，国有商业银行的绿色信贷和绿色债券成为绿色金融产品的主体。而内蒙古的绿色保险和绿色基金等绿色金融产品与我国东部发达地区相比还有较大差距，与内蒙古黄河流域高质量发展的实际需求相比相差较远。绿色

---

① 刘春梅、赵元凤：《内蒙古自治区绿色金融发展研究》，《农村金融研究》2020年第3期，第48~53页。

保险主要有环境污染责任保险和森林保险等，而绿色基金、绿色债券设立不久，绿色股票、碳金融等相关衍生产品在内蒙古黄河流域金融市场中空缺①。

由此可以看出，内蒙古黄河流域绿色金融产品种类及其研发能力严重不足，绿色金融市场主体的投融资需求难以得到满足。另外，注重融资渠道而忽视融资对象是内蒙古黄河流域绿色金融产品设计的特征，主要支持大型环保类企业，清洁能源、节能减排等项目，而针对农村牧区生产经营主体和中小型环保企业的绿色金融产品比较少。

三 绿色金融驱动内蒙古黄河流域高质量发展的对策建议

（一）丰富绿色金融工具，扩大内蒙古黄河流域绿色金融有效需求

充分发挥内蒙古黄河流域特有的资源优势，加快推动传统产业的绿色升级，奠定绿色金融发展的产业基础。内蒙古金融机构应根据实体经济发展的需求，通过丰富绿色金融工具来支持绿色发展项目。丰富绿色金融工具的应用首先要吸引社会资本共同发起绿色基金，金融机构推行绿色资产证券化。只有盘活社会资本，拓宽资金来源渠道，才能激发金融市场的潜力，引导各类资金和技术等要素向绿色产业聚集并推动内蒙古黄河流域经济高质量发展。其次要鼓励金融机构发行绿色债券。绿色债券是指主要用于污染防治、节能减排、绿色城镇化和新能源开发等绿色低碳发展项目的企业债券②。政府部门出台黄河流域绿色企业上市融资的相关配套措施和监管政策，借助内蒙古股权交易中心市场平台，为绿色企业的融资创新提供支持③。最后是积极发展绿色保险。目前内蒙古黄河流域的绿色保险主要有草原牧区天气指数保险、环境污染责任保险、森林保险等。在高风险领域建立强制性的责任保险制度，健全环境损害赔

---

① 刘春梅、赵元凤：《内蒙古自治区绿色金融发展研究》，《农村金融研究》2020年第3期，第48~53页。
② 刘春梅、赵元凤：《内蒙古自治区绿色金融发展研究》，《农村金融研究》2020年第3期，第48~53页。
③ 巴图、张君、李超凡：《绿色信贷支持经济高质量发展研究——以鄂尔多斯市为例》，《北方金融》2021年第10期，第92~95页。

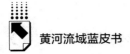

偿机制，支持保险资金投资绿色环保项目，推动绿色保险创新，引导商业保险服务绿色产业①。同时，加强绿色金融宣传，要让金融机构充分认识到经济高质量发展对绿色金融的确切需求点，逐步将内蒙古黄河流域绿色金融的潜在需求转化为现实需求，持续增加绿色金融的有效需求。

（二）拓展内蒙古黄河流域绿色金融融资路径，提升其金融资产效益

加强内蒙古黄河流域绿色金融发展，需要拓展内蒙古黄河流域绿色金融的融资路径，充分提升企业和金融机构的资产效益。为了使企业与金融机构能将更多的资源投入内蒙古黄河流域高质量发展中，政府部门应该采取简化融资审批流程、改变传统的融资模式等措施。比如，政府机构通过发行绿色金融债券募集的资金，由政府机构监督和控制。这种集资，既可应用于企业生产的金融投资，也可运用于黄河流域生态保护和经济高质量发展建设。为了能使绿色金融债券的投资方获取利润，政府机构应该优化金融资源管理模式。为绿色金融驱动内蒙古黄河流域高质量发展助力，还可以使用政府机构建立绿色金融基金的方式、企业与金融机构采取抵押融资的方式②获取经济资源。在扩大绿色金融融资路径的同时，也提升内蒙古黄河流域企业及金融机构的资产效益③。

（三）完善内蒙古黄河流域金融运营体系，提升其绿色金融服务能力

完善内蒙古黄河流域绿色金融运营体系，首先要组建多层次绿色金融组织体系。在宏观层面上推动绿色金融发展，需要内蒙古黄河流域各级政府成立绿色金融领导小组并指导工作。进一步完善绿色金融运营体系，建设绿色金融事业部、绿色支行等也是在微观层面上不能缺少的工作。2022 年，内蒙古银行

① 巴图、张君、李超凡：《绿色信贷支持经济高质量发展研究——以鄂尔多斯市为例》，《北方金融》2021 年第 10 期，第 92~95 页。
② 廉志雄：《绿色金融支持黄河流域生态保护与高质量发展的问题与策略》，《湖北开放职业学院学报》2023 年第 8 期，第 145~147 页。
③ 廉志雄：《绿色金融支持黄河流域生态保护与高质量发展的问题与策略》，《湖北开放职业学院学报》2023 年第 8 期，第 145~147 页。

在乌海市挂牌成立循环经济支行，并与乌海低碳产业园签署全面战略合作协议。制定专项金融服务方案并设计专属金融产品，建立绿色审批通道，支持循环经济和绿色金融发展[①]。其次是要发挥不同金融机构的作用。针对"十四五"时期内蒙古黄河流域生态保护和高质量发展项目，引导政策性金融机构加大低利率资金供给。按照商业可持续原则，建立差别化的信贷服务体系，鼓励商业银行探索服务内蒙古黄河流域高质量发展的有效途径。最后是要发挥绿色金融中介服务机构的监督和引导作用，需要鼓励现有的中介服务机构积极实践绿色金融理念并参与到绿色金融运作中。加大招商引资力度并加强绿色金融服务机构建设，加快发展绿色资产评估机构、绿色信用评级机构、绿色金融产品认证机构、环境风险评估机构以及绿色金融信息咨询服务机构等专业性中介服务机构，为内蒙古黄河流域绿色金融发展提供高质量的专业性服务。

（四）提升内蒙古黄河流域绿色金融产品创新能力

加强绿色金融产品创新是实现黄河流域生态保护和高质量发展的关键所在。引导内蒙古黄河流域金融机构制定符合当地实际的特色化绿色金融产品，对于推进生态治理和经济高质量发展具有重要意义。近年来，黄河流域各级政府加大财政和金融支持力度，鼓励银行业金融机构设立绿色支行、绿色事业部，同时也鼓励发展资本市场、直接融资、发行企业短期融资券、支持抵押贷款、发行股票债券等融资方式。巴彦淖尔市乌梁素海生态保护与高质量发展工程项目创新设立专项产业基金，采用 DBFOT（设计、建设、投资、运营、移交）模式具体实施，通过"项目收益+耕地占补平衡指标收益"的方式实现资金自平衡，进而引入社会资金、组建项目公司，实现市场化运作。

金融机构通过分析资产结构、环境保护指数等，可以为相关企业和单位提供信贷支持。内蒙古黄河流域金融机构根据高质量发展项目的资金需求状况，调整绿色信贷的利率和还款期限，灵活地制定信贷策略方案并优化信贷额度。为了保证绿色金融支持内蒙古黄河流域高质量发展的及时性，金融机构可以适

---

① 《内蒙古银行挂牌成立循环经济支行》，中国电子银行网（2022 年 1 月 26 日），www.cebnet.com.cn。

当调整信贷政策。经济发展运行良好的情况下，可以缩紧绿色信贷政策，如果黄河流域经济发展需要大量资金时，也可以放宽绿色信贷政策。因此，金融机构可根据高质量发展的需求，科学地制定相关金融政策并创新绿色金融产品，以此满足内蒙古黄河流域多样化的绿色金融需求。

高质量发展报告

B.17

培育转型发展新动能：
推动黄河流域经济高质量发展研究

于光军*

摘　要： 基于黄河流域经济特质，针对黄河流域特别是黄河中上游流域社会经济发展基础薄弱、高品质城市发展不足的现状，重点城市对黄河流域转型发展的支撑能力遇到国内宏观经济布局调整、发达地区先进城市竞争力提升、人口结构布局演变等多重压力，黄河流域生态脆弱地区重点城镇对农牧区人口服务能力较低等客观实际，黄河流域经济高质量发展需要强化顶层设计，将黄河流域作为特质化地区，通过搭平台、建机制，实施黄河流域区域协同发展战略，构建规划协同、产业协同、基础设施建设协同、公共服务协同新格局。

关键词： 黄河流域经济　新动能　区域协同

适应新发展阶段经济发展动力机制演变、培育经济高质量发展新动能，是

---

* 于光军，内蒙古自治区社会科学院经济学研究员，主要研究方向为经济体制改革、农业经济。

促进黄河流域经济高质量发展的基本策略。黄河流域自然环境资源、社会经济发展各段之间差异巨大，中国经济发展格局中并不呈现有明显边界的"流域经济"特征，各段经济高质量发展的动力机制、在国家经济格局中的地位，同样不具有"整体性"特征。但同时，也因为这种差异性背后呈现可归纳的"一致性"，以及中上游流域经济发展的基本特质，国家在构建经济发展新格局中，需要予以特殊对待。尤其是在应对百年未有之世界大变局的视角下，在实现中国特色社会主义现代化建设目标中，需要给予黄河流域政治经济学规制下的政策安排与制度选择。

一 黄河流域经济基本特征及定位

黄河流域所在的青海、四川、甘肃、宁夏、内蒙古、陕西、山西、河南、山东9个省区在国家区域发展战略体系中，各自承担着不同的角色，各省区自身经济高质量发展的目标、路径也各有侧重。黄河流域所涉及的行政区涉及69个地区、329个县（市、区、旗），青海、甘肃、宁夏、内蒙古、山西、陕西6省区的省会或自治区首府均在黄河流域内，九省区中有236个县（市、区、旗）全部位于黄河流域内，各省区内黄河流域面积、流域经济在省区经济中的重要性、黄河资源对社会经济发展的效用差异巨大，其中青海省的黄河流域面积15.3万平方公里，占黄河流域总面积的19.1%，居九省区黄河流域面积之首；宁夏回族自治区有75.2%的面积在黄河流域内，陕西、山西两省分别有67.7%和64.9%的面积在黄河流域内；山东省仅有1.3万平方公里，占流域总面积的1.6%。黄河流域经济呈现鲜明的多样性。

（一）黄河流域经济特征

黄河流域经济系统，在我国经济管理基本规制的意义上，首先表现为归属在黄河流域所在九省区内的省（区）域内经济子系统，按照黄河流域最小行政管理单元，表现为县（旗、区）域经济，在上一级（地、市、州、盟）的统筹之下，归属各省区统一规划、统一部署、统一治理。黄河流域各省区段的经济发展、对黄河流域多维度资源的开发利用乃至黄河流域各省区段生态环境保护与产业协同，是各省（区）党委、政府贯彻落实黄河流域生态保护和高质量发展战略思维与目标任务的一项具体工作。依照我国社会主义市场经济体制的基本原则，随着改革开放的不断深化，在推进全国统一大市场的总体方向下，中央以下省（区）、市（地、州、盟）、县（市、区、旗）三级行政承担着执行中央决策部署的职责，而经济发展的决策执行区域、落实省区市部署地方操作者，都在县（市、区、旗），其成为推进黄河流域经济高质量发展的最前沿。产业园区建设制度改革至今，布局在黄河流域的产业园区依照园区规模划分为国家级产业园区、省级产业园区、市级产业园区以及县区产业园区，在园区运营领域超越了行政属地；园区的社会管理，归口属地政府。

作为各省区经济发展布局内的黄河流域经济高质量发展，由来已久。在黄河流域中上游，基于矿产资源丰富、地处干旱地区水资源主要依赖黄河的资源环境处境，在资源开发产业高速扩张时期，各省区都选择了沿黄河或在取用黄河水资源比较便利的区域部署产业园区，如青海省黄河流域汇集了全省84%的人口，青海省73%的GDP出于黄河流域青海省段；甘肃省在黄河流域部署了数十个工业园区，园区整顿后还保留着30个省级及以上工业园区；黄河流域陕西省段建成了全国重要的先进制造业基地、国防科技工业基地、农业高技术产业基地、能源化工基地；内蒙古产业布局一度以"沿黄经济带""沿线经济带"为产业重心，沿线经济带也多与沿黄经济带重合；黄河流域山西省段的灵石、介休等已建成为山西省重要的工业基地、能源化工基地。在黄河中上游各行政区内，位于四川省的两州5县大部分为湿地—草原既有生态保护区，现代制造业没有发展起来，成为既有的特例省份。

从历史积累视角分析，黄河流域中上游传统经济发展尽管各省区各自为政、各自按照资源禀赋布局选择产业、布局产业园区，但流域各省区经济的共性也非常明显。

一是黄河流域中上游土地资源富裕，与此相对应的是气候干旱，农牧业资源质量偏低，经济社会发展欠发达。尽管有悠久的人类文明历史遗存，但在世界经济进入工业化时期，这一地域因其气候恶劣、农业自然产出能力低下、同科技与经济中心的文化交流频次低数量小，而阻碍了资本进入。因此，地域辽阔、人口稀少、经济密度稀疏、工业化水平低成为这一地域经济发展的本底形态。受生产力发展水平制约，该地域传统经济文化也与商品文化、工业文化、市场文化大相径庭，形成的生产关系既有与大工业匹配的工业化内核，也有传统经济活动遗留的西部特有的农牧交错以及大牧区文化传统，构成黄河流域中上游特殊的文化资源。

二是黄河流域中上游工业资源富集，既有传统意义上的矿产资源，也有现代意义上的风、光等能源资源，尤其是相对于稀疏的人口和低产出的传统农牧业，资源开发及其深加工的经济地位十分突出。20世纪五六十年代，在我国开启工业化建设时期，黄河流域中上游因优厚的资源禀赋、深入内陆腹地的战略区位、稀疏宜管控的社会结构，成为我国重要的基础原材料产业布局重点区域，钢铁、化工、煤炭等国民经济供应链最前端的产业成为该区域支柱性产业，装备制造等配套产业和部分平衡劳动力结构的轻纺工业尽管有所建设，但在改革开放之后，随着市场配置资源的制度日益健全，这类产业在20世纪末开始逐渐流向南部沿海地区，资源型产业依然是区域主导产业。

三是黄河流域中上游各县域社会繁荣程度与南方和黄河下游人口密集地区差异巨大，地域自然环境、区位条件的约束十分明显，对流域经济的高质量发展支撑能力、对形成新质生产力促进能力、自主性科技创新在全产业领域的普及能力等，除个别省会城市辖区外，总体上处于我国各区域的"洼地"。黄河流域九省区除山东、河南、陕西外，其他六省区地级城市社会发展水平在全国均处于三线城市以下，排在全国地级城市50名之后的队列中。从黄河中上游各省区分布在黄河流域的产业园区情况分析，园区产业、大型企业的产业发展动力供给，主要来自企业，而这一领域的企业又多数是国内先进地区的企业集团在本区域投资建设，企业科技供给、管理供给，甚至技术工人也大多从国内各省区引进。就此，形成黄河流域中上游区域经济典型的分立特色。一端是现代化的制造业体系，其中重点领域中在国内居于先进制造水平的企业有之，另一端则保持传统生产方式的生产单元也有之。在产业中同样既有高端制造，也有低端传统加工；既有现代农牧业，也有历史悠久的放牧经济。尤为特色鲜明的是，现代与传统在经济构成中各自比重较大，而中间体的构成所占比例很低。

四是黄河中上游流域水资源约束在经济发展中至关重要。黄河中上游流域降水量低、生态环境脆弱，除西安、兰州等个别城市外，大多数地区降雨集中在7~8月，季节性明显；年均降雨量少于400毫米，是高风险生态脆弱区，自然生态修复能力低。产业发展受水资源限制明显，工业化、农业现代化等经济活动对水资源需求十分突出。而黄河长期作为黄河中上游流域农业、工业、生活、生态环境补水等用水的主要供给源，给黄河中上游流域社会经济发展带来根本性影响。黄河水资源分配、黄河流域节约集约利用是黄河中上游流域至关重要的工作，受到国家和黄河流域的高度关注，流域内如内蒙古岱海湖等多项生态修复重大工程都依赖黄河水补给，而各类生态工程生态功能发挥作用的持续性，也依靠黄河水的持续供应，短期内，生态环境能够依靠自然修复能力恢复，目前还不具有明显可证实的结论，水资源贫瘠已然成为困扰该地区经济发展的核心问题。

国家发展改革委、水利部、住房和城乡建设部、工业和信息化部、农业农村部联合发布了《黄河流域水资源节约集约利用实施方案》（发改环资〔2021〕1767号），提出"优化国土空间格局，结合水资源禀赋，合理确定黄河流域经济、产业布局和城市发展规模，加大对重大生产力布局的统筹力度。强化城镇开发边界管控，城市群和都市圈要集约高效发展，不能盲目扩张。水资源短缺和超载地区，限制新建各类开发区和发展高耗水服务行业"。从政策落实手段功能分析，构建水资源利用体制机制，将有效保证《实施方案》的落实，因而，黄河水资源利用规制对黄河中上游流域的经济高质量发展将起到重要的调控作用。

黄河下游流域社会发展历史悠久，人口密集，面积、人口占所在省、市的比重低，沿河中心城市发展品质较高，流域内县（市、区）与周边社会经济关系密切，流域经济对省区发展的影响较小，从属于省域、市域经济。从整体发展状况分析，与中上游流域比较，黄河下游流域产业多元，与国家宏观经济发展格局关联紧密，面临的经济高质量发展格局与中上游迥异。下游黄河承担着对周边地域的水资源补给职能，因此，对黄河中上游黄河水资源利用形成了刚性要求。

近年来，随着黄河流域水生态恶化，国家不仅对黄河流域地表水的利用制定了严格的政策与制度约束，而且对地下水资源利用管理制度也不断完善，要求做好地下水采补平衡。提出"加强黄河流域地下水开发利用管控，实施重点区域地下水超采综合治理，加大中下游地下水超采漏斗治理力度。统筹考虑地下水、地表水联合配置与时空合理利用，有效控制、合理削减地下水开采量。加强超采地区地下水监测，实行地下水取水总量和水位双控，实施节水工程、水源置换工程、地下水补源工程，推动实现地下水位回升"①。政策实施进程中，各地明确了地下水超采的监管监控，控制地下水科学利用已经被纳入对政府工作的考核目标之中。

（二）进入新市场环境，黄河流域经济转型发展进入新阶段

我国经济进入高质量发展阶段，产业发展面临剧烈的供需关系演变，短缺经济全面终结，规模化发展转向高质量发展，数字经济、智慧化生产、清洁能源替代、智能化消费的兴起，与国际产业分工格局的重构，带来我国基础原材料生产能力过剩，并正在波及装备制造业领域，已经开始威胁新能源装备制造等新兴领域，加快形成由新兴产业和未来产业构成的新质生产力，成为供给侧结构性调整的核心内容。

2023年以来，山西、内蒙古、陕西等省区加大了招商引资工作力度，清洁能源生产建设规模扩张。国内先进制造业集聚省区清洁能源车等新能源装备消纳产业加快发展，引致在能源供给充足的山西、内蒙古、陕西等省区动力电池、太阳能发电装备、风力发电装备等清洁能源装备制造领域新增建设项目增加，单体投资规模不断放大，清洁能源装备制造出现大规模增长态势。而这类新增产能多集中在黄河流域的工业园区。受新消费潮流与世界局势和国际供应链调整影响，国内盐碱化工资源开发得到投资市场重视，黄河中上游流域及周边区域出现单体规模较大的盐碱矿投资开发项目。山西、内蒙古等能源输出省区风电、光电等清洁能源消纳、储能、输出模式创新不断推进，电力生产与消纳之间的空间联系日益紧密，清洁能源替代火力发电已经成为能源消费的基本潮流；盐碱化工与煤化工领域出现此消彼长态势。矿产资源开发为发展动力的传统工业化路径已经出现被新能源替代的态势，工业化初期的产业模式也快速转换为绿色化、数字化、智能化等新模式。

我国宏观经济调整进入相对比较稳定的周期，城市结构与布局调整格局逐渐稳定，杭州、成都、南京等城市经济实力、基础设施、营商环境、国际影响力快速提升，作为新一线城市今日与北京、上海、广州、深圳比肩而立，不仅

---

① 《关于印发黄河流域水资源节约利用实施方案的通知》（发改环资〔2021〕1767号），发展改革委、水利部、住房和城乡建设部、工业和信息化部、农业农村部，2021年12月，https：//www.gov.cn/zhengce/zhengceku/2021-12/17/content_5661519.htm。

吸引了来自全国各地的人口，也集聚了更多的科技研发、创新能力、企业家等高端生产要素，释放出生产力的增量和消费能力的扩张。现代信息技术作为重要的先进生产力发展主体和媒介，在强势改变社会生活方式的同时，从本质上改变着现代生产方式，智慧化生产不断压低能源原材料生产对劳动力的需求，制造业的人口汇集功能在明显下降。交通、通信的便利化、高效化，打造了黄河中上游流域产业升级、科技创新外部力量导入的新通道，提供了高可控、低成本、低本地化供给的全新模式，陕西、山西、内蒙古、甘肃等省区通过与国内先进研发机构的合作，提升了科技创新动力供给能力，有效补齐了本地区科技创新"短板"，克服了社会经济发展、区域文化、公共服务等领域质量不高对建设人才高地和创新平台的制约，一些拥有重要战略资源的城市，创立了将产业研发机构、本地支柱产业人才培训机构设置在深圳等科技资源雄厚的城市，以"逆向飞地"模式，创建了转变经济发展方式的新动力机制。

2023年以来，黄河中上游流域重点产业绿色化、高端化、数字化转型发展的产业选择，继续维持了原有主导产业能源、化工、装备制造等基础产业。该领域新增产能的动力源头也延续了工业化过程中外部输入的模式，当代信息技术的发展为这种产业运行模式提供了高效的科技创新支撑。从社会经济协调发展的视角，依靠外部动力输入推动产业优化升级，既是市场配置资源的过程，也是现代生产要素市场化的必然结果。在为黄河中上游流域提供经济增量的同时，对改变这一区域的经济动力机制作用较小。因此，其适应我国经济发展新阶段的市场环境，但也会继续拉大黄河中上游流域与国内发达经济区之间的动力差距。

二 黄河流域经济高质量发展的现实要求

（一）明确了黄河流域经济发展动力格局和原则要求

中国共产党第二十次全国代表大会提出："从现在起，中国共产党的中心任务就是团结带领全国各族人民全面建成社会主义现代化强国、实现第二个百年奋斗目标，以中国式现代化全面推进中华民族伟大复兴。"围绕中国式现代化建设，党中央提出了"坚持中国共产党领导，坚持中国特色社会主义，实

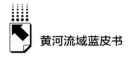

现高质量发展，发展全过程人民民主，丰富人民精神世界，实现全体人民共同富裕，促进人与自然和谐共生，推动构建人类命运共同体，创造人类文明新形态"的本质要求，高质量发展、物质生活和精神生活的共同富裕、人与自然和谐共生成为我国社会经济发展的目标任务。黄河流域生态保护和高质量发展战略确定了着力加强生态保护治理、保障黄河长治久安、促进全流域高质量发展、改善人民群众生活、保护传承弘扬黄河文化，明确了黄河流域推进中国式现代化建设的具体要求，改善人民群众生活成为经济高质量发展的重要目标。

2021年中共中央、国务院印发的《黄河流域生态保护和高质量发展规划纲要》提出了"构建形成黄河流域'一轴两区五极'的发展动力格局"，制定了将"山东半岛城市群、中原城市群、关中平原城市群、黄河'几'字弯都市圈、兰州-西宁城市群作为区域经济发展增长极和黄河流域人口、生产力布局的主要载体"，推进先进制造业、农业和能源现代化发展。同时，也提出了"把水资源作为最大的刚性约束，坚持以水定城、以水定地、以水定人、以水定产，合理规划人口、城市和产业发展"的发展原则。

2023年以来，我国经济发展格局调整不断加速，高端生产要素不断向发达城市集聚。加快形成新质生产力的新思路提出后，以提升城市品质吸引人口流入成为城市间争夺发展动力资源的竞争手段，劳动力持续向发达城市汇集。城市发展与要素汇集交互作用，不仅有效集聚了产业优化升级所需要的资金、劳动力、科技资源，也吸引了更多的人口扩充了新兴高品质城市的消费资源，降低了进入和住留的生活成本，提升了新兴高品质城市公共服务供给能力和供给质量，形成了"城市品质提升—现代化要素汇集—人口规模扩张—发展资源供给增长—社会经济发展—城市要素吸纳能力增强—城市品质提升"的良性循环。这一发展动力演变逻辑，也成为黄河流域各区域促进经济高质量发展的共同举措，与国内其他区域城市发展不同的是，黄河流域城市发展需要面对水资源供给的约束，需要突破传统资源开发型产业对新兴产业发展形成存量依赖、需要改变公共服务供给的行政化束缚。

（二）集聚化、多元化、融合发展成为黄河流域经济发展的必然选择

与传统产业与劳动力的关系相比，新兴产业特质对人口汇集的作用在不断

降低，而黄河流域以城市为载体构建新经济体系，必然需要人口汇集。今后一段时期，我国高生育率时期已经过去，人口持续性减少已成定势。2023 年，我国人口比上年末减少 208 万人，其中城镇人口增加 1196 万人，乡村常住人口减少 1404 万人；全年出生人口 902 万人，比上年减少 54 万人，出生率为 6.39‰；死亡人口 1110 万人，死亡率为 7.87‰；人口自然增长率为−1.48‰。与此相对应的是，我国总和生育率从 20 世纪 70 年代之前的 6 左右，降至 1990 年的 2 左右，再降至 2010 年后的 1.5 左右，2022 年 1.05，2023 年在 1.0 左右。如果与生育政策效果和老龄化发展趋势综合研判，人口规模收缩将成为长期状况。我国人口向经济中心、东部沿海经济发达城市聚集已经成为明显的现象。以东部沿海地区为重点的南方地区人口达到 8.3 亿，包括北京、天津、西安、沈阳等人口集聚城市在内的北方地区人口为 5.8 亿。北方地区人口规模较大的山东、河南、河北、辽宁四省人口占全国总人口比例为 27.71%。

比较我国一、二线城市和三线及以下城市发展状况的差异，既有研究结论较为一致。一、二线城市在较大规模的人口基础上，经济活动种类多元、城市经济活动中的基本生活消费基数大，总体经济规模大，支撑生产性服务业和生活性服务业业态丰富、较为繁荣。而三线及以下城市人口规模小、制造业对服务业的拉动效果不明显，服务业的现代化水平较低，教育、医疗、托幼、养老等重要民生领域高品质公共服务供给不足。而作为主要构成的黄河中上游流域尽管也有新一线城市得到社会认可，但大多数城市还处于四五线城市队列，黄河流域新一线城市在全国 TOP 50 高品质城市中也居于后位。这种状况对四五线城市发展提出了明确的要求，即按照城市品质—经济发展交互促进的规律，应促进区域人口向重点城市集聚，推动重点城市经济活动多层次、多元化发展，针对既有的产业基础条件，促进产业融合创造更多的劳动就业岗位。同时，应对科技资源向发达城市集聚的趋势，应加强重点城市人才中心和创新高地建设，形成增长动力源的极中之极。

三 进一步促进黄河流域经济高质量发展思路与建议

（一）国家层面

制定针对培育黄河流域经济发展动力的专项政策，精准对接黄河流域不同

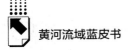
区段的经济特质，以国家投入引导人口等要素流向，弥补黄河流域生态保护和高质量发展中的市场缺失。在《黄河流域生态保护和高质量发展规划纲要》的基础上，跟进资本布局、市场需求变化，分类指导精准制订黄河流域各区段经济转型推进计划，在黄河流域中上游加大重点城市改造更新计划投资规模，避免分散投资对区域资源向重点城市集聚的扰动，鼓励中上游各省区向重点城市集中集聚本区域资源。制订重点城镇建设资助计划，以重点城市建设增强转型发展动力，以重点城镇建设提升周边农牧区基本公共服务均等化质量。

完善生态价值实现制度，完善黄河流域碳汇市场，推进黄河中上游流域与国内其他区域的碳排放交易机制，促进生态功能价值实现市场化，引导发达城市生态环境建设资金向黄河流域、黄河中上游流域汇集。制定黄河中上游流域农户生态建设劳动价值实现体制机制，以碳汇集增量为价值实现手段，建立向农村集体林承包农户购买生态功能价值的制度，引导农牧业生产劳动投向生态功能建设。

建立支持黄河流域高耗水、高排放产业异地转移的财政政策、土地政策，抓住国家产业升级、产业布局调整时期为黄河流域企业搬迁提供的"窗口期"有利时机，给予黄河流域周边城市吸纳黄河流域企业搬迁至本地的土地政策，扩充黄河流域所在省区以及对口支援省区产业空间，促进黄河流域资源加工制造业等生态环境不友好产业的加速转移。

（二）黄河流域

制定区域协同政策，搭建区域协同平台，建立区域协同机制。创新区域合作制度，推进合作领域多样化；构建协调机制，推进协调重点实体化；创新合作模式，实现参与主体多元化，共同行动，实现区域之间共商、共治、共建、共享，弥补政府、市场和社会单一主体治理的局限性，而形成的一定区域内各政府间融通促进区域发展的全新工作机制。加强各级政府间合作，在达成协同共识的领域，通过规划、政策等行政手段达成各地政府一致的行动。建立会议、联盟等共商机制，制定共同目标，优化经济空间布局，确认区域法律主体地位，配置区域间权利义务关系，协商并兑现地区间的经济利益转移的制度安排或体制设计，构建省际、市际、区际利益平衡机制。打通现代化互联互通基础，加强区域各城市间的通道建设，统筹人货通道建设，完善高速公路、国省道等公路体系建设，强化高速铁路、货运铁路建设支撑，构建起高质量的人货通道；强化信息通道建设，推动各城市间信息管理部门加强联系，在信息基础设施、信息平台建设、信息企业培育方面加强合作；共建共享标准化、智能化的生产要素流通网，打造互联互通、集约高效、智慧绿色、安全可靠的现代化基础设施体系。统筹产业布局和转移，实现区域内差异化、相互配套的系统化发展格局，强化产业一体化导向，引导产业优化布局，共同发布鼓励发展的产业集群、一体化产业链、关键技术、重要产品目录，出台倾斜性和限制性产业政策，通过一体化的财政、税收、金融等手段，支持产业链、创新链延伸，推动产业创新。推进土地、劳动力、资本、技术等要素市场化配置突破区划限制，落实统一的市场准入制度，推进区域产业技术市场、信息资源市场、人力资源市场以及征信平台、大数据平台、公共资源交易平台等建设，发展人力资源服务产业园联盟、知识产权保护联盟、智慧城市联盟，共同推进区域间政策执行、人口服务管理、公共安全等事宜。建立区域之间的乡村振兴合作机制，建立区域间城市以及特大型企业与农村牧区对口发展关系，就高标准农田建设、农田水利基础设施建设、肉牛肉羊等畜牧业发展、农村防灾减灾以及应急体系建设常态化、制度化的合作机制。

B.18
四川黄河流域农牧民生计转型影响因素、转型效应及路径选择[*]

柴剑峰　王景[**]

摘　要： 四川黄河流域农牧交错区经济社会的发展使农牧民生计能力不断提升，推动农牧民向与高质量发展要求相适应的可持续生计模式转型是黄河流域生态保护和农牧区振兴的重要支撑。本文构建了黄河流域农户生计模式体系，通过问卷调查获取数据，分析发现大多数生计指标在农户不同生计模式中存在显著差异，且各因素对农户生计策略进程产生影响。通过进一步入户访谈分析农牧民生计转型的社会效应、经济效应和生态效应，本文从五种生计资本维度研究农牧民生计转型困境，提出农牧民生计转型的路径建议。

关键词： 四川黄河流域　农牧民　生计转型

党的二十大报告明确提出中国式现代化是人与自然和谐共生的现代化，要推动黄河流域生态保护和高质量发展。2019年黄河流域生态保护和高质量发展战略的提出，是人与自然和谐共生基本方略在空间经济格局上落地的重要遵循。四川黄河流域上游五县是以藏族为主的多民族聚居区，自然环境恶劣、经济发展滞后、社会问题复杂、生态系统重要且脆弱、民族宗教文化特殊。该地区生计基础条件差、生计资本薄弱、生计困境突出，涉藏地区农牧民生计转型难，生计可持续性较低。近年来，随着四川黄河流域农牧交错区经济社会的发

---

[*] 本项目为国家社科基金项目"川甘青滇涉藏农牧区相对贫困人口生计转型综合调查与优化策略研究"（21BMZ126）阶段性成果。

[**] 柴剑峰，博士，研究员，博士后合作导师，四川省社会科学院研究生学院院长，主要研究方向为劳动经济、生态经济；王景，四川省社会科学院经济研究所研究生，主要研究方向为劳动经济、生态经济。

展，农牧民生计能力不断提升，生计非农化、兼业型、多元性特征凸显，推动涉藏地区农牧民向与高质量发展要求相适应的可持续生计模式转型，有利于推动四川省黄河流域涉藏地区长治久安、永续发展。

一 四川黄河流域农牧民生计资本解释体系构建

农户生计策略的转型是一个动态过程，受到多种内生和外生因素的影响。农户生计模式转型达成生计目标受到农牧民知识技能、社会网络的影响，与政策导向、市场条件、技术进步相关，被资源禀赋、气候环境制约，这些因素改变农户的生计环境和机会结构进而影响农户的生计决策。本文借鉴英国国际发展部建立的可持续生计分析框架，从人力资本、社会资本、金融资本、物质资本和自然资本入手，结合四川省黄河流域农牧民生计现状，构建农户生计资本解释体系，见表1。这些资本的组合和变化与农户生计策略选择直接相关，本文将进一步分析其对农牧民生计转型进程产生的影响。

表1 农户生计资本变量含义及具体赋值情况

资本类型	变量名称	变量解释与赋值
人力资本	劳动力人数	家庭劳动力数量
	户主年龄	户主年龄
	健康状况	户主健康状况,健康=5;比较健康=4;轻微疾病=3;重大疾病=2;残疾=1
	受教育水平	户主受教育水平,文盲=1;小学=2;初中=3;高中=4;大专及以上=5
	村里培训	近三年参加村里组织技能培训的累计时间,无=1;1周=2;1个月=3;3个月=4;6个月及以上=5
社会资本	村干部人数	家里村组干部人数
	外出务工人员	亲戚朋友中是否有人外出工作,是=1;否=0
	网络使用	通过上网搜索或者手机App获取生产技术或市场信息,经常使用=3;偶尔使用=2;从未用过=1
	新型经营主体	是否有新型农业经营主体为你提供服务,是=1;否=0
金融资本	银行贷款	近3年是否向银行贷款,是=1;否=0
	民间借款	近3年是否通过亲戚、朋友、资金互助社等民间渠道借款,是=1;否=0
	资金扶持政策	是否享受过生计发展扶持政策,是=1;否=0

255

续表

资本类型	变量名称	变量解释与赋值
物质资本	牲畜数量	根据藏区牲畜市场价,将牲畜数量换算为单位牛数量,即1头牛=3头猪=4只羊=150只鸡
	牲畜变化	牲畜较3年前的变化,减少=1;不变=2;增加=3;增加较多=4
	交通运输工具	交通运输工具数量
自然资本	草地变化	草地质量较3年前的变化,明显变坏=1;有点变坏=2;无变化=3;变好=4
	人均耕地面积	耕地面积+租用耕地-租出耕地/家庭人口数
	人均草地面积	草地面积+租用草地-租出草地/家庭人口数

当农户家庭中有劳动力参与本地非农生产,则将农户生计转型模式划分为非农经营;当农户家庭中有劳动力外出务工,则划分为外出务工。2023年7月,课题组继2017年调研之后再次前往石渠县、红原县、阿坝县、若尔盖县和松潘县,并以农户家庭为单位随机发放问卷调查涉藏地区农牧民生计转型进程,共收回问卷260份,有效问卷241份,问卷有效率为92.69%。问卷数据显示,纯农牧业个体生产只占研究区农户生计模式的少数,共6户,占比2.49%,与2017年62.36%相比大幅下降。从事非农经营的农户有96户,占比39.83%。家里劳动力外出务工的农户有196户,占比81.33%。本文通过对单因素方差分析(数值变量)或卡方检验(分类变量),判断各生计指标与农户不同生计模式转型是否相关。如表2所示,部分指标与非农经营或外出务工的生计模式显著相关。

表2 生计资本指标对不同类型生计转型的分析结果

资本类型	生计指标	生计转型模式		ANOVA/χ^2检验
		非农经营	外出务工	
	户数(户)	96	196	—
人力资本	劳动力人数	10.30***	0.22	ANOVA
	户主年龄	0.68	0.65	ANOVA
	健康状况	11.22***	0.09	χ^2
	受教育水平	5.84	5.89	χ^2
	村里培训	8.64*	16.40***	χ^2

续表

资本类型	生计指标	生计转型模式		ANOVA/χ² 检验
		非农经营	外出务工	
社会资本	村干部人数	0.20	0.88	ANOVA
	外出务工人员	6.32 **	0.10	χ²
	网络使用	0.37	7.21 **	χ²
	新型经营主体	3.84 **	15.55 ***	χ²
金融资本	银行贷款	0.73	3.13 *	χ²
	民间借款	0.02	1.62	χ²
	资金扶持政策	1.61	8.74 ***	χ²
物质资本	牲畜数量	2.87 *	1.72	ANOVA
	牲畜变化	11.32 ***	2.37	χ²
	交通运输工具	10.48 **	4.02	χ²
自然资本	草地变化	13.05 ***	7.13 **	χ²
	人均耕地面积	0.37	1.86	ANOVA
	人均草地面积	4.58 **	3.45 *	ANOVA

注：*** 、** 、* 分别表示在 1%、5%、10% 的水平上显著。

二 四川黄河流域农牧民生计转型进程影响因素

农牧民生计转型主要有两种方式，即参与非农生产或者劳动力外出务工。为进一步探究农牧民生计转型进程的影响因素，根据前文构建的农户生计资本解释体系，对非农生产转型农户的非农生产收入进行多元线性回归，对外出务工转型农户的外出务工人数进行有序逻辑回归，实证结果如表 3 所示。

表 3　生计资本指标对生计转型影响的分析结果

资本维度	解释变量	（1）	（2）
		多元线性回归	有序逻辑回归
		非农生产收入（元）	外出务工人数（人）
人力资本	劳动力人数	7,680.541 *** (2,606.944)	0.886 * (0.521)

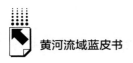

续表

资本维度	解释变量	(1) 多元线性回归 非农生产收入(元)	(2) 有序逻辑回归 外出务工人数(人)
人力资本	户主年龄	-168.978 (244.780)	-0.079 (0.053)
	健康状况4	1,382.926 (10,416.592)	-0.986 (1.860)
	健康状况5	-6,573.172 (6,812.444)	-1.131 (1.211)
	受教育水平2	6,126.157 (6,492.382)	-0.807 (1.210)
	受教育水平3	10,608.995 (7,475.793)	-2.111 (1.471)
	受教育水平4	-3,224.320 (10,119.015)	-3.355* (1.986)
	受教育水平5	62,590.251*** (17,425.579)	-5.982 (4.392)
	村里培训时长2	-11,587.786 (7,831.293)	0.190 (1.711)
	村里培训时长3	-7,599.222 (7,778.082)	1.511 (1.542)
	村里培训时长4	-39,676.697* (19,832.623)	11.134*** (4.194)
	村里培训时长5	-2,337.516 (8,777.644)	1.702 (1.852)
社会资本	村干部人数	3,680.547 (5,006.849)	-2.504** (1.212)
	外出务工人员	-8,349.657* (4,584.791)	1.229 (0.889)
	网络使用2	-13,271.891* (7,577.446)	2.922* (1.674)
	网络使用3	-4,791.158 (9,897.724)	7.613*** (2.489)
	新型经营主体	6,768.457 (6,340.340)	1.478 (1.285)

续表

资本维度	解释变量	（1）多元线性回归 非农生产收入（元）	（2）有序逻辑回归 外出务工人数（人）
金融资本	银行借贷	−8,090.224 (7,942.143)	−0.192 (1.629)
	民间借贷	−12,093.155 (7,888.801)	2.372 (1.572)
	资金扶持政策	2,809.339 (7,533.850)	−0.260 (1.520)
物质资本	畜生数量	−1.877 (102.570)	−0.011 (0.017)
	牲畜变化2	28,705.709 (18,524.543)	−2.679 (3.502)
	牲畜变化3	17,781.972 (19,970.402)	−1.263 (3.844)
	牲畜变化4	14,853.150 (21,672.863)	2.155 (4.170)
	交通运输工具	−10,361.020 (7,879.201)	2.453 (1.574)
自然资本	草地变化3	7,627.436 (8,394.598)	−3.037 (1.767)
	草地变化4	12,867.894 (11,843.878)	−3.008 (2.329)
	人均耕地面积	−610.839 (3,152.447)	−0.505 (0.569)
	人均草地面积	−377.490 (1,473.586)	−0.119 (0.263)
	Constant	−13,642.122 (20,258.456)	Prob>chi2 0.0000
		R−Squared 0.738	
Observations		241	

注：括号内为标准差，***、**、*分别表示在1%、5%、10%的水平上显著。

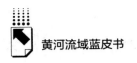

（一）人力资本维度

劳动力人数能显著增加农户非农生产收入和外出务工人数，劳动力人数增加为农户提供更多的人力从事非农生产或外出务工，推进农户向非农生产转型或外出务工转型的进程。受教育水平对农户非农生产收入有促进作用，受教育水平达到大专及以上农户相较文盲对非农生产收入的影响显著。村里培训时长对农户非农生产收入有抑制作用，且累计培训时长达3个月的农户相较未受培训农户对非农生产收入的抑制作用显著，可能的原因是农户选择性地参加村里关于农牧技术的培训，故倾向于通过提升农业生产效率以增加农牧业收入从而达成生计目标，或者有效的就业培训促使农牧民更愿意外出务工而非在本地进行非农生产。可以发现，村里培训时长对农户外出务工人数有促进作用，且累计培训时长达3个月对农户外出务工人数的促进作用显著，说明必要的技能培训和就业服务有利于增强农牧民外出务工从事非农工作的能力并增加就业机会。

（二）社会资本维度

家里村干部人数对农牧民非农生产收入有正向影响，对外出务工人数有显著抑制作用。可能的原因是村干部倾向于发展本地生产经营项目，强化本地文化认同感，使农牧民获得更多本地生产经营的机会，倾向于回乡创业而非外出务工。有亲戚朋友外出工作对非农生产收入有显著抑制作用，而对外出务工的生计选择有促进作用。可能的原因是外出务工的亲戚朋友获得收益以及工作机会和经验的分享对选择外出务工有激励作用，减少对本地生产的依赖。使用网络获得生产技术或市场信息对非农生产收入具有抑制作用，且偶尔使用相较不使用的抑制作用显著，而网络使用对外出务工有显著的促进作用，且使用频率越高，促进作用越显著。可能的原因是网络使用打破信息壁垒使农牧民获取大量外出务工机会的信息，提供丰富的教育和培训资源方便农牧民掌握外出务工流程和技能，从而增加外出务工的吸引力，也降低对外出务工的风险感知。但是网络提高了农牧民对非农生产所需要的基础和信息设施的现实预期，网络提供的市场信息与本地非农生产相关技能和资源不匹配，从而抑制了农牧民的非农生产收入。新型经营主体对农牧民非农生产收入及外出务工均有正向影响，但不显著，可能因为新型经营主体主要提供农牧业相关生产资料供给、生产技术指导和产品销售服务。

（三）金融资本维度

银行贷款和民间借贷对农牧民非农生产收入和外出务工人数的影响并不显著，根据访谈可知，农牧民贷款用途主要是子女教育、重大疾病医疗、改善家庭住房条件等，由于对金融资本的认知和投资技能有限，难以在生计转型之后善用资金扩大非农生产规模或用于外出务工。生计发展的资金扶持政策对非农生产收入有正向影响，对外出务工人数有负面影响，且均不显著。可能的原因是政府扶持资金具有地域性或时效性，未能覆盖有需要的农牧民并得到合理使用，或者政策刺激与市场信息错位，市场饱和使得资金投入在特定时间段后失效。

（四）物质资本维度

牲畜数量和牲畜变多对农牧民外出务工具有抑制作用，但不显著，牲畜数量的增加占用大量资金和劳动力，对农牧民外出务工人数产生了一定的挤出效应。而牲畜饲养虽然同样会减少农牧民参与非农生产活动，但牲畜数量相比以前变多带动农牧民从事与之相关的非农产业，如饲料生产、畜牧产品加工等，从而增加了非农生产收入。交通运输工具数量抑制农牧民非农生产，促进农牧民外出务工，但影响不显著。交通工具增加了外出务工的便利性，与外出务工的流动性特性相符。

（五）自然资本维度

草地质量变好对农牧民非农生产收入具有促进作用，对农牧民外出务工人数具有抑制作用，但不显著。草地质量变差迫使农牧民生计模式发生转变，选择非农生产及外出务工，而草地质量变好提高了畜牧业的生产效率，促进畜牧业相关产业发展，提高非农生产收入，同时增加畜牧业对劳动力需求，减少外出务工人数。人均耕地面积对非农生产收入和外出务工人数均有抑制作用，但不显著。由于深厚的乡土情结和对土地的惯性依赖，农牧民在耕地资本增加时倾向于投入更多劳动耕种土地而不是分散风险、丰富其他生计模式。人均草地面积对非农生产收入和外出务工人数均有抑制作用，但不显著。牧区及半农半

牧区牧民对草地资源变动敏感，这些区域往往生计模式有限，草地资源增加会促使牧民增加牲畜数量，固化其传统的生计模式。

三　四川黄河流域农牧民生计转型效应分析

2023 年 7~8 月，课题组前往四川黄河流域上游五县，根据前期收集的 241 份有效问卷数据反映的农牧民生计转型进程情况设计转型效应和困境等相关问题，在地方基层工作人员的带领下深入 60 户农户家庭进行访谈，与农户聊天问答并由记录员填写问卷，最终整理归纳成 60 份访谈材料，通过筛选，共获得有效样本 59 份。

（一）转型进程及其效应

59 户农户中有 53 户农户选择务工为就业方式之一，44 户会从事农牧业经营，36 户农户选择种植业养殖业为就业方式之一，28 户选择挖虫草采松茸等林下经济，43 户农户选择兼顾务工和农牧业，其中有少数 3 户农户会同时从事第二、第三产业经营，包括交通运输、批发零售、餐饮民宿等其他非农牧业经营，4 户选择纯第二、第三产业经营。问及开始从事非农经营的时间，大部分农户从 2019 年之后开始涉足非农经营，经营困难多种多样，如资金短缺、经营管理能力欠缺、人脉欠缺等。选择种植业养殖业为就业方式之一的 36 户农户中有 26 户选择今后继续从事农业经营，且大多数人选择保持现状，仅极少数人会选择流转土地扩大规模或者从事户前、户后销售。不准备继续从事农业经营的农户绝大多数选择离开农牧区进城务工，极少数人选择就地非农就业。

1. 社会效应

首先，生计转型农牧民分享到数字发展红利。入户访谈发现，信息技术发展给研究区农牧民带来新的发展机遇，村镇物流体系和网络设施逐步完善，农牧民接受数字技能培训或者家中大中学生对数字技术熟练，让农牧民分享到数字发展红利并从消费领域向生产领域逐步扩张。访谈农户中有 46.6% 的农户偶尔通过上网搜索获得生产技术或市场信息，25.9% 的农户经常使用，27.5% 的农户从未使用。利用网络提升人力资本有助于农牧民生计转型。其次，生计转型让农牧民的生活满意度和社会关系网络及社区支持度提升。当农户被问及对当前家庭生产就业模式的满意度时，48.7%的农户表示非常满意，29.3%的农户表示满意，表示不满意的农户不到10%。且68.3%的农户对政府提供的帮助表示非常满意，29.2%的农户表示满意或一般，大多数农户受过农牧业生产技术指导培训，政府对生产资料的提供和农产品销售服务较少，仍有大量农户存在农产品销售的帮扶需求。随着生计转型和产业生计的逐步推进，农牧民对生活的诉求发生根本变化，从维持基本生存需求转向对医疗、保障、教育、社区、政府、责任、能力等多维度发展需求，最直接的表征是随着区域全域旅游的发展，大量外来游客带来新的思想观、生活观和价值观，农牧民受此影响，在着装、饮食、生活用品、生活习惯等方面出现变迁，物质上的转变促使人们生产生活意识发生转变。

2. 经济效应

首先，农牧民生计转型让传统农业总收入更稳定。访谈中有2/3的农户参加了村上组织的产业发展项目，44户从事农牧业经营的农户中有39户接受了新型农业经营主体的服务，大部分为合作社和村集体组织，少部分为业主和农业生产社会化服务组织，然而，新型农业经营主体对农户的带动不能显著提高农牧民收入，只能使其收入更稳定。其次，生计转型增加非农就业渠道和收入，并增加了总体经济收入。访谈农户中有84.7%的农户近三年工资性收入保持增长或不变，47.4%的农户工资性收入保持增长，90%以上的农户非农经营性收入保持增长。出于生态环境保护需要，当地政府先后推行退耕还林、自然资源确权以及劳务输出等措施，多元化开辟增收渠道，形成以畜牧业收入、土地流转收入、工资性收入（主要为旅游业收入或临时工收入）、补贴收入为主的家庭收入结构。除此之外，整合部门资源，开发护林护草、河道巡管、道路养护、卫生清洁等公益性岗位作为兜底途径，兜底安置劳动力实现就近就业，确保有劳动力的贫困家庭至少有1人就业。最后，农户拥有的物质资产更加丰富，享受更多的资金扶持。访谈中有73.4%的农户家中拥有至少一种交通运输工具，17.5%的农户家中拥有两种及以上交通运输工具。大部分农户在生计发展过程中享受过补贴或奖贴、用地支持、信贷支持、产业发展支持资金等至少一项扶持政策，表达了希望通过银行等正规金融机构贷款进行农业生产性投资、非农生产性投资、修建或购买房屋等意愿。

3. 生态效应

生计策略转型可能同时带来正面和负面的生态效应。生计转型减少了农牧

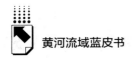

民对自然资源的依赖，促进植被覆盖度增加，生物多样性得到保护和恢复，访谈中有 65.7% 的农户认为草地质量开始变好，18.7% 的农户认为草地有点变坏，12.5% 的农户认为草地没有变化，不存在草地明显变坏的情况。同时生计转型带来了负面效应。例如在与地方政府的座谈调研中提到旅游业的快速发展带来垃圾增多和公共厕所脏乱臭等现象。虽然研究区生态系统的保护及生态功能的恢复卓有成效，但一刀切的生态保护政策对尚未找到合适生计模式的农户带来收入骤减的生存压力。生计模式转型与生态保护两者应相互适应，积极推进草原生态保护补助奖励政策、护林员等公益性岗位、稳定发放生计发展资金、科学规划畜群结构和放牧时间、因地制宜探索农业技术等措施发挥重要的衔接作用。随着草原过度放牧危害性的普及教育，农牧民对放牧的认识趋于客观："过度放牧会让老鼠更多，让我们生活环境更糟，但是如果不放牧，我们的生活可能会更糟！"近年来的生态教育已经取得了较好的效果，当可替代的生计模式给予农牧民更多选择时，生态转型即可转变为现实。

（二）转型困境

调研发现，虽然有些农牧民表现出强烈的转型意愿，但是导致农牧民无法实现生计转型的原因较为复杂。整理农牧民的口述资料，我们以主观者视角整理原因如图 1 所示。

1. 人力资本维度

造成生计转型困境的深层次原因之一是农牧民生计转型能力不足。国家和地方在教育方面制定了许多扶持政策，但是以放牧为单一生计方式的家庭，为了维持生存，仍选择牺牲子女受教育权利，致使现在的农牧民普遍的受教育水平低，平均受教育年限仅达到 8 年，明显低于全省水平，缺乏专业工作技能、学习能力不足等造成生计方式转变困难，无法适应新的生产方式，陷入代际贫困。

2. 社会资本维度

部分转产农牧民，部分收入来源于旅游业收入或临时工种，但由于季节性原因，每年只有旺季的 3~4 个月能有岗位，旅游业收入不稳定，彻底转产转业较为困难。同时，研究区缺少带动力强、吸纳就业岗位多的新兴产业和龙头企业。

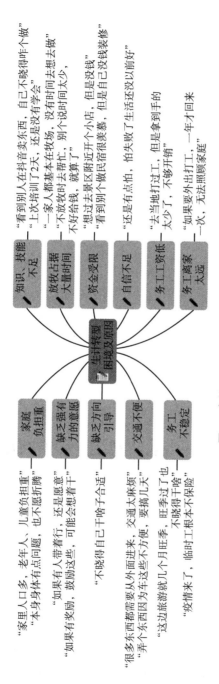

图 1　农牧民视角下生计转型困境示意

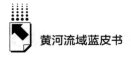

3. 金融资本维度

农牧民的融资能力较弱，在生计转型过程中，无论生计脆弱性高低，资金缺乏是极为普遍的现象，在生计转型过程中需要的创业资金（如小本生意、运输等资金）极为短缺，新型农业经营主体融资难、融资贵的问题普遍，往往只能凭借家庭资金和非正规网络获得的资金，农牧民期望能通过银行等正规金融机构贷款。

4. 物质资本维度

家畜养殖是研究区农户长期以来养成的生产生活习惯，同时也是家庭财富的象征，农户对这种生计模式比较依赖，不愿轻易放弃，从而困住了大量劳动力。且研究区内普遍存在养殖方式粗犷、现代化发展水平较低、农畜产品较为原始初级、精深加工少、产业链条短、三产融合程度不高、缺乏区域性品牌、市场竞争力不强等问题。

5. 自然资本维度

在自然因素影响下，研究区生态破坏问题仍较为严重，人为扰动不断加剧研究区生态系统退化，进一步约束了当地农牧民生计行为。生态脆弱性的长期演化难以在短期内得到改善，改善之后也需要较长时间来完成经济效益转化。但是缺乏弹性的生态保护政策的执行阻碍了农牧民的转型进程，甚至使其面临生计空间被压缩的困境。

四 四川黄河流域农牧民生计转型路径选择

生计资本提升是农牧民生计模式转型推进的基础，拥有较多生计资本的农户抵御风险的能力强，且生计模式因多样性而能灵活调整。应通过生计资本的提高带动农牧民生计转型，促进地区经济发展、生态环境改善，实现地区经济和生态发展的双赢。

（一）提升人力资本

人力资本的不断提升使农牧民逐渐摆脱了以往单纯"靠天吃饭"的生计活动，是农牧民生计实现实质性转型的必要条件。一是提升农民的数字技能。向农牧民推广智能水肥一体化等数字化、智慧型的农业生产技术，利用数字技术解放劳动力，提高效益。提高劳动者数字素养，不定期地分享电商致富带头人成功经验，按需开展实用技能培训，提供技术工具支持。二是加强乡土人才发掘。积极发掘和培养农业科技人才、乡土人才、新型职业农民等，建立乡土人才数据库，不断提升其素质、发挥其潜能，为其创新、创造、创业提供各方面的支持和帮助，发挥乡土人才在技艺传承、特色产业发展方面的带动作用。三是加强技术交流指导。配齐县局和乡镇农技综合服务站人员，加强对现有农牧民队伍知识更新的培训力度，发挥农技推广体系建设作用，加强与院校合作，邀请专家到基层一线教授农业相关技术，指导技术人员，更好地为农牧民服务。

（二）增加社会资本

社会资本的丰富促进农牧民生计策略转型的深入和收益提高。一是培育新兴市场主体。培养龙头企业经理人、农民合作社带头人、家庭农场主、专业户，创新产业组织形式，形成"龙头企业+基地+农户""企业+合作社+农户"等生产经营模式，增加农牧民经营性收入。提高农牧区龙头企业的竞争力和品牌影响力，带动绿色生产。二是拓展非农就业途径。突破工地建设和外出务工两种单一的就业渠道，增加文艺队员、交通执法员等工资性收入，延续落实公益性岗位，建立合理的劳务报酬增长机制以调动百姓积极性。推动传统农牧业与第二、第三产业融合，联动农牧副产品加工业、物流运输业等行业，推进民族手工业、文化旅游业等产业发展，拓宽非农就业渠道。三是探索合作对口帮扶模式。四川省级中心城市帮扶省内黄河流域地区传统产业转型，东部沿海发达地区对四川省黄河流域上游五县提供对口支援，共建产业园区，探索在对口援建地打造特色产品飞地园区，打通劳务向外输出通道，引导更多青壮年劳动力跨区域就业。

（三）引导金融资本

金融资本某种程度上打破了地区"低水平均衡陷阱"，减少了农牧民对自然资源环境的直接依赖。一是政府资金支持。州级责任部门和各县市落实土地出让金政策，整合中省资金、衔接资金、援建资金、金融资金，通过贴息、担保、补助、奖励等形式支持农牧民生计转型和产业带建设，落实产业

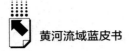

衔接资金的使用，稳定增长政策性补助资金。二是注入社会资本。加大招商引资力度、改善营商环境，加大政策优惠力度，用好地方政府专项债券、政府引导基金等投资工具，支持政府和社会资本合作，引导各类资金参与投资，创新资本的产业运作模式。三是农户融资保障。优化农牧区金融网点布局，支持设立农户生计支持金融专营机构，在土地、资金等方面出台一系列保障措施，鼓励开展信用贷款和小额贷款保证保险试点，开发符合农牧民非农经营特点的金融产品和服务模式，解决新型农业经营主体融资难、融资贵的问题。

（四）改善自然资本

一是推动生态产品价值转换。大力培育和发展能源节约型产业，促进休闲度假产业生态化，持续推进生态补偿机制，政府和市场共同引导、农牧民主动参与，推动绿色发展方式，提供更多绿色就业岗位，助力农牧民守住"绿水青山"并转变为"金山银山"，支撑经济社会可持续发展，支撑农牧民生计升级。二是完善基础设施建设。将闲置资金更多地聚焦在产业发展相关的道路上，提高主干道建设和资金投入标准。完善农牧区集中居住区的网络基础设施建设。对极少数生存和发展条件困难的村庄和农户进行生态移民，聚集分散居民利用地区优势发展相应产业。三是健全治理机制。健全责任机制，整合跨部门事项，加强协同配合、形成整体合力，确保责任链条无缝对接。完善对治理过程和治理绩效的评估，建立农牧民生计转型考评机制和验收办法，突出对生态保护农牧民的物质激励和精神奖励，完善相配套的各项政策法规，提高政策有效供给能力。

（五）优化物质资本

现代化信息、科技手段和现代经营理念的渗透，改变了农牧民进入物质资本的方式。一是传统产业转型。推动传统畜牧业向生态优先、集约增收、观光休闲、自然教育、文化传承等多功能拓展，打造适度规模的现代化农业，激发农牧民活力，整合生计资源，为农牧民转变生计方式提供更多可能性。二是发展特色产业。按照"宜农则农、宜旅则旅、宜牧则牧"的原则，以市场为导向，突出主导产业。建设国家级牦牛产业集群项目、藏香猪产业项目，异地换种提升牲畜品质，分片区打造特色林果、绿色蔬菜、道地中药材、生态食用菌、精品茶叶等特色产业，建造特色产业基地等。三是延伸农牧业产业链价值链。积极发展产地初加工和精深加工，提升农产品转化率，大力发展农村电商，加快建立完善冷链物流、仓储等服务体系，打造知名农产品品牌，提升品牌溢价能力，紧密对接市场，拓宽销售渠道，丰富营销手段。

参考文献

桑晚晴、柴剑峰：《川甘青毗邻藏区农牧民生计困境调研——基于川甘青三省八县的调查实证》，《资源开发与市场》2018 年第 2 期。

陈井安、柴剑峰：《川甘青毗邻藏区贫困农牧民参与旅游扶贫新探索》，《民族学刊》2019 年第 3 期。

柴剑峰、龙磊：《基于 Logit—ISM 模型的川西北藏区农牧民非农就业影响因素研究——来自 DC 县 315 户贫困农户的调查数据》，《农村经济》2019 年第 9 期。

王晓川、孙秋雨：《黄河流域产业匹配动态演变及其对经济高质量发展的影响——以高端服务业与先进制造业为例》，《经济问题》2023 年第 6 期。

王珏、吕德胜：《数字经济能否促进黄河流域高质量发展——基于产业结构升级视角》，《西北大学学报》（哲学社会科学版）2022 年第 6 期。

聂爱文、孙荣垆：《生计困境与草原环境压力下的牧民——来自新疆一个牧业连队的调查》，《中国农业大学学报》（社会科学版）2017 年第 2 期。

王丹、黄季焜：《草原生态保护补助奖励政策对牧户非农就业生计的影响》，《资源科学》2018 年第 7 期。

刘永茂、李树苗：《农户生计多样性发展阶段研究——基于脆弱性与适应性维度》，《中国人口·资源与环境》2017 年第 7 期。

石智雷、杨云彦：《家庭禀赋、家庭决策与农村迁移劳动力回流》，《社会学研究》2012 年第 3 期。

沈茂英：《西南生态脆弱民族地区的发展环境约束与发展路径选择探析——以四川藏区为例》，《西藏研究》2012 年第 4 期。

许汉石、乐章：《生计资本、生计风险与农户的生计策略》，《农业经济问题》2012 年第 10 期。

黄祖辉、杨进、彭超、陈志刚：《中国农户家庭的劳动供给演变：人口、土地和工资》，《中国人口科学》2012 年第 6 期。

张改清、刘铄：《黄河流域农业现代化水平时空演化及障碍因素解析》，《农业现代

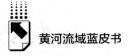
化研究》2023 年第 4 期。

向道艳、周洪、林妮等：《劳动力转移程度对农户牲畜饲养行为的影响——基于生计转型视角》，《西南大学学报》（自然科学版）2023 年第 11 期。

任以胜、陆林、程豪、虞虎：《流域生态补偿与乡村居民可持续生计互动的研究进展与展望》，《自然资源学报》2024 年第 5 期。

B.19
山西煤炭产业高质量发展研究

郭永伟　逯晓翠*

摘　要：　"双碳"目标下，绿色、低碳、智能、高效成为引领工业高质量发展的关键词。"富煤贫油少气"的能源资源禀赋决定了煤炭是我国能源供应体系和化工原料体系的"压舱石""稳定器"，在保障国家经济社会正常发展中有着举足轻重的作用和地位；21世纪以来，我国石油、天然气对外依存度持续走高，能源安全形势面临极大的风险隐患。山西作为全国重要综合能源基地、全国能源革命综合配套改革试验区，在转型发展过程中，勇担煤炭增产保供重任，不断推进数智融合发展，加快绿色矿山建设步伐，积极探索煤炭清洁高效利用途径，充分发挥煤炭资源优势、产业发展优势，强基固本、错位发展，为保障国内煤炭市场稳定、推动经济平稳健康发展提供坚实的能源支撑。

关键词：　山西　煤炭产业　清洁高效利用　高质量发展

"富煤贫油少气"是我国能源资源禀赋的基本特征。进入21世纪，我国经济步入发展快车道，城镇化加速推进，国民生产生活水平不断提高，能源需求快速增长，石油、天然气等清洁能源自给率快速下降。2009年，我国原油进口依存度突破国际公认的50%警戒线后持续走高，于2011年超越美国成为全球第一大石油进口国和消费国。近年来，原油对外依存度在70%附近波动，天然气对外依存度也徘徊在40%的高位。能源安全成为影响我国经济正常发展、社会稳定的严重隐患因子之一。

能源是工业的粮食、国民经济的命脉。煤炭作为我国主要能源，存量丰

---

*　郭永伟，山西省社会科学院（山西省人民政府发展研究中心）研究三部副部长、副研究员，主要研究方向为能源经济、生态经济；逯晓翠，山西省社会科学院（山西省人民政府发展研究中心）研究三部助理研究员，主要研究方向为能源经济、应用经济。

富，是自主保障能力最强的能源种类。国内能源领域专家经过严谨分析得出一条重要论断：煤炭是我国能源供应的"压舱石""稳定器"，在较长时间内煤炭的主体能源地位不会发生改变。黄河流域是我国煤炭资源聚集区和主产区，我国14个大型煤炭基地中有9个分布在这一区域，承担着保障国家能源安全的重要任务；在这9个大型煤炭基地中山西独占三席，山西推进煤炭产业高质量发展，既是"先立后破"夯实煤炭产业根基、强化构建以煤为基础产业发展体系的路径选择，又是"勇担使命"坚守国家能源安全、加快建设国家综合能源基地的战略选择，同时也为沿黄地区煤炭产业高质量发展提供了经验和发展路径。

一　山西煤炭资源概况

山西是全国重要的能源生产供应基地。统计数据显示：党的十八大以来，山西累计产煤100多亿吨，占同期全国煤炭产量的近1/4，累计外调量超70亿吨，占同期全国外调量的70%，煤炭外调全国28个省（区、市），极大地支持了全国兄弟省份经济建设和社会发展。从《中国矿产资源报告（2023）》发布的数据来看：截至2022年底，在全国已探明化石能源资源储量中，煤炭储量高达2070.12亿吨；其中，山西煤炭保有储量483.1亿吨，占全国保有资源储量的23.34%，位居全国首位。在山西119个县（市、区）中，94个县（市、区）有煤炭资源分布，含煤面积6.2万平方公里，约占全省国土总面积的40%，煤炭埋深在1200米以浅的覆盖率达90%左右。山西煤炭分布广、储量大、埋藏浅、易开采、煤种多、煤质优等特点使山西成为世界五大煤炭主产地之一，煤炭产业高质量发展既是山西转型发展的必由之路，也是山西夯实国家能源安全根基的必然选择。

二　山西煤炭产业高质量发展取得的成效

近年来，山西立足转型发展、综合能源革命试点建设，坚持"五个一体化"①

---

① 五个一体化：煤炭和煤电、煤电和新能源、煤炭和煤化工、煤炭产业和数字技术、煤炭产业和降碳技术一体化。

融合发展，深入推进能源革命，加强煤炭清洁高效利用，加快规划建设新型能源体系，支撑和推动煤炭产业高质量发展。

（一）煤炭产量稳步提升

从图 1 可以看出，山西煤炭产量稳步上升。山西原煤产量从 2016 年的 8.30 亿吨增加到 2023 年的 13.78 亿吨，净增长 5.48 亿吨，年均增速 6.54%，高出全国年均增速（4.12%）2.42 个百分点；山西原煤产量占同期全国原煤产量的比重也基本呈上升趋势，由 2016 年 24.33% 提高到 2023 年的 29.25%，增加 4.92 个百分点。自 2020 年以来，面对新冠疫情、"双碳"目标和能源安全新变化等形势，山西坚决担起国家能源安全的重大责任，连续四年山西煤炭产量排在全国各省份的第一位（见表 1）。五年来，山西煤炭累计增产 3.89 亿吨，全国煤炭累计增产 8.74 亿吨，山西煤炭生产增加量占同期全国增加量的 44.51%，几乎达到一半，扛起了全国煤炭增产保供的"半壁江山"。

图 1　2016~2023 年全国与山西原煤产量及山西占比情况

资料来源：全国数据来自《中国统计年鉴》（2017~2023 年），山西数据来自《山西省国民经济和社会发展统计公报》（2016~2023 年）。

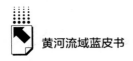

表1 2019~2023年全国原煤产量排名前10的省份

单位：万吨

省份	2019年	2020年	2021年	2022年	2023年
山西省	98795	107917	120346	132009	137752
内蒙古自治区	109068	102551	106990	117409.6	121099.3
陕西省	63630	67973	70192	74604.5	76136.5
新疆维吾尔自治区	24165	26966	32148	41282.2	45672.5
贵州省	13168	12055	13232	12813.6	13122.1
安徽省	10989	11084	11274	11176.9	11206.5
河南省	10983	10647	9372	9772.8	10214.8
山东省	11918	10945	9312	8753.1	8705.8
宁夏回族自治区	7477	8152	8670	9355.4	9889.1
黑龙江省	5391	5558	6016	6951.8	6813.5

资料来源：国家统计局。

（二）煤矿智能化建设快速推进

从2023年上半年国家通报情况来看，全国已累计建成2320个智能化工作面，智能化建设投资总规模接近2000亿元，已完成投资超过1000亿元，现场应用的煤矿机器人达到31种、1000台套[1]。其中，山西智能化工作面占比达到47%，走在了全国前列。从已建成的智能化工作面看，理想状态下减人率达到30%，工效平均提升20%以上，单产平均提升10%以上[2]，"减人增效"效用显著。据山西省发展和改革委员会介绍，截至2024年1月，山西已建成10座国家智能化示范煤矿，已累计建成5G基站8万多个；省内企业成功申报16个工业互联网标识解析二级节点，其中8个已建设完成并接入国家顶级节点[3]。全省已累计建成智能化煤矿118座，智能化采掘工作面1491处[4]，煤炭先进产能

---

① 韩荣：《山西：智能化煤矿建设按下"加速键"》，《科技日报》2023年6月21日，第3版。

② 张毅：《全省煤矿智能化建设提速提效》，《山西日报》2023年9月5日，第6版。

③ 仲蕊：《煤矿智能化升级加速》，《中国能源报》2023年9月4日，第13版。

④ 王龙飞：《我省累计建成智能化煤矿118座》，《山西经济日报》2024年1月18日，第1版。

占比达 81%①。此外，山西霍州煤电集团吕临能化有限公司庞庞塔煤矿 5G 智能矿山等 5 个项目入选工信部《2023 年 5G 工厂名录》②。

（三）煤矿数智融合发展成效显著

从 2020 年起，山西移动通信累计推动 297 个煤矿领域的 5G、工业环网及智能化改造项目落地，目前已打造 32 座 5G 智慧矿山，开通全国第一个井下 5G 基站，建成全国第一个 5G 智慧煤矿③。2023 年 7 月，《全国煤矿智能化建设典型案例汇编（2023 年）》展示了最新的全国煤矿智能化建设典型案例。其中，山西庞庞塔煤矿 5G 工业互联网应用、新元煤矿作业流程智能管控平台、华阳一矿高抽巷全断面快速掘进系统等 16 项案例入选，占全部案例的 20%④，山西煤矿数智融合发展成效显著，为煤炭行业技术进步、装备提升、管理创新、效益改善作出重要贡献。

（四）绿色矿山试点建设稳步推进

2023 年 7 月，山西焦煤华晋焦煤本部矿井 100% 建成省级绿色矿山，旗下沙曲一矿、沙曲二矿、吉宁公司入选"全国绿色矿山名录"，明珠公司入选"山西省级绿色矿山名录"。在 20 座煤矿入选"国家级绿色矿山试点单位"、建成 10 座省级绿色开采试点煤矿⑤的基础上，全面梳理、分析、总结各地先进经验，精准布局 40 个绿色开采技术应用试点煤矿建设；截至 2024 年 1 月，建成 20 个煤矿绿色开采试点示范项目，剩余 20 个试点项目也在积极推进建设中。稳妥推进新建煤矿井下矸石智能分选系统和不可利用矸石全部返井试点示范，目前已有 10 个试点示范工程开工建设⑥，其中庞庞塔

① 王龙飞：《山西推动能源绿色低碳转型取得重大成果》，《山西经济日报》2024 年 4 月 4 日，第 1 版。
② 晋帅妮：《我省 5 项目入选工信部〈2023 年 5G 工厂名录〉》，《山西日报》2023 年 12 月 5 日，第 1 版。
③ 仲蕊：《煤矿智能化升级加速》，《中国能源报》2023 年 9 月 4 日，第 13 版。
④ 马向敏：《全国煤矿智能化建设典型案例公示 我省十六项案例入选》，《太原日报》2023 年 7 月 19 日。
⑤ 张毅：《我省推动能源产业绿色低碳转型》，《山西日报》2023 年 8 月 21 日，第 2 版。
⑥ 张毅：《努力在能源革命上走在前作示范》，《山西日报》2024 年 1 月 16 日，第 1 版。

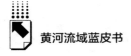
煤矿、东周窑煤矿、马道头煤矿等 3 个试点示范工程已建成，煤炭开采将更加绿色。

（五）现代煤化工体系趋于完善

近年来，山西充分利用传统煤化工产业基础，不断延伸发展下游、高端煤化工产品，初步形成以焦炉煤气为原料的多元化产品路线，以煤焦油、粗苯为原料的碳基新材料产业链，焦化化产深加工水平处于全国领先地位①。汇聚中国科学院山西煤化所、太原理工大学、赛鼎工程、太重集团、潞安化工、潞安化机、华阳新材料等一大批国内知名煤化工及碳基新材料领域的专业机构力量，为现代煤化工产业技术研发、工程设计和装备制造提供了重要力量支撑②。立足错位发展、优势互补和强链补链，重点打造 10 条煤化工重点产业链③④。潞安集团 180 万吨/年高硫煤清洁利用油化电热一体化示范项目、中煤平朔煤基烯烃一体化项目、孝义市鹏飞实业有限公司焦炉煤气制氢项目等一大批重点煤化工项目开工建设，部分已投产运营。其中，潞安集团 180 万吨/年高硫煤清洁利用油化电热一体化示范项目建成投运，打破国外煤制油技术的垄断，开发出五大类54 种产品 270 个规格型号的煤基合成产品，多个产品填补了国内空白⑤。

① 陈俊琦：《【筑梦现代化　共绘新图景——重点关注】支持山西推进现代煤化工示范基地建设》，《山西日报》2024 年 3 月 11 日，第 1、5 版。
② 晋帅妮：《让煤化工迈向高端多元低碳》，《山西日报》2023 年 7 月 18 日，第 5 版。
③ 高端碳材料 2 条：煤-煤基石墨-石墨烯/电容炭/多孔炭/泡沫炭、煤-石墨烯粉体-石墨烯薄膜-石墨烯复合材料。
　碳基合成材料 2 条：煤-甲醇/乙二醇/苯胺-可降解塑料/聚酯/异氰+酸酯、煤-甲醇-烯烃-双峰聚乙烯/茂金属聚乙烯/光伏 EVA/聚烯烃/PPC。
　煤焦化苯系材料 2 条：煤-焦-苯-己内酰胺/己二酸-尼龙 6/尼龙 66、煤-焦-煤焦油-沥青-沥青基碳纤维/活性炭/炭黑。
　煤基储能材料 2 条：煤-煤焦油-针状焦-锂电池负极材料、无烟煤（煤基软碳）-钠电池负极材料。
　低阶煤分质清洁利用联产 1 条：低阶煤-热解-加氢-气化-SNG/LNG/混合芳烃。
　高端化学品及化工新材料 1 条：煤-合成气-醋酸/乙醇/丙酸-丁烯醛/乙基胺/吡啶等精细化学品-医药中间体/高端化工新材料。
④ 王龙飞：《山西要打造 10 条煤化工重点产业链》，《山西经济日报》2023 年 7 月 12 日，第2 版。
⑤ 王蕾：《"点煤成金"的潞安奇迹》，《山西经济日报》2021 年 11 月 24 日，第 1 版。

三　存在的问题与不足

（一）矿区环境保护任务艰巨

山西地处黄土高原，生态环境承载能力本身较弱。长期以来，煤炭开发利用对环境扰动较大，给本就脆弱的生态环境留下了大量采空区，造成了水土流失、植被破坏、地表沉陷等问题，煤炭项目建设与生态环境矛盾日益加剧，对省内环境保护工作带来了巨大挑战。随着习近平生态文明思想的深入贯彻落实，黄河流域生态保护和高质量发展等重大区域发展战略出台，新的环保法律法规、标准体系日趋严格，对资源开发利用与生态环境协调发展的要求也在不断提高。

（二）煤炭资源优势逐渐弱化

新形势下，多种因素导致山西煤炭资源优势开始逐渐弱化。一是技术进步突破了煤种"壁垒"。随着煤种间替代技术的不断发展，煤炭品种的传统"壁垒"被逐渐打破，山西煤种优势弱化。二是煤炭资源接续略显紧张。近年来，在煤炭增产保供的重任加持下，煤矿高强度生产、高负荷运转导致煤矿采掘接续紧张，缩短了矿井服务年限，致使现有生产矿井的发展后劲不足。三是煤炭开采成本增加。全省埋深 1000 米以浅煤炭资源查明率已达 95%，尚未利用的资源多在中深部，开采条件复杂、开采成本较大，与其他产煤大省相比，煤炭产品竞争力下降。

（三）煤炭企业负担依然沉重

由于山西煤炭产业起步较早，在企业办社会的历史背景下，山西煤企承担着巨大的社会责任，历史欠账较多、负担较重，造成省内煤企财务紧张、管理费用较高，间接拉高了商品煤综合成本，降低了企业盈利能力和煤炭产品竞争力，严重制约了煤炭产业的可持续发展。

（四）煤矿智能化仍存在弱项

经过多年实践，山西煤矿智能化建设成果丰硕，但仍存在技术标准与规范

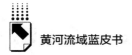
不健全、建设成本投入较高、高端人才匮乏、数据孤岛等问题。其中，较为突出的问题在于现有智能化技术还不能完全适应煤炭开采，煤炭开采技术装备保障不足、智能化开采工艺适应性差、煤岩识别等关键技术有待突破，煤矿智能化建设面临着系统性、实用性需求与技术供给能力不足之间的矛盾。

四　山西推进煤炭产业高质量发展的路径选择

为使我国如期实现"双碳"目标，煤炭大省山西应以"双碳"目标为牵引，以煤炭产业高质量发展为主线，有机整合煤炭资源，充分发挥整体比较优势，实现煤炭安全绿色开发、清洁低碳利用、全产业链发展，奋力探索"双碳"目标下"安全、高效、绿色、智能、可持续"的煤炭产业高质量发展之路，为保障国家能源安全、实现绿色低碳转型、全方位推动高质量发展贡献山西力量、彰显山西担当。

（一）夯实煤炭增产保供生产基础

围绕解决山西持续增产保供潜力不足、产能新增空间有限、产销储运衔接不畅等问题，在确保安全生产的前提下，夯实煤炭稳产保供基础，依法合规释放先进产能，加快智能化煤矿建设，以稳定高效的煤炭供给体系保障国家能源安全。

1. 提升煤炭增产保供能力

开展煤矿综合评估，确定并动态更新全省保供煤矿名单，研究建立煤矿产能弹性释放管理机制，科学制定煤炭应急保供方案，合理分配保供任务。加强过程动态跟踪，及时发现煤炭保供过程中出现的各类新情况、新问题。关注煤炭市场中库存、价格等异常波动，以及可能出现的区域性、品种性、时段性煤炭供需失衡情况，及时采取措施防范风险。

2. 不断完善产销储运体系

科学规划煤炭储备项目布局，增强煤炭稳定供应、市场调节和应急保障能力，建立完善的煤炭产品储备体系。实施库存前移，在中转地港口、消费地加大储煤设施建设力度，增强应对市场需求变化的灵活性。优化铁路运输服务，加快推动煤炭铁路专用线建设，提升运输效率。加强煤炭市场信息服务，促进煤炭产销储运有效衔接。

3. 建设煤炭稳产保供长效机制

优化煤炭产能结构,持续推动落后产能、无效产能和不具备安全生产条件的煤矿有序退出。落实《关于有序推进煤炭资源接续配置保障煤矿稳产保供的意见》,增加资源储量,延长矿井服务年限。完善煤炭资源与产能匹配动态平衡机制,实施动态统计,确保总量平衡。优化审批制度,加快煤炭资源配置和接续项目核准进度。深入研究山西露天煤矿开采的生态环境保护准入要求,在满足生态要求和安全生产的前提下,稳妥推进井工煤矿转露天开采。

(二)持续推动煤炭产业数智赋能

要加快数实融合、数智赋能,推动 5G、物联网、人工智能等新一代数字技术与煤炭产业一体化发展。

1. 科学谋划煤矿智能化标准体系

以推动煤炭产业数字化智能化转型为目标,结合山西煤矿智能化技术特点和发展需求,积极对接国内先进标准,持续完善全省煤矿智能化方面基础通用、关键技术、典型应用等重点标准的制定。广泛收集吸纳企业使用反馈意见,持续更新优化,最终构建起有机统一、相互衔接、系统协调的标准体系。

2. 加快建设全省煤炭工业互联网平台

在统一山西煤矿智能化建设的总体设计上,推动煤矿智能化统一操作系统,制定统一标准的数据体系,构建以生产矿井为基点、开采企业为中枢的全面感知网络平台,为生产企业、监管部门打通数据传输通道,依托中国太原煤炭交易中心建设大数据应用中心,面向不同业务部门实现按需服务,支持多种数据服务、通信协议和接口,为推进全省煤矿整体智能化建设提供集约、稳固、高效的平台支撑。

3. 稳步推进煤矿智能化建设

根据煤矿智能化建设条件,由以采掘工作面为重点向全矿井智能化转变,明确智能化改造目标和路径,因地制宜、分类推进智能化建设改造。按照 2027 年全省各类煤矿全部实现智能化的总体目标,加快生产煤矿智能化建设。新建煤矿必须按照智能化要求进行设计、施工、改造,在建煤矿要及时增补智能化建设方案,加快开展建设。引导、支持企业拓展智能化场景应用,大力推

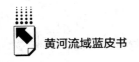

动巡检机器人应用，全面推进煤矿固定场所无人值守，积极探索危险岗位机器人替代，实现矿山整体可视化管控和智能化运行。

4. 加快关键技术和核心装备攻关

坚持以科技创新为根本动力，以数字赋能为重点，探索解决制约智能化建设的难点、痛点。将新一代信息技术与煤炭开发、运输、仓储、需求预测深度融合，不断提高煤机装备制造水平，通过全空间长时监测设备、自主决策的防灾机器人等技术实现定量化智能防灾；开展智能 AI 视频识别应用，实现人员位置厘米级定位、违章自动识别纠正等功能，建立起智能化赋能的多层次网状煤炭开发供应链，努力实现煤炭资源的安全、高效、稳定、柔性供给。

（三）全面提升煤炭产业绿色发展水平

全面提升煤炭产业绿色发展水平，创新矿区能源资源和生态环境管理模式，大力推进煤炭资源绿色低碳开发技术应用，协同推进降碳、减污、扩绿、增长，持续推动煤炭资源绿色低碳开发。

1. 加大绿色矿山建设力度

新建煤矿全部按照绿色矿山标准规划、设计、建设和运营管理，生产煤矿结合实际按照绿色矿山标准加快改造升级，限期达到绿色矿山标准。支持新建煤矿、现有煤矿对煤炭及共伴生矿产资源统一规划、合理开采、综合利用。

2. 有序开展绿色开采试点

在确保生产安全和保护生态环境的前提下，结合区域煤矿地质赋存特点，因地制宜选择适宜的绿色开采工艺、技术和装备，开展新建煤矿井下矸石智能分选系统和不可利用矸石全部返井试点示范工程建设，推广应用无煤柱沿空留巷或沿充留巷开采，高质量建设绿色开采示范煤矿。对已列入全国、山西绿色矿山名录的矿井优先开展试点，引领区域内煤矿积极开展绿色开采。

3. 加快绿色开采技术创新

支持煤炭绿色开采领域科技创新平台建设，加强煤炭资源绿色开采前沿理论研究和装备、工艺、材料、技术攻关，促进产学研用相结合，探索应用充填开采、保水开采、煤矿瓦斯分质梯级利用等技术，积极推进煤矿节能、节水及其他节约资源综合利用技术。推进智能绿色深度融合，将智能化、云计算、

5G 和物联网技术与绿色开采充分融合，加大智能绿色开采装备的研制力度，对开展绿色开采试点的煤矿同步推进智能化建设改造。

4. 促进矿区减污降碳协同增效

强化源头治理、系统治理、综合治理，有效统筹"双碳"战略与生态环境质量提高，促进减污降碳协同增效，推动生态矿区建设。加大工业固废综合利用和污染防治力度，推进矿井水处理及回用工艺系统优化，提高矿井水资源化利用水平。加强采煤沉陷区治理、矸石山治理和矿山生态恢复，提升矿区土地复垦质量。以降碳为抓手，统筹矿区生产系统提效、能源系统减碳、物资系统降耗、废物系统循环、生态系统增汇等措施，构建煤炭矿区绿色低碳循环发展目标指标体系和技术路径，开展"零碳矿山"试点建设。

（四）促进煤炭清洁高效转化利用

依托山西现有的研发机构和产业基础优势，坚持错位发展、优势互补和强链补链，加快煤炭清洁高效转化利用（煤基新材料、煤基特种油品等），扎实推进煤炭和煤电、煤化工、新能源融合发展，开展绿色低碳关键技术攻关。

1. 协同发展煤炭和煤电一体化

支持具备条件的存量电厂和煤矿以股权合作、战略重组等多种形式开展实质性联营。优化同一集团内部所属企业联营模式、核算及考核机制。强化履约监管，督导火电、煤炭双方中长协合同履约兑现。完善工作推进机制，落实好现有政策，加大对实质性煤电联营的支持力度。充分发挥煤电一体化产业协同优势，提高资源配置效率，打造煤电一体化运营样板。

2. 有序发展煤炭和煤化工一体化

延伸煤化工产业链，提升煤化产品附加值，推动煤炭由燃料向原料、材料转变。以煤气化、二氧化碳减排等重大技术为牵引，发展壮大碳基合成材料。培育发展新型化工高分子材料，积极拓展下游碳基合成材料和精细化学品。加快建设晋北煤制油气战略基地，有序推进晋北低阶煤资源富集区域煤炭分质分级梯级利用试点项目建设。稳妥发展煤基储能材料，支持阳泉、长治依托重点企业推进产业集聚区发展，打造锂电池负极产业发展高地。发挥阳泉优质无烟煤资源优势，打造低成本钠离子电池负极材料生产基地。

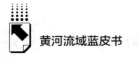

3.加快煤炭清洁高效利用关键技术攻关

依托高校科研院所的研发优势,实施化石能源清洁高效开发利用关键技术攻关,开发适应山西煤质特性的先进气化技术,优化升级百万吨级大型煤炭间接液化成套技术装备;加快提高以煤为原料的高端碳材料技术成熟度,推动低成本煤基碳材料专精特新产品应用;支持煤炭、煤电、钢铁、焦化、化工、有色金属、建材等传统优势产业节能降碳减污技术研发,加大对企业技术创新活动的扶持力度。

4.探索煤炭和新能源耦合发展

鼓励新建煤电项目与风电、光伏发电实施一体化运营。有序推进"风光火储一体化"多能互补项目建设,加快推进晋北采煤沉陷区大型风光基地建设。鼓励煤电企业以电热冷联供、可再生能源开发利用、资源综合利用为主要方向,实现由传统能源服务向综合能源服务转型。探索推动煤电和新能源企业通过调节能力租赁、交叉持股、环境价值合作等方式联营合作。落实国家大型风电光伏基地支撑调节煤电机组容量补偿机制,开展煤电和新能源一体化发展理论、模式和关键技术研究,打造传统煤化工绿色低碳转型样板。

(五)构建煤炭产业高质量发展支撑体系

不断完善煤炭价格市场形成机制,加快省级技术研发平台和创新体系建设,持续推进涉煤企业人才梯队培养,加强交流合作,全方位推动山西煤炭产业高质量发展。

1.完善煤炭价格市场形成机制

加强竞价、挂牌等市场化交易拓展力度,扩大市场化交易规模。完善中国太原煤炭交易价格指数编制,着力提升中国太原煤炭交易中心的功能和影响力,优化整合省内煤炭交易场所,打造全国一流的现代能源综合服务"数智"平台。完善煤炭中长期合同制度,推进煤炭市场交易过程数字化、交收过程智能化、服务体系生态化、监管方式多元化、煤炭金融便捷化。

2.加快省级技术研发平台和创新体系构建

坚持科技创新驱动发展,加强基础研究和核心技术攻关,加大专项资金支持和优惠政策扶持力度,引领煤炭开采向"高效率、高安全、高水平、低损害、低排放、低伤害"的"三高三低"方向发展。加强煤炭重大技术装备研发和制造，推广适用性高可靠性强的自动化、智能化技术装备，实现煤矿高效集约化开采，推进大型技术与装备的国产化进程。

3. 做好煤炭企业人才梯队建设

结合数字化、智能化等转型需求，对现有骨干员工开展业务培训。强化人才驱动，启动青年人才引育计划，加大机电装备、物资管理、智能控制、能源低碳等领域专业人才引进和跨界复合型人才联合培养力度，健全人才培养机制。优化薪酬制度，完善薪酬政策，提升一线员工收入水平，合理控制岗位分配级差。针对煤炭企业短缺人才和关键岗位人员，创新"城市总部基地+煤矿现场岗位"用人模式，为人才在城市安家设岗，以城市基地人才平台支持煤矿生产用人需要，为人才创造更好的工作和生活条件。

4. 加强交流与合作

建设开放型煤炭交易体系，推动煤炭主产区（山西、陕西、内蒙古、新疆）煤炭交易机构实现区域合作联动、资源共享。加强与郑州、大连等期货交易所合作，推动煤炭期现结合业务发展，培育期货市场主体，研究标准化交易产品，探索开展煤炭商品衍生品交易试点，稳步推进煤炭市场交易体系建设。

五 保障措施

（一）加强组织领导

成立全省煤炭产业高质量发展领导小组，研究部署各项重点工作，加大对煤炭高质量发展工作的引导和协调力度。各有关部门要建立健全工作机制，细化目标任务，各负其责抓好组织实施，稳步推进各项工作。各市人民政府、各省属煤炭集团公司成立相应领导小组，抓好各项工作落实，形成山西煤炭产业高质量发展的整体合力。

（二）强化目标考核

完善煤炭产业重大项目"月报告"工作机制，定期进行阶段性评估，及时跟踪各部门工作推进情况，及时协调解决发展过程中的问题；建立各部门信息共享和沟通协调机制，加强政策协同和工作协调，将煤炭产业高质量发展纳

入各部门全年目标责任考核，形成工作合力，确保责任落实、政策落实、工作落实。

（三）加大政策保障力度

落实省、市已出台的推动煤炭产业高质量发展的各项政策，用好允许地方示范、试点的政策空间；创新政策激励"能给尽给、应给尽给"，支持煤炭企业用好土地、财政、金融、市场交易等各项引导和激励政策措施。

（四）凝聚各方共识

在国家和省级有关部门的指导下，以行业协会、研究机构、科技企业、设计院、高校、金融、装备厂商和煤炭企业等为主体，组建煤炭产业高质量发展创新联盟和区域性创新机构，充分发挥各自专业领域优势，持续开展调查研究，面向煤炭产业高质量发展重大问题、关键问题，系统研究、科学谋划、精准突破。政府各级各部门要组织开展煤炭产业管理专项培训、交流研讨、实地考察等活动，增强管理人员专业知识技能和提升解决问题能力，提高管理决策和产业服务水平，形成政府、企业、社会合力推动煤炭产业高质量发展的新格局。

（五）加强宣传引导

加强煤炭产业高质量发展相关政策的宣传和解读，提高政策知晓度。总结煤矿智能绿色开采、煤炭清洁高效利用等新典型、新模式和新机制，宣传推广煤矿智能化发展的经验和成果，营造煤炭可持续发展的良好氛围。同时，充分发挥舆论宣传主导和社会监督的作用，利用网络、广播、电视、报纸等多种形式，广泛宣传推动山西煤炭产业高质量发展的重要意义，调动社会各界参与的积极性，提高群众绿色低碳发展意识。

参考文献

本刊评论员：《"双碳"目标引领煤炭行业高质量转型发展》，《中国煤炭工业》

2022 年第 6 期。

　　杜善周：《"双碳"目标下，煤炭既要践行绿色低碳更要重视兜底保障》，《中国煤炭工业》2022 年第 6 期。

　　刘峰、张建明、杨扬、曹文君、郑厚发：《煤炭领域新型标准体系高质量建设策略研究》，《中国煤炭》2022 年第 6 期。

　　刘秀丽、郭妍杉：《"双碳"背景下矿区生态效率评价——以山西为例》，《经济问题》2022 年第 6 期。

　　倪炜、朱吉茂、姜大霖等：《"双碳"目标下煤炭与新能源的优化组合方式、挑战与建议》，《中国煤炭》2022 年第 12 期。

　　宋晓霞、王昭、聂文梅、李勇、李骁猛：《山西省数字经济与实体经济深度融合的路径研究》，《生产力研究》2023 年第 12 期。

　　唐珏、王俊：《"双碳"目标下煤炭发展及对策建议》，《中国矿业》2023 年第 9 期。

　　王国法、任世华、庞义辉等：《煤炭工业"十三五"发展成效与"双碳"目标实施路径》，《煤炭科学技术》2021 年第 9 期。

　　王舒菲、高鹏：《"双碳"目标下煤炭行业转型必要性及路径探究》，《中国煤炭》2022 年第 3 期。

　　王双明、刘浪、赵玉娇等：《"双碳"目标下赋煤区新能源开发——未来煤矿转型升级新路径》，《煤炭科学技术》2023 年第 1 期。

　　王双明、刘浪、朱梦博等：《"双碳"目标下煤炭绿色低碳发展新思路》，《煤炭学报》2024 年第 1 期。

　　王双明、申艳军、宋世杰等：《"双碳"目标下煤炭能源地位变化与绿色低碳开发》，《煤炭学报》2023 年第 7 期。

　　张春晖、肖楠、苏佩东等：《"双碳"目标约束下我国煤炭行业绿色转型发展机遇》，《能源科技》2022 年第 1 期。

　　张胜利、汤家轩、王猛：《"双碳"背景下我国煤炭行业发展面临的挑战与机遇》，《中国煤炭》2022 年第 5 期。

B.20
黄河"几字弯"市场一体化基础
及可行性研究

马 鑫*

摘 要： "几字弯"区位于黄河中上游，地理位置战略意义重要，同时该区域也面临着环境改善、资源节约、收入增加、差距缩小等一系列共性任务和难题，如何保持功能地位、改善生态环境、提高就业收入等挑战，市场一体化是选择之一。本文旨在探讨黄河"几字弯"区市场一体化的基础及推进可行性，从经济规模、设施联通、资源禀赋、要素流动等方面分析，得出黄河"几字弯"区具备市场一体化的基础和可行性。建议通过协同推进政策体系创新，持之以恒构筑法治市场，科学推进市场治理现代化等措施推进市场一体化。

关键词： 黄河"几字弯" 市场一体化 高质量发展

一 问题的提出

黄河流域生态保护和高质量发展同京津冀协同发展、长江经济带发展等战略一样，同属国家重大战略。立足新发展阶段，构建新发展格局，国家提出构建全国统一大市场决定，并鼓励优先开展区域市场一体化建设工作[①]。黄河"几字弯"区位于黄河中上游，是能源富集区、革命老区、边疆地区、粮食主产区、民族地区，担负着保障国家粮食安全、能源安全、生态安全

---

* 马鑫，宁夏社会科学院综合经济研究所副教授，主要研究方向为产业经济学、区域经济学。

① 《中共中央国务院关于加快建设全国统一大市场的意见》，《人民日报》2022年4月11日，第1版。

的重任，同时也面临着环境改善、资源节约、要素流动、效率提升、收入增加、差距缩小等共性任务和难题，探索通过提升区域市场一体化程度促进区域经济高质量发展、服务国家整体安全体系构建，现实意义重大。

二　相关研究梳理

目前，学术界关于黄河"几字弯"的研究主要集中于区域生态保护和高质量发展两个宏观视角，市场一体化方面的研究相对成熟，包括内涵、效应、测度、路径等，但直接关于黄河"几字弯"市场一体化方面的研究极少，公开文献尚未查到。

（一）黄河"几字弯"领域相关研究

1. 概念提出。"地理本性论"（Geographical Nature Principle）认为自然禀赋是区域经济发展的第一地理本性，集聚与区位是第二地理本性，两者共同引导区域发展演化[1]，黄河"几字弯"自然禀赋、区位通道等要素相近[2]。"几字弯"是"黄河流域生态保护和高质量发展"[3]的重要区域，2020年1月3日，中央财经委员会第六次会议提出黄河"几字弯"都市圈，包括宁夏沿黄城市群、呼包鄂榆城市群、太原城市群三个城市群[4]。"几字弯"跨越甘肃、山西等5个省区、21个地市、流经3000千米、占地约55.7万平方千米，具体包括甘肃白银、庆阳两市，宁夏中卫、吴忠、银川、石嘴山四市，内蒙古阿拉善、乌海、巴彦淖尔、包头、呼和浩特、鄂尔多斯、锡林浩特七盟市，陕西榆林、延安两市，山西大同、朔州、忻州、吕梁、临汾五市及宁东能源化工基地[5]。

---

① Krugman P. First Nature, Second Nature, and Meteropolitan Location [J], *Journal of Regional Science*, 1993, 33（2）：129-144.

② 胡正源：《中国发展的又一"增长极"》，《光明日报》2011年4月19日，第16版。

③ 习近平：《在黄河流域生态保护和高质量发展座谈会上的讲话》，《求是》2019年第20期。

④ 《习近平主持召开中央财经委员会第六次会议研究黄河流域生态保护和高质量发展等问题》，《中国水利》2020年第1期。

⑤ 王芳、郭梦瑶、牛方曲：《"动—静"结合视角下都市圈多层次空间格局研究——以黄河"几"字弯都市圈为例》，《地理科学进展》2023年第7期。

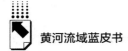

2. 区域重要性。黄河流域是新时代生态文明建设和区域经济发展的重要阵地[①]，"几字弯"资源禀赋相近、产业结构趋同[②]，煤炭、天然气、石油、稀土等能源资源富集，日照普遍充裕，沿黄灌溉便利，能源化工、新型材料、有色金属、特色农业等是共同产业，是我国重要的能源基地，产业基础相对传统，能耗污染较高，区域生态体系脆弱，节能环保任务较重。

3. 区域生态环境协同治理。黄河流域经济增长、环境治理、区域分布等因素之间存在耦合关系[③]，生态保护和高质量发展之间内在逻辑清晰[④]，探索建立可持续发展与生态保护之间的协同机制是主要议题之一[⑤]。

4. 区域高质量发展。定量分析黄河流域经济社会状况，黄河流域高质量发展的内涵包括生态优先、市场有效、动能转换、产业支撑、区域协调、以人为本六大内涵[⑥]，学者们提出了分类、协同、绿色、创新、开放的五维发展思路，以及加快构建现代化治理体系和高质量空间治理体系等对策，研究流域经济带建设和沿线产业体系的构建与转型[⑦]。

（二）市场一体化领域相关研究

1. 内涵。学术界关于区域一体化内涵、界定、解释等相对成熟。区域一体化与经济全球化共同推动着世界经济快速发展，区域市场一体化是全国统一大市场的局部试点，深层次来看，全国统一大市场建设本质上是区域市场极化，由边界融合延伸扩展，直至全面联通开放，变化过程显示了地理本性决定论。

2. 效应。市场化程度是影响经济效率的重要因素[⑧]，地方保护主义将国内

① 薛栋、许广月：《构建黄河流域环境协同治理的路径分析》，《河南工业大学学报》（社会科学版）2022 年第 3 期。

② 杜俊平：《黄河流域几字弯区产业空间布局优化研究》，《边疆经济与文化》2023 年第 9 期。

③ 任保平、杜宇翔：《黄河流域经济增长-产业发展-生态环境的耦合协同关系》，《中国人口·资源与环境》2021 年第 2 期。

④ 许广月、薛栋：《以高水平生态保护驱动黄河流域高质量发展》，《中州学刊》2021 年第 10 期。

⑤ 郭晗、任保平：《黄河流域高质量发展的空间治理：机理诠释与现实策略》，《改革》2020 年第 4 期。

⑥ 安树伟、李瑞鹏：《黄河流域高质量发展的内涵与推进方略》，《改革》2020 年第 1 期。

⑦ 张贡生：《黄河经济带建设：意义、可行性及路径选择》，《经济问题》2019 年第 7 期。

⑧ 樊纲、王小鲁、马光荣：《中国市场化进程对经济增长的贡献》，《经济研究》2011 年第 9 期。

市场分割为不同的省级市场，省域效应接近于欧洲国家间，从而使各地区国际贸易的参与度变高①。市场分割限制企业规模经济收益，损害企业创造附加值能力。历史经验表明，分割市场难以发挥其积极作用，统一市场不仅有利于地区制度改善、扩大市场规模、深化专业分工②，而且能促进市场充分竞争、推动市场规则规范，从而使劳动力和资本等生产要素更自由流动，流向最有效率的部门和地区③。市场一体化环境下，企业进入异地市场实现规模经济，降低生产成本，积累创新资金，产生技术外溢效应，提高创新效应，市场一体化对基础设施投入促进区域经济增长的中介效应不仅显著，而且具有异质性。此外，市场一体化有利于地区创新能力提升。

3. 测度。McCallum（1995）运用边界效应模型分析市场一体化和便捷贸易关系，国内学者多用市场分割指数测量市场一体化，市场分割测度方法前期主要有贸易流量法、生产法、经济周期法、调查问卷法等。为使测度结果方便生成面板数据库，Parsley 和 Wei 的价格指数法（也称相对价格法，简称价格法）被引入，该方法基于"冰川成本"模型，能充分利用两地价格信息，从而使市场分割的测度结果更为可信，已受到广泛运用。

4. 路径。能否打破这些自然性、技术性和制度性市场分割，成为生产要素能否自由流动的关键。除了通过调整当前官员绩效考核制度和财政制度④、优化司法独立性等制度设计来削弱地方市场分割外⑤，也可以通过加强交通、通信和科教文卫等基础设施建设来改善区域间运输条件，畅通区域间信息交流，从而减少信息不对称发生的可能性，最终使地方市场趋于整合、统一。

综上所述，市场一体化效用、测度等理论研究相对成熟，但在内陆欠发达地区对通过非政府因素主导的市场一体化理论研究很少。黄河"几字

---

① Measuring Chinese Domestic and International Integration. *China Economic Review*，2003，14（1）.

② 盛斌、毛其淋：《贸易开放、国内市场一体化与中国省际经济增长：1985~2008 年》，《世界经济》2011 年第 11 期。

③ 郭鹏飞、曹跃群：《中国经济基础设施资本回报率：测算、分解及影响因素》，《当代财经》2020 年第 10 期。

④ 皮建才：《中国地方政府间竞争下的区域市场整合》，《经济研究》2008 年第 3 期。

⑤ 陈刚、李树：《司法独立与市场分割——以法官异地交流为实验的研究》，《经济研究》2013 年第 9 期。

弯"在国家战略中的位置重要，迫切需要实现生态保护和高质量发展，通过市场变革提升市场效率，因此推进"几字弯"发展质量的研究十分必要。

三　黄河"几字弯"市场一体化基础分析

（一）经济规模

黄河"几字弯"跨越甘肃、宁夏、内蒙古、陕西、山西5个省区、21个地市、流经3000千米，2023年区域内经济总量达到48508.18亿元，人口总量为4762.32万，分别占全国的3.88%、3.39%①。经济规模、人口总量约为西北地区的一半（2020年西北地区人口为1.03亿，约占全国的7%；2022年西北地区经济总量为7.04万亿元，约占全国的6%②）。区域内GDP过千亿元的城市有15个；超5000亿元的有榆林、鄂尔多斯、太原3个城市，人口超过300万的城市有6个，其中太原常住人口超过500万（见表1）。

表1　2023年黄河"几字弯"21个地市经济社会基本情况

单位：亿元，万人

序号	省区	城市	GDP 及排名		人口及排名	
1	甘肃	白银	672.30	19	148.81	15
2		庆阳	1100.37	15	213.25	12
3	宁夏	中卫	590.78	20	108.06	18
4		吴忠	902.44	16	140.27	16
5		银川	2685.63	6	290.81	7
6		石嘴山	698.98	18	75.09	19

① 根据全国及各地市统计公报计算所得。

② 刘雨、马鑫：《加快构建宁夏特色区域比较优势的现代产业体系研究》，载《宁夏经济发展报告（2024）》，宁夏人民出版社，2024。

续表

序号	省区	城市	GDP 及排名		人口及排名	
7	内蒙古	阿拉善	404.90	21	26.84	21
8		乌海	713.12	17	55.62	20
9		巴彦淖尔	1161.10	14	150.30	14
10		包头	4263.90	4	276.17	8
11		呼和浩特	3801.55	5	360.41	4
12		鄂尔多斯	5849.86	2	222.03	11
13		锡林浩特	1184.78	13	111.65	17
14	陕西	榆林	7091.44	1	360.73	3
15		延安	2280.24	9	226.14	10
16	山西	大同	1871.50	10	307.90	6
17		太原	5573.74	3	543.50	1
18		朔州	1539.37	11	157.90	13
19		忻州	1443.60	12	263.47	9
20		吕梁	2366.08	7	334.65	5
21		临汾	2312.50	8	388.72	2
总计			48508.18		4762.32	

资料来源：各地市 2023 年统计公报。

人口、经济规模远小于京津冀、长三角、珠三角区域，但从总量看也具有一定规模，存在市场规模效应的基础，尤其是从区域面积、生态保护、能源粮食保供来看，提升该区域市场效率具有重要意义。

（二）基础设施联通

基础设施联通是市场一体化的基本条件，黄河"几字弯"东向链接沿海地区，是承接东部产业转移的重点地区；西向链接亚欧大陆桥，与中亚、西亚等地区合作较多；南向链接商贸繁荣的中原地区；北向与俄罗斯、蒙古国相望，是国家"北上西进"的桥头堡，是"一带一路"建设的战略腹地，战略位置十分重要。比较而言，当前黄河"几字弯"位于国家整个交通体系末梢，尚未被纳入 6 条交通主轴内，但是区域内公路、铁路、航空都有比较成熟的布局。铁路方面，太原进入铁路主线，其余城市普通铁路实现了普遍联通，高铁实现了部分联通，3 个省会城市（太原、呼和浩特、银川）尚未实现直达高铁

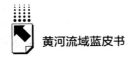

联通，GDP 5000 亿元以上的城市（太原、鄂尔多斯、呼和浩特、榆林）尚未实现直达高铁联通，1~2 小时经济圈联通存在困难。京兰高铁（包银段）、太银高铁联通有望解决这一短板。国家层面已经启动本地区基础设施联通，国家"十四五"交通规划提出"构建西北（含呼包鄂榆）至西南地区通道"，相关工程正在推进，如银昆高速已于 2024 年 9 月全线贯通。

未来结合产业发展，应启动沿黄"几"字形高速城际铁路网建设，填补缺失线路、畅通瓶颈路段，加快建设至北京、天津大通道，快捷联通黄河流域和京津冀地区；结合能源保供、粮食保障、黄河文旅等，协调打通清洁能源联合保供通道、粮畜运送通道、黄河文旅观赏大道，畅通物流、人流，全面融入国家立体交通网。

（三）要素禀赋

我国资源禀赋"富煤、贫油、少气"，能源结构以煤碳为主。2022 年中国能源生产结构中煤炭占 67.4%，石油占 6.3%，天然气占 5.9%，水电、核电、风电、太阳能发电等非化石能源占 20.4%①。黄河"几字弯"煤炭、煤层气、天然气、石油、稀土等能源资源富集，目前已探明煤炭、天然气、石油能源储量约分别占全国总探明储量的 70%、37.8%、17%；铝、钼、稀土、铌矿储量占全国一半以上，以不足 6% 的国土面积，为全国提供 50% 以上的动力能源，资源储量已占据我国半壁江山，是我国能源战略储备的重要基地②。

黄河"几字弯"区日照时间长，沿黄河灌溉便利，农业资源禀赋优越，中国十大平原之一的河套平原位于此，处于贺兰山、阴山与黄河之间，由宁夏平原、后套平原、前套平原组成，约 2.5 万平方公里，主要覆盖呼和浩特、包头、巴彦淖尔、银川、吴忠等城市。除能源化工业外，农产品加工业也是"几字弯"区主导产业之一。

从国家安全的角度看，黄河"几字弯"区拥有重要的能源、粮食等生产要素，是我国重要的能源工业基地和农产品基地，是关涉国家整体安全的重要区域，要素禀赋能够支撑市场一体化。

---

① 自然资源部：《2023 中国矿产资源报告》。
② 李郁华：《黄河"几"字弯都市圈，生态保护与高质量发展同步"加速度"》，中国发展网，http://special.chinadevelopment.com.cn/2021zt/2021qglh/lhzf/2021/03/1717711.shtml。

（四）要素流动与贸易往来

观察人口要素流动，定性方面：黄河"几字弯"区经纬跨度较小，自然环境相似度高，人文差异较小，从古至今人口流动频繁。定量方面：王芳等（2023）从动-静结合视角，测度黄河"几字弯"多层次空间结构，得出区域内人口流动的网络密度为 0.113，稍低于该区域信息流、物流，可能是因为小城市之间和跨省城市之间的人口流动水平较低。其中，在"几字弯"都市圈人口流动数据的观测时间内，百度迁徙规模指数显示 91.43% 的城市都存在较强的直接人口联系。同时，2023 年人口变化数据显示，黄河"几字弯"区存在单项流动趋势，即人口主要流入大城市和产业基础良好城市，体现在数据上为大多数城市人口负增长，银川、呼和浩特、太原、榆林等城市正增长。近几年，受银川市的居住、产业、教育、医疗、养老等因素影响，固原、中卫、吴忠、石嘴山是银川第一大人口流入区域，"几字弯"内阿拉善、乌海、榆林、鄂尔多斯等地成为银川第二大人口流入区域。

黄河"几字弯"区能源、自然禀赋相似，产业结构相似度高，在产业规模效应驱使下，企业跨区域投资生产活动加快，如宁夏的宝丰能源等企业在内蒙投产，内蒙的伊利等奶企在宁夏投产，类似的企业跨区域投产活动还在进一步增加。这进一步加大了区域内的人流、物流、信息流等。

综上所述，黄河"几字弯"区经济总量、人口规模在周边区域具有相对优势，基础设施联通情况较好且在改进中；区域内能源、粮食等要素非常重要，能源储量和供应占全国半壁江山；黄河"几字弯"区是"三北"工程的重要区域，关系到华北和中原的生态安全，区域内要素流动（人口）、贸易往来、产业链接紧密，具备推进市场一体化的基础。

四　黄河"几字弯"市场一体化可行性分析

（一）基础条件方面

市场规模是市场一体化的先导基础，只有市场体量达到一定规模，使得改进成本小于结果是改进的基础，黄河"几字弯"区经济、人口总量约占西北

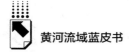
地区的一半,具有一定规模。基础设施是自然性、技术性和制度性市场分割之外影响市场一体化的重要因素,加强交通、通信等基础设施联通,可以降低居民和企业的交易成本,提高交易效率,而且有利于促进生产要素和产品跨区域迁移,从而降低自然性市场分割和技术性市场分割①。定量研究表明,基础设施投入可通过促进国内市场一体化,进而推动区域经济增长,市场一体化的中介效应为 0.0203,在总效应中的占比达到 6.05%②。

规模角度,具备规模效应的基础和改进空间,同时,兼顾能源、粮食安全等供给,进行市场一体化方面的投入可行且十分必要。基础设施联通角度。黄河"几字弯"区交通设施基本全覆盖,具备一定的基础,但是从 1～2 小时经济圈的角度看,还应加快高铁的推进速度和扩大覆盖面,尤其是京兰高铁包银段和银太高铁。

(二)战略意义方面

黄河"几字弯"区域位置重要,面临多重战略使命。一是国家能源保供。未来很长一段时期,煤炭主导的能源结构还将持续,保供中东部地区的使命还将持续,协调处理能源保供、碳达峰碳中和、能源结构调整、能源(煤炭)效率提升是短期内区域的重要任务,包括基础设施联通在内的市场一体化改进是可选路径。二是中原生态安全。黄河"几字弯"区属于"三北"工程的主战场,风沙治理、植被增添、生态改善等任务艰巨,关系到中原及京津冀地区的生态环境,经济高质量发展是应对以上任务的重要支撑,市场一体化是路径之一。三是黄河流域生态保护和高质量发展。"几字弯"区是黄河流域生态保护和高质量发展的重要区域,关系到整个流域目标任务的实现,历史经验表明,分割和孤立的市场难以发挥其积极的作用,整合统一的市场有利于扩大市场规模、深化专业分工③,促进市场充分竞争、推动市场规则规范、促进劳动

① 范欣、宋冬林、赵新宇:《基础设施建设打破了国内市场分割吗?》,《经济研究》2017 年第 2 期。

② 郭鹏飞、胡歆韵:《基础设施投入、市场一体化与区域经济增长》,《武汉大学学报》(哲学社会科学版)2021 年第 6 期。

③ 盛斌、毛其淋:《贸易开放、国内市场一体化与中国省际经济增长:1985～2008 年》,《世界经济》2011 年第 11 期。

力和资本等生产要素自由流动,进而提高整个地区要素生产效率,助推整个流域高质量发展。

(三)政府意志方面

首先,中央提出黄河流域生态保护和高质量发展战略,中央财经委员会会议研究黄河"几字弯"都市圈(2020年),国务院印发《黄河流域生态保护和高质量发展规划纲要》(2021年),省部区扎实推进,体现出国家层面高度重视黄河流域发展,为黄河"几字弯"市场一体化打下了坚实的政策基础。其次,新时代西部大开发,黄河"几字弯"区域是重点区域,要实现生态保护、产业发展、收入提高,市场一体化都是重要工具。最后,立足新发展阶段,构建新发展格局,黄河"几字弯"区域是重要的大后方,进可实施能源粮食保供,退可承接东部产业转移,还是基础设施投入、清洁能源创新、消费空间扩大区域,中央地方政府双向重视,政府意志坚定,黄河"几字弯"市场一体化相关短板可以得到逐步化解。

五 黄河"几字弯"市场一体化推进的思考

着眼于长期重大难题,立足短期紧迫短板,围绕经营主体健康运营,深化对市场化途径的认识,协同构建高水平现代化市场体系,加快提升要素保障能力,提高优化公共服务水平,优先培育壮大民营企业,有序夯实长效机制,形成"几字弯"区中长期体制机制(制度)优势。

(一)深化对市场化途径再认识

总结发达地区市场化进程中的经验,结合"几字弯"区实际情况创新模式,坚持用市场化办法、改革举措来解决难题。将体制机制完善、法治市场建设、营商环境改善、经营主体量质提升等指标作为市场化途径的选择。持续构建法治市场、细化政府与市场边界。提高政府治理市场的能力;加大市场化改革力度,创新市场化组织形式;大力推进"放管服"改进,对国企、民企、外企、各类市场都要一视同仁,充分调动经营主体的积极性和创造性;扩大负面清单制度,减少自由裁量权,减少寻租腐败,提高区域政府效率和透明度,提高资源配置效率。

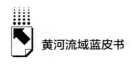

（二）协同推进政策体系创新

一是全面落实国家层面政策。按照党中央、国务院的决策部署，全面准确落实国务院有关保经营主体稳经济运行的一揽子政策，如《中华人民共和国市场主体登记管理条例》（以下简称《条例》）、《中华人民共和国市场主体登记管理条例实施细则》（2022年3月1日国家市场监督管理总局令第52号，自公布之日起施行），加强政策检查督察，确保国家政策全部落实。二是动态梳理国家层面政策。构建政策研究机制，协同确定省区党委、政府研究室为动态梳理政策的专门负责机构，每月每季度梳理国家政策报告，报告内容涵盖一般要求、区域实施细则、负面清单、风险提示等，重点细化国家赋予地方自由裁量权的政策内容，用足用活政策效用。

（三）持之以恒构建法治市场

对标东部发达地区法治政府和法治社会建设，加快建设法治市场。全面落实上位法律法规明确的产权保护条款，先行先试上位法律许可的产权保护具体事宜，捍卫市场在资源配置中的决定性作用，依据中共中央、国务院关于《黄河流域生态保护和高质量发展规划纲要》等涉"几字弯"区国家文件，探索出台《黄河"几字弯"市场在资源配置中的决定性作用，更好地发挥政府作用的协定》，明确界限，激励市场。配合"四权"改革，有序推进"四权"登记、交易。对标上海、深圳等地知识产权保护做法，成立跨区域知识产权执法局、知识产权法院，切实保护知识产权，降低知识产权维权成本。深化负面清单制度，细化能源、土地、水、环境、技术等市场准入标准，明确政府市场界限，减少自由裁量权和寻租概率，提高政府效率和透明度，增加企业数量（尤其是中小企业），扩展经营主体业务活动范围。加强市场监管领域立法，全面推进行政决策法治化。确保资源高效配置，减少干预扰动。

（四）科学推进市场治理现代化

全面树立现代市场理念。对标建设更高水平市场经济目标，依法制定市场规则，推进市场监管法治化，健全完善行政执法体系。全面树立法治思维。牢固树立"法定职责必须为、法无授权不可为"的底线思维，实现依法行政制度体系更加健全、行政执法体系更加高效、行政执法监督体系更加严密、法治市场监管建设保障体系更加有力，监管执法体制机制更加完善。全面推行负面清单管理制度，全面完善行政执法制度体系，全面完善化解矛盾纠纷机制。注重分配公平，兼顾资源的有效配置与平等配置，确保市场效率与社会公平。推行经济活动中效率第一位，社会分配领域公平第一位，政治管理体制领域民主法治第一位，保障市场机制运行，渐进实现社会公平。

综上所述，分析黄河"几字弯"在经济规模、基础设施联通、要素禀赋、生态协同、要素流动（人口）、贸易往来、产业链接等要素，黄河"几字弯"市场一体化虽然存在个别短板，但发展基础良好，战略意义重大，具备市场一体化可行性。未来需要提高顶层设计，构建发展理念一体化的机制。以黄河为轴，以经济为脉，以民生为要，实现错位发展、互补发展、共同发展。构建组织协调一体化的机制。推进跨省区产业发展协同、基础设施协同、生态建设协同、资源利用协同、公共服务协同、投融资服务协同、科技创新协同、文化弘扬协同、人才引育协同等，充分发挥市场和政府"两只手"的作用，优化要素资源配置，实现互惠互利共赢。

参考文献

习近平：《在黄河流域生态保护和高质量发展座谈会上的讲话》，《求是》2019 年第 20 期。

《习近平主持召开中央财经委员会第六次会议研究黄河流域生态保护和高质量发展等问题》，《中国水利》2020 年第 1 期。

《中共中央国务院关于加快建设全国统一大市场的意见》，《人民日报》2022 年 4 月 11 日。

樊纲、王小鲁、马光荣：《中国市场化进程对经济增长的贡献》，《经济研究》2011 年第 9 期。

于法稳、方兰：《黄河流域生态保护和高质量发展的若干问题》，《中国软科学》2020 年第 6 期。

任保平、杜宇翔：《黄河流域经济增长-产业发展-生态环境的耦合协同关系》，《中国人口·资源与环境》2021 年第 2 期。

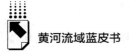
郭鹏飞、胡歆韵：《基础设施投入、市场一体化与区域经济增长》，《武汉大学学报》（哲学社会科学版）2021年第6期。

刘志彪、刘俊哲：《区域市场一体化：全国统一大市场建设的重要推进器》，《山东大学学报》（哲学社会科学版）2023年第1期。

王芳、郭梦瑶、牛方曲：《"动—静"结合视角下都市圈多层次空间格局研究——以黄河"几"字弯都市圈为例》，《地理科学进展》2023年第7期。

胡正塬：《第四极——中国黄河几字弯战略经济区》，中共中央党校出版社，2013。

Krugman P. First Nature, Second Nature, and Meteropolitan Location, *Journal of Regional Science*, 1993, 33（2）：129-144.

文化传承和弘扬报告

B.21

培根铸魂：黄河文化的传承与弘扬[*]

冯永利　康建国[**]

摘　要：　黄河文化是中华文化的重要组成部分，是中华民族的"根"和"魂"。2023年，沿黄九省区各相关部门以习近平新时代中国特色社会主义思想为指导，进一步落实习近平总书记2019年9月18日在黄河流域生态保护和高质量发展座谈会上的重要讲话精神，在生态保护、黄河国家文化公园建设、文化遗产保护、非遗传承、中西文明互鉴、文旅融合与乡村振兴等方面工作成效显著。未来，在黄河文化的保护与传承上，要继续深化黄河文化研究，促进黄河文化在新时代的创造性转化、创新性发展，发挥黄河文化在中国式现代化建设中的精神引领作用。

关键词：　黄河　黄河文化　生态文明　非遗传承　文旅融合

　* 本文是内蒙古自治区社会科学院"全方位建设模范自治区研究基地"委托重点项目"内蒙古黄河文化的地域特性研究"（编号：2023WT31）的成果。
　** 冯永利，内蒙古自治区社会科学院北疆文化研究中心助理研究员，主要研究方向为文化旅游、文化产业；康建国，内蒙古自治区社会科学院北疆文化研究中心主任、北疆文化研究所副所长、《北疆文化研究》主编、研究员，主要研究方向为北方民族历史、北疆文化、内蒙古黄河区域文化。

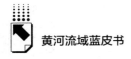

黄河文化是中华民族的"根"和"魂"。从自然地理上看黄河先后经过青藏高原、河西走廊、关中平原、蒙古高原、黄土高原、华北平原，最后汇入渤海。其间，经过的地域千差万别，形成了河湟文化、泾渭文化、甘陇文化、河套文化、三晋文化、河洛文化、燕赵文化、齐鲁文化等具有鲜明地域特征的文化类型。这些地域文化，是古往今来兴盛于黄河流域的综合性文化。这些文化既有各自的特点和特征，又相互作用、相互影响，汇集成了黄河文化。在族群融合、文化碰撞中，黄河文化层次丰富、类型多元的特点展现得淋漓尽致。黄河文化多元又自成体系，为中华文化的经久不衰提供着丰富的精神滋养。2023年国家相关部委以及沿黄九省区，在生态保护、黄河国家文化公园建设、文化遗产保护、非遗传承、中西文明互鉴、文旅融合与乡村振兴等方面，深入开展黄河文化保护与传承工作，发挥了黄河文化在生态文明、固本培元、守正创新方面的积极作用。当前，在挖掘黄河文化内涵及促进黄河文化在新时代创造性转化、创新性发展上还有不足，需要更多的关注和投入。

一　生态文明：黄河文化的深刻内涵

黄河文化从其最基础、最根源的文化内涵来说，是大河文明，是有关"水"的文化，是人类社会在需要水、利用水以及与水抗争、与水相依的历史进程中形成的生态文化。深入挖掘和探寻黄河文化所蕴含的生态文明思想，有助于从根本上深刻认识黄河流域的历史人文和当代社会。在针对黄河流域生态保护和高质量发展的各种论坛上，生态保护、绿色发展、生态文明、黄河文化等议题，都是重要的、不可或缺的。2023年9月17日，在郑州举行的黄河流域生态保护和高质量发展论坛，生态保护治理与黄河文化传承弘扬是该论坛的核心议题。2023年9月16~18日举办了"2023世界大河文明论坛（中国·郑州）"，其主题就是"传承弘扬黄河文化，加强文明交流互鉴"。在此次论坛上，埃及卢克索神庙文物处负责人艾哈迈德·巴德尔、印度科学与工业研究委员会研究员瓦桑特·辛德，以及中国社会科学院学部委员王巍、上海外国语大学全球文明史研究所所长王献华、北京大学高等人文研究院院长杜维明等在主论坛上发言，强调了深化文化交流交融、促进文明互鉴的价值。2023年10月28~29日，中国生态文明论坛济南年会在山东省召开，以"生态文明 美丽中国——谱写人与自然和谐共生的现代化建设新篇章"为主题，提出全面贯彻落实党的二十大和全国生态环境保护大会精神，坚决扛起美丽中国建设政治责任。

水利灌溉的历史塑造了黄河流域独特的人文精神面貌，突出表现了自古以来黄河沿岸的人民对于天道自然的尊崇，是人与自然和谐共生理念的生动实践。历朝历代人们在黄河流域兴修水利，疏浚旧渠、开挖新渠，黄河灌区的范围不断拓展，形成黄河流域著名的古老灌区，"黄河流域的引水灌溉历史悠久、规模巨大、经济及社会、生态效益显著，关中平原引泾灌溉的郑国渠、宁夏平原的引黄古灌区、内蒙古河套引黄灌区、河南五龙口引沁灌区，以及山西的引泉灌区、陕北红石峡等都是黄河流域著名的古老灌区，有的已被列入世界灌溉工程遗产名录"①。引黄灌溉在促进农牧业发展的同时，还对塑造、优化或维系区域生态环境发挥了不可替代的作用。这些灌溉工程和技术充分尊重了所在区域的生态系统属性和水生态系统的可持续性，本着人与自然和谐共生的理念，平衡了农田灌溉与生态环境承载能力，充分彰显着"人水和谐"的深刻内涵。

2023年6月6日，习近平总书记来到内蒙古巴彦淖尔，在河套灌区水量信息化监测中心的沙盘前详细了解了河套灌区的水利建设史，面对内蒙古各族人民在河套平原上开凿出的7级灌排体系指出："河套灌区灌溉工程是千年基业，花了很大功夫，也很值得。要继续完善提升，提高科学分水调度水平。"②河套灌区灌溉工程作为千年基业，创造了人与自然和谐共生的生态文明，在未来千年也不仅是一个粮食生产基地，更是中华民族生生不息伟大奋斗精神的代表，是黄河文化的典型符号。

习近平生态文明思想是黄河流域生态保护和建设的指导思想。黄河流域生态环境变迁深刻影响着沿岸人民的生产生活，黄河流域生态治理凸显了习近平生态文明思想的时代价值。黄河是连接青藏高原、蒙古高原、黄土高原、华北

---

① 李云鹏：《对黄河水利文化及黄河国家文化公园建设的思考》，《中国文化遗产》2021年第5期，第60页。

② 《习近平在内蒙古巴彦淖尔考察并主持召开加强荒漠化综合防治和推进"三北"等重点生态工程建设座谈会时强调　勇担使命不畏艰辛久久为功　努力创造新时代中国防沙治沙新奇迹》，《人民日报》2023年6月7日，第1版。

平原和渤海的天然生态廊道，是事关中华民族生存发展的重要生态安全屏障。随着"绿水青山就是金山银山"理念的深入人心，黄河流域生态治理取得显著成绩。三江源等国家自然生态保护区建设使黄河源头治理效果明显，上游水源涵养和生态产品供给能力显著提升。早在 2017 年第七届库布其国际沙漠论坛举办时，习近平总书记就致贺信指出荒漠化防治是关系人类永续发展的伟大事业。"中国高度重视生态文明建设，荒漠化防治取得显著成效。库布其沙漠治理为国际社会治理环境生态、落实 2030 年议程提供了中国经验。中国积极推动'一带一路'国际合作与落实 2030 年议程深度对接。面向未来，中国愿同各方一道，坚持走绿色发展之路，共筑生态文明之基，携手推进全球环境治理保护，为建设美丽清洁的世界作出积极贡献。"① 2023 年 8 月 25～27 日，"以科技引领治沙让荒漠造福人类"的第九届库布其国际沙漠论坛，由内蒙古自治区政府与联合国环境署、联合国防治荒漠化公约秘书处联合主办，旨在推动国内外荒漠化防治与生态文明建设科技创新交流合作，传播我国防沙治沙科技创新经验成果，助力构建人类命运共同体。

二　固本培元：新时代传承弘扬黄河文化的根本目标

人群流动、多元汇聚、族群分合，但终归汇聚成高度凝聚的中华民族共同体。中华民族多元一体格局的形成，不仅是对政治上大一统的追求，更是精神和文化上的逐渐凝聚和高度认同。黄河流域各民族和各地区人民不仅创造了丰富的物质文明，更创造了精神文明，并在交往交流交融中不断提升影响力。从一个地区到整个黄河流域，再到全中国，乃至在世界文明的互鉴中，成为中华文化的典型符号，成为中华民族的形象表达。这些历史基因，蕴含在古人留给我们的物质文化和非物质文化之中，深深地浸润在饮食、服饰、语言、艺术、节日、习俗等日常生活中。让这些黄河文化的基因在新时代绽放新的光彩，是当前文化建设的需要，是满足人们精神文化需求的需要。

培根铸魂是新时代文化建设的根本目标，是建设中华民族现代文明的内在

---

① 《习近平向第七届库布其国际沙漠论坛致贺信》，《人民日报》2019 年 7 月 28 日，第 1 版。

要求，需要在推动"第二个结合"中把握历史和文化主动，深入挖掘中华优秀传统文化的宝贵资源，构筑中华民族共有精神家园，从而铸牢中华民族共同体意识，推进中华民族共同体建设。黄河文化不仅是大众关注的热点，也是学术热点。在中国知网上，仅 2023 年以黄河文化为主题的文章就有上千篇，其中有硕士、博士学位论文 60 余篇。2023 年，黄河水利出版社出版《黄河文化》，该书结合水利特色，从黄河的自然环境入手讲述了黄河文化的萌芽、稳定和中心形成等。由教育部人文社科重点研究基地、山东师范大学、齐鲁文化研究院组织编纂，中华书局出版的《黄河文化通览》等有关黄河文化的专著，全面展现了黄河文化的历史变迁和丰富内涵。

黄河文化是具有世界影响力的中华文化符号和象征。在宣传与展示黄河文化内涵上，沿黄九省区采取了多种积极有效的措施，做出了多方面的努力。陕西省积极推动黄河流域非遗保护传承工作，成功举办中国非遗保护年会，并在全国最早出台省级《黄河文化保护传承弘扬规划》，成功创建陕北文化生态保护区、羌族文化生态保护区等两个国家级文化生态保护区，非遗成果在中国——中亚峰会得到展示。2023 年 4 月 16 日"2023 黄河黄帝文化澳门国际论坛"在澳门举行，论坛旨在借助澳门这一中西交融的国际文化舞台，推动黄河文化、黄帝文化的传播与发展。2023 年 9 月 14 日至 11 月 17 日，河南开展了历时两个月的"中国（郑州）黄河文化月"系列活动，其间共举办 8 项国家级重点活动、20 项群众文化活动、"'行走河南·读懂中国'中外媒体黄河行"、第五届"第三只眼看中国"等，践行讲好新时代"黄河故事"的要求，挖掘了黄河文化蕴含的时代价值。

三 守正创新：探索黄河文化创造性转化、 创新性发展的新路子

黄河文化的创造性转化和创新性发展需要以保护为先、在传承中延续黄河文化的精神内核，要在载体呈现、价值表达、转化运用上积极创新，全力讲好黄河故事，赓续千年文脉。黄河文化从其属性上来讲是地域性文化，但又区别于一般意义上的区域性文化，是带有统括意义的文化。新时代传承弘扬黄河文化要站在更高的历史定位和宏阔的视角上，充分发挥黄河文化凝心聚力、培根

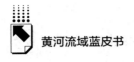

铸魂的作用和功能，让黄河文化的基因和血脉汇聚成推进中国式现代化建设的磅礴精神力量。

（一）推动黄河文化公园建设

2017 年中共中央办公厅、国务院办公厅联合印发《关于实施中华优秀传统文化传承发展工程的意见》（中办发〔2017〕5 号），提出要规划建设一批国家文化公园，形成中华文化重要标识。2019 年，《长城、大运河、长征国家文化公园建设方案》出台。2019 年黄河流域生态保护和高质量发展座谈会召开。2020 年 10 月出台的《中共中央关于制定国民经济和社会发展第十四个五年规划和二〇三五年远景目标的建议》明确提出建设长城、大运河、长征、黄河四大国家文化公园的整体布局。

2023 年 7 月，国家发展和改革委员会、中共中央宣传部、文化和旅游部、国家文物局等部门联合印发了《黄河国家文化公园建设保护规划》，提出以黄河干支流流经的县级行政区为核心区，将黄河故道发展历史延伸至联系紧密区域范围内，实施黄河国家文化公园建设工程。按照《黄河国家文化公园建设保护规划》要求，各省区积极推进了此项工作。比如，四川省正在实施若尔盖、莲宝叶则等标志性文化工程；甘肃省依托黄河风情线、黄河首曲打造核心展示园，依托干支流沿线文化景观与古道线路打造集中展示带；宁夏正在建设引黄古灌区世界灌溉工程遗产展示中心等；陕西省构建黄河文化保护展示传承廊道，建设特色黄河文化展示园；内蒙古自治区也大力推动一批黄河国家文化公园项目建设，其中黄河大峡谷文化公园建设项目、包头市黄河湿地国家文化公园建设项目被列入国家发改委"十四五"时期文化保护传承利用工程项目重点项目库。山西省构建的"两廊三带多片"，河南省构建的"一核三极引领、一廊九带联动、十大标识支撑"，山东省构建的"一廊一带四区多点"的黄河国家文化公园总体空间布局，均在有序推动中。

（二）加强对文化遗产的活化利用

黄河文化遗产数量繁多、种类丰富。既有文物古迹、古建筑遗址、工具器物等物质文化遗产，也有音乐、舞蹈、戏曲、工艺、民俗等非物质文化遗产。

博物馆日益成为人民美好生活的重要组成部分。2023 年黄河流域博物馆联盟馆长研讨会在青海省玉树藏族自治州玉树市召开，联盟成员单位围绕传承弘扬保护黄河文化，探索创新黄河沿岸文博资源整合和开放共享，为黄河文化展示平台建设提供更多新的思路和方案。2023 年 5 月 17 日，内蒙古博物院等 8 家博物馆联合发起内蒙古黄河流域博物馆馆际联盟，加强黄河文化遗产学术研究和交流合作，在文物征集、研究阐释、展览展示、宣传教育等方面为切实讲好"黄河故事"发挥作用。2023 年 12 月，济南市博物馆联合菏泽、济宁、泰安、聊城、德州、滨州、淄博、东营沿黄九市 15 家文博单位推出"汤汤大河 生生不息——山东地区黄河文明特展"，利用空间设计、沉浸式体验、社教活动、文创品牌等丰富的形式，积极开发山东沿黄九地黄河文化创意品牌，为黄河文化传播创新路径探索提出了新构想。

非遗是人类文明的瑰宝，是一个国家和民族历史文化成就的重要标志，是优秀传统文化的重要组成部分，具有满足群众物质生活与精神需求的双重作用。2023 年 6 月 1 日，由文化和旅游部非物质文化遗产司指导、黄河流域非遗保护传承弘扬协同机制秘书处支持、宁夏回族自治区文化和旅游厅主办的"2023 年黄河流域非物质文化遗产保护论坛"在宁夏银川举行。本次论坛以"非遗奏响新时代黄河大合唱"为主题，聚焦黄河流域非遗保护传承，围绕进一步落实黄河流域生态保护和高质量发展规划、黄河流域非遗精神内涵和时代价值的挖掘与阐释等 10 个议题，共同探讨黄河流域非遗保护传承弘扬的新思路、新方式、新举措。除此之外，2023 年沿黄九省区和全国层面上，开展了"河和之契：2023 黄河流域及大运河沿线非物质文化遗产交流展示周暨黄河流域文化生态保护区发展论坛"、2023 年黄河非遗大展等大型活动。

（三）推动文旅融合与乡村振兴

保护、传承、弘扬黄河文化，是贯彻落实黄河流域生态保护和高质量发展重大国家战略的主要目标任务之一。《中共中央关于制定国民经济和社会发展第十四个五年规划和二〇三五年远景目标的建议》中提出了"建设区域文化产业带"，《"十四五"文化发展规划》《"十四五"文化产业发展规划》则进一步明确提出推进黄河文化产业带建设的重要理念。黄河文化的类型多样、种类丰富。结合中华文明探源工程研究成果来看，黄河流域是实证我国百万年人类史、一万年文化史、五千多年文明史的关键区域，保留有丰富的文化文物遗

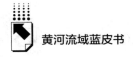

存，为文旅融合发展提供了得天独厚的资源和条件。

2023年8月6日，"直播黄河"——2023首届黄河文化旅游带全网宣传推广活动启动。作为历史上第一次万里黄河文旅大联动的大型直播活动，向海内外观众和游客立体展现了我国黄河文化旅游带的总体风貌、景观特点、行游方式、业态特色。2023年7~9月，2023黄河主题旅游海外推广季启动仪式暨黄河文化旅游带精品线路外文版发布仪式在山西运城举行，推出文化旅游资源展播等900余个数字产品，并在美国、巴西和韩国举办"你好中国！"海外专场推介会。

文化振兴是乡村振兴的灵魂。密布于黄河沿岸类型多样的传统村落蕴藏着黄河流域最鲜活、最丰富、最厚重的文化资源，是黄河文化的根基和活水。新时代传承弘扬黄河文化要抓住乡村振兴的历史机遇，深入挖掘黄河流域传统村落的历史文化资源，将黄河沿岸村落中世代传承的人文风貌、建筑民俗、古法技艺、生态景观等弥足珍贵的文化资源加以收集整合，通过新媒体传播、乡村文化旅游、民俗民艺展陈展示等多元化方式加以开发利用，激活浸润在日常生产生活中的文化元素，重塑乡村文化自信，使之成为新时代文明乡村建设的有力抓手。

2023年，陕西佳县以文旅产业融合带动县域经济高质量发展，文旅富民成为佳县经济社会高质量发展的新动力。山东将打造乡村文化振兴齐鲁样板作为重点课题，形成了《山东省乡村文化振兴工作指导方案（2023—2027年）》。2023年11月13~14日，黄河国家文化公园（山东段）、沿黄河文化体验廊道建设暨乡村文化振兴现场推进会召开。2023年12月16日，菏泽市举办2023菏泽市沿黄河（故道）乡村文化振兴展示带（区）新闻发布会，以文明实践和美德信用建设培育文明乡风，群众精神文化获得感、幸福感显著提升。

四 任重道远：黄河文化保护与传承对策建议

新时代以习近平文化思想为指导，进一步推进黄河文化传承与弘扬，让黄河文化在培根铸魂上发挥根本性作用，为人类文明新形态注入中国魂，这是全面推进中国式现代化的必然要求，也是践行"第二个结合"的必由之路。

（一）加强学术研究，深化和拓展黄河文化遗产保护与传承工作

我们对黄河的认知是个漫长的历史过程，直至今天有些认识还存在争议。对黄河的认知，黄河对中国历史的影响，黄河文化对人类文明的贡献，无论是学术研究，还是科学知识普及都还有很长的路要走。黄河水养育了各族人民，创造了稳定的社会生产生活，滋养产生了独具中国特色的文化。这些具有"黄河"元素的文化因子，是中华文化中社会伦理、历史、习俗的精髓，黄河文化的深厚底蕴和强大张力，是中华文化经久不衰、屹立人类文明之林的根本。我们要在新时代构建中国话语和中国叙事体系，讲好中国故事、传播好中国声音，展现可信、可爱、可敬的中国形象，黄河和黄河文化无疑是一个重要的核心与关键。

实施黄河文化研究工程，在系统整合黄河流域地域文化资源的基础上，做好黄河文化内涵特征、核心理念、黄河文化时代价值等的研究。结合中华文明探源工程，通过考古发掘和多学科综合研究，以坚实的考古资料和研究成果证明黄河文化在中华民族和中华文化的形成发展中的重要贡献。

实施黄河文化资源普查工作，广泛收集整理有关黄河的档案、书籍和实物等，建立黄河文化资料库、展览馆、博物馆，摸清黄河文化的家底。结合摸底工作，开展黄河文化遗产的保护工作，按照"保护为主、抢救第一、合理利用、传承发展"的指导方针，对黄河流域物质和非物质文化遗产进行系统性保护。充分发挥科技在文化遗产动态监测、文化遗产抢救性保护、文物病害监测分析等方面的作用，不断提升文化遗产保护的科技创新能力和应用水平。

加强黄河文化的宣传推广，发挥传统媒体和新媒体作用，组织学术研讨会，编撰印发黄河文化普及读物等，大力宣传推广黄河文化建设的重要意义、作用和内容，全方位引导社会大众全面认识黄河文化、理解黄河文化，进而自觉传承、保护、弘扬黄河文化。

（二）黄河文化的创造性转化与创新性发展还需进一步融入群众生活

党的二十大报告提出"坚持为人民服务、为社会主义服务，坚持百花齐放、百家争鸣，坚持创造性转化、创新性发展，以社会主义核心价值观为引领，发展社会主义先进文化，弘扬革命文化，传承中华优秀传统文化，满足人

民日益增长的精神文化需求，巩固全党全国各族人民团结奋斗的共同思想基础，不断提升国家文化软实力和中华文化影响力。"① 黄河文化是黄河流域的人民共同创造的，要保护和传承好黄河文化还要依靠人民，要把黄河文化的保护、利用、传承工作与人民的生活结合起来，让黄河文化在人民的生活中生根开花。具体包括建好黄河文化公园、遗址公园、各类博物馆、展览馆、城乡公共文化设施等，让人民大众在生活中能感受和触摸到黄河文化。

特别是非遗，要在群众的生活中去传承和弘扬，要让传统技艺成为人民生活和情感寄托的一部分。"要坚持以社会主义核心价值观为引领，坚持创造性转化、创新性发展，找到传统文化和现代生活的连接点，不断满足人民日益增长的美好生活需要"②。"找到传统文化和现代生活的连接点"，习近平总书记的这些重要指示要求，为非遗保护工作指明了方向、提供了根本遵循。

（三）要强调文化旅游中文化的主导地位

文化旅游的成败，关键还是要看"文化"。因此，挖掘文化内涵、阐释文化现象、讲好文化故事才是发展文化旅游业的前提和基础。讲好黄河文化故事就要挖掘黄河文化的"黄河"元素。比如，与黄河有关的非遗艺术，如青海、甘肃、宁夏的花儿及内蒙古的漫瀚调、山西和陕西地区的民歌，在内容上多为黄河题材，或者以黄河比兴；河南、山东等地区的"黄河号子""土硪号子"就是在修筑黄河堤坝过程中出现的。还有很多黄河岸边的传统特色饮食都与黄河码头有关，如兰州的牛肉面、浆水面，内蒙古河套地区的烧卖、羊杂、酸米饭等。推动文旅融合，还应将黄河文化资源具象化、动态化、现代化，构建黄河文化景观体系、推动文化产业发展，打造黄河文化 IP 品牌形象。在景观体系构建方面，依托黄河国家文化公园建设，以黄河流域精神标识载体为核心、以黄河文化旅游带为轴线，串联黄河流域的自然景观、自然保护区、文化文物遗产、传统村落、城市景观、风景道等，突出彰显丰富多元的区域文化特色。

---

① 习近平：《高举中国特色社会主义伟大旗帜　为全面建设社会主义现代化国家而团结奋斗——在中国共产党第二十次全国代表大会上的报告》，《人民日报》2022 年 10 月 26 日，第 1 版。
② 《习近平在陕西榆林考察时强调　解放思想改革创新再接再厉　谱写陕西高质量发展新篇章》，《人民日报》2021 年 9 月 16 日，第 1 版。

　　黄河文化是中华民族的根和魂，在新时代传承和弘扬黄河文化是中华民族实现伟大复兴的文化保障。黄河流域生态保护和高质量发展是习近平生态文明思想和习近平文化思想的重要实践，关系着沿黄九省区乃至整个中国的高质量发展，是一个政治、经济、文化、社会、生态"五位一体"的系统性工程。保护好生态、保护和传承好文化遗产，就是在保护中华民族精神生生不息的根脉，功在当代，利在千秋。

参考文献

陈梧桐、陈名杰：《黄河传》，河北大学出版社，2009。

李学勤、徐吉军主编《黄河文化史》，江西教育出版社，2003。

谭其骧主编《黄河史论丛》，复旦大学出版社，1986。

王天顺：《河套史》，人民出版社，2006。

王志民：《黄河文化通览》，中华书局，2022。

《习近平在推进南水北调后续工程高质量发展座谈会上强调深入分析南水北调工程面临的新形势新任务 科学推进工程规划建设提高水资源集约节约利用水平》，《人民日报》2021年5月15日，第1版。

《习近平在深入推动黄河流域生态保护和高质量发展座谈会上强调　咬定目标脚踏实地埋头苦干久久为功　为黄河永远造福中华民族而不懈奋斗》，《人民日报》2021年10月23日，第1版。

《习近平对宣传思想文化工作作出重要指示强调　坚定文化自信秉持开放包容坚持守正创新　为全面建设社会主义现代化国家全面推进中华民族伟大复兴提供坚强思想保证强大精神力量有利文化条件》，《人民日报》2023年10月9日，第1版。

《习近平向第三届文明交流互鉴对话会暨首届世界汉学家大会致贺信》，《人民日报》2023年7月4日，第1版。

《创作新时代的黄河大合唱——记习近平总书记考察调研并主持召开黄河流域生态保护和高质量发展座谈会》，《人民日报》2019年9月20日，第1版。

B.22
内蒙古黄河流域非物质文化遗产
保护传承与创新发展研究*

王海荣**

摘　要:　内蒙古黄河流域非物质文化遗产的保护传承与创新发展,不仅是黄河文化在涵养中华文化中培根铸魂作用的重要实践,也是增强内蒙古各族人民文化认同感、文化自信、文化自觉和文化担当,构筑中华民族共有精神家园的生动实践,更是内蒙古完成好"五大任务"、全方位建设"模范自治区"、推进北疆文化建设的积极实践。目前,内蒙古在黄河流域非遗保护传承与创新发展方面,取得了显著成效,但仍存在创新发展活力不足、研究宣传阐释不够深入、文旅融合发展效果不够显著等诸多困境和挑战,需进一步创新体制机制、激发非遗创新发展活力、深化研究、加强宣传阐释、推进非遗与文旅深度融合,这样才能促进内蒙古黄河流域非遗保护传承和创新发展,实现内蒙古黄河流域生态保护、环境治理和高质量发展。

关键词:　黄河流域　非物质文化遗产　保护与传承　内蒙古

2019年9月18日,习近平总书记在郑州主持召开黄河流域生态保护和高质量发展座谈会时明确指出:"黄河文化是中华文明的重要组成部分,是中华民族的根和魂。要推进黄河文化遗产的系统保护,守好老祖宗留给我们的宝贵

* 本文为内蒙古社科规划北疆文化建设理论研究项目"内蒙古黄河流域非物质文化遗产的保护传承与弘扬研究"、2023年度内蒙古自治区文化和旅游发展研究重点课题"铸牢中华民族共同体意识视阈下内蒙古黄河流域非物质文化遗产的保护传承与发展新实践研究"(编号: 2023-WL0010)的研究成果。
** 王海荣,博士,内蒙古自治区社会科学院北疆文化研究所所长、研究员,主要研究方向为非遗文化、民俗文化、北疆文化。

遗产。要深入挖掘黄河文化蕴含的时代价值，讲好'黄河故事'，延续历史文脉，坚定文化自信，为实现中华民族伟大复兴的中国梦凝聚精神力量"①。党的十八大以来，以习近平同志为核心的党中央高度重视非物质文化遗产保护工作，从坚定文化自信、实现中华民族伟大复兴中国梦的全局和战略高度，作出一系列重大决策部署。习近平总书记在各地调研和重大国事活动中，多次考察非遗项目，多次对非遗保护传承作出重要指示批示，强调"要坚持以社会主义核心价值观为引领，坚持创造性转化、创新性发展，找到传统文化和现代生活的连接点，不断满足人民日益增长的美好生活需要"②。习近平总书记对黄河文化、非遗保护传承的重要指示精神，为内蒙古黄河流域非遗保护工作指明了方向、提供了根本遵循。

内蒙古黄河流域位于黄河文化区的最北端，是草原丝绸之路的黄金通道，是中国历史上著名的农耕文化与游牧文化交融地带，也是黄河文化区高度融合、多元汇聚的特色地带。在东西绵延的黄河文化与草原文化交汇的广袤区域内，拥有丰富的遗迹遗存，不仅有历代城址和长城等军事防御设施，还有大量人居聚落遗址、社会生产生活遗存、民俗文化以及与之相关的堡寨文化、村落文化、移民文化、非物质文化遗产等。内蒙古黄河流域丰富的物质和非物质文化遗产资源是中华文化和中华民族精神的重要载体，也是内蒙古黄河文化中最富魅力和最有生命力的部分，为内蒙古黄河文化的传承发展奠定了不可替代的优势和资源基础。

一　内蒙古黄河流域非物质文化遗产传承发展实践

（一）内蒙古黄河流域非物质文化遗产资源赋存状况

内蒙古黄河流域深厚的历史人文底蕴和独特的地理环境，造就了其丰富多彩的非物质文化遗产资源。截至目前，内蒙古黄河流域有鄂尔多斯婚礼、蒙古

---

① 习近平：《在黄河流域生态保护和高质量发展座谈会上的讲话》（2019年9月18日），《求是》2019年第20期，第4页。

② 《习近平在陕西榆林考察时强调　解放思想改革创新再接再厉　谱写陕西高质量发展新篇章》，《人民日报》2021年9月16日，第1版。

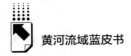

族服饰、蒙古族民歌、古如歌、漫瀚调、爬山调、脑阁、二人台、沙力搏尔摔跤、蒙古象棋、蒙古族驼球、剪纸、地毯织造技艺、牛羊肉烹饪技艺、蒙古族养驼习俗等国家级代表性项目24个,代表性传承人22人;有大盛魁行商文化、走西口歌谣、祝赞词、莜面饮食制作技艺、青城面塑、沙嘎游戏、走马驯养技艺、炕围画、清水河瓷艺、蒙医五味阿尔沩术、蒙医熏鼻疗法等自治区级代表性项目295个,代表性传承人319人,涉及民间文学、传统音乐、传统舞蹈、传统戏剧、曲艺、传统体育、游艺与杂技、传统美术、传统技艺、传统医药、民俗等门类;有民俗馆、非遗馆、村史馆、非遗保护传承基地、非遗小镇、非遗特色园区(街区)、传统工艺工作站、非遗传承教育学校、非遗相关学会(协会)、传习所(点)、特色传统村落等非遗保护传承重要场所389处;有鄂尔多斯文化生态保护区、和硕特蒙古族文化生态保护区、乌拉特文化生态保护区等自治区级文化生态保护区3个①。

总体来说,内蒙古黄河流域非物质文化遗产国家级、自治区级、盟市级、旗县(区)级四级名录体系以及与四级名录体系配套的传承人制度逐渐完善;有关非物质文化遗产的法律法规、条例、制度日渐完善,非物质文化遗产保护保障体系更加有力;文化生态保护区建设水平不断提高;非遗代表性传承人记录工程及非遗传承人研修培训计划顺利推进;非遗社区传承活跃;传统工艺振兴计划、曲艺传承发展计划、非遗助力乡村振兴成效明显,非遗的创新转化利用及"人民非遗、人民保护、人民共享"理念获得广泛的社会认知;非遗在黄河、长城国家公园建设等重大战略中的积极作用进一步发挥;非遗宣传广泛开展,全媒体传播使非遗的社会知晓度得到显著提升。

(二)内蒙古黄河流域非物质文化遗产保护传承发展举措

1.顶层设计得到进一步加强

一是为进一步规范和加强非物质文化遗产的建设和管理,提升非遗区域性、系统性保护水平,推动非遗高水平保护和高质量发展,制定了《内蒙古

---

① 数据根据内蒙古自治区艺术研究院(内蒙古自治区非物质文化遗产保护中心)官网公开信息统计,http://www.nmgfeiyi.cn/2024-01-04。

自治区级非物质文化遗产特色村镇、街区认定与管理办法》《内蒙古自治区级文化生态保护区工作评估实施细则》《内蒙古自治区级非遗工坊认定与管理办法》等法规性文件。将非遗保护工作纳入地方党政考核评价体系，赋分为 2 分。二是着力规范文化旅游市场，制定出台提振市场信心、惠企纾困相关政策措施，持续强化文化和旅游市场管理。如编制《内蒙古自治区级非遗旅游体验基地管理办法》《文化和旅游行业标准体系规划》，开展旅游专列、旅游包机等定制服务，健全完善游客"落地租车、异地还车"服务体系，对旅游企业"引客入蒙"实施奖励；深入推进未经许可经营旅行社业务、"不合理低价游"等专项整治行动，做好"体检式"暗访评估、交叉执法检查和"双随机"联合执法，提高举报投诉处理效能。

2. 有力推进非遗保护传承工作

一是健全完善非遗保护体系。开展国家级、自治区级非遗代表性传承人 2022 年度传承活动评估工作，推荐国家级传承人优秀等次 14 人。实施自治区级非遗代表性传承人记录工程，已完成清水河瓷艺项目传承人张选等 10 人记录工作。二是稳步提升非遗保护水平。继续实施非遗传承人研修培训计划，指导举办 4 期国家级、8 期自治区级非遗代表性传承人研培班。组织内蒙古师范大学举办全区剪纸培训班、全区刺绣研修班，协调北京服装学院举办巴林右旗刺绣研修班、蒙古族刺绣技艺创作营，指导自治区非遗传承人研培计划参与院校举办 8 期研修班，非遗传承人及从业者等 500 余人参加培训，完成 2000 余件成果作品制作。三是开展自治区非遗传承人研培计划参与院校绩效考核工作，推荐的内蒙古师范大学、呼伦贝尔学院、赤峰学院 3 所高等院校入选 2024～2025 年度中国非物质文化遗产传承人研修培训计划参与院校推荐名单。

3. 广泛开展非遗宣传传播工作

一是开展全媒体非遗传播，使非遗的社会知晓度、大众认同度显著提升。联合内蒙古广播电视台、奔腾融媒，推出自治区级非遗代表性传承人专题纪录片《遗·冀》，推送至"学习强国"内蒙古学习平台、中国新闻网、新浪、腾讯，内蒙古和地方 108 个旗县媒体平台进行宣传，"学习强国"内蒙古学习平台的点击量一再被刷新，平均每天超过 50 万人次通过"学习强国"内蒙古学习平台观看，总点击量累计达到 1000 万人次。2023 年 6 月，"内蒙古非遗购物节"在奔腾融媒开展全矩阵联合直播（2023 年 6 月 11 日），10 位非遗传承人向观众展示内蒙古非遗好物、讲述非遗故事；开展"内蒙古非遗馆"淘宝直播（2023 年 6 月 11~12 日），累计观看人次突破 15 万，屡次冲上淘宝"礼品文创"板块第一名，两场直播连续排名"直播小时榜"第一名。自 2023 年 5 月 9 日起，内蒙古将传统工艺类非遗经典项目宣传视频在呼和浩特白塔机场贵宾厅、G6 高速服务区以及呼和浩特地铁 PIS 播放终端进行循环展播，全天轮播 100 余次，提升非遗产品市场竞争力，创新文化消费场景。二是举办多场次、多类型、多层次的非遗展览展示活动，进一步增强非遗传播力，使非遗保护意识深入人心。在全区 12 个盟市同步开展了 2023 年"文化和自然遗产日"内蒙古非遗集市活动。在呼和浩特市玉泉区大召广场举办了内蒙古自治区主场活动。截至活动结束，现场参观人数达 60.97 万人次。"非遗之夜"展演直播曝光量约 150 万人次，新华网、人民网、奔腾融媒等媒体专题报道 100 余篇，浏览量近 300 万人次。2023 年 6 月 11 日，《内蒙古日报》头版报道"非遗集市开市啦"专题。当日现场销售额达到 50 余万元，截至活动结束达到 150 余万元，促进了非遗保护成果人民共享，助力文旅产业蓬勃发展。成功举办"全区旅游发展大会'多彩非遗赋能乡村振兴非遗助力乡村旅游发展'非遗展""第四届中蒙博览会非遗展""内蒙古自治区传统工艺与现代创意展""'美丽的草原我们的家'暨 2023 年'迎国庆·庆丰收'巴彦淖尔非遗那达慕""'北疆文化·匠心传承'内蒙古非遗文创巡展"等活动。三是加强内蒙古黄河流域非遗对外宣传、推广、交流活动，进一步提升非遗影响力。《内蒙古非遗艺术展》在斯德哥尔摩中国文化中心成功举办，长调民歌《黑骏马》、呼麦《吉祥颂》、杂技《柔术转碗》、蒙古族舞蹈《优雅》、歌曲《鸿雁》等非遗代表性项目轮番上演。现场气氛热烈，瑞典媒体进行了广泛的宣传报道。兼具中华传统文化特色和民族特色的演出、非遗展览和体验活动点燃了瑞典民众对中国的好奇心，对促进中瑞双边关系友好交流发挥了重要作用。此外，内蒙古组织非遗保护管理人员、专家学者、非遗传承人参加了"2023 中国原生民歌节""第六届中国非物质文化遗产传统技艺大展""宁夏回族自治区黄河流域非物质文化遗产高峰论坛""甘肃省'黄河之滨也很美'—黄河流域非物质文化遗产高峰论坛""山东省'河和之契'黄河流域大运河沿线非物质文化遗产交流展示周暨黄河流域文化生态保护区发展论坛""陕西省'黄河记忆'

2023 年黄河非遗大展""山西 2023 黄河非遗大展""山西省 2023 大河论坛·黄河峰会""河北 2023 第三届长城脚下话非遗活动",积极宣传推广内蒙古黄河流域非遗保护成果。

4. 非遗传播平台、传播渠道不断拓展

积极推进黄河国家文化公园建设,为生动讲好"黄河故事"及宣传、展示、传播非遗创造平台和渠道。目前黄河大峡谷文化公园建设项目、包头市黄河湿地国家文化公园建设项目被列入国家发改委"十四五"时期文化保护传承利用工程项目重点项目库;鄂尔多斯市非物质文化遗产馆建设项目、内蒙古包头市剪纸展示馆改扩建项目、包头市美岱召村改扩建项目、包头市二人台艺术展演厅建设项目、内蒙古乌海市黄河文化博物馆建设项目被列为国家发改委"十四五"时期文化保护传承利用工程一般项目;2022 年和 2023 年共投入旅游发展专项资金 2000 万元支持老牛湾黄河大峡谷旅游区创建国家 5A 级旅游景区。这些项目,将成为宣传、展示、传播内蒙古黄河流域非遗、讲好"黄河故事"的重要载体、平台和渠道。

5. 非遗创新发展水平不断提升

一是积极推动创建非物质文化遗产优秀城市,取得成效。近年来,内蒙古自治区文化和旅游厅高度重视漫瀚调的传承与发展,不断加大资金等各方面投入力度,完善漫瀚调保护传承体系、建立健全漫瀚调传承发展机制、打造漫瀚调艺术节庆品牌、加强漫瀚调宣传普及。2023 年,内蒙古鄂尔多斯市准格尔旗"打造漫瀚调保护传承体系 实现非遗文化创新性发展"案例成功入选由新华网主办的"第十届文化和旅游融合与创新论坛"典型案例汇编,并获评"2023 年非物质文化遗产优秀城市",是目前全区唯一获奖旗县。二是黄河文化旅游产业机制建设有新突破。2023 年 8 月 18~20 日,青岛市举办了 2023 年第三届中国研学旅行及教育产业博览会,来自全国 27 个城市的文化旅游主管部门及 100 多家研学企业参加了本次活动。巴彦淖尔市与三门峡市、淄博市、锡林郭勒盟等 13 个城市签约加入联盟,重点推荐了黄河风情体验游、河套农耕文化体验游、渡阴山重走昭君出塞路等与研学相融合的旅游线路,不断完善了与沿黄河流域城市文旅产业的协作机制,推进艺术创作演出、打造演绎精品等方面的合作,提升内蒙古黄河文化在沿黄河流域的影响力,推动研学旅行事业高质量发展。三是积极培育文化产业和旅游产业融合发展示范区。2023 年,

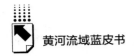
自治区文旅厅联合自然资源厅、住建厅进行了国家文旅产业融合发展示范区暨自治区重点培育文旅产业融合发展示范区评审，确定了呼和浩特市新城区为自治区重点培育文化产业和旅游产业融合发展示范区备选建设单位，推荐呼和浩特市新城区申报国家文化产业和旅游产业融合发展示范区。四是推出高品质文化旅游系列"产品"。2023 年 8 月 18 日晚，由集宁区人民政府主办、集宁区文化旅游体育局承办、乌兰察布市集宁南站影视文化发展有限公司协办的"内蒙古黄河几字弯万里茶道"主题文化旅游系列活动——第三届消夏文化旅游节暨集宁区首届城市露营季活动在集宁路文化商贸旅游区举行。此次活动汇集了文艺演出、城市露营会、全民音乐会和营地野餐等系列活动，得到社会广泛关注，有效拉动地方经济、社会、文化发展，产生了积极影响。呼和浩特市深入挖掘文化底蕴，打造沉浸式文旅场景，围绕"美食文化"举办 2023 年烧卖美食文化创意展示大赛，围绕"历史文化"推出《昭君和亲》行走街景沉浸式演出，围绕"城市文化"实施"青城漫游计划"，围绕"传统文化"举办首届大黑河军事文化乐园国潮嘉年华，让体验"北疆文化"成为假日潮流。巴彦淖尔市以弘扬"黄河文化"为主题，在黄河湾步行街举办了 8 场高水平的文艺演出，全方位展现"黄河黄　河套富　草原美"三大文化核心，累计吸引线上线下约 90 万人参与其中。五是智慧旅游建设进一步加强。持续推动伊利现代智慧健康谷沉浸式工业智慧旅游示范区建设，邀请北京和上海的专家进行实地指导，并向文化和旅游部推荐伊利现代智慧健康谷申报全国智慧旅游沉浸式体验新空间培育试点。打造马鬃山国家级滑雪旅游度假地，与体育局联合认定呼和浩特市马鬃山滑雪旅游度假地为自治区级滑雪旅游度假地。深入推动黄河流域非遗与旅游融合发展，持续推动呼和浩特市以非遗为主题的 4A 级景区——莫尼山非遗小镇提档升级，助力非遗创造性转化、创新性发展，拓展非遗旅游深度融合发展的新路径。

二　内蒙古黄河流域非物质文化遗产保护传承发展中存在的问题

经济社会的高质量发展为内蒙古黄河流域非物质文化遗产保护传承发展提供了良好的基础条件，人民对美好生活的需求也对非遗保护传承发展提出了更高要求。内蒙古黄河流域非物质文化遗产保护工作目前取得了显著成效，但仍然面临着诸多现实困境和挑战。

（一）体制机制建设需进一步加强

2019 年以来，内蒙古深入贯彻落实习近平总书记关于黄河流域生态保护和高质量发展的重要讲话精神，大力推动黄河文化资源的保护、黄河文化的传承和弘扬工作，以国务院印发的《黄河流域生态保护和高质量发展规划纲要（2021 年）》为指导，编制一系列区域性专项规划，包括《内蒙古自治区保护传承弘扬黄河文化规划》《内蒙古自治区黄河几字弯旅游发展规划》《内蒙古自治区黄河流域文物保护专项规划》《内蒙古自治区黄河流域非物质文化保护专项规划》，旨在通过科学合理的布局，助推内蒙古黄河流域高质量发展。这些规划的编制、实施确实给内蒙古黄河流域高质量发展提供了遵循、指明了方向、提供了保障，但在具体的实施过程中，各盟市、各旗县区应立足本区域历史、文化、自然资源等实际情况，进一步细化、具体化，使其更有可操作性和针对性，需要将这些规划变成推进工作的"施工图"，需要更加完善、创新的体制机制建设，在这些方面需进一步加强。

（二）非遗创新发展活力不足

内蒙古黄河流域非物质文化遗产资源富集。但非物质文化遗产资源保护利用率不够高，部分非物质文化遗产传承活力不足；非遗与旅游产业，在空间、功能、产品、市场等方面融合效果不够显著；非遗服务经济、社会，服务民生的作用发挥不足；非遗产业化、市场化发展能力不够强，自我造血功能有待提升。例如传统美术、传统技艺类，尤其是食品类非遗，本身具有的商业价值就比较明显，在市场中能获得较大利润，但大多数非遗本身属于精神生产，如传统音乐、传统舞蹈、民间文学、民俗类项目，缺少市场竞争力。

（三）非遗研究、宣传、阐释不够深入

对内蒙古黄河流域非遗在巩固"中华民族根和魂"、铸牢中华民族共同体意识中的地位和作用认识不够；对非遗中所蕴含的中华优秀传统文化、红色文化、中华民族精神等的内涵挖掘不足，研究阐释不太充分，作用发挥不足，研

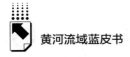

究缺乏前瞻性、全面性和系统性；在研究、阐释内蒙古黄河流域非遗时代价值、推进黄河文化遗产系统保护、创新发展、讲好新时代"黄河故事"等方面需进一步加强；在发挥内蒙古黄河流域非遗在推动沿黄地区民生改善、生态保护、经济发展、社会进步等方面的重要作用发挥不充分；内蒙古黄河流域非遗宣传、普及效果不明显，群众认同度、参与度不高；在让内蒙古黄河流域非遗融入人民群众生产生活，让民众参与到保护传承弘扬之中，让保护成果为人民共享，不断增强人民群众的参与感、认同感、获得感方面有待加强。

（四）非遗与文旅融合发展效果不够显著

旅游产品的不断创新升级是提供更为丰富的旅游体验、更为新颖的旅游业态、更为优质的旅游服务的原生动力。高质量旅游精品的打造是拓展旅游功能、促进文旅产业转型升级、不断满足人民美好生活需要的有效路径和重要抓手，也是文旅融合发展的核心竞争力。内蒙古黄河流域旅游产业体系不健全、重复建设、同质化竞争等现象普遍存在，要实现旅游产品的不断升级，创新理念、挖掘自身优势、形成旅游特色是关键。科技创新是内蒙古黄河流域文旅融合发展的关键驱动力和外在推动力，要让科技作用于内蒙古黄河流域文旅产业融合、转型升级与实现高质量发展的全过程，渗透到文旅价值链、产业链的各个环节，这样才能高效地推进内蒙古黄河流域非遗和旅游产业融合高质量发展。坚持"宜融则融、能融尽融"的原则，推进内蒙古黄河流域文旅与非遗、生态、康养、文物考古、博物馆、音乐舞蹈、体育、教育、人才建设、城镇、工业、农牧业、金融、科技、交通、互联网等重点领域或产业的融合发展，实现内蒙古黄河流域文旅产业多元创新、推进文旅产业增效提质和转型升级、丰富文游功能，全面提高文旅产业综合带动作用，所以，内蒙古黄河流域文旅融合要在多产业融合发展方面下功夫。

三 内蒙古黄河流域非物质文化遗产保护传承发展对策建议

面对各种发展困境与挑战，只有以系统思维、站在全局高度、创新体制机制、有效激活非遗创新发展活力、深化研究、加强宣传阐释、进一步推进非遗与文旅深度融合，才能促进内蒙古黄河流域非遗保护传承和创新发展，实现内蒙古黄河流域生态保护、环境治理和高质量发展。

（一）创新体制机制

周密、详细的顶层设计，完善、创新的体制机制建设，能为内蒙古黄河流域非遗保护传承和创新发展提供有力保障。一是要立足自身实际，将相关任务纳入发展规划，履行主体责任，完善工作机制，加强组织动员和推进实施；制定具体的实施方案、行动方案、创新工作机制等，让政策、规划真正落地生效。二是要坚持保护优先、统筹谋划、协同推进，坚持因地制宜、分类施策，加强跨区域跨部门协作，促进资源有效统筹、共建共享，提高内蒙古黄河流域非物质文化遗产保护传承弘扬的系统性和协同性，推动内蒙古黄河流域非遗与旅游高质量发展，努力实现非遗育民惠民利民。三是进一步健全、完善长效合作机制以及跨省协作机制，推动沿黄九省区协同发展，加快推动黄河流域非遗创造性转化、创新性发展。

（二）有效激发非遗创新发展活力

能够依赖市场生存的，在坚持保护与开发并重的原则下，对其实施有限度的可控开发；缺少市场竞争力的，应该创造条件，以优惠政策让其在市场中得到传承与发展的机会；不能自主进入市场，或者主要是基于民族国家利益与社会效益的，需政府与社会提供保障扶持并创造传承机会，调动相关力量共同提升其生命力；在实施乡村振兴战略和新型城镇化建设中，凸显非遗元素，强化非遗保护传承，发挥非遗服务基层社会治理的作用。非遗和旅游业两者是相互依存、相互促进的关系，非遗可为旅游业发展带来资源保障与精神助力，是旅游业的灵魂所在；而旅游业的发展则能为非遗传承、保护和发展提供载体和基础，能激活非物质文化遗产自身生命力，为其传承开发利用创造崭新的发展机遇。深入挖掘内蒙古黄河流域剪纸、泥塑、芦苇画、毛绣等非遗资源的丰富内涵，推动文化资源融入景区食、宿、行、游、购、娱各个环节，通过展示、科普、研习、互动体验等多种形式丰富景区游览内容和消费业态。做好传统音乐、传统舞蹈、传统曲艺等非遗资源的保护和传承，将漫瀚调、古如歌、爬山调、乌拉特民歌、鄂尔多斯婚礼、筷子舞等表演类、民俗类非遗资源引入景区，使景区成为历史文化资源活态传承的重要载体。此外，要全力推进文旅数字化、网络化、智能化建设，促进 5G、新型人工智能、区块链、量子科技、物联网、大数据、云计算、北斗导航等在内蒙古黄河流域非遗旅游领域的应用普及，进一步促进内蒙古黄河流域文旅行业的信息化建设，促进非遗与旅游数字化、网络化、智能化的发展，促进新一代人工智能、大数据分析、云计算等在非遗与旅游产业中的广泛应用，创新文旅产业体验模式，深化内蒙古黄河流域文旅融合，进一步促进内蒙古黄河流域非遗创造性转化、创新性发展。

（三）积极开展非遗研究、宣传、阐释

一是要整合内蒙古黄河流域非遗研究力量，夯实研究基础，建设跨学科、多元创新研究平台，形成一批高水平研究成果，让非遗在黄河流域生态保护和高质量发展中的作用更加突出。二是要加强对内蒙古黄河流域非遗在铸牢中华民族共同体意识中的地位和作用及内蒙古黄河流域非遗中所蕴含的中华优秀传统文化、红色文化、中华民族精神等的挖掘研究。三是要加强对内蒙古黄河流域非遗的时代价值、系统性保护、传承利用等方面的研究、阐释，讲好新时代"黄河故事"。四是要进一步发挥内蒙古黄河流域非遗在推动沿黄地区民生改善、生态保护、经济发展、社会进步等方面的重要作用。五是要加强同黄河流域九省区的交流合作，推动交流互鉴。六是要进一步拓展博物馆、融媒体等内蒙古黄河流域非遗宣传、传播渠道，向区内外、国内外，全面、立体、生动地展示内蒙古黄河流域非遗项目。

（四）大力推进非遗与文旅融合发展

内蒙古黄河流域是古丝绸之路与万里茶道东西交流、南北融汇之地，是游牧文明与农耕文明的碰撞交融之地，文化资源丰富。一是要在对内蒙古黄河流域旅游资源、市场和区域环境、地区经济社会发展水平的整体判断基础上选定重点区域，然后根据各个区域的不同游客群体选择重点产品进行开发，集中资源将其培育、打造成精品，以精品引领和带动整体发展，例如发挥内蒙古黄河流域自然景观多样、民族文化多彩、地域特色鲜明优势，统筹内蒙古黄河流域各盟市旅游资源，深度挖掘非遗内涵，打造内蒙古黄河流域非遗旅游品牌。二是要对内蒙古黄河流域文物古迹、民俗风情、美食特产、歌舞、神话传说等物

质文化和非物质文化资源加以深度挖掘，采取"文旅+"模式，使人文风情、特色餐饮、城镇、娱乐及相关服务业等诸多要素都融入文旅发展中，让文化成为旅游的灵魂。三是要开发内蒙古黄河流域骆驼文化、河套文化、万里茶道等文化旅游线路，打造内蒙古黄河流域历史文化风情走廊旅游线路，把内蒙古黄河流域深厚的历史文化底蕴和丰富的非遗内涵融入旅游业中，实现文化优势向旅游优势的转化，提升旅游产品的文化品位和内涵，这样才能满足不同游客更新、更高的精神文化的需求，才能促进内蒙古黄河流域高质量发展。四是要强化区域间资源整合和协作，推进全域旅游发展，建设一批展现内蒙古黄河流域非遗的标志性旅游目的地。

B.23
甘肃黄河文化传承发展路径研究

李　骅*

摘　要： 甘肃黄河文化历史厚重、资源丰富，甘肃黄河文化传承发展是自觉担负新的文化使命、实现高质量发展的重要举措。甘肃黄河文化传承发展以习近平文化思想为根本遵循，以习近平总书记在文化传承发展座谈会上的重要讲话精神为根本指南，稳步推进，不断提升。深度阐释甘肃黄河文化历史内涵和时代价值，着力推进甘肃黄河文化遗产传承发展，努力促进甘肃黄河文化旅游融合创新发展，切实推进甘肃黄河文化重点项目建设，聚力打造甘肃黄河文化品牌，大流量大声量讲好甘肃黄河文化故事等是甘肃黄河文化传承发展的重要路径。

关键词： 甘肃　黄河文化　高质量发展

文化传承发展是指作为一种物质的、精神的或制度的文化形态的传授、继承和发扬的过程。黄河文化是中华优秀传统文化的典范，是黄河国家战略的重要组成部分，具有重要的文化内涵和时代价值。习近平总书记在黄河流域生态保护和高质量发展座谈会上的重要讲话、在文化传承发展座谈会上的重要讲话，为新时代黄河文化传承发展提供了根本遵循，指明了前进方向。

"甘肃黄河文化是指甘肃黄河流域及其文化辐射地人类社会历史发展长河中不断积淀和创造形成的多元丰厚文化形态的总和。"① 甘肃黄河文化遗存丰富，治水文化发达，支流文化特色鲜明，黄河文化融合性特征突出，甘肃黄河文化是甘肃最厚重的文化底色，是黄河上游文化的典型代表，是中华文化的重

---

* 李骅，甘肃省社会科学院文化所副所长、副研究员，主要研究方向为哲学、伦理学。

① 李骅：《构筑甘肃黄河文化标识体系研究》，载索端智主编《黄河流域蓝皮书：黄河流域生态保护和高质量发展报告（2022）》，社会科学文献出版社，2022，第355页。

要组成部分。"甘肃坚持'保护祖业、繁荣事业、发展产业'三业并举，使得甘肃黄河文化传承利用水平迈上了新台阶。"[1] 努力推动甘肃黄河文化传承发展，是把国家所需和甘肃所能结合起来，繁荣甘肃文化，推进文化强省建设的重要着力点，对于甘肃贯彻新发展理念、实现高质量发展具有积极的现实意义。

一 甘肃黄河文化传承发展现状

（一）政策措施保障有力

自 2017 年始，甘肃省政府和有关行业部门陆续发布了一系列甘肃黄河文化保护传承弘扬方案或规划。《甘肃省实施中华优秀传统文化传承发展工程方案》（2017 年 9 月）对甘肃优秀传统文化传承发展作出总体布局。《新时代甘肃融入"一带一路"建设打造文化枢纽技术信息生态"五个制高点"实施方案》（2019 年 12 月）之中的《新时代甘肃融入"一带一路"建设打造文化制高点实施方案》提出实施黄河文化工程等重点任务，将黄河文化等建设成为"一带一路"文化的重要标志和优秀代表。2021 年始，甘肃省文化和旅游厅组织有关部门联合开展了全省黄河流域文化遗产资源调查，为保护传承发展黄河文化打下了坚实的基础。《甘肃省黄河流域非物质文化遗产保护规划》（2021 年 6 月）是甘肃黄河文化保护专项规划。《甘肃省黄河流域生态保护和高质量发展规划》（2021 年 10 月）将甘肃黄河流域生态保护、经济发展与文化保护传承弘扬关联起来，提出从推进甘肃黄河文化遗产系统保护、创新甘肃黄河文化传承利用、弘扬甘肃红色文化时代精神、放大甘肃黄河文旅综合效应、讲好新时代甘肃黄河故事[2]等方面加强黄河文化保护传承弘扬。《甘肃省文物事业发展"十四五"规划》（2021 年 11 月）提出强化黄河文化遗产保护利用，建设代表性史前文化遗址保护展示项目，建设甘肃史前文化遗址公园等。《甘肃省黄河文化保护传承弘扬规划》（2021 年 12 月）体现了对甘肃黄河文化传承发展系统性的全面布局与具体的实践路径，为甘肃黄河文化保护传承弘扬提供

① 侯宗辉：《甘肃黄河文化传承利用的现状、问题与对策》，《甘肃政协》2021 年第 1 期。
② 《甘肃省黄河流域生态保护和高质量发展规划》，2021 年 10 月。

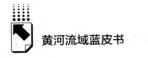

了政策与实践保障。在国家层面，2022年10月，《中华人民共和国黄河保护法》公布，明确了政府和行业部门在黄河文化保护传承弘扬方面的责任义务，为黄河文化传承发展提供了有力的法治保障。在地方层面，《甘肃省黄河流域生态保护和高质量发展条例》于2023年10月1日起施行，为推动高质量发展、保护传承弘扬甘肃黄河文化提供了有力支持。

（二）研究力量得到加强

2014年6月，甘肃省黄河文化研究会成立，该研究会属于社会团体组织，重点开展黄河文化研究。2021年5月，甘肃黄河文化博物馆暨甘肃黄河文化学院在临夏州永靖县建成，这对于黄河文化、黄河治水文化的展示、收藏、研究和黄河地域文化传承发展具有重要意义。2021年7月，兰州大学黄河国家文化公园研究院成立，旨在落实国家《黄河流域生态保护和高质量发展规划纲要》（2021年10月）有关"整合黄河文化研究力量，夯实研究基础，建设跨学科、交叉型、多元化创新研究平台，形成一批高水平研究成果"要求。兰州大学黄河国家文化公园研究院为发掘研究、保护传承黄河文化提供科技和学术支撑。甘肃省经济研究院建有甘肃省黄河流域生态保护和高质量发展专家库，为甘肃黄河事业发展提供人才支持。兰州市文旅局组织实施的兰州黄河文化艺术中心项目建设也已经提上议事日程，该项目包含兰州市丝路黄河文化博物馆建设。由于黄河文化研究力量得到加强，甘肃黄河文化的内容、特点，与之相关的生态文化、草原文化、丝路文化、民族民俗文化、水电文化、红色文化的内涵和时代价值也得到进一步研究，甘肃黄河上下游、左右岸、干支流的文化整理与挖掘，甘肃黄河文化的国家特质和地域特点等也得到进一步挖掘和诠释。

（三）发展机遇多层叠加

2019年8月，习近平总书记亲临甘肃视察并作出一系列重要讲话和指示，为甘肃省推动黄河文化保护传承弘扬指明了前进方向。《黄河流域生态保护和高质量发展规划纲要》、"一带一路"建设、华夏文明传承创新区建设、新时代推进西部大开发形成新格局战略等为甘肃省黄河文化传承发展提供了多层叠加的发展机遇。甘肃抓住这一历史机遇，全力以赴建设黄河文化，将黄河文化遗产保护传承弘扬放在首要地位，打造以始祖文化、红色文化、治水文化、生态文化等为代表的黄河文化精神标识体系，以大地湾、马家窑、敦煌莫高窟、麦积山石窟、炳灵寺石窟及花儿、皮影等为代表的黄河文化遗产标识体系，以黄河首曲、黄河三峡、黄河石林、渭河源、崆峒山等为代表的黄河文化地理标识体系等具有高辨识度的黄河文化标识和黄河文化名片，积极推进黄河文化传承发展。

（四）华夏文明传承创新区建设再上台阶

华夏文明传承创新区建设始于 2013 年，是甘肃文化建设的重要平台，反映甘肃文化传承发展的整体布局状况。甘肃黄河文化辐射全省，因此，华夏文明传承创新区建设在一定意义上也反映了甘肃黄河文化传承发展状况。2022年 2 月，《华夏文明传承创新区建设"十四五"规划》发布，提出落实"一带三区"任务，建设以黄河文化为核心的陇中特色文化保护区，建成黄河国家文化公园（甘肃段）。华夏文明传承创新区建设在推动甘肃中华优秀传统文化创造性转化和创新性发展方面逐步走深走实，在文化强省建设、旅游强省建设、文化传承发展上聚焦聚合，既提供了考古和历史文化研究的场景，又有针对性实效性地进行了文化传承发展建设，在文物保护、文化工程、文旅融合、文化数字化建设等方面广泛包括黄河文化传承发展事宜。

（五）黄河国家文化公园（甘肃段）建设稳步推进

国家文化公园是国家推进实施的重大文化工程。2020 年 10 月，国家层面正式提出建设黄河国家文化公园，甘肃积极响应，体现了极大的建设热情，稳步推进黄河国家文化公园（甘肃段）建设，着力建设史前文化遗址公园、黄河石窟走廊、黄河石林地质公园、黄河母亲文化公园、黄河干流精品旅游带、黄河支流美丽河湾等，共建共享长城、长征国家文化公园，共同开创"两长一黄"国家文化公园甘肃段建设新局面。同时，打造黄河文化核心展示园、集中展示带和特色展示点三级展示体系。放大黄河文化旅游综合效应，提档升级"天下黄河第一弯"、兰州黄河风情线、黄河三峡等黄河特色旅游景区，着力打造洮河、大夏河、渭河、泾河、湟水等黄河文化精品展示带，充分发挥"黄河文化+"融合示范效应，加快培育文化产业聚集带和文

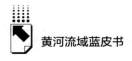

旅消费经济带，切实发挥黄河国家文化公园助力经济社会高质量发展的重要作用。

（六）文化遗产保护传承水平持续提升

甘肃以保护传承弘扬黄河文化为主线，以黄河沿线文物和文化资源为依托，坚持法治化保护、活态化传承、现代化发展、国际化交流，建设了一批重大标志性工程，推介和展示了一批黄河文化地标，初步构建起了甘肃黄河文化标识体系。同时，整合了甘肃黄河流域各类新旧石器文化、早期周秦文化，高标准建设了一批史前文化遗址公园、国家考古遗址公园、"考古中国"和"中华文明探源工程"研究展示基地、大型数字化体验型文化遗址公园旅游区。积极响应黄河流域博物馆联盟建设，开展甘青两省湟水流域联合考古调查，推进黄河流域重点文物保护工程、永泰龟城等黄河文物数字化保护项目。以黄河为主题，推出了《大禹治水》《八步沙》等系列舞台艺术精品，让观众真实感受黄河文化的历史和现实魅力。

二 甘肃黄河文化传承发展一般理论分析与实践借鉴

黄河文化传承发展就是把黄河流域孕育、形成起来的文化继承下来、发展起来、传播出去，并使这种文化体现和保持持久影响力、强大感召力和旺盛生命力。这意味着激活传统文化的生命力，把具有当代价值的文化精神弘扬起来，意味着巩固中华文化的主体性，意味着要着力解决好文化发展中的历史与现实、保护与建设、传承与发展间的矛盾与问题。

（一）甘肃黄河文化传承发展一般理论分析

1. 习近平文化思想是甘肃黄河文化传承发展的根本遵循

习近平总书记指出，"让收藏在博物馆里的文物、陈列在广阔大地上的遗产、书写在古籍里的文字都活起来。"① 推进甘肃黄河文化传承发展，要深刻把握甘肃中华文明连续性、创新性、统一性、包容性、和平性的突出特性，这

---

① 习近平：《加强文化遗产保护传承 弘扬中华优秀传统文化》，《求是》2024 年第 8 期。

些突出特性是理解中华民族百万年的人类史、一万年的文化史、五千多年的文明史的关键。黄河文化是国家文化，要以新时代新的文化使命为担当，奋力推进甘肃黄河文化传承发展，建设文化强省，推动中国式现代化甘肃实践。

2. 文化资源富集且经济欠发达地区要走出一条"文化先行"的发展之路是甘肃黄河文化传承发展的重要选择

甘肃文化资源富集、文化资源禀赋优良，但经济社会发展相较于东南沿海发达地区尚有差距是不争的事实，如何发挥文化的软实力作用，助推甘肃高质量发展是甘肃文化建设首要思考的问题。研究表明，甘肃文化建设要想走在经济社会发展的前列，必须着力举文化旗、走文化路、吃文化饭、唱文化戏，大力发展地域文化。要立足甘肃重头文化——黄河文化，探索"文化先行"的发展之路，阐释甘肃中华优秀传统文化共同塑造中华文明的突出特性的策略与路径，打造"黄河之滨也很美"新的文化品牌，加强黄河文化国际传播能力建设，切实打响黄河文化品牌。

3. 优秀传统文化的创造性转化和创新性发展是甘肃黄河文化传承发展的重要方式

"对历史最好的继承就是创造新的历史，对人类文明最大的礼敬就是创造人类文明新形态。"[①] 优秀传统文化的创造性转化和创新性发展能在根本上推动文化传承发展。甘肃黄河文化传承发展要立足优秀传统文化的创造性转化和创新性发展，细数黄河文化家底，评估文化资源价值，遴选优秀文化进行"两创"。要把甘肃黄河文化中那些具有世界影响、国家价值、显著特色、具有一定开发潜力的代表性文化资源普查出来，要把关乎民生发展的黄河文化资源建设起来，要把能打响甘肃文化品牌的黄河文化资源宣传起来，把具有当代价值的黄河文化精神传承发展起来，传承黄河文化。

4. 以"天下黄河"的视角和情怀理解甘肃黄河文化

黄河文化作为中华民族最重要的文化之一，要在人类史、文化史、文明史和中华民族的交融史、奋进史、治水史和治国史视域中进行观照，以"天下黄河"的视角和情怀理解甘肃黄河文化的特征内涵、时代价值和意义。农耕与游牧文化、中原与西部文化、华夏与域外文化在甘肃黄河流域交流碰撞，使

---

① 习近平：《在文化传承发展座谈会上的讲话》，《求是》2023 年第 17 期。

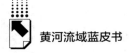

甘肃黄河流域成为甘肃历史文化的汇聚地,使甘肃黄河文化表现出源头性、生态性、民族性等特点。甘肃黄河流域创造了源远流长的黄河文化,为中华文明探源工程提供了坚实的文化佐证,使甘肃黄河文化和中华文明乃至世界大河文明密切联系起来。站在新时代,要以传承发展中华文明的使命感,创造甘肃黄河文化新的辉煌。

(二)甘肃黄河文化传承发展实践借鉴

1. 山东省黄河文化传承发展

山东历史悠久,文化底蕴深厚,大汶口文化、龙山文化是山东黄河文化的初始文化,黄河孕育了齐鲁文化、东夷文化等重要的地域文化类型。春秋战国以来,儒家文化思想在黄河流域传承发展,山东是核心传播地域。现代以来,山东沿黄革命文化、水利文化特色鲜明。进入新时代,山东着力巩固黄河文化在黄河流域的"核心地位",突出传承创新,坚持创新驱动,创新黄河文化遗产保护体系、创新黄河文化传承利用体系、创新黄河文旅融合发展路径以及黄河文化传播体系。[①] 以创新推动黄河文化传承发展的经验具有重要的借鉴意义。

2. 河南省黄河文化传承发展

河南是黄河的历史地理枢纽,是治理黄河的主战场,是黄河文化形成、融合、发展的核心区域,黄河水利委员会设在郑州便是重要原因之一。河南是华夏文明形成和国家历史发展的主根和主脉之地,在黄河文化传承发展领域具有先发优势。进入新时代,河南突出黄河文化传承发展"先行一步"和重要平台作用,无论在黄河文化研究还是实践方面,河南都走在前,勇争先且善作为。建设黄河博物馆、黄河文化研究会、河南大学黄河文明省部共建协同创新中心等研究机构,成果丰硕。在推进黄河文化传承发展方面积极行动,建设黄河黄金文化旅游带,实施黄河文化标识工程、元典思想光大工程、黄河博物馆群落工程、"黄河文化+"工程等且成效显著,较好地传承发展了黄河历史文化。以争先进位的精神推动黄河文化传承发展的经验具有重要的借鉴意义。

---

① 李西香、王鹏:《山东省黄河文化的内涵与保护传承路径》,《滨州学院学报》2022年第5期。

3.青海黄河文化传承发展

青海位于黄河流域上游，是"三江之源""中华水塔"，是国家重要的生态安全屏障区，河湟文化、格萨尔文化等黄河地域文化特点鲜明。青海立足地域文化实际，实施推进黄河文化系统性保护工程、黄河文化旅游带建设工程、兰西城市群文旅产业工程，打造黄河生态文化保护区、河湟文化生态保护区、黄河生态旅游示范区、黄河文化遗产廊道建设区、兰西城市群协同发展区五个功能区①，有力推动了黄河文化传承发展。以生态保护推动黄河文化传承发展的经验具有重要的借鉴意义。

三　甘肃黄河文化传承发展存在的问题

（一）学术研究尚需强化

甘肃黄河文化传承发展学术跟进方面多依赖于黄河国家战略的提出与实践，在研究的自觉性上尚有欠缺，在对甘肃黄河文明溯源研究和阐释方面尚有空间，学术研究在一定程度上表现为应对性、短期性、即时性特点，其成果亦不甚丰硕。甘肃黄河文化乃至文明的起源、形成、发展以及成就梳理，在中华文明长河中的定位等问题亟须厘清，因为这关乎甘肃黄河文化传承发展的基础，决定了传承发展的方向和动力。另外，对甘肃黄河文化内涵和价值等的学术研究还很不够，对甘肃黄河优秀传统文化发掘整理阐释也不够。

（二）交流合作机制尚需完善

甘肃黄河文化传承发展方面交流合作相对缺乏，"单打独斗"现象比较突出，跨部门、跨行业、跨区域联动合作机制不甚健全、跨学科交叉融合应用能力不强，跨区域重大文化遗产保护、文化遗产展览、展演等活动不多。沿黄各省文化交流合作大多限于会议研讨、合作编撰书稿等形式，而畅通整个流域的文化交流合作、相互借鉴乃至同频共振的工作机制还不完善。

---

① 《黄河青海流域文化保护传承弘扬规划》，2022年10月21日。

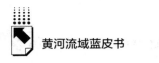
（三）文化遗产系统保护传承有待加强

一方面，甘肃属于国内经济欠发达地区，这在一定程度上制约了甘肃黄河的文化保护传承，保护投入不足对黄河文化遗产系统保护造成影响，保护传承碎片化现象突出。另一方面，黄河文化遗产类型多样、分布广泛、环境复杂，文化功能发挥不足，保护传承压力较大。黄河文化和自然遗产资源协同保护的系统性与整体性不强，在省内一些沿黄地区，外力侵蚀、自然灾害和一些"建设性破坏"仍对黄河文物古迹构成威胁，黄河文化遗产全面性、系统性保护仍面临诸多困难。

（四）甘肃黄河文化展示利用水平尚需提升

甘肃黄河国家文化公园建设整体效应有待提升，甘肃黄河流域部分优质黄河文化资源被搁浅闲置，部分资源效益转化不够，部分资源开发利用雷同化现象突出，一些非物质文化遗产传承活力不足，文化企业发展滞后现象严重。甘肃黄河流域公共文化基础设施建设仍有短板，惠民育民利民功能发挥不足，文化的整体辨识度和市场影响力相对较弱，文化工程带来的经济和社会效益不太明显，黄河文化与城乡、区域发展的关联性、协同性不够，对外宣传方式和推广手段比较单一。"看得见、摸得着、叫得响、记得住"的黄河文化精品欠缺，黄河文化传播力不强。

四 甘肃黄河文化传承发展路径

（一）深度阐释甘肃黄河文化历史内涵和时代价值

系统梳理历史上甘肃黄河文化发展进程与中国大一统国家的历史文化变迁的关系，重点总结甘肃黄河文化形成期、发展期以及融合与创新期的历史特点，着力阐释中国特色社会主义进入新时代甘肃黄河文化传承发展的理论依据和实践借鉴。加大对甘肃"考古中国"重大项目发掘研究力度，着力进行以甘肃黄河流域旧石器和新石器时代考古为代表的古人类史、中华文明起源史等重大考古项目研究，进一步求证甘肃人类历史步入文明时代的状况与中华文明形成的基本条件的一致性。深入探究甘肃黄河文化和丝路文化对促进中华文化有机整体形成和发展的重要作用和意义，进而认识和理解黄河文明在中华文明形成和发展中的重要性。立足甘肃黄河文物遗存、甘肃治黄人物、甘肃治黄著述、甘肃黄河诗文等甘肃黄河文化在科技、文艺、宗教、哲学等领域的创造，深度阐释甘肃黄河地域文化形成的理路和逻辑，把甘肃黄河历史文化研究引向深入。深度阐释甘肃黄河流域古城古镇、古村古渡、古街古寨、工农业遗迹等的历史内涵、人文精神、时代价值以及和现代文明要素的结合点、传承发展的可行性和可能性。

（二）着力推进甘肃黄河文化遗产传承发展

文化传承发展不是将文化遗产圈起来、围起来、遮起来，放进博物馆藏起来，而是要让文化遗产活起来、动起来、火起来。"要让文物说话，让历史说话，让文化说话。"① 推进甘肃黄河流域文物、非物质文化遗产、古籍文献等考古发掘和资源调查工作，构建准确权威、开放共享的甘肃黄河文化资源数据库。推进甘肃黄河文化遗产活化利用，对于不可再生、不可替代的珍贵资源，如革命文物资源，应当将保护放在首要位置；对于可以活态传承的资源，如黄河甘肃段临夏砖雕、甘南唐卡、甘肃洮砚、庆阳香包等非遗生产制作，应当将发展放在首要位置。整合甘肃黄河流域各类史前文化资源类型，以文化遗址公园的形式建立研究展示基地、文化遗址公园体验区等。充分挖掘以甘肃黄河干流为主线、支流为补充的流域内文化和自然遗产，发挥沿黄城市群辐射带动作用，建设甘肃黄河文化传承发展示范区。依托甘肃黄河流域伏羲文化、轩辕文化、西王母文化、李氏文化等丰富的祖脉文化资源，建设全球华人寻根祭祖文化传承发展基地。依托甘肃黄河流域博大深厚的中医药文化底蕴和中药材产业优势，大力推动岐黄、皇甫谧等传统中医文化的传承与开发，建设黄河流域特色中医药文化传承发展基地。发挥甘肃黄河流域红色资源富集优势，扩大革命文物集中连片保护片区范围，集中建立一批革命文化博物馆、纪念馆。

（三）努力促进甘肃黄河文化旅游融合创新发展

着眼于优秀传统文化的"创造性转化"和"创新性发展"，以甘肃丰富

---

① 习近平：《加强文化遗产保护传承　弘扬中华优秀传统文化》，《求是》2024 年第 8 期。

多样的黄河文化资源供给为依托，挖掘文化资源可符号化和品牌化属性，稳妥推进文化资源保护传承，实现文化资源优势向旅游经济优势转化。重视对甘肃黄河流域名城古镇、标志性地理景观、大型水利工程等旅游资源的开发利用，积极发展研学旅游、康养旅游、红色旅游、乡村旅游、水利旅游，以文化旅游融合的方式传承发展甘肃黄河文化。着力提升甘肃黄河石窟走廊、黄河石林地质公园、黄河母亲文化公园、黄河支流美丽河湾等特色文化旅游点品质建设，发挥文化旅游对地方经济社会高质量发展的支撑作用。突出黄河国家文化公园文旅融合属性，大力发展黄河主题旅游，按照文旅部发布的10条黄河主题国家级旅游线路，切实担当甘肃责任，切实彰显甘肃黄河文化旅游的特色和风貌。从文化事业和文化产业两方面推动甘肃黄河文化全面融入现代生产生活，鼓励黄河文化元素走入寻常百姓家。积极探索甘肃黄河文化旅游融合创新发展路径，大力推广甘肃省文化和旅游厅 2023 年 7 月 20 日发布的黄河文化八大主题40条旅游线路，展示黄河文化旅游"甘肃视窗"。奋力将兰州打造成为黄河文化之都，将天水培育成为新的文旅新高地，将甘南打造成黄河特色文化旅游展示样板，将永靖县打造成黄河文化旅游名县，系统推进黄河旅游目的地建设。

（四）切实推进甘肃黄河文化重点项目建设

项目建设是推动文化传承发展的重要手段，文化项目建设促进文化传承发展落地见效，确保文化传承落到实处。要研判甘肃黄河文化传承发展状况，落实《甘肃省黄河流域生态保护和高质量发展规划》《甘肃省黄河文化保护传承弘扬规划》《华夏文明传承创新区"十四五"规划》所制定的一系列辐射甘肃黄河流域、涵盖各领域的黄河文化传承弘扬重大项目建设，着力做好甘肃黄河文化数字化传播工程、甘肃黄河中华文明标识体系建构工程、甘肃黄河地域特色文化展示工程、甘肃黄河文化旅游融合发展工程、甘肃黄河生态文明建设工程等项目建设。切实落实各地州市或相关县区制定的规划中有关黄河文化项目建设任务并强化评估监督，加强对重点工程、重点任务、重要区段的环境影响评估、专项督导评估和重大事项的跟踪评估工作。重点监督落实文化遗产系统保护、文化传承、文化旅游、文艺创新项目等，对标目标任务，推进项目落实，确保项目建设顺利进行。

（五）聚力打造甘肃黄河文化品牌

文化品牌化是一种文化的标识度、影响力、存在感的表征，意味着这种文化有载体、有形象、有价值，可传承发展，主要包括现代传媒品牌、演艺品牌、文化旅游品牌、传统工艺美术品牌、民间演艺品牌、文化活动品牌、中华老字号品牌等。甘肃黄河文化资源富集，特色鲜明，辨识度高，形成了诸如黄河母亲雕塑、兰州黄河楼、黄河铁桥、黄河三峡等许多独特的黄河文化品牌，有效推动了甘肃黄河文化的传承发展。进入新时代，要立足甘肃黄河文化源头性、多样性、融合性、开放性、进取性等特点，以打造黄河文化品牌为抓手，推动甘肃黄河文化传承发展。甘肃省委办公厅、省政府办公厅印发的《关于以"八个一"文化品牌为抓手全力推动文化传承发展的实施方案》中提出的打造文化传承发展的一年一度公祭伏羲大典、一部《四库全书》、一本《读者》杂志、一台《丝路花雨》、一部《河西走廊》纪录片等"甘肃品牌""甘肃窗口""甘肃实践"是推动黄河文化传承发展的主要抓手。品牌化发展是聚力发展和聚焦发展，是重点化发展，能有效提升传承发展的作用和效果。要培育能展示、叫得响的甘肃黄河流域民族文化、生态文化、中医药文化等领域新的品牌，推动甘肃黄河文化传承发展。

（六）大流量大声量讲好甘肃黄河文化故事

讲好新时代黄河故事，是推进黄河文化传承发展的重要方法。甘肃黄河流域文物遗存、历史人物、黄河治理、人文景观、革命事迹等都是讲好甘肃黄河故事的重要素材。关键是要弄清楚讲这些故事的目的是什么、讲给谁听、如何讲好这些故事等问题，甘肃黄河文化要走出地域窠臼，就要突出文化传播交流作用，掌握现代文化传播规律，探索传统文化与现代文化相结合的传播方式，充分利用现代传媒形式，多渠道传播、多平台展示、多终端推送，大流量推广、大声量宣传，以广大老百姓喜闻乐见的方式讲好甘肃黄河文化故事，让黄河两岸的民众知晓其生于斯长于斯的文化故事，明白黄河及其支流给予两岸民众的文化滋养、精神熏陶、价值塑造，从而传承发展黄河文化。博物馆是文化传承发展的集散地，是讲好文化故事、推动文化传承发展的重要窗口，"一个

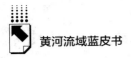

博物馆就是一所大学校"①。除甘肃黄河博物馆外,甘肃沿黄博物馆要完善基础设施建设,加大收藏黄河文物力度,在综合类博物馆建立专门展厅,加强马家窑彩陶文化博物馆、齐家文化博物馆、南梁革命纪念馆等专业博物馆建设,对所收集的文物进行专门研究,利用博物馆这一知识密集型场所进行创意产品生产,通过这种方式扩大黄河文化影响力,传承发展黄河文化。

参考文献

葛剑雄:《黄河与中华文明》,中华书局,2020。

姜国峰:《保护传承弘扬黄河文化的价值、困境与路径》,《哈尔滨工业大学学报》(社会科学版)2022年第4期。

李景文、王佳琦:《近年来黄河文化研究述评》,《河南图书馆学刊》2021年第4期。

牛家儒:《论黄河流域文化的保护传承和合理利用》,《中国市场》2021年第6期。

鲜新莲:《在文化传承发展中担负新使命》,《甘肃政协》2023年第4期。

周奉真、张景平:《从区域视角讲好"黄河故事"》,《光明日报》2020年5月12日。

---

① 习近平:《加强文化遗产保护传承 弘扬中华优秀传统文化》,《求是》2024年第8期。

陕西黄河流域文化保护传承弘扬研究

杨梦丹 赵 东*

摘 要： 陕西省是中华民族和中华文明重要发祥地之一，是黄河文化的发源地。近年来，陕西通过初步建立黄河文化保护传承弘扬体系、重大项目支撑黄河文化保护传承弘扬、多元模式传承弘扬黄河文化、实施黄河文化遗产系统保护展示工程、有序推进黄河国家文化公园（陕西段）建设等措施使保护传承弘扬黄河流域文化工作取得了阶段性成效。但仍存在沿黄文化遗产保护力度较弱、黄河文化内涵传承利用质量不高、建设黄河国家文化公园（陕西段）进展缓慢、人才经费投入不足等问题。本报告针对其不足提出完善沿黄文化遗产保护体系、提高黄河文化内涵传承利用质量、加大黄河国家文化公园（陕西段）建设力度、讲好新时代"黄河故事"、加强经费保障、强化人才队伍建设等对策建议。

关键词： 陕西地区 黄河文化 国家文化公园

习近平总书记强调："黄河文化是中华文明的重要组成部分，是中华民族的根和魂。要推进黄河文化遗产的系统保护，守好老祖宗留给我们的宝贵遗产。要深入挖掘黄河文化蕴涵的时代价值，讲好'黄河故事'，延续历史文脉，坚定文化自信，为实现中华民族伟大复兴的中国梦凝聚力量。"① 陕西省是中华民族和中华文明的重要发祥地之一，是黄河文化的发源地。陕西黄河流域涵盖陕西省 82 个县（区），流域面积为 13.33 万平方千米，占全省总面积的

---

* 杨梦丹，陕西省社会科学院文化与历史研究所助理研究员，主要研究方向为陕西革命文化；赵东，陕西省社会科学院文化与历史研究所副研究员，主要研究方向为区域文化发展与文化产业。

① 习近平：《在黄河流域生态保护和高质量发展座谈会上的讲话》，《求是》2019 年第 20 期。

64.6%，占黄河流域总面积的 17.7%。干流全长 723.6 千米，自北向南依次流经榆林、延安、韩城、渭南四市；支流流域涉及宝鸡、杨凌、咸阳、西安、铜川等地。陕西流域黄河文化资源异常丰富，不仅拥有旧石器时代的蓝田人、大荔人等文化遗存，新石器时代仰韶文化、龙山文化等文化遗存，周、秦、汉、唐等十三个朝代在关中所创造的儒家文化、秦文化、汉唐文化，革命圣地延安、延安精神等红色革命文化资源，更拥有黄帝陵、兵马俑、延安宝塔、秦岭、华山等中华文明、中国革命、中华地理的精神标识和自然标识。从文化遗产来看，据统计，陕西省共有各类不可移动文物 49058 处，其中，古遗址23453 处、古墓葬 14367 处、古建筑 6702 处、石窟寺及石刻 1068 处、近现代重要史迹及代表性建筑 3213 处、其他 255 处；收藏的可移动文物 7748750 件；世界文化遗产 3 处 9 个点。非物质文化遗产有 4 个人类非遗代表作名录项目，91 个国家级非遗代表性项目，674 个省级非遗代表性项目。拥有国家历史文化名城 6座，国家传统古村落 113 个，[①] 这些宝贵的文化遗产大部分富集在黄河流域。陕西黄河流域文化遗产资源总量大、序列完整、分布广泛、类型多样、特色鲜明，彰显了陕西黄河流域作为中华文明高地的文化身份。因此，保护传承好陕西流域黄河文化是实施黄河流域生态保护和高质量发展重大国家战略的内在要求。

一 陕西黄河流域文化保护传承弘扬现状

近年来，陕西切实贯彻落实习近平总书记保护、传承、弘扬黄河文化的重要指示精神，从国家高度，立足陕西黄河文化资源禀赋，突出比较优势，将保护和传承相结合，在关键领域、重点环节上实现新突破，在黄河文化保护传承弘扬方面取得了阶段性的成效。

（一）初步建立黄河文化保护传承弘扬体系

一是陕西成立黄河流域生态保护和高质量发展领导小组，制定和实施相关政策，建立了完善的工作制度、会议制度、工作专报制度、监督评估推进制度，协调合作机制，确保推动各项任务按时保质高效完成。二是"组织实施

---

① 《陕西省文物基本数据（2022 版）》，陕西省文物局官网。

了黄河流域不可移动革命文物调查。目前，西安、宝鸡、咸阳、铜川、渭南、延安、榆林、杨凌农业高新技术产业示范区等 9 个地市（区）79 个县（市、区）的黄河流域不可移动革命文物的田野调查工作已经全部完成，基本摸清了陕西省黄河流域革命文物的分布情况和保存现状，对于建设黄河国家文化公园和保护传承弘扬黄河文化意义重大。"① 三是国家相关部门先后印发了《黄河流域生态保护和高质量发展规划纲要》《黄河文化保护传承弘扬规划》。为促进陕西黄河文化保护传承弘扬工作，陕西省多次召集相关单位和专家学者进行研究，召开座谈会，制定了《渭河保护条例》《黄河流域生态保护和高质量发展规划》《黄河流域生态环境保护规划》等，通过制定条例规划为黄河文化的高质量发展提供了坚实的政策保障。

（二）重大项目支撑黄河文化保护传承弘扬

一是建设黄河文化博物馆，填补了陕西该类博物馆的空白。2023 年 10 月 27 日，陕西黄河文化博物馆在榆林市佳县开馆，展陈文物和实物 1 万多件，分为序厅、四个主展厅和一个专题展厅，全方位展现了厚重的黄河文化底蕴和人文旅游资源，着力打造系统展示陕西黄河历史文化的新地标，推动了陕西黄河流域生态保护和高质量发展示范区建设，成为陕西黄河文化发展的亮丽文化名片。二是深入推进"考古中国"重大项目建设，石峁遗址、周原遗址、太平遗址、秦栎阳城、清平堡遗址、隋唐长安城考古项目成果推进了中华文明工程研究。实施秦始皇帝陵外城垣及城门遗址保护展示工程，抢险加固石峁遗址外城东门址，建成汉阳陵国家考古遗址公园标识系统。陕西考古博物馆依托陕西省大遗址资源，打通考古学科全链条。秦始皇帝陵铜车马博物馆建成开放，建成 7 处国家考古遗址公园，已挂牌国家考古遗址公园的数量位居全国第一。三是加大文旅融合项目建设力度。秦岭博物馆不久将正式对外开放，它是国内第一座全面展示秦岭的综合性博物馆和宣传秦岭祖脉文化的国家级窗口，重点展示秦岭的自然生态、历史人文和保护成效，凸显秦岭中华民族祖脉的重要地位。2023 年 12 月，陕西历史博物馆秦汉馆试开放，2024 年 5 月 18 日正式对公众开放并举办 2024 年"国际博物馆日"中国主会场活动。它是一座集文物

---

① 秦毅：《陕西扎实做好黄河流域革命文物调查》，《中国文化报》2022 年 6 月 29 日。

保护、陈列展览、学术研究、社会教育、旅游服务等功能于一体的大型博物馆，是陕西历史博物馆的第一个分馆。秦汉馆以"秦汉文明"为主题，展陈面积约1.13万平方米，包括主展厅"秦汉文明"、遗址展厅"城与陵"、艺术展厅"技与美"、临展厅和公众考古中心，多层次、多角度地阐述展示秦汉文明的灿烂与辉煌，凸显了其在中华文明发展进程中的成就和作用。由陕文投集团打造的"大秦"演艺文旅融合精品项目，是集旅游休闲、艺术体验、文化展览、艺术社区等功能于一体的文旅综合园区。目前主体建筑大秦剧院钢结构桁架已全面封顶，演艺内容已完成策划、舞台设计和一度创作。2023年9月开业的"铜川花月荟"，是一个集旅游、休闲、购物、餐饮、娱乐等多种功能于一体，以"传承千年非遗文化，荟聚一城烟火繁华"为使命的大型文旅项目，它通过非遗文化的展示和体验，为广大市民、游客提供全链条"吃住行游购娱"一站式服务，促进了文旅商农多业态融合发展。

（三）以多元模式传承弘扬黄河文化

一是不断推动黄河主题文艺精品创作。实施文艺精品创作扶持计划，配合中央电视台拍摄纪录片《黄河之歌》，推出交响乐《永远的山丹丹》、话剧《路遥》等一批作品，其中碗碗腔《骄杨之恋》、话剧《路遥》入选中宣部"五个一工程"，秦腔《郝家桥》入选文化和旅游部"新时代现实题材创作工程"，秦腔《姚启圣》《昭君行》入选文化和旅游部"历史题材创作工程"。二是推进沿黄非物质文化遗产活化利用。推动打造黄河文化非遗传承体验中心，依托公共图书馆、文化馆、博物馆、美术馆、剧院剧场等，开展黄河文化的艺术普及、艺术鉴赏、传承展示、休闲娱乐活动。加强优秀黄河文艺作品的传播推广，为黄河题材优秀作品展演、展览、展示搭建平台，相继开展了"黄河题材美术创作""九曲黄河·魅力非遗——陕西省非遗进景区暨'黄河记忆'非遗展示展演活动""黄河流域群众文化联展联演联讲活动""黄河流域九省（区）传统戏曲保护联盟启动仪式暨首届'九曲黄河多彩非遗'展示展演活动""华山之巅云海音乐会""陕西国画院黄河主题中国画作品巡展"等主题文化活动。三是搭建开展黄河文化研究阐释的平台。陕西先后组建陕西省黄河科学研究院、陕西省黄河研究院，成立国内首家综合性黄河文化遗产研究中心，围绕黄河流域人地系统耦合、黄河文化保护与传承等开展深入研究。

陕西省黄河文化经济发展研究会持续推进黄河文化旅游带产业链研究，精心组织助力县域经济高质量发展的调研活动，努力探索转型发展的新途径，在建设"陕西特色新型智库"中取得了一定的成绩。同时，成功召开了第五次黄河文化论坛。此外，围绕传承黄河文化、弘扬黄河精神，形成一批具有广泛影响力的研究成果，编辑出版了《黄河流域民间宗祠文化传承研究（陕西卷）》《黄河文化丛书（民俗卷）》《水润三秦：解读三秦大地水利文化》《话说渭南（典藏版）》《黄河流域生态保护和高质量发展地图集（陕西卷）》。

（四）实施黄河文化遗产系统保护展示工程

一是黄河文化挖掘探源体系初步形成。全面落实"先考古、后出让"的考古制度，提升考古工作质效，助力全省高质量项目加速推进。继续做好汉长安城明光宫遗址考古发掘工作，高标准打造大遗址保护利用示范样本。实施石峁遗址保护展示工程，建成开放石峁遗址博物馆。将陕西历史博物馆、秦始皇陵博物院打造成为世界一流博物馆。二是提升"博物馆之城"建设品质。陕西博物馆大部分在黄河流域，是展示和弘扬黄河文化的重要平台，提升"博物馆之城"建设品质，有助于更好地保护和传承黄河文化。为此，西安实施"博物馆+"战略。西安市出台《西安"博物馆之城"建设总体规划》，加快数字化建设，创造出丰富的数字文创产品。如"西博×元境博域元宇宙"、MR数字藏品，打造智慧博物馆之城。拓展深化云观展、云导览、云课堂、网络直播等线上线下融合展示活动，打造了一批具有世界影响力的文化符号和商业品牌。实施陈列展览精品工程，创建研学实践基地，构建常态化公众教育、传统节日文化教育和特色研学教育"三位一体"教育格局。2023年"5·18国际博物馆日"陕西省主场活动，通过举办展览、学术论坛、博物馆之夜、沉浸式体验等形式，全方位展现了西安"博物馆之城"发展成果和经验。三是创建全国唯一的革命文物保护利用示范区。陕西延安是全国唯一以红色革命资源为依托的示范区。目前，已完成南泥湾大生产纪念馆、陕北"三战三捷"纪念馆等基本陈列布展，形成多类型、分领域红色展览体系；以延安革命纪念馆、黄帝陵等景区资源为牵引，形成西北革命根据地、长征落脚点等一批红色旅游精品线路。延安逐步形成"中华魂·圣地延安""中国根·寻根祭祖""黄土情·寄情黄土"等旅游品牌。

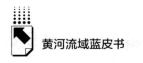

（五）有序推进黄河国家文化公园（陕西段）建设

一是加强顶层设计。目前，陕西省成立了省级国家文化公园建设工作领导小组，定期召开联席会议，审议决定重大事项，组织实施重大工程、监督检查重要工作、研究解决重点问题，建立有效的沟通协调与信息共享机制。成立了规划编制工作专班，组织编制了《陕西省黄河国家文化公园建设保护规划》，根据国家相关要求，对本省规划进行修改完善，统筹推进本省黄河国家文化公园建设工作。二是抢抓建设机遇。将碑林博物馆、石峁遗址保护、渭河文化遗产带等 14 个项目纳入国家储备库，争取中央预算内投资 4 亿元。推进重点项目 124 个、总投资约 700 亿元标志性代表性项目建设。发行文化类地方政府专项债券项目 24 个，支持陕西考古博物馆、陕西文化艺术博物馆、宝鸡秦腔博物馆等项目建设。三是提升沿黄公路旅游交通设施，建设黄河旅游风景道。沿黄公路是服务黄河文化国家公园建设的重要基础设施，也是推动黄河流域生态保护和高质量发展的示范项目。目前，沿黄公路的改造提升加快推进，沿黄片区的旅游蓬勃发展，为陕西建设黄河国家公园提供了良好的基础条件。

二　陕西黄河流域文化保护传承弘扬存在的不足

（一）沿黄文化遗产保护力度较弱

陕西黄河流域遗产分布类型复杂多样，沿线市县经济发展水平不一，保护投入力度较弱。一些有价值的资源还处于原始闲置状态，自然侵蚀严重。有些文化遗产处于半自然状态，没有真正得到良好的保护与开发应用。有些文化遗产因为城市的扩建或发展，遭到些许破坏；还有些文化遗产已开发为旅游资源，但由于游客量的满载不限流或保护措施不到位，遗产遭到二次破坏。详查与评价工作开展得不够，基础工作较为薄弱，非遗记录建档和利用工作亟须加强，省级层面尚未建立黄河文化遗产数据库，非遗传承体验设施效能有待提升。

（二）黄河文化内涵传承利用质量不高

一是对黄河文化内涵和时代价值挖掘不深，对黄河文化的感知尚在初级阶段，缺乏深入系统的研究，缺乏多样创新的精品内容，文化引领能力有待提升，尚未转化为优质旅游资源。二是沿黄历史资源分布比较分散，没有整体的历史文化资源规划，各古建筑古遗迹基本是独立存在，没有很好地将所有的相关资源串珠成链，难以形成大体量的文化遗址景观规模，展示形式也过于简单，游客对建设黄河文化旅游带缺乏直观的实体视觉感官体验。三是文化创意、主题演艺、体验旅游等高品质、新业态产品缺乏，未能形成具有影响力的文化资源品牌，文旅融合力度不够，有效传播力度不够，质量效益亟待提升，难以打造黄河文化的闪光点。四是部分黄河流域非物质文化遗产无法顺应当下的社会需求，即将面临被时代淘汰的命运。老一辈传承人们并未接受过充分的文化教育，囿于传统的表现形式和老旧的思想内容，缺乏对市场的研究和应对之策，未意识到创新对于其技艺保护和传承的重要性，创新能力匮乏是黄河非物质文化遗产需要面对的严峻问题。

（三）建设黄河国家文化公园（陕西段）进展缓慢

一是组织机制还需健全完善，开发利用管理水平有待提升。国家文化公园建设成员单位众多，部门联动、共商共建的常态化机制还不健全，工作合力发挥不够，统筹协调不够，延缓了黄河国家文化公园建设进度，黄河国家文化公园建设对本省经济促进带动作用有待提升。二是资源保护力度和管理能力有待提高，优质文化项目谋划和储备力度不足，许多文化文物遗产保护工作仅仅停留在概念上，未进行深入的可行性研究分析，前期工作不到位，项目建设进度明显滞后，存在重资金申请、轻后期监管的情况。三是配套服务设施尚不完善。目前，交通设施有待完善，沿黄公路全线以二、三级公路为主，部分县沿黄公路等级较低，亟须提升沿黄观光公路等级；游客服务设施还存在质量问题，如卫生条件差、安全设施不足、旅游线路不清晰等，这些会影响游客的体验和满意度；观景台、旅游标识等公共服务体系还未完善，复合型旅游道路、沿线的旅游解说系统、高等级的旅游风景道系统等布局工作还未展开。这些问题制约着黄河国家文化公园建设工作的整体推进。四是建设黄河国家文化公园

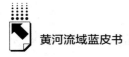

与黄河流域生态环境保护修复紧密相关。公园建设涉及的重点项目基本为文化旅游、文物保护等工程，生活污水排放、施工扬尘污染、规划外乱引水、违规开山采石采砂、违章建筑等问题值得引起警惕，破坏生态环境和景观风貌等现象时有发生。

（四）人才、经费投入不足

目前，从事黄河文化研究的高水平、高层次人才短缺，尤其是黄河文化产业投资、黄河文化企业管理等方面的复合型人才急需培养和引进，尚未形成完善的人才评价激励机制，相关的政府部门与高校没有形成紧密合作，缺乏高层次、高水准的黄河文化对话交流平台，对黄河文化的时代价值与黄河精神挖掘阐述不足。经费主要依靠中央和省级预算内投资，社会资本投入有限，投资支撑力度明显不足，各类投融资渠道未得到有效利用，尤其是创新黄河文化投融资体制方式单一，未充分运用政府和市场"两只手"，多元化、多渠道的投融资机制不健全。目前，本省还未设立黄河文化保护传承弘扬专项基金，2023年11月保护传承弘扬黄河文化专项基金在河南省郑州黄河博物馆正式启动，陕西作为黄河文化的发源地，要贯彻落实好保护传承弘扬黄河文化重任，需尽快设立黄河文化保护传承弘扬专项基金，为黄河文化发展提供长期、稳定、可持续的资金保障。

三　陕西黄河流域文化保护传承弘扬的对策建议

（一）完善沿黄文化遗产保护体系

一是尽快开展全省黄河流域文化资源普查，在摸清家底的基础上建设黄河文化遗产档案馆、黄河文化数字博物馆、黄河文化遗产数据库，逐步建立各级黄河文化遗产名录体系，作为公共文化资源项目对公众免费开放。二是加强整体性连片保护和濒危遗产的抢救性保护，根据黄河文化遗产的不同价值和特点，进行动态保护、管理和评估，制定相应的保护标准，实施分类保护。三是合理保护和开发黄河文化遗产资源，要让城市规划建设与文化遗产相融合，不能为了城市发展破坏了文化遗产。对比较著名的遗产场所，要实施游客人数限制，使其免遭二次破坏。探索黄河遗产保护第三方评估制度，完善遗产安全与社会监督机制。建立完善黄河文化遗产保护的地方性配套法规制度和考古发掘、文化保护、遗址遗迹展示等专项管理制度，推进黄河文化遗产保护常态化、制度化、长效化。在坚持以国家保护为主的前提下，建立完善黄河文化遗产的社会公众参与保护体制，广泛动员社会公众积极参与黄河文化遗产保护行动，不断增强社会公众保护黄河文化遗产的自觉性，让广大民众真正成为黄河遗产的"保护神"。四是建设主题展示、文旅融合、传统利用主体功能区，分类建设和改造提升一批黄河文化场馆，重点做好黄河文化博物馆、黄河非物质文化遗产展示馆，形成分级分类的场馆展示体系。推出一批以黄河文化要素为核心的标志性遗址公园、文化生态公园、红色主题公园，全面立体地反映黄河流域文化全貌。

（二）提高黄河文化内涵传承利用质量

一是加大对黄河文化的研究力度，实施黄河文化研究工程，整合西安交通大学、西北大学、陕西师范大学及其他省内相关高校、陕西省社会科学院的专家学者，成立关中文化、黄河文化研究院等研究机构，规划一批重大或重点研究项目，推出一批高质量研究成果，打造高端文化智库，定期举办黄河文明国际论坛，打造黄河文化学术交流平台，全面推进陕西黄河文化系统研究与发展，深入挖掘黄河文化内涵、精神实质和时代价值。整合历史学、考古学、民俗学、生态学等学科的相关力量，打造具有陕西特色的黄河学学科体系。同时针对黄河文化旅游带、黄河生态保护等重大的理论问题和现实问题，加快构建黄河文化传承创新体系，着力解决黄河文化传承创新面临的问题，为省委、省政府科学决策提供学术和智力支撑。二是依据《陕西省黄河流域生态保护和高质量发展规划纲要》，打造北起榆林，途经延安、韩城，南至渭南的具有重要国际影响力的黄河文化和旅游廊道。串联沿线大遗址资源，形成黄河文明起源的集中展示地。推动省内外城市间建立区域协作机制，实现文化遗产保护规划、措施和方案的协同联动。活化利用黄河文化资源，创新发展黄河文化立体展示体系。通过陕西省黄河文化博物馆及相关专题博物馆场馆与人文科技的融合，利用科技手段，提高黄河文化遗址遗迹的虚拟化、数字化展示水平，建立多元开放展示平台，通过动静结合沉浸体验式展示，增强黄河文化遗产的可视

性、观赏性和趣味性。三是以文旅融合为导向，整合黄河流域自然生态与周秦汉唐文化旅游资源，构建"中华母亲河"文化旅游品牌体系。以轩辕黄帝陵为重点，联动陕西历史博物馆、宝鸡青铜器博物馆、古长城等，打造中华人文始祖发源地文化品牌。以延安宝塔山为重点，联动标志性革命纪念馆、革命旧址建设中国革命精神标识集群，打造红色革命文化品牌。以秦岭、华山为重点，联动黄河大峡谷、毛乌素沙漠，打造中央水塔和中华民族祖脉文化品牌。推动旅游演艺产品升级，培育"黄河大合唱"等主题旅游演艺拳头产品，鼓励创作"关雎长歌"等主题演出，打造旅游演艺品牌。四是加强黄河非遗传承人保护。健全本省黄河流域非遗代表性传承人名录体系，探索认定代表性传承团体，特别是将中青年传承人纳入各级传承人队伍，加强老中青传承梯队建设，支持国家级、省级非遗传承人群研培基地对传承人开展培训，鼓励传承人跨界交流与合作。

（三）加大黄河国家文化公园（陕西段）建设力度

一是加快推进本省出台规划配套支持政策。领导小组应做好与国家层面衔接，及时完成本省规划报送工作，为本省黄河国家文化公园建设提供规划引领、顶层设计。二是依托黄河干流，加快建设黄河文化和旅游廊道。依托黄河干流及其西岸的丰富文化资源，以沿黄观光公路为主轴，串联沿线文化遗产、农耕遗产、传统村落、名胜古迹景点等，打造北起榆林、南至渭南的具有重要国际影响力的黄河文化和旅游廊道。三是积极推进关中文化高地、延安红色文化高地、秦岭生态文化带、榆林边塞文化带建设。以西安为中心，整合利用咸阳、渭南等地的黄河文化旅游资源，展现周秦汉唐文化遗存的完整序列，凸显华夏文明起源的主体地位，打造关中文化高地，切实形成关中文化片区的核心。以延安为中心，依托陕北、关中、陕南的红色文化资源，以延安革命纪念地、西安事变纪念馆、渭华起义纪念馆等景区景点为载体，高质量发展红色文化及相关产业，打造圣地延安红色文化高地。全面保护秦岭自然与文化景观，围绕秦岭生态价值和文化价值，推动零散分布的古镇、传统村落、古遗迹等整合，打造秦岭生态文化带。以榆林为中心，保护传承反映边塞文化的遗迹，协同秦直道（陕北段）、秦长城、隋长城等早期长城（陕北段），以及明长城（陕北段）等线性文化遗产，打造边塞文化发展带。四是推进周边环境、沿黄公路和基础设施建设。建设沿黄观光公路文化旅游廊道。提升沿黄观光公路等级，完善服务区、观景台、旅游标识、休闲驿站、自驾车旅居车营地等公共服务体系，布局骑行绿道、游步道等复合型旅游道路，完善沿线的旅游解说系统，构建高等级的旅游风景道系统。实施文化旅游交通配套计划，联动重点文化产业园区（基地）、文物遗迹、旅游景区、公共文化设施等，打造具有国际影响力的黄河文化和旅游廊道。五是在建设黄河国家公园（陕西段）过程中要与黄河流域生态保护和高质量发展战略衔接，坚持系统观念，协同推进生态环境修复，如加快推进水资源、森林、农田修复；强化科技支撑，完善网络化智慧监管体系，如利用人工智能、大数据等科技手段，提升生态环境保护效率和效果，实现遥感监测、实时监控和动态巡查联动，将破坏生态环境行为消灭在萌芽状态；加强宣传引导，提高全民生态保护的自觉意识，如加强新闻发布、主题采访和加大违法曝光力度，同时，讲好黄河生态保护的故事，提升黄河流域生态环境保护成效的社会认可度，营造全社会爱黄河、护黄河的良好风气。

（四）讲好新时代"黄河故事"

一是讲好文化根与源的故事。陕西拥有中华文明史完整发展序列，是古丝绸之路起点和"一带一路"核心区，体现出中华文明的根与魂的总体性特征，要做好文明探源基础性工作，讲好沿黄故事、都城故事、丝路故事、农耕故事、红色故事等凸显陕西省黄河文化的根源性、延续性和融合性。二是讲好黄河造福中游沿岸人民生产生活、孕育中华民族和华夏文明的故事，重点挖掘整理花木兰传说、仓颉传说等民间文学。三是挖掘陕北高原退耕还林、"黄土高原上的绿色革命"、毛乌素沙漠退沙还草、"三北"防护林防风固沙的生态奇迹和典型故事，讲好黄河中游治沙治河的陕西故事。四是讲好文艺影视故事。支持黄河文化经典名作复排复演和再创作，支持发展壮大"文学陕军"、长安画派、陕西戏剧、西部影视等特色文化品牌。支持创作黄河文化和旅游图书、文创产品、短视频、动漫作品和影视剧等。五是挖掘非遗中的黄河精神（文化），邀请非遗名家讲述黄河故事，与公共文化云、喜马拉雅、蜻蜓等数字阅读或视听平台合作，打造黄河流域非遗故事在线视听栏目，构建黄河流域非遗数字化阅读（听读）产品体系。

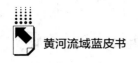
（五）加强经费保障，强化人才队伍建设

一是政府要依法把黄河保护经费列入财政预算，争取国家专项资金，创新陕西黄河文化投融资体制，积极推进政策性银行贷款、PPP、地方政府专项债券等融资模式筹集资金，建立健全多元化、多渠道的投融资机制。二是研究制定投融资创新财政补助政策，设立黄河文化保护传承弘扬专项基金。三是积极搭建政府、银行、企业沟通平台，推动企业与资本的有效对接，制定出台鼓励社会资金投入黄河文化保护事业的优惠政策，加大对民间个人及团体对保护工作做出特殊贡献的奖励扶持力度，共享黄河文化产业所创造的社会经济效益，在全社会营造保护传承弘扬黄河文化的浓厚氛围。四是建设陕西高质量黄河文化人才队伍，培养引进复合型、紧缺型人才，壮大高水平和高技能人才队伍。依托大专院校、科研院所，培养专业的黄河文化研究学者和智库团队。五是探索艺术、科研、技术、管理等各要素参与收益分配的办法，健全以创新能力、质量、实效、贡献为导向的人才评价激励机制。建立健全人才"选管育用"全链式服务机制，打造黄河流域人才集聚高地。

B.25
河南黄河国家文化公园的综合利用研究*

师永伟**

摘　要： 河南位于九曲黄河的中下游分界处，是黄河文化孕育、发展、繁荣的核心区域，作为黄河国家文化公园的重点建设区之一，肩负着推进黄河国家文化公园建设与利用的时代重任。在具体实践中，河南积极探索黄河国家文化公园的综合利用路径，不断创新体制机制，构建具有河南特色的黄河国家文化公园建设利用体系；做到胸怀全局，推动黄河国家文化公园纳入黄河流域生态保护和高质量发展战略大局；加强传承利用和保护展示黄河文化遗产，打造中华文化重要标志；推动文旅深度融合，助力文旅文创新业态繁荣发展；发挥文化优势，大力推进文化强省建设。

关键词： 河南　黄河国家文化公园　黄河流域

党的二十大报告明确提出，加大文物和文化遗产保护力度，加强城乡建设中历史文化保护传承，建好用好国家文化公园。这既是对建设国家文化公园价值意义的充分肯定，同时也对黄河国家文化公园建设利用提出了更高的要求。河南位于黄河中下游，其根脉在黄河，优势在黄河，潜力也在黄河，建设黄河国家文化公园是时代赋予河南的重要责任和使命，要坚持大视野、大格局、大情怀，不断创新体制机制，强化传承利用和保护展示黄河文化遗产，推动文旅深度融合，把黄河国家文化公园融入黄河流域生态保护和高质量发展重大战略之中，为文化强省建设贡献力量。

---

* 本文系河南省兴文化工程研究专项"建好用好黄河国家文化公园（河南段）研究"（项目编号：2023XWH134）阶段成果。

** 师永伟，河南省社会科学院历史与考古研究所助理研究员，主要研究方向为中国近现代史、河南地方史及文化资源开发利用。

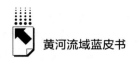

一 创新体制机制，构建具有河南特色的 黄河国家文化公园建设利用体系

（一）创新黄河文化遗产保护利用机制

目前来看，黄河文化遗产保护利用还存在遗产界定不清、多头管理、观念更新不及时、公众参与不够等方面的问题，体制机制层面的文化遗产保护利用创新主要可以从以下三个方面入手。

一是建立文化遗产分级管理制度。结合文化遗产管理方式和文化遗产的属地属性，编制国家、省、市三级黄河文化遗产保护名录，明确保护主体和保护责任，尤其是要发挥好各级政府的主导作用，对文化遗产进行分级保护利用，可以尝试建立警务协作制度，跨区联合打击文物破坏活动。同时，建立基于大数据技术基础上的信息采集、风险监测预警、管理利用系统，建立线上分级管理制度。

二是建立文化遗产保护利用机制。统筹黄河国家文化公园四大功能区建设，对直接展示黄河文明发展和演进历史、直接展示黄河治理历史、直接关系民族发展历史和直接关系民众生活历史的核心文化遗产进行深度保护，制定专门措施，为黄河国家文化公园建设利用提供资金、人才、政策等方面的支持。通过建立完善的文化旅游、博物馆体系等模式和框架，充分发挥文化遗产的功能和作用，实现活态传承，生动彰显黄河文化的永恒魅力。

三是建立文化遗产数字管理利用机制。出台相关指导意见和实施方案，建立黄河文化资源数字采集平台，开发云平台和数据库，提高信息存储和提取能力，逐步实现文化遗产线上和线下共享的目标。利用黄河文化元素，不断开发主题鲜明的文创产品，激活文化遗产的生命力，打造出一套具有广泛传播力、影响力和号召力的黄河文化符号系统。

（二）创新黄河国家文化公园统筹机制

国家文化公园是一项系统的大型文化工程，在地理空间、文化类型上十分复杂，同时还具有半封闭半开放的特点，需要建立科学、统一、高效的统筹机制。就统筹内容来说，具体涉及以下七个方面。

一是统筹"国家""文化""公园"三者之间的内在关系，大体来说，"国家"是国家文化公园的鲜明底色，"文化"是国家文化公园的内在灵魂，"公园"是国家文化公园的基本定位。[①]

二是统筹文物文化资源、自然生态资源，以世界文化遗产、国保单位、省保单位、人类和国家级非物质文化遗产代表性项目为主，统合新发现的重要文物、遗址、遗迹以及县（市）文物保护单位，同时协调与周边自然环境间的关系，实现相得益彰。

三是统筹地理空间，主要是行政单元之间的协调，每个国家文化公园都涉及数十个县，这就决定了需要强化县域合作。

四是统筹各方的参与力量，国家是主导力量，同时也需要吸纳社会力量加入其中，注重厘清他们之间的关系。

五是统筹国家文化公园内各功能区，对管控保护、主题展示、文旅融合、传统利用4个功能区建设进行协调推进，各有侧重，突出特色与亮点。

六是统筹国家文化公园与其他公园间的关系，在总结既往建设经验的同时，推动国家文化公园建设并展示其独特性。

七是统筹建设和利用之间的关系，全面把握"建好用好"的最新要求，采取综合措施，实现两者的有机结合。

（三）创新黄河国家文化公园协调发展机制

黄河国家文化公园是一项跨地区、跨部门共建共享的重大文化工程，完善协调发展机制势在必行，主要包括以下四个方面。

一是建立分级协同机制。目前，国家文化公园构建的是四级协同建设的机制，即"中央＋省（区、市）＋市级区段＋保护点（景区）"，在点、线、面同时发力建设的要求下，必须强化顶层设计，完善区域统筹协作的工作格局，在政策制定、资金筹措、人才引进、项目实施、公园管理等方面做到信息共享。总的来说，在分级协同中，中央和各省级政府行使的是公园所有权、管理权，既可以是中央直管，亦可以由省级代管，关键在于高效、流畅的央地协同制

---

① 王学斌：《什么是"国家文化公园"》，《学习时报》2021年8月16日，第2版。

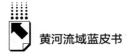
度。省辖市、县（市）则需按照中央和省级部门的统一部署，严格各项建设标准。

二是建立多部门协调机制。黄河国家文化公园建设利用过程中会涉及文旅、宣传、发改、自然资源、水利等多个领域的相关部门，从目前现实情况来看，多头管理现象仍然十分突出，因此需要多部门的通力协作、无缝衔接，在国家文化公园工作领导小组的统一领导下，协调政府上下级部门、同级部门、政府与非政府部门之间的关系，统一事权，明确各自职责，制定工作台账，主动领取任务，做到全省、全线一张蓝图、一盘棋，形成步调一致的协同建设模式。

三是建立跨地区协调机制。着力打破行政区划的壁垒，厘清国土空间规划、流域生态保护和治理、社会民生等方面的现实矛盾，加强区域合作，根据不同的功能分区，创新区域利益协调机制，坚持可持续发展模式，实现优势互补，在管理协同、问题协同、利益协同、基础设施协同、生态治理协同、文化协同等方面同向发力，努力建设黄河文化遗产系统保护廊道、黄河文化生态廊道、黄河文化旅游廊道，积极打造黄河国家文化公园统一体。

四是要注重建立社区共管机制，在延续社区传统空间格局、生产生活的同时，确保其与国家文化公园总体规划相协调，共同参与到公园保护、建设、管理、运营等各个方面，这一过程可以采取签订合同的方式实现，引导社区在区域协作中发挥更为重要的作用，如建设特色小镇、历史街区、特色民居等。

二　做到胸怀全局，推动黄河国家文化公园融入黄河流域生态保护和高质量发展战略大局

（一）黄河国家文化公园为黄河流域生态保护和高质量发展赋能

黄河国家文化公园为流域经济社会高质量发展提供强大动力的重要渠道是黄河文旅文创。文旅文创作为一种生产力，在强化自然生态保护治理、实现文化繁荣发展、提升人民生活水平、保障黄河长治久安等方面具有重要意义。同时，文旅文创还是一种污染小、能耗少、融合性好的绿色产业，一方面实现了把绿色生态转变为看得见摸得着的财富，另一方面也在倒逼各地实施最严格的

生态环境保护机制，形成"绿水青山"与"金山银山"间的良性转化，最大程度上发挥文化旅游的经济效益和社会效益，是生态保护和高质量发展的重要抓手。另外，在大数据、融媒体等的促进下，黄河文化保护传承弘扬不断出现新业态，在对环境影响最小的前提下，实现了生态价值的最大化，找到了生态与社会、经济的最佳平衡点和最大公约数，出现"一业兴旺，百业兴旺"的局面，为黄河流域的生态保护和高质量发展不断赋能。

（二）黄河国家文化公园建设与流域的城镇发展

一是在生态环境的整治中美化城镇风貌。国家文化公园是践行习近平生态文明思想的一个积极举措。黄河国家文化公园呈带状分布，它既包含自然生态系统，又覆盖重要的文化遗产，"要坚持绿水青山就是金山银山的理念，坚持生态优先、绿色发展"，而城镇又是其中的重要支点。强化国家文化公园沿线生态环境的保护与修复，保护沿线河流、山体、林带、植被、湖泊、滩涂、湿地等特色生态区域，做好生态修复工程，加大生态系统涵养保护的力度，构筑城镇发展的生态屏障，筹划绿色风景带，建设宜居城镇。如三门峡在黄河国家文化公园建设中，积极推进"百千万"生态环境工程，城镇面貌焕然一新，每年都有近万只越冬天鹅栖息于此。强化"多规合一"的生态环境法律支撑，制定落实生态保护红线、空气环境质量底线、资源利用上线和环境准入负面清单等；深入推进垃圾分类和循环利用，治理黑臭水体，建设干净、整洁、卫生的城镇风貌；继续推行"清四乱"河长制措施，根治"四乱"现象，对洛河、沁河、贾鲁河、共产主义渠等进行综合治理。

二是在历史文脉的传承中彰显城镇灵魂。历史文脉是在长期的历史发展过程中积淀而成的人们对自然、生命、文化的认知和感受，在现实生活中，其主要的载体就是各式各样的建筑/建筑群以及人们的生活方式。人们对历史文脉的理解与研究是逐渐加深的，首先是通过研究单个建筑/建筑群，进而扩展至其他景观，最后延伸到对整个城市、乡镇空间环境特征的理解，它不仅包含了人、建筑、景观及环境中其他要素等显性形态，也同时体现着城市经济、文化、宗教及社会风俗等隐性形态。黄河国家文化公园建设就是要充分挖掘各地的历史文脉，在传承中彰显城镇灵魂，提升城镇发展的续航能力。

三是在特色文化的弘扬中构建城镇个性。历史文脉是城镇文化的综合反映，

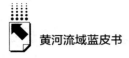

同时也是体现城镇特色的基础。按照"一镇一景、一镇一色、一镇一韵"的总体要求，将历史文脉与现代生活相融合，积极打造特色小镇（城），如建业电影小镇、荥阳古城、商丘古城、殷墟考古文旅小镇等，实行定位差异化和错位发展，实现和而不同、"独一无二"的文化体验，充分展示地域文脉和城镇神韵，坚决避免过度商业化，做到在城镇中既留得住乡愁，又品得到诗和远方。

（三）为黄河流域生态保护和高质量发展创造新的发展模式

从经济社会发展中参与要素的历史演变来看，工业、生态、文化的嬗变无疑是其中的一条重要线索。从工业革命开始，经济社会发展的动力基本由工业、生态、文化等组成，不同时期各有侧重，黄河流域生态保护和高质量发展国家战略中把黄河文化保护传承弘扬纳入其中，这标志着国家对经济社会发展有了更为深入的认识，"文化+生态"复合发展理念显现，这与传统的单纯依靠文化或生态的认知模式有重要区别，文化和生态耦合的模式是一条迥异于以往发展模式的道路。

黄河国家文化公园建设中倚重的黄河文化为黄河流域经济社会发展开辟了新的思路和提供了发展契机。黄河文化是流域地区经济社会高质量发展的标志。黄河文化不仅属于文化范畴，更是一种生产力。就流域经济社会的整体性繁荣而言，黄河文化是其中的一个重要方面，必须把黄河文化与民族复兴结合起来、与社会和谐结合起来、与人民生活水平提高结合起来，做到以文兴城、以文兴业、以文化城、以文化人，把黄河文化融入日常生活之中，切实增强流域人民的获得感、幸福感、安全感。

生态是黄河流域的根基，文化是黄河流域的根脉，经济是黄河流域的根本，三者相互交融、缺一不可。生态、经济和文化建设是一盘棋，应具有全局观念，否则，文化的发展就会缺乏韧性与持久性。曾经的世界四大文明中三大文明被中断，其中一个很大的原因就是生态与经济遭到破坏，因此要"像保护眼睛一样保护生态环境"。黄河流域的生态、经济建设皆离不开黄河文化的支撑，要善于聚黄河文化之力，推动经济与生态的高质量发展。同样地，黄河流域的生态、经济建设也为新时期黄河文化内涵的充实、价值的挖掘、持久的发展提供了物质基础。

三 加强传承利用和保护展示黄河文化遗产，打造中华文化重要标志

（一）坚持历史文脉与行政区划相结合

黄河国家文化公园范围内的郑州、开封、洛阳是全国著名的古都，新乡、焦作、济源是古王畿之地，此六地的文化遗产多种多样，历史文脉具有极强的关联性且具有天然的地缘优势，文化遗产连片整体性发展潜力最大，可作为黄河轴带保护利用的核心区域。以黄河轴带保护利用核心区为圆点，向四周辐射延展区，其中三门峡是西延展区，商丘是东延展区，许昌、周口、漯河是南延展区，濮阳是北延展区。这四个延展区分布于核心展示区的四周，文脉联系和现代交通联系都十分密切，其文化遗产整体性保护利用的优势突出，融入核心区的前景广阔。另外，在豫北和豫南分别设定主题文化保护利用区，其中：豫南楚汉文化集中保护利用区包括南阳、信阳、驻马店、平顶山四地；豫北商周文化集中保护利用区包括鹤壁、安阳两地。此两个主题文化保护利用区主要以文化根脉为依据，乘地理相近的东风，打造文化遗产连片整体性保护利用的特色示范区。①

（二）国家战略与河南亮点相结合

黄河流域生态保护和高质量发展座谈会召开后，黄河国家战略正式提出，这为河南文化遗产发展提供了良好契机。黄河穿越河南三门峡、洛阳、济源、焦作、郑州、新乡、安阳、开封、濮阳等地，犹如一条丝带，把仰韶文化遗址、嘉应观、殷墟、龙门石窟、"天地之中"历史建筑群、大运河（河南段）、丝绸之路（河南段）等星罗棋布的文化遗产串联起来，共同构成了遗产群和文化带，从而使其具备了整体保护和利用的条件。以黄河战略和黄河国家文化公园建设为新起点，整合古代文明探源文化遗产、古代都城文化遗产、人文始祖文化遗产、姓氏根亲文化遗产、古代名人文化遗产、思想宗教文化遗产、非

---

① 张新斌：《推进黄河文化遗产系统保护和整体利用》，《河南日报》2022年11月27日，第8版。

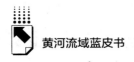

物质文化遗产等河南亮点，融入太行山、大别山、伏牛山资源，促进文化遗产的连片整体性发展，讲好河南故事，进一步提升河南特色文化遗产的辨识度。

（三）文化遗产的地域性与整体性相结合

文化遗产的地域性与整体性结合，首先是保持文化遗产的特色，然后是按照核心带动、线性串联、区块发展、节点提升、形成合力的原则，以文化遗产高度富集区域为核心，构建"放射状+网络化+板块式"的区域发展格局。具体来说，就是要以世界文化遗产和国家重点文物保护单位为资源核心，以资源集中地为地域核心，再整合新发现的重量级文化资源、省级文物保护单位、市级文物保护单位等，其间点缀多姿多彩的非物质文化遗产、自然景观等，使文化遗产在空间和内容上都形成整体发展的良好局面，郑汴洛围绕"三座城、三百里、三千年"做好世界量级的文化遗产工作，以黄河、大运河为连接线，串起龙门石窟、"天地之中"历史建筑群、郑州商城、二里头遗址、双槐树遗址、隋唐洛阳城、北宋东京城等核心遗产，同时勾连起为数众多的其他文化遗产，在郑汴洛一体化发展中强化文化遗产点、线、面融合的统筹性发展，实现文化遗产发展的大跨越。

（四）文化遗产传承利用与保护展示相结合

黄河文化遗产是黄河文化的外在表征，"要推进黄河文化遗产的系统保护，守好老祖宗留给我们的宝贵遗产。"[1] 针对其不可移动、不可再生的特性，保护是第一位的，要划定核心保护区，在严格保护、确保安全的基础上，梳理资源、摸清家底，厘清文化遗产的发展脉络和鲜明特色，大力挖掘和积极弘扬文化遗产蕴含的精神特质，实施好文化传承工程，在新时代使文化遗产大放异彩。在做好保护与传承的前提下，适当开发文化遗产的资源价值，使文化遗产"活起来""立起来""会说话"，合理、科学地制定文旅融合发展政策，创新、务实地发展文化产业，发挥文物和文化资源综合效应，实现文化遗产沿线生态、文化、经济全面发展，让文化遗产真正成为造福人民的经济增长点。

---

[1] 习近平：《在黄河流域生态保护和高质量发展座谈会上的讲话》，《求是》2019 年第 20 期，第 4~11 页。

四 推动文旅深度融合，助力文旅文创新业态繁荣发展

（一）坚持六个方面的深度融合

其一，资源融合，也就是要把黄河沿岸的自然风光和历史人文得到有机融合，把黄河文化中的突出价值观融入大河观光之中，最为重要的是把河南优势文化资源，如姓氏文化、名人文化、古都文化、宗教文化等整体利用、统筹发展，通过建立资源数据库提升其开发水平，推进文化资源的活化利用。

其二，空间融合，这里的空间包括国内国际、城镇乡村两个层次，也就是要对接双循环的发展格局，使黄河、功夫、根亲、古都、黄帝等标志性符号走出国门，提升中原文化软实力；从文旅发展趋势和回归经济看，城镇和乡村是文旅发展的基本支撑点，必须实现两者的良性互动。

其三，要素融合，也就是要实现政策、资本、科技、人才等文旅要素之间的无障碍流通，大力实施创建平台、优化环境等举措，吸引要素向河南流动、向黄河文化流动，在推出更多主题旅游的同时，做大文创产业，在此基础上，积极建设和做强产业综合体。

其四，功能融合，也就是在坚持文旅基本功能的同时，不断拓展和加深其在教育、休闲、体验、康养等方面的功能，重点把握核心功能，满足人民对美好生活的精神需求，使其嵌入公共文化服务体系，着重强调功能的融合性；在人群方面，抓住"一老一少一青壮"这个重点，提升文旅的吸引力。

其五，主体融合，也就是要平衡文旅事业的参与主体，如政府、企业、社会、个人等，强调政府的指导作用，大力发挥市场在资源配置中的作用；大力创新体制机制，不断壮大市场主体，增强主体的实力，在文旅的优势领域争创标杆，打造新高地。

其六，战略融合，也就是要把文旅文创战略与乡村振兴、县域经济高质量发展、国家文化公园建设等重大战略相结合，积极创造新业态。

（二）发展五个方面的主题式旅游

其一，中华文明传承创新旅游。河南得益于优良的自然地理环境，历史上

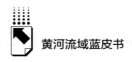

先后有 20 余个王朝在这里定都，黄河流域长期是全国的政治、经济和文化中心，宛如一座历史文化展览馆。中华文明传承创新旅游就是要用旅游激活黄河沿岸的历史文化资源，使传统文化焕发时代光彩和生机。

其二，康养休闲度假旅游。以太行山、太极拳、少林功夫、中医药等康养资源为依托，一方面建设具有巨大市场需求的民宿集群、打造夜经济消费热点、提升黄河味道等知名度，延长旅游时间；另一方面创新业态，开发自驾骑行旅游、大河风光体验等旅游项目。

其三，红色基因传承旅游。以黄河流域的红色文化为基点，盘活新密抗日民主政府旧址、巩义豫西先遣支队司令部旧址、洛八办纪念馆、清丰单拐革命旧址、台前刘邓大军渡黄河纪念馆、永城淮海战役陈官庄战斗遗址以及焦裕禄精神、红旗渠精神等红色文化资源，深挖其中的红色基因，传承红色血脉，激励全社会共同奋斗。

其四，乡土中国体验旅游，河南为传统农耕社会集中地区，代表着乡土中国的传统社会面貌，现在仍存留着大量古色古香的村落，如三门峡北营村、新安石井寺坡山、郑州方顶村等，乡土中国体验旅游是人们重拾乡土记忆、留住乡愁、品乡村之美、展示现代乡村面貌的重要载体。

其五，黄河非遗展示旅游，非遗产生于民间生活，与人民距离最近，是展示黄河文化的关键抓手，要大力开展以"讲好黄河非遗故事"为主题的活动，推进以三门峡地坑院、洛阳洛邑古城园区、黄河号子等为代表的黄河文化的传承创新，用好国家级的文化生态保护试验区，在保护传承的同时，打造出更多的非遗产品。

（三）推进文旅文创新业态繁荣发展

创新是文化发展的第一动力，也是黄河文旅文创发展的第一动力，对文创发展来说尤其如此。因此，黄河文旅文创要时刻保持创新的姿态，以创新的方法和手段推动黄河文化保护传承弘扬和黄河国家文化公园建设。

其一，利用新技术。随着数字技术运用的普及，再加上 5D 演出、3D 裸眼文物、AR 弹幕等技术的创新，传统的黄河文化再次以别具一格的方式展现在人民面前，给人们以全新的体验，《无上龙门》的 5D 演出、水上实景演出《大宋·东京梦华》等都带给人们穿越之感，游客对文化的感受更为深刻。

其二，创造新业态。在传统旅游业的基础上，进一步对传统文化资源进行活态传承，推进黄河文化旅游新业态发展，大力打造诸如演艺项目《黄帝千古情》、实景旅游地《只有河南·戏剧幻城》等新业态，做大文创产业，叫响"考古盲盒"河南博物院系列文创品牌，开发更多的文创产品，把黄河文化具象化，变成人们能用、能看的实物，能够用双手触摸厚重的黄河文化，使黄河文化更加深入人心。

其三，把握新趋势。黄河文旅文创要积极注重适应现代文旅融合发展的趋势，把握差异化旅游和文化需求增多的现实，开发出更多新的旅游模式，针对不同的需求采取订单式的旅游方式，同时在旅游中注入更多的文化元素，将源远流长的黄河文化融入旅游和文创产品中，使游客收获有别于日常生活的知识。

其四，营造新环境。黄河文旅文创是弘扬黄河文化的战略性举措，因此要优化发展环境，在政策、资金、人才等方面给予倾斜，投入更多的资金、谋划更多的项目、吸引更多的人才、开发更多的文旅业态，以是否有利于黄河文化复兴为评价标准，营造出保护传承弘扬黄河文化的浓厚社会氛围。

五 发挥文化优势，大力推进文化强省建设

（一）文化是黄河国家文化公园的核心价值

文化属性在国家文化公园中是第一位的，这是与国家公园的重要区别。黄河国家文化公园内集聚着众多具有重要标识意义的文物和文化资源，构建了独特的线性文化遗产保护与展示体系，为文化资源的转化提供了载体和空间。故而，国家文化公园要为中华文明扬旗、为中原文化立标，成为华夏文明传承创新的有效载体，在保护历史遗产、阐释文化价值、创新产业发展、激昂人民精神、展示文化形象等方面起到巨大作用，成为文化强省建设的有力抓手。

国家文化公园建设彰显文化特色，强调文化的核心引领作用，就是要把国家文化公园打造为聚合融通的高平台，发挥其辐射带动作用，具体来说要做到以下几个方面。

一是夯实保护传承的文化根基，厘清文化发展脉络，树立遗产保护、文化

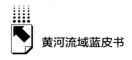

阐释、资源利用的发展思路，严格遵循"共抓大保护，不搞大开发"的要求，建立科学、权威的国家文化公园文化遗产资源动态数据库，同时强化对文化遗产的学理研究，在中原学、洛阳学、开封学以及黄河国家文化公园研究院等基础上，阐释国家文化公园中的文化意蕴，构建具有中原特色的国家文化公园建设与利用的理论体系、话语体系。

二是构建现代展示体系，强调活化利用，以现有的博物馆、展览馆、考古遗址公园、主题文化公园等为骨架，通过新建、修缮、改造、提升措施，融入现代科技手段，提高展示水平；文旅融合是活化利用的基本途径，推动特色文化产业发展，尤其是文创产业，探索出一套符合本地实际的文旅文创融合发展模式。

三是以地方文化为根基，突出文化特色，避免同质化发展，找到传统与现代的结合点与平衡点，在传承创新中激发传统文化的活力和创造力，唱响"河南风"。近期，河南文化中频频出圈和"刷屏"的《唐宫夜宴》《洛神水赋》《龙门金刚》等系列节目收获的数十亿次的点击量等就充分说明了这一点。

（二）把国家文化公园建设与文化强省结合起来

一是优化战略布局，按照国家发展改革委等部门联合印发的《黄河国家文化公园建设保护规划》的总体要求，结合河南资源禀赋分布和实际需求，加速贯彻实施《黄河国家文化公园（河南段）建设保护规划》的各项要求，打造轴、核、点、片相结合的、具有中原特色的国家文化公园。

二是强化产业培育，包括传统业态、新兴文化、历史工艺、观光旅游、文化体验、理念推新等，深入推进文化产业创新驱动、科学布局、融合发展，将河南打造成为全国重要的文化产业基地和创新发展示范区。

三是加强公共服务，组织实施以黄河国家文化公园建设为代表的重大文化传承创新工程，重点打造一条国家文化公园精品线路、四大国家文化公园主题景区、五类国家文化公园文艺精品，切实充分发挥黄河国家文化公园的文化引领作用。

四是提升人文素质，大力发挥黄河国家文化公园的文化功能，叫响"行走河南·读懂中国"这一文旅品牌，在走马观览、休闲体验、红色培训、历史活化中阐释优秀文化的核心理念，提升人文素养。

五是重视文化传播，站在华夏历史文明传承创新的高度，厚植中原文化特色，在文化资源的保护、传承、弘扬、利用过程中阐释、传播中华文明中蕴含的人生观、世界观、价值观，尤其是要构建多元化、现代性的传播渠道。

六是创新运营管理，构建中央统筹、省负总责、分级管理、分段负责的工作格局，实现事权统一、统筹协同、多元参与，推动河南黄河国家文化公园的高质量建设与运营。

参考文献

侯爱敏：《黄河国家文化公园（河南段）这样建》，《郑州日报》2023 年 12 月 21 日。

李艳主编《黄河国家文化公园：保护、管理与利用》，中国旅游出版社，2022。

张新斌主编《保护传承弘扬黄河文化的河南使命》，社会科学文献出版社，2021。

邹统钎主编《国家文化公园管理总论》，中国旅游出版社，2021。

地方案例报告 ⟩⟩

B.26
青海打造国际生态旅游目的地案例研究

—— 以三江源国家公园在特许经营层面的创新与探索为例

杨春月*

摘　要：　特许经营是全球倡导的一种资源利用与保护方式，在一定程度上可以缓和生态保护与园区内居民发展之间的关系。近些年，三江源国家公园依托自身独特的生态、历史、人文等资源优势，坚持以"两山"理论为指导，目前已建设五个特许经营项目，并形成了政府、企业和牧民"三位一体"的和谐共生特许经营模式，但仍面临基础设施薄弱、周边配套服务不够完善和特许经营人才稀缺等现实困境。因此，应不断完善园区运行管理体系、建立园区资金保障机制、加强舆论宣传等，持续提升三江源国家公园特许经营生态旅游竞争力。

关键词：　三江源国家公园　特许经营　生态保护

---

* 杨春月，青海省社会科学院经济研究所研究实习员，主要研究方向为人口、资源与环境经济学。

2021 年 6 月，习近平总书记在青海考察时指出："保护好青海生态环境，是国之大者。要把三江源保护作为青海生态文明建设的重中之重，承担好维护生态安全、保护三江源、保护中华水塔的重大使命"，并指出青海应立足自身比较优势，打造产业"四地"。而三江源国家公园特许经营发展生态旅游是青海打造国际生态旅游目的地的重要环节。

三江源国家公园是我国首批正式设立的国家公园之一，其汇聚了生态保护、教育、游憩和社区发展等功能。三江源国家公园覆盖面积广阔，园区内存在大量的牧民，其生产生活空间与生态保护区相互重叠，所以国家公园建设不可避免地对园内牧民生计产生影响。因此，2019 年三江源国家公园按照中共中央办公厅、国务院办公厅出台的《关于建立以国家公园为主体的自然保护地体系的指导意见》，在特许经营层面进行创新与探索。三江源国家公园管理局在严格生态环境保护和政府管控前提下和在规定的期限、范围和数量约束下特许相关主体开展生态体验、环境教育等非资源消耗性经营服务活动①。这里的特许经营区别于一般的特许经营项目，具有生态环境优先、规范性和弱经济性等特点。三江源国家公园特许经营根据自身特点和条件，逐渐形成了政府、企业和牧民"三位一体"的和谐共生的特许模式。

一　三江源国家公园研究区概况

三江源国家公园位于青藏高原生态脆弱区，总面积 12.31 万平方公里，涉及玉树州和果洛州两州四县，共 12 个乡镇、53 个行政村。园区内共有牧户17211 户，人口约 5.4 万人，园区内居民以藏族为主，占总人口的 97% 以上，有少量的汉族、回族、撒拉族、蒙古族等民族。三江源国家公园共包括澜沧江源园区、长江源园区、黄河源园区三个园区。其中，澜沧江源园区全境位于玉树藏族自治州杂多县，规划面积 1.37 万平方公里，涉及昂赛、扎青、莫云、查旦和阿多 5 个乡，7752 户 33205 人。园区以江源高原峡谷为主，野生动植物资源和汉藏药材资源相对丰富；长江源园区位于玉树藏族自治州治多县和曲麻

---

① 《关于建立以国家公园为主体的自然保护地体系的指导意见》，https://www.gov.cn/zhengce/2019-06/26/content_5403497.htm，最后检索时间：2024 年 5 月 27 日。

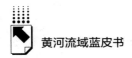

莱县，涉及叶格乡、索加乡、曲麻莱乡等 15 个行政村，面积为 14.69 万平方公里；黄河源园区位于玉树藏族自治州玛多县和曲麻莱县，涉及黄河乡、扎陵湖乡、玛查理镇等 19 个行政村，2687 户 7411 人，面积为 3.17 万平方公里①。

二 三江源国家公园特许经营基本情况

特许经营项目不仅能增加当地牧民收入，还能培养牧民可替代生计能力，促进牧民福祉的提升。截至目前，三江源国家公园管理局审批通过的特许经营项目共有五个，覆盖了澜沧江源园区、黄河源园区和长江源园区。

（一）澜沧江源园区特许经营项目试点情况

澜沧江源园区的特许经营工作起步最早。2019 年 1 月，三江源国家公园管理局研究制定了《昂赛大峡谷自然体验特许经营试点工作方案》。2019 年 3 月，三江源国家公园管理局接受了昂赛乡年都村合作社和"川源自然"两个经营主体递交的特许经营申请②。

2019 年 3 月，杂多县昂赛乡年都村扶贫生态旅游合作社与澜沧江源园区管委会签订昂赛自然观察项目特许经营合同，合同期为 2 年。特许经营内容包括观测雪豹、体验园内牧民生活、观测天文等项目，通过提前预约、科学导赏、牧民参与等方式，访客在一周左右的时间内感受国家公园的生态魅力。同年，北京川源自然户外运动有限公司（以下简称"川源自然"）与澜沧江源园区管委会签订特许经营协议，川源自然被授权在杂多格桑小镇——囊谦觉拉乡澜沧江江段与两岸部分陆地区域开展漂流活动和近岸生态体验活动，主要包括知游江河、营地部落、徒步探秘、知行藏文化以及自然科普讲堂。2019 年 7 月，川源自然组织了 2 次漂流活动，共有 14 名游客参与了河流体验活动。2020 年受新冠疫情影响，漂流项目转由当地船长带头人扎西燃丁成立的"漂流杂多"公司运营。

---

① 根据《三江源国家公园总体规划》和三江源国家公园管理局提供的数据整理。

② 《三江源国家公园生态保护与民生改善协同发展》，https：//baijiahao.baidu.com/s？id=1675700946729675597&wfr=spider&for=pc，最后检索时间：2024 年 5 月 27 日。

（二）黄河源园区特许经营项目试点情况

2020 年 1 月，黄河源园区管委会通过了北京而立道和科技有限公司在青海省玛多县注册设立的"玛多云享自然文旅有限公司"（以下简称"云享自然"）特许经营的申请。按照三江源国家公园体制试点和管理局开展特许经营试点的相关要求，授予云享自然企业在黄河源园区与牧民合作社开展商业合作，销售玛多县畜牧业产品和其他生态产品，以及在生态体验活动市场推广和三江源国家公园示范村藏羊经销中使用三江源国家公园品牌。合同期限为5 年。

2020 年 8 月，云享自然在三江源国家公园黄河源园区的生态体验项目正式启动。云享自然企业通过"社区+市场+政府"的生态体验模式，在花石峡镇社区、扎陵湖乡社区和黄河乡社区开展特许经营项目。不断探索国家公园特色经营生态旅游共建共享机制，截至 2020 年底，黄河源园区生态体验项目收入的 86%，以采购服务的方式反哺社区和生态体验合作社，让园区内牧民共享特许经营成果。

（三）长江源园区特许经营项目试点情况

2021 年 10 月，长江源（可可西里）园区国家公园管理委员会和青海吉云达旅游开发有限责任公司签署了《三江源国家公园长江源园区生态体验及环境教育特许经营项目》协议。长江源园区特许经营项目定位为高端定制化体验项目，以"大道可可西里，三江源国家公园—天上的长江源"为主题，该特许经营项目于 2022 年运营，但目前接待规模还较小。

（四）三江源品牌特许经营试点情况

2020 年 1 月，三江源国家公园管理局接受了波普自然（北京）文化传播有限公司递交的特许经营申请。授权其在三江源兔狲、藏狐毛绒玩偶及其他销售中使用三江源国家公园品牌标识，并附加三江源自然教育内容。2020年兔狲、藏狐等动物的毛绒玩偶样品已出，对三江源品牌特许经营进行初步尝试。

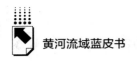
三　三江源国家公园特许经营主要举措

三江源国家公园探索特许经营项目以生态保护刚性约束为基础，将政府、企业和牧民等多方主体协调起来，园区内牧民生计能力逐渐提高，生态保护与牧民发展之间的关系不断缓和，探索出了和谐共生的特许经营模式。

（一）加强顶层设计，完善特许经营体制

一是完善相关法律体系。目前，三江源国家公园已实施《三江源国家公园体制试点方案》《三江源国家公园总体规划》《三江源国家公园条例（试行）》《三江源国家公园环境教育管理办法（试行）》《三江源国家公园经营性项目特许经营管理办法（试行）》等法规和文件，以及《三江源国家公园管理规划》《三江源国家公园生态保护规划》《三江源国家公园生态体验和环境教育专项规划》《三江源国家公园产业发展和特许经营专项规划》《三江源国家公园社区发展和基础设施建设专项规划》等规划。其中，《三江源国家公园经营性项目特许经营管理办法（试行）》规定了特许经营者选取原则，对合同内容及签订、特许经营监管流程等具体内容进行了规范。

二是创新管理体制机制。一方面，三江源国家公园特许经营处挂牌成立，专门处理园区内特许经营管理工作；另一方面，按照《三江源国家公园体制试点机构设置方案》要求，建立了州、县、乡、村四级国家公园管理体系，实施大部分部门改革，整合林业、国土、环保等部门的生态保护管理职责，实施权责清晰、高效统一的管理，有效解决了"九龙治水"和执法"碎片化"问题，形成了"山水林草湖"一体化的管理体制。

（二）立足园区实际，探索特许经营模式

三江源国家公园以生态保护为核心，采取"申请+考核+授权"的方式甄选特许经营者，经过不断探索与创新，形成了政府、企业和牧民"三位一体"的和谐共生特许模式（见图1）。这种模式为园区内牧民提供政策支持和技能培训，促使他们改变传统生计方式和生计策略，让社区全体居民共建、共治、共享生态体验发展成果，实现对当地社区更高层次的赋能。

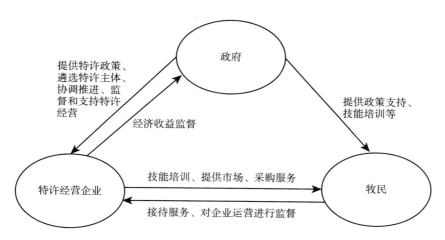

图1　三江源国家公园特许经营和谐共生模式

目前，三江源国家公园特许经营模式主要有 NGO 特许经营模式和企业主导经营模式两种，且均为"专业组织+当地合作社"的结构。

（1）Non-Governmental Organization（NGO）特许经营模式。该模式特点为非营利性生态公益组织利用自身专业性为园区内牧民提供专业技术指导，当地合作社负责特许经营项目日常运营工作。NGO 不介入特许经营项目运营，不参与特许经营项目收入分红，接待社区自身经营条件成熟后，山水自然保护中心将逐步退出自然观察项目的运营。澜沧江源园区昂赛乡生态体验特许经营项目是这种特许经营模式的典型代表，北京大学山水自然保护中心帮助牧民合作社建立大猫谷网站社区，对接客源；协助社区选拔 22 户牧民作为接待家庭；利用跟踪雪豹研究多年的科研优势，对自然观察向导进行培训；对接待家庭进行自然观察项目接待服务培训，以提升生态体验质量。特许经营收益的 45% 直接分配给接待家庭，45% 交给合作社，10% 作为保护基金。（2）企业主导经营模式。该模式特点为特许经营企业全面负责特许经营项目的设计、规划和运营，主导特许经营收益分配，帮助社区成立牧民合作社，并向合作社提供专业技术技能培训等服务。

（三）摸清自然家底，实施分区管理

三江源国家公园根据自身生态系统特点，按照山水林草湖一体化管理保护的原则，对国家公园范围内的自然保护区、国际和国家重要湿地、重要饮用水源地保护区等各类保护地进行功能重组[①]，对园区内山川河流等自然资源进行确权登记，摸清自然本底。根据园区内不同环境特征，将园区划分为传统利用区、核心保育区和生态修复区，实行差别化保护[②]。核心保育区以强化保护和自然恢复为主，生态修复区以草地的保护和修复为主，传统利用区适度发展生态畜牧业，并适度开展特许经营活动。

（四）推动载体创新，扩大宣传覆盖面

为扩大三江源国家公园特许经营市场，建设国家公园品牌，三江源国家公园各个园区组织媒体开展系列宣传活动。澜沧江源园区通过举办"中华水塔"国际越野行走大赛徒步活动、"国际自然观察节"、"澜沧杂多国际河流音乐节"、"中美国家公园管理者规划座谈交流"、"空中旖旎澜沧杂多"全国航拍大赛、"生态骑行澜沧江源"环城赛等系列活动，提升园区对外影响力和美誉度。主动对接中央和省级媒体，积极宣传报道园区试点阶段性成果。连续3年举办"澜沧江—湄公河家之约六国青年创新大赛和训练营"活动，引起国际关注。

黄河源园区精心组织媒体开展系列宣传活动，先后配合中央和省级主流媒体摄制了《远方的家——三江源国家级自然保护区狂野黄河源》《直播黄河》《黄河安澜》《青海·我们的国家公园》等大型纪录片，并在央视、各大卫视播出。通过出版宣传图册、制作宣传片等多种形式，组织开展了生态环境科普"六进""爱鸟周""世界地球日""我与国家公园同成长""环境日"等主题活动，既进一步加强了园区内牧民生态保护的意识，还向社会各界展示了三江源国家公园生态环境保护的成效。

长江源园区主动融入建设黄河生态文化旅游带规划，深度挖掘自然文化旅游品牌价值，依托世界自然遗产的名片，紧紧抓住黄河源、玉珠峰、嘎多觉吾山等珍贵资源，充分利用湿地、草原、野生动物神奇景观，精心打造格萨尔王登基大典、黄河万里行、玉珠峰测设施、昆仑湖国际登山小镇等品牌活动，促

---

① 《【走进三江源】三江源国家公园体制改革试点工作综述——旅游》，https：//gansu. gscn. com. cn/system/2018/09/04/012009566. shtml，最后检索时间：2024年5月27日。
② 《三江源国家公园条例（试行）》，http：//gxgz. qinghai. gov. cn/html/72/3950. html，最后检索时间：2024年5月27日。

进文化旅游经济一体化发展，强化旅游服务能力建设，不断提高文化旅游的生态效益、经济效益和社会效益。

四　三江源国家公园特许经营获得的效益

三江源国家公园特许经营将生态保护目标、牧民发展目标和特许经营经济目标相结合，是"绿水青山"转化成"金山银山"的生动实践。当前，三江源国家公园特许经营已初见成效。

（一）生态效益方面

一是三江源国家公园特许经营项目符合生态保护原则，特许经营企业严格执行访客制度。如黄河源园区每年计划接待访客 2000 人以内，单次团队访客人数不得超过 15 人；澜沧江源园区每年自然观察访客接待量限定在 400 人以内，且安排当地向导对游客行为进行规范指导。通过发展特许经营项目，增加了牧民收入，使牧民深刻感受到生态保护带来的经济收益，促使牧民主动保护生态环境，投入三江源国家公园生态旅游项目中。

二是通过全面生态保护和修复生态环境，近年来，园区内生态系统宏观结构总体好转。澜沧江源园区草地退化趋势得到有效遏制，水源涵养功能有所提升，湿地面积进一步扩大，旗舰物种明显增加，草地覆盖率、产草量比十年前分别提高了 1.5% 和 9%；环境污染整治工作，开展"绿盾行动"、"绿水行动"和"环保督察专项行动"等系列环保专项执法行动，协调建立大气污染防治联动机制，全面开展"建筑扬尘、汽车尾气和餐饮油烟"三项整治活动，长江源园区的生态治理在污染物排放控制、水质改善、生态保护与修复等方面取得了积极成效；黄河源园区在黑土滩治理、草原修复与改良、沙漠化防治和生物多样性提升等方面取得显著成效。经过大量的生态保护工程建设，黄河源头水源涵养能力不断提升，湿地面积增加至 104 平方公里，湖泊数量增加至5849 个，黄河源园区再现千湖奇观。

（二）经济效益方面

一是增加了牧民经济收益。特许经营项目直接增加了园内社区居民的收

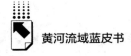
入。根据澜沧江管委会和黄河管委会提供的数据，截至2023年底，年都村扶贫生态旅游合作社特许经营已累计接待团队213队，590人次，为社区带来200.49万元总收益，社区基金110.2695万元，已使当地22户家庭受益，平均每户增收超过4万元。黄河源园区已累计接待访客222人次，采购社区服务47.25万元，带动牧民就业220人次，人均获利2148元。

二是通过提高社区牧民可替代生计能力，间接增加牧民收入。特许经营活动是国家公园严格生态保护下的可替代生计之一，特许经营企业也对当地牧民进行相关技能培训。年都村扶贫生态旅游合作社对昂赛乡年都村22户家庭进行接待服务、医疗卫生和烹饪技能等相关技能培训；云享自然企业对黄河源园区内40名司机进行自然导赏培训，此外不定期地对接待家庭进行安全、住宿接待等服务意识方面的培训，帮助社区实现对车队的管理，设定生态访客团队用车、餐饮标准，帮助牧户改善餐饮服务、住宿条件、接待流程等。通过相关技能的培训，增加了当地牧民收入获取来源，提升了收入可持续获取能力。

（三）社会效益方面

三江源国家公园特许经营缓和了生态保护与牧民发展之间的关系。立足全民共享，推动"生态、生产、生活"三大空间结构持续优化，唤起全民感知共鸣。三江源国家公园内不断培养当地干部与居民的生态文明理念，加大生态文明宣传教育力度，营造了爱护生态环境、保护生态环境的良好风气，使当地居民增强了节约意识、环保意识、生态意识，促使园区内牧民积极参与到国家公园特许经营项目建设中来，提高了社会效益。

五 三江源国家公园特许经营面临的困境

三江源国家公园生态环境敏感而脆弱，社会发育程度低，产业发展以农牧业为主，园区内牧民生计对资源环境依赖程度较高，通过积极参与当地基础设施建设，开展自然体验等活动，形成共建共享的自然生态保护模式较难。一是三江源国家公园基础设施极为薄弱。三江源国家公园特许经营项目主要瞄准的是高知高端市场，但目前园区内还多为旱厕，落后的基础设施与高端生态旅游定位不符。三江源国家公园现有的基础设施资金渠道主要为文化保护传承利用工程和林业草原生态保护恢复资金国家公园补助，这些资金主要以支持生态保护和修复为主，国家公园区域内生态保护设施及公共服务基础设施都无相应的投资；二是园区周边配套服务不够完善。园区周边多为牧民家庭，目前特许经营生态旅游也多是入住到接待家庭里，周边餐饮企业也较少；三是特许经营人才稀缺。特许经营工作专业性强，创新点多，技术密集，标准设置高，自试点以来，三江源国家公园管理局虽然加大了全员培训力度，但国家公园生态保护和建设的任务对专业人才的需求大，目前的人员力量和专业技术人才储备远远无法满足国家公园建设的现实需要。同时，受高原环境影响，存在人才培养难、人才留不住的问题。

六　三江源国家公园发展特许经营实践的启示

三江源国家公园以习近平生态文明思想为指导，对特许经营机制进行了大胆尝试和谨慎探索，形成了政府、企业和牧民"三方一体"的和谐共生特许模式，为沿黄其他国家公园特许经营建设提供了宝贵经验。

（一）建立健全园区运行管理体系

一是完善相关法律体系，规范相关利益者的行为，吸引更多特许经营企业落户国家公园；二是完善对生态管护员的规范管理，以落实基础工资、考核绩效工资为载体，挖掘发展管护员潜力，丰富管护员基础工作，鼓励引导并扶持园内居民从事生态体验、生态旅游等特许经营工作，注重妥善处理生态和园内居民自身发展之间的关系；三是创新管理体制，推动相关部门改革，整合林业、国土、环保等部门的生态保护管理职责，通过构建集中统一的管理体制，探索地方和园区融合发展的路子。

（二）积极探索建立园区资金保障机制

一方面，按照园区建设、保护、运行和管理所需资金由省级财政统筹的原则，建立以省级财政投入为主，州县财政为辅的资金保障机制；另一方面，除了财政投入外，还应借助国家公园品牌，激发内生动力，增强自身造血功能。

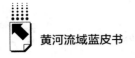

适度发展生态有机畜牧业、生态文旅产业等特色产业，实现生态产品价值转化，拓展更多市场资金来源渠道。

（三）强化舆论宣传

积极组织参与"世界水日""中国水周""世界野生动植物日""爱鸟周""世界生物多样性日""六五环境日"等宣传活动，提升社会各界生态保护的意识。通过开展生态环境科普"五进"、环保大讲堂、绿色创建等活动，为发展特许经营创造良好的舆论氛围。

参考文献

高燕、邓毅、毛焱等：《三江源国家公园特许经营评估》，《自然保护地》2023年第1期。

普化：《非凡10年看果洛》，《果洛报》2022年6月24日。

宋增明：《特许经营，带你深度亲近国家公园》，《森林与人类》2022年第2期。

王蕾、周宇晶、陈叙图等主编《中国国家公园体制建设报告（2021~2022）：三江源国家公园特许经营评估》，社会科学文献出版社，2022。

张海霞：《中国国家公园特许经营机制研究》，中国环境出版集团，2018。

周先吉、李臣玲：《三江源国家公园园区居民可持续生活构建研究》，《青海民族研究》2023年第1期。

B.27
甘南州推进黄河上游区域生态保护和高质量发展的探索与实践

马继民*

摘　要：　黄河流域甘南段是黄河上游重要的水源涵养区和补给区，在黄河流域具有极为重要的生态和社会地位。甘南州依托其区位、生态、文化、产业特色优势，坚持生态优先、绿色发展，大胆探索走出了一条具有时代特征、区域特色的现代化绿色发展之路，为黄河流域生态保护和高质量发展积累了宝贵经验。本文在总结甘南州生态保护和高质量发展实践基础上，提出了整体推进黄河上游生态保护和高质量发展的对策建议。

关键词：　黄河流域　甘南州　生态保护　高质量发展

　　黄河流域甘南段是黄河上游重要的水源涵养区和补给区，生态地位重要，生态责任重大。2019 年，习近平总书记在视察甘肃时的重要讲话，以及在河南郑州黄河流域生态保护和高质量发展座谈会上的讲话，曾两次提到"甘南黄河上游水源涵养区"，充分彰显了甘南州在黄河流域生态保护和高质量发展国家战略中的重要地位。甘南州深入贯彻习近平生态文明思想，在青藏高原绿色现代化先行示范区建设新征程中，探索出一条生态文明、物质文明、精神文明相得益彰、互促共进的绿色发展道路，为黄河流域生态保护和高质量发展在上游的实践积累了可复制、可借鉴的"甘南经验"。

---

*　马继民，甘肃省社会科学院资源环境与城乡规划研究所副研究员，主要研究方向为区域经济、工业经济、城乡规划。

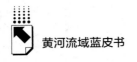

一　黄河流域甘南段生态保护和高质量发展的重要地位

甘南藏族自治州位于甘肃省南部，地处青藏高原和黄土高原过渡地带，处于甘、青、川三省涉藏交界地区。全州总面积4.5万平方公里，藏族人口占总人口的52.36%，是全国十个藏族自治州之一。黄河流域甘南段包括了玛曲、碌曲、夏河、卓尼、临潭和合作5县1市，土地面积3万多平方公里，占全州土地总面积的67.9%。① 黄河流域甘南段特殊的地理位置、独特的生态功能、得天独厚的资源禀赋、悠久的历史，涵养了其源源不断的生态潜力和厚重的文化底蕴，使其成为黄河上游重要的生态安全屏障、生态文明先行示范区。

（一）黄河上游重要的绿色生态安全屏障区

黄河发源于青海，成河于甘南，甘南境内有黄河、洮河、大夏河、白龙江四条河流及其120多条干支流纵横分布。黄河在甘南境内流经433公里，约占黄河甘肃段干流的一半，径流量增加了108亿立方米，占黄河源区总径流量的58.7%。② 甘南州作为黄河上游三大水源涵养区之一，承担着黄河上游水源涵养和补给、水土保持的责任，该区域以不足黄河流域5%的面积产出了黄河流域20%的水资源量，贡献了黄河中下游40%以上的径流量。甘南境内还拥有大面积的草原、森林和湿地，全州草原面积达4084万亩，森林蓄积量占甘肃全省总量的45%，是甘肃省最大的天然林区，也是全国五大牧区和九大林区之一。现有各类自然保护区10个，森林公园15个，地质公园5个，保护区和公园面积约占其国土总面积的45%。全州90%以上的国土面积属于限制开发区和禁止开发区③，是维系黄河流域生态安全的绿色天然屏障。

---

① 甘南藏族自治州政府：《走进甘南》，https：//www.gnzrmzf.gov.cn/zjgn/gngk.htm，最后检索时间：2024年6月1日。

② 甘南藏族自治州政府：《走进甘南》，https：//www.gnzrmzf.gov.cn/zjgn/gngk.htm，最后检索时间：2024年6月1日。

③ 甘南藏族自治州政府：《走进甘南》，https：//www.gnzrmzf.gov.cn/zjgn/gngk.htm，最后检索时间：2024年6月1日。

（二）青藏高原绿色现代化发展的实践新高地

甘南的农牧、林地、清洁能源、矿产等资源丰富，是甘肃重要的有机农畜产品和汉藏药材和山野珍品生产加工基地，水电资源可开发量占全省可开发量的22%，[①] 黄金产量居甘肃省第一，现代农牧、文化旅游、藏医康养、通道物流、清洁能源等产业有较大的发展潜力。新时代甘南建设青藏高原绿色现代化先行示范区，构建以流域为单元的生态环境空间布局和产业制度体系，对促进黄河流域区域协调发展、推动经济绿色低碳发展具有重要的实验价值。

（三）黄河上游民族地区乡村振兴样板区

甘南藏族自治州是我国"三区三州"地区，长期以来由于自然条件和历史等方面原因，经济社会发展相对滞后。黄河流域甘南段更是生态脆弱、多民族融合、农村贫困地区的叠加区。人口和水土资源不匹配，生态和贫困问题交织，保护与发展的矛盾十分突出，巩固拓展脱贫攻坚成果和提升发展能力的难度较大，乡村振兴的任务十分艰巨。当前，在全面实施乡村振兴战略新征程中，黄河流域甘南段生态环境状况和各民族群众的生产生活水平影响着新时代现代化建设质量和铸牢中华民族共同体意识。有序推进甘南乡村治理体系和治理能力现代化，实现乡村振兴和共同富裕的实践经验对黄河上游民族地区高质量发展有着重要的现实示范意义。

（四）保护弘扬黄河文化的传承与创新区

甘南是藏汉文化的结合部，是农耕文明与游牧文明的交汇区，是丝绸之路文明与唐蕃古道文化留下的岁月宝藏，漫长岁月的历史演进，造就了甘南多元的民族文化资源。文化的多样性、唯一性、集中性、延续性构成了甘南丰富的非物质文化遗产，使其成为中华民族重要的文化资源宝库。同时，甘南还拥有世界上最大的绿色峡谷群、亚洲最大的天然草原、中国最美的湿地。独特的自然地理和历史文化传统底蕴，使甘南绚丽多彩的自然风光与丰富多彩的文化交

[①] 甘南藏族自治州政府：《走进甘南》，https：//www.gnzrmzf.gov.cn/zjgn/gngk.htm，最后检索时间：2024 年 6 月 1 日。

融辉映，成为黄河上游典型的自然资源和人文资源的复合叠加区。深入挖掘甘南黄河文化蕴含的时代价值，传承与创新多元民族文化，弘扬新时代红色文化，铸牢中华民族共同体意识，并带动文化旅游产业发展，既展现了黄河文化的魅力，也能为黄河流域文化资源转化为产业优势和治理效能、提升黄河流域经济社会发展内涵和质量提供重要的经验和启示。

二 黄河流域甘南段推进生态保护和高质量发展的实践探索

甘南州立足自身独特的区位、生态、资源、文化和产业优势，在生态保护、环境治理、乡村振兴、绿色发展等方面开展探索，走出了一条具有时代特征、藏区特色、流域特点的绿色发展之路，深入践行了"绿水青山就是金山银山"的科学论断，精彩展现了习近平生态文明思想在黄河上游的成功实践。

（一）实施大保护大治理，在保护发展上实现新突破

甘南州围绕"山水林田湖草沙"这一生命共同体，以全面建设甘南黄河上游水源涵养区，构建甘南生态特区和黄河上游水源涵养国家级创新示范区为目标，通过实施水源涵养、沙化草原治理、国土绿化、草场改良、生物多样性保护等重大生态建设项目，推进黄河流域生态修复与保护。黄河流域甘南段的生态环境逐年得到改善，水源涵养和水量补给的生态功能得到有效提升，黄河流域甘南段的水量补给较十年前提高了46.5%，年均水资源补给量达87.96亿立方米，较十年前提高了59.6%。草原沙化退化现象得到有效遏制，草原综合植被被覆盖度达到97%，天然草原全面实现草畜动态平衡。湿地生态保护修复治理面积达9856.80公顷①，原来部分退化的湿地已经得到恢复。与此同时，甘南州积极推进生态产品价值实现，探索构建生态系统价值核算体系和核算机制，推动生态产品价值核算结果在生态保护补偿、经营开发融资、生态资源权

---

① 《"黄河之肾"的生态蝶变》，新华网，2023-9-15，http://www.xinhuanet.com/2023-9/15/c-1129865078_26.htm，最后检索时间：2024年6月1日。

益交易等方面的应用。目前，经专业机构评估出的甘南自然资源总值约为 2.57 万亿元，碳汇产业经济潜力达 17.31 亿元，具有成为黄河流域"生态特区"的潜质。甘南州围绕水资源横向补偿，开展生态补偿机制探索。目前已与甘南州内黄河流域六县市相互签订了生态补偿协议，并陆续与甘肃省内的兰州、白银、天水、陇南等市州签订了水资源补偿协议。

（二）纵深推进"环境革命"，释放生态文明新红利

2015 年，甘南州在全省率先开展了以"全域无垃圾示范州"创建行动为内容的"环境革命"行动，全面推进城乡环境整治。2021 年开始，又在"全域无垃圾"取得巨大成效的基础上，全力打造"全域无垃圾、全域无化肥、全域无塑料、全域无污染、全域无公害"的"五无甘南"新名片，即以"全域无垃圾"打造绿色净土。坚持"治脏、治违、治乱、治差、治堵"齐抓共管，从城镇乡村、公路沿线、山川河流、草原湿地、景区景点一直治理到房前屋后、背街小巷、厕所粪堆、门头牌匾、窗户桌面、锅头灶台、电力电缆、交通环境等。"全域无垃圾"行动使全州乡村生活垃圾收运设施覆盖率达到100%，生活垃圾无害化处理设施覆盖率达到 75% 以上；以"全域无　化肥"培育肥田沃土。在全州范围内开展有机肥替代化肥行动，有效解决了土壤板结、农作物品质下降的问题。农业面源污染得到有效控制，汉藏药材产品质量得到了全面提升；以"全域无塑料"扮靓美丽乡土。建立塑料污染治理长效机制，推广应用塑料替代产品，建立集贸市场环保购物袋集中购销制度。加大执法检查力度，推动塑料源头消纳减量，引导全社会禁塑，营造全社会共同关注、共同参与的良好氛围；以"全域无污染"守护家园乐土。高标准推进大气、水、土壤的综合治理、系统治理、源头治理，削减污染存量、遏制污染增量。全州境内集中式饮用水水源地水质优良比率均达 100%，黄河流域甘南段的地表水水质达到或好于Ⅲ类水体比例为 100%，黄河干流玛曲段地表水水质提升为Ⅰ类。土壤受污染耕地安全利用率达到 98% 以上，污染地块安全利用率保持在 100%①；以"全域无公害"扶植生态水土。加强农产品质量监管，

---

① 甘南藏族自治州政府：《甘南州黄河流域生态保护和高质量发展新闻发布会实录》，https://www.gnzrmzf.gov.cn/zjgn/gngk.htm，2021-12-20，最后检索时间：2024 年 6 月 1 日。

全面开展农药、兽药残留违禁专项整治，禁用高毒高风险农药。创建了一批叫得响、立得住的高原绿色有机品牌，提高了甘南农产品在国内外市场的竞争力。"全域旅游无垃圾·九色甘南香巴拉"成为享誉全国的"响亮品牌"。从2022年开始，甘南州又启动了以"全域有旗帜的时代家园、全域有法治的文明家园、全域有治理的和谐家园、全域有绿色的生态家园、全域有业态的富裕家园、全域有风情的旅游家园、全域有格局的创新家园、全域有文化的精神家园、全域有振兴的幸福家园、全域有使命的梦想家园"为内容的"十有家园"创建行动，进一步纵深拓展了"环境革命"的外延和内涵。从打造"五无甘南"到创建"十有家园"的具体实践，涵盖了生态、经济、文化、社会建设的方方面面，是生态文明与人民期盼的高度契合，是习近平生态文明思想在黄河上游的生动实践。

（三）实施生态文明小康村建设，探索乡村振兴新模式

甘南州以生态文明建设为统揽，以环境综合治理为重点，以自然村为基本单元，统筹特色产业发展、文化建设、基础建设、旅游开发、环境保护等内容，创新开展生态文明小康村建设。甘南州的生态文明小康村融合了乡村振兴、美丽乡村、脱贫攻坚、全面小康、民族团结、基层治理等要素，是乡村振兴中农牧村发展新模式的探索与创新，被国家列为甘肃省改革开放40周年唯一典型案例。甘南州在生态文明小康村建设之初，就高起点、高标准设计制定了《甘南州生态文明小康村建设标准》，科学指导生态文明小康村建设。在建设实践中，大力实施以"生态人居、生态经济、生态环境、生态文化"四大工程为核心的生态文明小康村建设项目。因地制宜，依托当地资源禀赋和产业现状，按照"一村一品""一家一特""农户+基地+合作组织"的发展模式重点打造生态体验型、特色产业型、休闲度假型、民俗文化型、红色旅游型等五大类生态文明小康村。截至2023年底，全州累计建设各类生态文明小康村2341个，惠及群众9.25万户43万人①，全州彻底消除了绝对贫困，基本消除了农牧村四类重点对象存量危房，取得了显著的生态效益、社会效益、经济效

---

① 甘南藏族自治州政府：《2024年政府工作报告》，2024－01－19，https：//www.gnzrmzf.gov.cn/zjgn/gngk.htm，最后检索时间：2024年6月1日。

益。甘南州的生态文明小康村建设，是生态文明建设引领乡村振兴发展的新典范。

（四）实施乡村文化旅游工程，探索生态经济发展新路径

2019 年，甘南州在全州范围启动了以乡村文化旅游为内容的"一十百千万"工程，即做大做强"全域旅游无垃圾·九色甘南香巴拉" 1 个特色品牌，打造 15 个叫响全国的文化旅游标杆村，创建 100 个全省一流的全域旅游专业村，建设 1000 个具有旅游功能的生态文明小康村，创新培育 10000 个精品民宿和星级农家乐，推动乡村文化旅游产业高质量融合发展。"一十百千万"工程，主要依托甘南州公路交通以及已有的资源和产业基础，通过发展乡村旅游，形成以主要市（县）为基地，以乡镇为节点，以乡村为支点的全域黄河文化旅游产业经济带。目前，全州已建成叫响全国的文化旅游标杆村 17 个；草原风光型、城市近郊型、民俗体验型、生态友好型、党建引领型等特色鲜明的全域旅游专业村 103 个；具有旅游功能的生态文明小康村 706 个；培育精品民宿和星级农家乐 3000 余家。"一十百千万"工程，全面提升了全州乡村和重点景区的基础支撑力和辐射带动力，奠定了甘南州文化旅游产业高质量发展的坚实基础。截至目前，全州共有国家 A 级旅游景区 35 家，其中 4A 级 12 家，3A 级 14 家，2A 级 9 家。2023 年甘南州全年接待游客 2200 万人次，旅游综合收入 110 亿元，较 2019 年分别增长 52% 和 49%①。

三　甘南实践对黄河上游区域生态保护和高质量发展的启示

甘南州作为黄河上游重要的生态屏障区，探索走出了新时代绿色发展成功之路，对黄河流域地区具有较强的借鉴意义，从中可以得到以下几点启示。

（一）坚持生态优先，绿色发展

黄河上、中、下游生态环境差异较大，推进黄河流域生态保护和高质量发

---

① 甘南藏族自治州政府：《2024 年政府工作报告》，2024 - 01 - 19，https：//www.gnzrmzf.gov.cn/zjgn/gngk.htm，最后检索时间：2024 年 6 月 1 日。

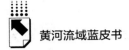

展，必须体现黄河流域的区域和省份功能定位，上游区域发展的重点就是应加强生态保护，实现绿色发展。甘南州把生态保护作为立州之本，以改善生态环境为核心，大力实施生态保护修复工程，着力破解环境发展问题，全面提升黄河流域甘南段的生态系统服务功能和环境质量，形成共抓大保护、协同大治理的局面。甘南州绿色生态发展之路，厚植了高质量发展的底色和基础，是践行保护中发展、发展中保护的可持续发展观的典型，拓展了在发展中保护、在保护中发展的实践路径。甘南州由"经济跟跑者"转变为"生态领跑者"的实践，充分践行了"改善环境就是发展生产力"这一科学论断，是"绿水青山就是金山银山"理念在黄河上游的生动实践。

（二）坚持和谐共生，创新治理

人与自然和谐共生是新时代我国现代化建设的必然要求，黄河上游生态保护和高质量发展需协调好生态保护与社会经济发展的辩证关系。甘南州用辩证的思维看待"生态"与"发展"的关系，通过把国家生态保护建设大局与自身可持续发展的实际紧密结合，用生态文明建设铺就了生态人居、生态经济、生态环境、生态文化的基础和底色，探索出一条人与自然和谐共生的新路。独特自然风光、良好生态环境、多元富民产业、淳朴乡风民俗的生态文明小康村，正是以生态保护为前提，以推动经济发展为要求，在节约环境资源、保护原生态的基础上开展的乡村振兴创新性之举。同时，生态文明小康村"基层党建+文明村庄+和谐寺庙+十户联防"的"甘南模式"，也创新了农村基层社会治理模式，取得了"农村没有空心化，村庄没有凋敝化，家庭没有空巢化"的农村治理成效。生态文明小康村建设不仅成为甘南州巩固脱贫成效、乡村振兴最生动、最有效的实践载体，也成为黄河流域生态脆弱区、民族欠发达地区实现转型发展和谐共生的样板，对于整个黄河流域地区都具有重要借鉴价值和启示意义。

（三）坚持绿色低碳，融合发展

高质量发展，是时代赋予黄河流域的历史重任。黄河上游各地区应立足本地生态和资源特色，宜水则水、宜山则山，积极探索上游区域特色的高质量发展新路径。甘南州把握住了高质量发展的动力根本，结合自身生态优势和资源特色，将实现高质量发展的核心动力聚焦在生态保护和生态价值方面，最大限度地挖掘自身所拥有的森林、湿地、水源、草原、特色农产品、生态旅游等极具经济价值的生态产品，推进了生态产品价值的实现，让绿水青山持续发挥生态效益和社会经济效益，构建融合发展的绿色低碳产业体系。甘南州将现代畜牧业和文化旅游产业作为经济高质量发展主导方向，依托各地资源禀赋差异化发展"牛羊猪鸡果菜菌药"八大特色产业，建设国家级生态农场，创建全国农牧产品有机基地。通过大力发展乡村文化旅游，深化文化旅游与现代农牧、中藏医药、节能环保、数据信息、通道物流等产业的融合发展，构建起了"大生态催生大旅游、大旅游牵引大转型、大转型释放大效应"的现代绿色产业体系。其成功逆袭之道告诉我们，推动黄河上游高质量发展必须从区域实际出发，将生态产品培育成为绿色发展的新动能，把生态优势转化为产业优势。

（四）坚持共享发展，造福群众

实现共同富裕是黄河流域生态保护和高质量发展战略的最终目的。黄河上游高质量发展，就是要坚持以人为本，积极推进新型城镇化和乡村的全面振兴，创新以城带乡举措，形成城乡互补、全面融合、共同繁荣的城乡融合发展新格局，让群众共享发展成果。甘南州的"五无甘南"环境革命，满足了人民群众对优美生态环境的需要；生态文明小康村建设惠及全州群众 40 余万人，彻底消除了绝对贫困；乡村文化旅游工程促进了乡村富民产业大转型，实现了乡村振兴。这一系列探索实践使甘南州城乡融合进程不断加快，夯实了民生保障基础，实现了惠民富民的目的。2023 年，甘南州农村返贫风险消除率达到55.5%，控辍保学和农牧村危房实现了动态清零，低收入人口参保、资助和大病救治实现了全覆盖；城镇居民人均可支配收入和农村居民人均可支配收入较2015 年分别增长了 66.6%和 98.5%①。甘南州共享发展理念的实践探索，为黄河上游民族地区民生改善、产业发展和农牧村人居环境提升等积累了经验、树立了样板。

---

① 甘南藏族自治州政府：《2024 年政府工作报告》，2024－01－19，https：//www.gnzrmzf.gov.cn/zjgn/gngk.htm，最后检索时间：2024 年 6 月 1 日。

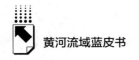

四　推进黄河上游生态保护和高质量发展的对策建议

黄河上游流经青海、四川、甘肃、宁夏、内蒙古五省区，河段长度占黄河总长度的63.5%、流域面积占黄河总面积的51.3%，是我国生态屏障、民族团结、乡村振兴、绿色能源发展的重要区域，筑牢黄河上游生态安全和推动社会经济平稳发展关系到整个黄河流域乃至中华民族的永续发展。目前，黄河流域生态保护和高质量发展的总体布局已基本形成，但由于黄河上、中、下游的生态环境、经济社会发展差异较大，各流域内相关的实践工作依然还处于探索阶段。黄河上游区域内依然有许多和甘南一样的"先行示范区"还承担着落实政策、探索尝试、积累经验以及反馈完善的重要职能。因此，我们要在借鉴总结实践经验的基础上，结合实践中面临的诸多共性现实问题，采取有效措施，进一步推动黄河上游生态保护和高质量发展，实现理论指导实践、实践完善理论的良性互动。

（一）强化上游担当，持续提高生态服务能力

基于特殊而重要的生态地位，黄河上游的治理与保护需要统筹考虑、整体布局、综合施策。一是统筹推进山水林田湖草沙生态保护和综合治理。持续加强保护重要的水源补给地，稳步提升黄河上游水系补水功能。对上游荒漠化地区开展规模化防沙治沙工作，进一步筑牢上游防沙屏障；二是统筹推进流域环境综合治理。构建以黄河干流、大通河、湟水及洮河等水域为基础的生态廊道，统筹推进区域水土保持和污染治理工作。借鉴甘南环境革命经验，全面深化上游主要城市的工业、城镇、农业农村环境污染综合治理，确保黄河上游的水质、土壤、大气环境稳定和安全；三是构建系统化区域生态保护体系。积极探索地方性的生态保护和修复范式，根据不同典型自然区生态系统的内在要求，通过扩大建立生态脆弱区、重要生态功能区、自然保护区等，防止盲目地开垦土地。积极推动由国家湿地公园、国家森林公园、国家沙漠公园等组成的黄河上游国家公园体系建设，形成黄河上游系统化的生态保护体系。

（二）构建现代绿色产业体系，推动黄河上游特色经济高质量发展

立足资源禀赋、环境承载力和区域功能，以特色生态产业和优势资源型产业为主体，着力构建黄河上游绿色低碳产业体系，带动上游沿黄地区经济高质量发展。一是基于主导产业优势，构建具有黄河上游流域特色的现代化产业体系。应用先进技术促进石油化工、原材料、煤化工、有色冶金等传统支柱产业转型升级和绿色低碳发展。合理推动先进制造业、生产性服务业等的发展。依托特色资源，积极发展具有地方特色的中医中药、新材料、新能源、生物医药、数据信息、通道物流、节能环保等战略性新兴产业。二是基于农牧资源优势，打造黄河上游地方特色农畜产品输出基地。依托黄河上游丰富的草场资源大力发展现代畜牧业，建设具有区域规模的奶源基地、有机畜牧业基地、高寒牧草良种繁育基地和优良畜种繁育基地，打造黄河上游农畜产品区域公用品牌。利用上游沿黄灌区农业特色资源优势，发展现代丝路寒旱农业、戈壁节水农业、青藏高原特色种植业、黄土高原区旱作高效农业等，建设以高原夏菜、瓜果为主的黄河上游特色农业经济带，培育一批黄河上游地理标志产品。三是基于清洁能源优势，打造黄河上游绿色清洁能源产业高地。黄河上游太阳能、风能、水能等清洁能源资源富集，开发优势明显。应重点打造黄河"几字弯"清洁能源基地、河西走廊清洁能源基地和黄河上游清洁能源基地。有序推动青海海南海西、甘肃陇东、宁夏宁东、内蒙古等地能源产业高质量发展。进一步提升青海、甘肃、宁夏、内蒙古等省区清洁能源消纳及外送能力，探索建立上游跨省区电力综合市场。四是基于自然和文化优势，以铁路、国道、省道、河道等交通干线为基础，将黄河上游的自然景观、历史遗迹、名城古村、历史文化街区等串联起来，打造黄河上游生态文化旅游带。借鉴甘南州乡村旅游"一十百千万"工程经验，以生态文明建设和乡村振兴为契机，推进全域化的生态文化和休闲旅游发展。

（三）加快推进新型城镇化和乡村振兴，形成城乡融合发展新格局

一是加快推进新型城镇化建设。建立城乡统一的基础设施规划、建设、管护运行机制，推进县城、小城镇和乡村协同开展环境保护、污染治理、产业联动。二是调整和优化生产力布局，推动农村人口有序转移。基于区域承载力，

分阶段有步骤地把不适宜居住的乡村中的人口向条件较好的河谷、川地、盆地、各级城镇有序转移集中，并为其提供基本公共服务制度，尽快实现农村转移人口市民化。三是全面实施乡村振兴战略，大力推进乡村建设行动。借鉴甘南州生态文明小康村和乡村旅游村建设的成功经验，以"生态人居、生态经济、生态环境、生态文化"为统领，大力推进乡村建设行动，将乡村按照其功能、特色、产业划分为不同的建设类型。推动城乡基础设施互联互通，提高乡村基础设施完备度、公共服务便利度、人居环境舒适度。大力发展生态经济，促进农村产业多元化融合发展，增强乡村内生发展动力。

（四）强化区域协同，构建黄河上游一体化发展的支撑体系

一是建立完善生态统筹保护与发展的制度基础。基于流域尺度，逐步建立跨省区的规划、生态补偿、生态资源核算、监测监督等基础制度体系，形成跨省区综合性、多元化的生态保护和治理框架。建立健全跨区域协调机制，从区域管理转向流域管理，统筹流域内经济社会发展和生态环境之间的关系，统筹协调解决流域发展的重大问题，整合区域间重大资源开发和建设项目。二是建立健全区域生态保护补偿机制。构建生态系统价值核算体系和核算机制，积极探索生态资源权益交易、生态环境损害赔偿、资源开发补偿、经营开发融资、排污权交易等，推进生态产品价值实现。建立跨流域的纵向与横向生态补偿沟通协商机制，研究制定跨省区、市区的纵向与横向生态补偿标准和体系，建立生态补偿运行机制，形成区域间合作共享、同治理的大格局。三是强化省区间的产业协作。黄河上游五省区应基于各自的生态系统、资源禀赋、产业基础等优势，打破行政区划壁垒，建立区域内产业、规划、政策、信息沟通协调机制，合理配置资源，引导产业合理布局，错位发展。以兰州、呼和浩特、包头等中心城市为重点，构建跨省区的经济、产业、技术、人才、资本联系通道，形成资源互补、产业互助和各具特色的协同发展模式。

参考文献

林永然、张万里：《协同治理：黄河流域生态保护的实践路径》，《区域经济评论》

2021 年第 2 期。

陆大道：《关于黄河流域高质量发展的认识与建议》，《中国科学报》2019 年 12 月 10 日。

唐秀华、陈全顺：《黄河上游地区生态治理现代化：价值、困境与实现》，《甘肃理论学刊》2020 年第 2 期。

魏智、王小娥、吴锦奎：《黄河上游典型干旱区水资源利用策略研究》，《水资源开发与管理》2022 年第 6 期。

徐勇、王传胜：《黄河流域生态保护和高质量发展：框架、路径与对策》，《中国科学院院刊》2020 年第 7 期。

杨永春、张旭东、穆焱杰、张薇：《黄河上游生态保护与高质量发展的基本逻辑及关键对策》，《经济地理》2020 年第 6 期。

张倩：《黄河中上游西北地区生态环境保护与经济高质量发展协调研究》，《宁夏社会科学》2022 年第 3 期。

B.28
内蒙古黄河流域农村牧区
高质量发展路径和对策研究
——以乌拉特中旗为例

塔　娜[*]

摘　要： 乌拉特中旗地处内蒙古黄河"几字弯"顶端，是内蒙古黄河流域典型的以农牧业为特色优势产业的民族地区。乌拉特中旗拥有丰富的自然资源和农牧业发展优势，但在推进新时代农村牧区高质量发展中仍面临不少挑战。针对乌拉特中旗人文自然条件和发展现状，我们认为需要在促进产业升级与结构调整、加强生态环境保护、加大科技创新与人才培养等方面有所突破，为高质量发展提供智力和人才支撑，不断释放发展活力，实现地区绿色发展。对此，本文提出了针对性的发展对策，包括如何加强农村牧区基础设施建设、推进农牧业产业升级、强化人才培养与引进、加强生态环境保护、推动产业数字化应用等，旨在为内蒙古黄河流域农村牧区尤其是乌拉特中旗实现高质量发展提供理论指导和实践参考，助其走上经济繁荣、社会进步、生态良好的可持续发展道路。

关键词： 黄河流域　农村牧区　高质量发展　乌拉特中旗

2019年9月18日，习近平总书记提出"黄河流域生态保护和高质量发展"这一重大国家战略。黄河流域是我国重要的生态屏障和经济地带，在我国整体的经济社会发展格局以及生态安全保障体系中占据着极为关键且十分重要的地位。积极推动黄河流域高质量发展，不仅能够有力地维护社会的长治久

---

[*] 塔娜，内蒙古自治区社会科学院牧区发展研究所研究员，主要研究方向为草原生态经济。

安，为人民营造稳定和谐的生活环境，更是在促进民族团结方面发挥着重要作用。

一 乌拉特中旗概况

乌拉特中旗位于内蒙古自治区西部，黄河"几字弯"最顶端，地处东经107°16′~109°42′，北纬41°07′~41°28′的农作物种植黄金带，具有北牧南粮的优势。北与蒙古国南戈壁省接壤，是自治区和巴彦淖尔市向北开放的前沿阵地。乌拉特中旗是自治区 20 个边境旗县区之一，边境线长达 181 公里。东与包头市达尔罕茂明安联合旗、固阳县为邻，南与乌拉特前旗、五原县、临河区、杭锦后旗相依，西连乌拉特后旗。旗人民政府驻地海流图镇，距巴彦淖尔市政府驻地临河区 161 公里，距包头市 219 公里，距内蒙古自治区首府呼和浩特市 391 公里，距中国甘其毛都口岸 130 公里。全旗东西长 203.8 公里，南北宽 148.9 公里，呈不规则四边形，总面积为 22868.11 平方公里。全旗辖 10 个苏木镇，有嘎查、村（分场）93 个，街道社区 6 个，矿区管委会 1 个，自然村 278 个。阴山山脉贯穿东西，将乌拉特中旗分为灌区、牧区和半农半牧山旱区，有天然草场 3200 余万亩、耕地 180 万亩，牲畜饲养总量达 300 万头（只），粮食年产量达 10 亿斤。乌拉特中旗境内有矿产资源 68 种，其中 11 种储量居自治区首位①。特别是石墨资源储量占全国晶质石墨储量的 31.74%，黄金产量一直位居全国县市十强。

二 乌拉特中旗推动农村牧区高质量发展的主要成效

（一）农牧业综合实力提升

乌拉特中旗通过调整优化产业结构，培育发展新业态，提升了农牧业的综合效益，成功打造了多个全国、自治区"一村一品"示范村镇样板区，建成了一批示范基地。2024 年着力构建"河套、阴山、荒漠化草原"示范样板区，

---

① 乌拉特中旗人民政府网，http：//www.wltzq.gov.cn/zjwzq/。

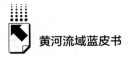

探索不同生态类型农牧业绿色发展典型模式，新建成国家、自治区、市级现代农牧业先行样板34个。争取到第三批国家农产品质量安全县、首批国家现代农业全产业链标准化示范基地、"科创中国"彩色小麦功能农业产业示范基地、国家农民合作社示范社、国家重点研发项目（山羊优异肉、绒及乳用种质资源精准鉴定）试验基地、中国绒山羊优秀种源基地、自治区级首批农文旅融合示范村镇、蒙古马全国"一村一品"示范村镇等44块牌子；黄河流域生态保护和高质量发展农牧领域国家支持政策4项；建成30个农牧业现代化示范园区（基地），倾力打造12个"一镇一品"现代农牧业全产业链标准化示范基地（园区），促进农牧业绿色化、数字化发展，全要素集聚、全环节提升、全链条增值、全产业融合。全旗农牧业产业集群全产业链产值突破120亿多元，农畜产品加工转化率达75.2%；农畜产品加工总产值达77.13亿元，全旗农（牧）企利益紧密型比例达到63.8%，较上年提高2.1%。农畜产品加工业逐渐成为农牧业现代化的重要支撑力量。

（二）抓转型、提质效，产业支撑更加有力

农牧渔业综合实力实现大跨步。2023年全旗农牧渔业总产值突破45亿元；建成15万亩高标准农田；新改扩建设施农牧渔业园区（规模化养殖场）12个，全部建成投产；全旗粮食作物播种面积107.41万亩，粮食产量达6.6亿斤，再创新高。饲草料种植18.85万亩，产草量达39.285万吨，被授予全区全市"粮食生产先进集体"称号，荣获2023年内蒙古自治区主要粮油作物高产竞赛"种粮能手""优秀实施单位"称号、全市饲草种植建设先进单位，大面积示范推广应用玉米密植高产精准调控技术，亩产达1561公斤，产量居全市第一，带动全旗粮食亩产提高46公斤。畜牧业提质增量取得新突破，全旗肉类总产量3.7万吨，同比增长3.1%；奶产量2.7万吨，同比增长10.02%；毛绒总产量3.37万吨，同比增长10.53%；水产品产量1200吨，占目标任务的101.69%。

（三）农牧业产业多样化融合发展

乌拉特中旗致力于在羊绒、玉米、小麦、向日葵、果蔬、肉羊、饲草料以及马这八大产业集群上实现突破，旨在提升整体产业价值链，并进一步推动第

一产业、第二产业和第三产业的深度融合。2021 年，该旗新认定了一个全国性的"一村一品"示范村镇，并成功打造了首批三个自治区级的"一村一品"示范村。这些举措不仅推动了乡村休闲农牧业的发展，还成功巩固并完善了多个由农牧业绿色高质量发展成果转化的综合示范园区和品牌基地，为乡村经济的持续发展注入了新的活力，提升了农牧业生产组织化程度。绿色优质农畜产品供给明显增加，共被认定国家绿色、有机、名特优新农产品 57 个，2023 年获新认证绿色食品 2 个，名特优新农产品 3 个；新授权"天赋河套"区域公用品牌 1 家企业 4 个产品，共授权天赋河套区域公用品牌 2 家企业 9 个产品，绿色、有机、名特优新农产品认证年增长 6% 以上，1 项团体标准通过内蒙古自治区质量和标准化研究院审查；乌拉特蒙餐获得了大世界吉尼斯纪录证书，带动全旗优质品牌农畜产品整体溢价 20% 以上。农畜产品品牌效应逐渐成为推动中旗农牧业产业升级、农牧民增收致富的金字招牌，为中旗打响新招牌注入动力。

（四）科技创新能力显著提升

1. 种业振兴蓬勃兴起

全面实施了种质资源保护利用、创新攻关、企业扶优、基地提升和市场净化这五大行动，确保行动深入落实并取得显著成效，在种业发展上取得重要突破。在种质资源创新方面，初步选育出了一批具有河套地区特色的优质小麦和玉米品种。其中，以巴麦 13 为主的小麦良种繁育基地已建设完成 0.2 万亩，为优质小麦的繁育提供了有力保障。在石哈河地区开展了硬质有机小麦"三圃田"提纯复壮试验，试验田面积达 300 亩，旨在提升小麦的品质和产量。在畜禽种质资源方面，自主选育的二狼山白绒山羊和蒙古马等新品种得到了广泛应用。目前，已培育出 9 个二狼山白绒山羊核心育种群，种羊数量达到 2580 只，并与 60 户种羊繁育合作户建立了紧密的合作关系，建设了 30 套日光智能羊舍，形成了完善的良种繁育体系，为山羊产业的健康发展提供了有力保障。此外，建设了 3 个蒙古马扩繁基地，开展了蒙古马保种工作，保种数量达到 1000 匹。还建设了 2 处巴美肉羊育种园区，核心群母羊数量超过 1 万只，每年能够培育出种公羊 2000 只。在奶牛方面，每年能培育出 0.6 万多头良种能繁乳牛；健全由 15 个种畜场、1 个小麦种子繁育基地、1

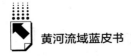
个旱区小麦提纯复壮基地、3个玉米制种基地组成的良种繁育引进"服务体系",全面提升基地供种保障能力,推进现代种业"保、育、繁、推"全产业链发展。

2. 科技装备支撑强劲

乌拉特中旗不断深化与高等院校、科研院所的产学研合作,签订产学研战略合作协议10项,累计认定各类高科技创新平台34个;养殖业生产中广泛应用物联网、大数据和北斗导航等先进的信息技术。这些技术的综合运用不仅提高了生产过程的精确度,还显著提升了整体效率。具体来说,精准播种技术的广泛应用确保了种子在最佳的时间、地点和深度得到播撒,优化了作物生长的起始条件;智慧灌溉系统则通过实时监测土壤湿度和作物需水量,实现水资源的精准利用和节约;而植保无人机的普及使用,使得作物病虫害的防治工作更加高效、及时且环保。新技术和装备的广泛推广应用,不仅提升了种养殖业的现代化水平,也为农业可持续发展注入了新的动力。

三 乌拉特中旗推动农村牧区高质量发展的路径探索

(一)产业升级与结构调整路径

进一步优化农业产业布局,通过科学规划和区域化布局,农业资源配置更加高效合理。推动农业向绿色化、优质化、特色化方向发展,这既是满足市场需求的必然趋势,也是提升农业竞争力的关键举措。为实现这一目标,需要注重提高农产品的附加值。通过引进先进技术和管理经验,提升农产品的加工水平,农产品从初级产品向深加工产品转变,从而提高其市场价值。同时还需加强农产品的品牌建设,通过品牌化经营提升农产品的知名度和美誉度,增强市场竞争力。

在现代畜牧业发展方面,应持续加强草原生态保护,实施草原生态修复工程,确保草原资源的可持续利用。推进畜牧业转型升级,优化畜牧业结构,提高畜牧业生产效率和产品质量。这包括推广先进养殖技术、加强疫病防控、提升饲料利用效率等措施,以实现畜牧业的可持续发展。

（二）科技创新与人才培养路径

加大对农业科技的研发投入。通过增加经费支持，引导科研机构和企业开展农业科技创新活动，提升农业生产效率。同时，推广先进的农业技术，确保科技成果能够迅速转化为生产力，提升农产品的品质和竞争力。培养高素质农业人才是农业发展的关键。加强农业职业教育和技能培训，为农业领域输送一批既懂技术又善经营的新型职业农牧民，使其成为推动农业现代化和农村牧区发展的中坚力量，提升农业产业的整体水平。制定一系列优惠政策，吸引和留住农业科技人才和经营管理人才，通过提供有竞争力的薪酬、良好的工作环境和职业发展前景，吸引更多优秀人才投身农业事业，为农村牧区带来新鲜的思想和技术，推动农业产业的创新与发展。加强产学研合作，提升农业科技创新能力。通过与高校、科研机构等单位的合作，共享资源、优势互补，促进科技成果的转化和应用，推动农业产业升级和结构调整，提升农业产业的附加值和市场竞争力。

（三）绿色发展理念实践路径

在推广绿色农业生产方式方面，采用生态友好型的农业生产技术，致力于减少化肥、农药等化学投入品的使用，旨在提升农业的可持续发展水平。具体实践中，通过推广有机肥料、生物农药等替代传统化学品的措施，优化农业种植结构，构建生态农业体系，不仅确保了农产品质量与安全，而且有效保护了土壤和水资源。积极实施草原生态保护修复工程，包括退化草原治理、草原植被恢复等措施，以增强草原生态系统的稳定性和服务功能。加强对森林、湿地等生态系统的保护力度，通过划定生态红线、加强监管执法等手段，坚决维护农村牧区的生态平衡。着力推进农村牧区环境治理工作，特别是对生活垃圾和污水的处理。建立健全农村牧区环境治理体系，通过配备环保设施、提高治污技术水平等方式，有效改善了农村牧区的人居环境。注重加大环境监管和执法力度，确保各项治理措施落到实处。重视绿色发展理念的宣传教育工作，提升农牧民绿色发展意识。通过开展培训班、发放宣传资料等多种形式，普及绿色发展知识，提高农牧民对绿色发展的认识和参与度。鼓励农牧民积极参与绿色发展实践活动，如种植有机作物、养殖生态畜禽等，从而实现经济效益和生态效益的双赢。

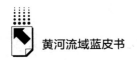
四 促进乌拉特中旗农村牧区高质量发展的对策建议

（一）加强农村牧区基础设施建设

一是加强农村牧区交通、水利、电力等基础设施的建设，促进居住环境得到基本改善。二是通过引进适合地区经济发展的支柱产业，增加就业机会和岗位。根据嘎查禁牧及草畜平衡的实际情况，通过引进光伏发电、畜产品加工等绿色产业，有效增加农牧民经济收入和就业机会，实现保障边境安全和农牧民生活质量提升。尤其是加快完善边境地区基础设施建设。加大人畜饮水井和储水罐项目建设力度，解决边境牧民人畜饮水困难问题；增加高压电接通项目，提高边境地区供电水平，加快推进解决牧民用电难问题，为稳边固边提供保障。三是为满足牧民生产生活需求，修缮现有县道，修建村村通公路。通过不断完善边境牧区路网布局，进一步扩大边境道路网覆盖面。四是建设通信基站，加快实现边境嘎查和重要交通沿线通信信号全覆盖，提升边境地区信息网络覆盖率。通过"水、电、路、信"等基础设施建设的完善，改善农村牧区生产生活条件，为产业升级和结构调整提供有力支撑。

（二）推进农牧业产业升级

1. 加强重点产业链建设

政府相关部门应做到深刻领会并贯彻落实国家、自治区关于加快农业产业链发展的决策部署。在推动乌拉特中旗农牧业高质量发展的过程中，紧密围绕玉米产业链、畜牧业产业链等涉农涉牧重点产业链，做到精准发力，针对每一链条的特点和需求，细化工作方案，切实做好延链、补链、强链的工作。在这一过程中，要敢于并善于推动农业生产方式的大变革，以科技引领、创新驱动，不断提升农牧业的生产效率和质量，推进乌拉特中旗农牧业实现跨越式发展，实现晋位升级。深入梳理产业现状，全面摸清各链条的发展情况，找准存在的短板和弱项，不断破解产业发展中的难题，打通堵点，补齐短板，确保产业链的完整性和竞争力。同时，要加快重点产业的建链、延链、补链、强链工作，努力形成一批具有显著竞争优势和强大支撑力的产业集群。明确目标任务，全力朝着产业基础高级化、产业链现代化的目标持续加力发力，以产业基础高级化、产业链现代化为目标，以产业高端化、智能化、绿色化为方向，努力推动产业链向更高层次、更宽领域拓展，为构建高质量发展的现代产业体系奠定坚实基础。

2. 全力推进"一镇一品"全产业链标准化示范基地建设

基于镇域内的资源条件、自然特征以及特色优势，积极打造"一镇一品"的现代农牧业全产业链标准化示范基地（园区），并以此为载体，着重发展如石哈河的旱作有机小麦、乌加河的玉米、德岭山的辣椒、新忽热的"芯小羊"、巴音乌兰乌拉特的"枣骝马"以及同和太的二狼山白绒山羊等特色农畜产品，并推进这些产品形成全产业链集群式发展的格局。确保这一全产业链的智慧化、绿色化和品牌化，从而进一步优化农业结构，丰富和完善优势特色产业链条。

为实现"一镇一品"的建设目标，围绕育种种植养殖、产品研发、精深加工、市场营销和品牌建设等关键环节，持续强化各项措施，引领乡村特色产业向集聚化、标准化、规模化、品牌化方向迈进，提升农特产品附加价值，为农民创造更多增收机会，从而有力地推动农民收入的稳步增长。在"一镇一品"的规划布局下，持续加大政策支持和创新驱动的力度，坚持品种的优化、品质的提升、品牌的打造和标准化生产的现代农牧业发展方向，进一步完善本土优势品种的繁育体系，并建立起以农畜产品检测中心为基石的全程追溯体系。同时还要统筹推进优质农畜产品的"两品一标"认证工作，加强对公用品牌、企业品牌和产品品牌的培育，加快农畜产品产业集群和标准化生产基地的建设步伐。打造特色鲜明、优势显著、链条完善、效益显著的农作物全产业链"一、二、三产融合发展新模式"，从而形成"一个特色产业、一个加工园区、一批知名品牌"的崭新格局。

3. 以产业带动边境地区发展

乌拉特中旗辖区有181公里边境线，有全国过货量最大的公路口岸——甘其毛都口岸；有一线抵边苏木镇2个、二线抵边苏木镇1个，边境嘎查29个。针对特殊旗情，应深入贯彻落实"加强边疆地区建设、推进兴边富民、稳边固边"决策部署，依托兴边富民行动，充分利用边境地区地缘特点、得天独厚的自然资源、自然风光、与众不同的人文景观、独具特色的民俗风情等发展优势，以党支部领办合作社、民营企业进边境等形式因地制宜地带动边境地区的产业发展，将党组织的政治优势、组织优势转化为推动边境地区产业发展的强大动力。同时，鼓励和支持民营企业走进边境地区，发挥民营企业在资金、技术、市场等方面的优势，为边境地区的产业发展注入新动力。扎实推进"民营企业进边疆"，助力边疆民族地区高质量发展，以产业发展激发民族团结新活力，进一步增强民族团结的凝聚力和向心力，让边境地区的各族群众共享发展成果。

（三）人才是推动农村牧区高质量发展的关键因素

1. 强化农村牧区人才政策的有效供给

紧扣乌拉特中旗农村牧区高质量发展，加大对农村牧区各类人才政策的倾斜力度，出台以"人才强边"措施为核心，多项实施细则、办法为配套的政策体系，增强政策的精准性和"含金量"。

2. 围绕农村牧区产业发展精准引才

坚持"缺什么引什么""用什么引什么"的思想，结合农村牧区自身需求和紧缺人才实际制定引才计划，紧盯西部相关专业院校或者省内院校，通过本土人才回引、院校定向培养、区域统筹招聘等渠道，扩大人才引进层次，同时要建立"以才引才"工作机制，发挥高层次人才的桥梁纽带作用，拓宽人才引进渠道，形成以人才聚人才的良好生态。

3. 加大农村牧区人才培养宣传力度

培养人才和留住人才是解决农村牧区人才"空心化"的关键所在，建立常态化储备、科学化培养、精细化管理的人才体系，着力改善人才队伍梯次结构，及时将能力突出的人才纳入优秀人才库，大力宣传优秀人才先进事迹，增强人才的荣誉感、归属感，促进人才引得来、用得好、留得住。

4. 提升边境地区人才引进"软实力"

针对抵边苏木人才招聘考试、人才引进放宽招录条件和提高待遇保障，制定专业技术人才引进实施办法，明确相关的激励政策措施，吸引更多的专业技术人才到边境地区工作，缓解边境人才紧缺情况。

（四）加强生态环境保护，实现绿色发展

1. 充分发挥政策的核心引领作用

制定一系列工作方案与法规，涵盖草原保护修复、鼓励牲畜合理出栏、防

止过度放牧以及补奖政策等方面，有效应对草原过牧现象，为全旗各级各部门在强化草原生态保护、依法推进草原保护建设方面提供坚实的政策支撑。同时，这些政策也为农牧民提供了加强草原保护修复、维护生态安全、促进乡村振兴的制度保障，确保了政策的针对性和有效性。

2. 实现生产与生态的深度融合

鉴于乌拉特中旗地处荒漠化草原，生态系统尤为脆弱，确立"生态优先、生产生态相互促进"的基本发展策略。以草原生态保护为基石，积极推动传统草原畜牧业的绿色转型，扎实实施草畜平衡管理和禁牧休牧措施。结合地区实际，科学界定草畜平衡和禁牧休牧的区域范围，并及时发布相关公告和巡察监督制度。在牧草生长的关键期，对全旗各苏木（镇）进行了草畜平衡和禁牧休牧的全面调查，同时加大执法力度，对发现的问题及时反馈并督促整改，确保草原资源得到有效保护，实现生态与生产的和谐共生。

3. 加大草原生态的修复力度

走生态优先、绿色发展的道路，引导全社会深入贯彻新发展理念。针对草原不同程度的退化问题，采取差异化、综合化的治理措施。对于重度退化草原，运用人工种草、免耕补播、禁牧封育等多种手段恢复植被，促进草原生态的正向演替；对于中度退化草原，采取划破草皮、松土施肥等综合措施，促进草原植被的逐步恢复；对于轻度退化草原，则通过围栏封育等措施，强化草原的保护与恢复工作。同时，坚持自然恢复与人工修复相结合的原则，通过土地整治、植被恢复等手段，合理利用草原资源，统筹草原生态保护与草原畜牧业的发展，努力调整和优化受损草原生态系统的多样性结构。在全旗范围内全面推行林（草）长制，加快林草保护监测大数据智慧平台的建设，构建空天地一体化的草原监测网络。同时，认真贯彻落实新一轮的草原生态保护补奖政策和禁休轮平机制，继续执行休牧和出栏补贴政策，加大非充分灌溉、禁牧封育、退耕还草等项目的争取和实施力度。积极探索林草碳汇交易的发展路径，推动产业生态化和生态产业化进程，为实现草原生态系统的持续健康发展奠定坚实基础。

4. 增绿补绿，筑牢绿色屏障

为筑牢我国北方地区的重要生态安全屏障，必须确保"三北"防护林工程及防沙治沙的各项目标任务得到严格贯彻与切实执行。这不仅能够显著提升区域植被覆盖度，有效遏制土地荒漠化和沙化，还有利于增强水源涵养能力、

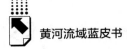

降低自然灾害发生频率，进而维护生态平衡，为地区筑起一道坚实的绿色生态屏障。

在实施过程中，必须坚持科学施策，根据地方特点创新荒漠化和沙化治理模式。要统筹推进人工修复和自然恢复工作，严格执行禁牧休牧政策，加大植树造林和种草力度，采取多种手段共同提升植被覆盖率。同时，可以通过实施"先建后补""以工代赈"等灵活多样的政策手段，积极吸引和激励社会各界广泛参与到生态建设工作中来。要紧密结合本地实际，科学规划林草植被类型和密度，注重发挥科技在防沙治沙中的重要作用。要大力推广和应用新技术、新设备，提高治沙工作的效率和质量。同时，要积极探索创新途径，努力增加群众收入，实现生态建设与经济效益的双赢。此外，还应将"三北"工程建设与生态环境治理、地方经济发展等重点工作紧密结合，形成相互促进、共同发展的良好局面。通过加强宣传教育，引导鼓励更多农牧民积极参与到防沙治沙工程建设中来，提高他们的参与度和获得感，进而实现全旗生态环境的全面、协调、可持续发展。

（五）推动产业数字化应用，助力农村牧区高质量发展

推进大数据与特色产业融合发展，利用农牧业科技信息综合平台，初步建立以数字化支撑的绿色产业体系，现代农牧业得到快速发展。加快工业领域数字化转型，积极推进农牧业项目数字化转型。借助数字化手段，实现高科技养殖与高质量产出，突破传统管理方式在养殖基数长期准确反馈和责任追溯方面所面临的问题。通过引入"互联网+"理念，成功打造了一个集养殖、监管、流通、溯源于一体的智能化养殖模式，从而显著提升了养殖户在肉羊养殖方面的规范性。以"党委联合社+龙头企业+数字经济平台+党支部领办合作社+牧户"的全新合作模式，共同建设数字智慧牧场，加强了多方之间的紧密合作，也促进了信息的实时共享与流通，使得养殖过程中的每一个环节都能得到有效的监管和优化，从而实现对养殖过程的精确控制并确保产品质量的可追溯性，为消费者提供更加安全、健康的肉羊产品，也为养殖户提供了更多的增收渠道和发展机会，推动整个肉羊养殖产业的健康发展，继而推动传统养殖销售模式向数字化、智能化加速转型。

加强智慧应用建设。建设智慧林草生态保护与监测大数据平台项目，集成

"天空地"一体化综合监测管理平台，形成一套集资源管理保护、灾害预警预报、生态数据监测等于一体的业务管理系统，为林草资源保护、监测数据管理、科学决策提供有力的技术支撑，实现从前端的实时监控、智能预判，到后台的数据整合、挖掘、分析，从而为资源调查、生态监测、巡护监管、应急指挥调度提供有力的信息化基础保障。

参考文献

包思勤：《内蒙古在高质量发展中促进共同富裕的实践路径研究》，《内蒙古社会科学》2022 年第 6 期。

韩德福：《黄河上游民族地区文化旅游高质量发展案例研究——以循化撒拉族自治县为例》，载《黄河流域生态保护和高质量发展报告（2023）》，社会科学文献出版社，2023。

王璟璇、丁继：《乡村振兴背景下内蒙古草原畜牧业高质量发展问题及策略研究》，《畜牧与饲料科学》2023 年第 1 期。

希吉乐、菊娜：《乌拉特中旗：牢记殷切嘱托，谱写奋进篇章》，《巴彦淖尔日报》（汉）2024 年 6 月 5 日。

B.29
陕西定边着力打造西部县域经济高质量发展示范的对策建议

冉淑青　张　敏*

摘　要： 定边是陕北能源重化工基地的重要组成部分，也是黄河流域典型的资源驱动型县域经济体。"十四五"以来，定边经济实力持续提升、能源产业链条不断延伸、科技赋能农业成效显著、生态环境质量显著提高，同时依然存在产业转型升级任务艰巨、水资源严重短缺、高质量发展要素瓶颈等问题。依托现有发展基础，定边未来要在黄河流域生态文明建设、西部新能源基地建设、西部旱区生态农业发展等方面发挥县域经济高质量发展示范作用。为此，本文提出以下对策建议：一是用足能源红利，下好增强持续发展能力先手棋；二是构建现代化产业体系，筑牢定边奋进中国式现代化基础底座；三是破除瓶颈，增强定边高质量发展动能；四是全力满足人民美好生活需要，打造宜居宜业幸福定边。

关键词： 陕西　定边　县域经济　高质量发展

县域经济是国民经济的基本单元，在区域经济布局中发挥着承上启下的重要作用。如何有效引导县域加快转变经济增长方式，释放县域经济增长潜力，以点带面助推县域迈上高质量发展之路，是当前我国经济工作的一项重点任务。定边位于榆林市西南部，陕甘宁蒙四省交界处，地处于黄土高原与内蒙古鄂尔多斯荒漠草原过渡地带，辖区面积6920平方公里，土广边长，常住人口33.91万人，全县辖1个街道、2个乡、16个镇、12个社区、185个行政村。

---

* 冉淑青，陕西省社会科学院副研究员，主要研究方向为区域经济与高质量发展；张敏，陕西省社会科学院副研究员，主要研究方向为县域经济。

定边境内石油资源富集，探明储量 16.18 亿吨，是全国石油产能第一大县，天然气、原盐、芒硝、硫酸镁、氯化镁等矿产资源丰富，共有大小盐湖 14 个，是陕北能源重化工基地的重要组成部分，也是黄河流域典型的资源驱动型县域经济体。在新发展格局背景下，定边在旱作农业、可再生能源、高端装备制造业等多个领域取得重要发展成效，为进一步推动县域经济高质量发展奠定了基础。

一　定边县域经济发展现状

（一）经济实力持续提升

"十四五"以来，定边始终坚持稳中求进总基调，全力推进县域经济平稳运行。2023 年，地区生产总值 420.11 亿元，规模以上工业总产值 332.04 亿元，一般公共预算收入 31.14 亿元，与 2020 年相比，年均分别增长 16.87%、15.7%、37.3%。非公有制经济实现增加值 104.69 亿元，较上年增长 12.08%。总体来看，定边主要经济指标持续稳定攀升，县域经济发展基础不断夯实，为县域经济转型升级奠定了良好的基础。

（二）能源产业链条不断延伸

定边以碳达峰、碳中和为目标导向，着力推动传统能源和新能源两个千万能源基地建设，围绕新能源积极引入相关装备制造产业，不断推进能源产业链条延伸。2023 年，定边原油产量 644.93 万吨，天然气产量 5.15 立方米。2023 年末，全县风力发电装机并网 2960 兆瓦，光伏发电装机并网 2220 兆瓦，规模以上新能源企业发电量达 73.92 亿度，建成全省最大的风光发电基地。依托新能源产业规模的持续扩大，定边积极引入新能源装备制造业，推动风机叶片、风机塔筒、光伏支架、光伏铝型材等相关装备制造项目相继落地，新能源全产业链条逐步成型。

（三）科技赋能农业成效显著

定边坚持科技赋能，旱作农业优良品种试验示范推广获得显著成效。2023

年，定边红花荞麦原种繁育基地顺利建成，全县共种植荞麦89万亩，被誉为"荞麦之乡"；全力推进马铃薯育、繁、试、推一体化发展，2020年以来累计推广马铃薯良种种植规模达4万余亩；建成以豆子、谷子、糜子、荞麦、春小麦为主的高效集成技术示范种植基地，示范种植面积达到1600余亩；旱作玉米试验示范基地取得重要进展，集雨补灌、渗水地膜种植技术在全县成功推广。2023年，定边成功获评全国特色农产品优势区，入选第三批国家农村农业融合发展示范园创建名单。

（四）生态环境质量显著提高

"十四五"以来，定边坚持生态优先、绿色发展，全面完成2018年以来国家森林督察和打击毁林专项行动问题整改，开展防止二次沙化和国土绿化五年行动，加快推进"三北"等重点生态工程，大力实施国土绿化和综合修复，完成白于山区退化生态系统治理与修复、陕蒙边界防止二次沙化提质增效造林等重点工程。2023年，定边完成营造林13.24万亩，草原生态修复治理4万亩。定边持续推进地下水超采治理，强化用水刚性约束，全面落实"河湖长制"，完成水土流失综合治理200平方公里，集中式饮用水、河流出境断面水质全部达标。定边深入开展铁腕治污攻坚行动，加快实施粪污资源化利用整县推进项目，全县土壤环境质量保持稳定。

二 定边县域经济高质量发展存在的短板

（一）产业转型升级任务艰巨

石油和天然气开采业仍然是拉动定边工业经济的"第一增长极"，装备制造业发展水平不高，具有较强根植性的本土企业培育不足，经济发展韧性有待进一步提升。高端现代服务业发展不足，商贸服务企业规模小、层次偏低，现代物流体系建设尚不完善，旅游业吸引力不够，服务业结构调整缓慢。农产品仍以销售初级原料为主，加工企业规模偏小、实力偏弱、技术含量偏低，缺乏具有较强带动能力的龙头企业，三产融合能力不足，涉农产业链条延伸不够。

（二）水资源严重短缺

定边境内拥有 7 条主要河流，分别为泾河上游的十字河、安川河、柔远川，北洛河上游的石涝河、新安边河，无定河上游的红柳河，以及内流河八里河，均分布在南部白于山区和黄土高原区，全县境内地表径流贫乏，无客水通过，地表水水资源可利用总量为 0.16 亿立方米，人均占有量为 48.48 立方米，不足全省平均水平的 1/10、全国平均水平的 1/20。在当前我国全面贯彻"四水四定"水资源刚性约束制度下，定边水资源严重短缺与经济社会高质量发展需求的矛盾进一步凸显。

（三）高质量发展要素瓶颈

定边位于陕西、甘肃、宁夏、内蒙古四省交界处，距离陕西省会西安 500 余公里，距离所在地级市榆林 200 多公里，与西安、榆林等区域创新资源聚集中心具有较长的地理距离，承接创新中心辐射带动作用不足，导致定边人才、技术等创新资源与人才强县、创新驱动发展战略的要求存在差距，科技创新整体水平薄弱。金融市场发育不完善，金融资源支持实体经济发展质效有待提升。定边金融服务网点少、覆盖面积窄，金融机构单一，金融产品供给有限，从业人员业务能力有待提升。

三　政策背景

（一）创新作为引领发展的第一动力作用更加鲜明

创新是引领发展的第一动力。抓创新就是抓发展，谋创新就是谋未来，实现高质量发展，必须实现依靠创新驱动的内涵型增长。2023 年 12 月，中央经济工作会议明确提出，以科技创新推动产业创新，特别是以颠覆性技术和前沿技术催生新产业、新模式、新动能，发展新质生产力。展望未来，创新作为引领定边高质量发展的第一动力将更加鲜明。未来要进一步发挥创新在主导产业转型升级中的支撑作用，进一步鼓励和支持企业推进科技创新、数智融合，将科技创新成果转化为推动经济社会发展的现实动力，为定边高质量发展提供不竭动能。

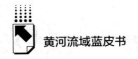

（二）绿色低碳发展底色更加凸显

习近平总书记在2023年7月召开的全国生态环境保护大会上强调，要加快推动发展方式绿色低碳转型，坚持把绿色低碳发展作为解决生态环境问题的治本之策，加快形成绿色生产方式和生活方式，厚植高质量发展的绿色底色。当前，我国生态环境保护结构性、根源性、趋势性压力尚未得到根本缓解。定边作为黄河中游生态脆弱区的县域单元，生态文明建设仍处于压力叠加、负重前行的关键期。未来必须以更高站位、更宽视野、更大力度来谋划和推进新征程生态环境保护工作，更加凸显绿色低碳发展底色。

（三）新型能源体系建设带来强大动力

根据国务院印发的《2030年前碳达峰行动方案》，在保障能源安全的前提下，我国未来要大力实施可再生能源替代，加快构建清洁低碳安全高效的能源体系，全面推进风电、太阳能发电大规模开发和高质量发展，坚持集中式与分布式并举，加快建设风电和光伏发电基地。陕西提出打造现代能源万亿级产业集群，坚定做强能源工业，着力优煤稳油扩气增电，加快提升风电、光伏等绿电装机容量，切实保障国家能源安全、助力经济社会发展，为定边县发挥风光油气能源优势、积极争取省上重大项目支持、构建现代能源产业体系提供关键支撑。

（四）县域经济重要性更加凸显

陕西以"三个年"活动为抓手，立足县域经济发展实际，完善政策举措，统筹更多政策、资金、力量向县域倾斜下沉，支撑县域经济高质量发展，努力实现全国百强县、西部百强县数量有增、位次前移。省市对县域经济发展的重视，为定边壮大县域特色产业、推动产业园区提质升级、推进县域基础设施联网补网强链、争取秦创原创新驱动平台向定边延伸共建提供了坚实的政策保障。

当前，我国已进入具有里程碑意义的新发展阶段，社会主要矛盾已经发生变化，人民群众对美好生活的需求更加多样化、个性化、特色化。"十四五"进入尾声，"十五五"即将到来，意味着县域经济发展进入总量跨越、质量提升、动能转换、城乡融合、开放协同的关键阶段。

四　定边县域经济高质量发展示范重点领域

（一）打造黄河流域生态文明建设新样板

坚持"南治土、北治沙、中治碱、全域治水、总体禁牧"的总体思路，统筹推进山水林田湖草沙一体化治理，打造黄河流域生态文明建设样板。强化水土保持，加快实施白于山区黄河支流源头生态修复与综合治理、县城防洪及生态治理工程，增强水土保持能力和蓄水能力。推进荒漠化科学防治，实施陕蒙宁边界防护林带、低效林改造、国家储备林等规模化防沙治沙重大生态工程，严格落实"林长制"。强化水污染防治，实施城镇生活污水处理扩容提质增效工程，完善中水回用工程，加强油气田开发区地下水污染调查，开展集中式饮用水水源地综合保护工程，建成水文观测站，确保国、省、市控断面地表水质优于三类标准。坚持"四水四定"，全面落实河湖长制，年取水用水量刚性控制在 1.23 亿立方米以内。改善空气质量，开展城市"绿肺"建设，加快县城棚户区和重点乡镇清洁取暖改造，实施有机废气密闭收集和深度治理，城区空气质量优良率达到 85% 以上。推进盐碱地综合治理，成立"治碱实验站"，实施"光伏+"盐碱地综合治理等产业项目。

（二）打造西部新能源基地建设新标杆

依托定边丰富的风、光资源，以 307 国道为界线，北部滩区发展光电项目，南部山区发展风电项目，构建清洁低碳、安全高效的风光新能源体系，建成风、光发电总规模 1000 万千瓦，全县新能源发电量达到 140 亿度，将定边打造成为陕西省千万千瓦级新能源产业基地。加快屋顶分布式光伏试点县建设，推动党政机关、医院、村委会、居民等闲置屋顶光伏建设，积极探索分布式光伏多场景应用，建成 120MW 屋顶分布式光伏。积极推进电网优化布局，加快"电力补强"工程建设，建成定靖 750 千伏变电站主变扩建、夏州－庆阳北 750 千伏线路工程和盐场堡、石洞沟等 330KV 变电站，进一步提高电力消纳外送能力。依托余风余光制氢的资源优势，通过新建加氢站、油

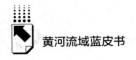

氢合建站、气氢合建站等多种方式，完善氢站布局。加快招引培育前沿储能产业龙头企业，充分利用废弃油气井，探索实施压缩空气储能，规划布局储能示范基地，提供强化共享储能服务和电网调峰作用，推进风、光、储、氢融合发展。

（三）打造西部旱区生态农业发展新高地

依托定边旱作农业科技优势，发挥定边旱作农业示范作用，打造西部旱区生态农业发展标杆。聚焦马铃薯、旱作玉米、红花荞麦等优势特色产业，提升产业聚集度和核心竞争力，推动优势特色产业规模化、板块化、集群化发展，打造优势特色农产品聚集区。坚持"藏粮于地、藏粮于技"，强化耕地保护和用途管控，确保划定的 362 万亩永久基本农田重点用于粮食生产。加快高标准农田、农田水利、农业机械化等现代农业基础设施建设，推广普及集雨补灌旱作节水农业技术，年新建高标准农田 3 万亩以上。实施蔬菜示范基地、工厂化育苗中心、净菜加工冷藏冷链等项目，新建一批设施农业核心示范区，集中连片推进老旧棚体"三改一提"，提高蔬菜反季节和周年供应能力。高起点推进农业机械化发展，加快推广"两全两高"农机技术与装备，创建省级全程机械化示范县。

（四）打造西部特色旅游新热点

深入发掘定边边塞文化、黄土文化、红色文化、治沙文化等精神内涵，加快创建千年盐湖、长城古堡国家 5A 级旅游景区，荞麦田园花海、马莲滩森林公园国家 4A 级旅游景区，推进长城遗址公园、盐湖特色小镇、第一财政陈列馆、石光银治沙展览馆等景区建设，打造"走三边、看花海、游千年盐湖、探塞上古堡"特色旅游线路，将定边打造成为西部特色鲜明、个性时尚潮流的旅游热点目的地。创新旅游合作开发机制，引进有实力的运营企业参与定边旅游资源开发。利用剪纸、说书、皮影、柳编等非物质文化遗产及定边美食特产，开发丰富多样的文旅产品，广泛开展主题营销促销活动，丰富旅游消费供给，加大媒体平台旅游信息推广力度，推动商贸旅游文化联动发展，全面提升定边文化旅游业"聚人气、增财气、提名气"的核心竞争力。

五　对策建议

（一）用足能源红利，下好增强持续发展能力先手棋

1. 超前布局未来产业

前瞻性布局前沿材料、氢能与储能等未来产业，打造新的经济发展增长极。研究制定发展规划、扶持政策，系统推进产业布局、企业引培，加快未来产业发展步伐。充分利用工业发展专项资金，加大未来产业培育力度，在产品研发、技术创新、人才引进、科技金融服务等方面给予一定支持，培育、扶持一批具有高成长性的初创期企业。加快招引培育前沿材料、氢能与储能产业龙头企业，大力引进一批有自主技术、研发能力、市场前景、行业影响力的优质企业。

2. 做大做强富民产业

按照政府引导、市场引领、厂社融合的原则，立足社区居民、退休老人、残疾人等群体需求，通过社企共建，联动小微企业，引进简单易学的手工活，健全"企业出单-社区工厂接单-完成订单"的全链条式服务机制，发展"社区工厂"新模式，促进社区群众就业增收。按照"因地制宜、因人因户"原则，让农户自主选择产业、自主确定规模、自主经营管理，培育发展庭院经济、炕头经济、家庭手工业，拓展农民增收致富渠道，激活乡村经济新潜能。依托龙头企业、合作社、能人大户等，构建紧密的利益共同体，确保农户生产经营性收入、工资性收入、财产性收入持续增加，实现村集体经济和农民收入"双突破"。

3. 培育发展民营经济

以民营企业需求为导向，着力打造高效的政务环境，为小微企业及农民专业合作社、家庭农场等民营经济健康发展提供精准服务，鼓励和支持民营经济发展壮大，提振市场预期和信心。加强民营企业和中小企业服务体系建设，建立县级领导包抓、主管部门指导、服务专员帮扶的工作机制，提质扩面，主动靠前为民营企业排忧解难，让更多个性化优质服务直达企业。鼓励国有企业以及各行业、各领域龙头企业加强对民营企业新产品、新技术的应

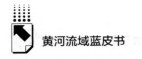

用，破除制约民营企业公平参与市场竞争的制度障碍，引导民营企业参与重大项目供应链建设。

4. 推进能源产业数字化转型

落实国家能源安全战略，统筹油、气、电稳定供应，全力推进全国首个亿吨级大型致密油田和长庆、延长页岩油资源规模化开发，努力增储挖潜，促进石油增储稳产，天然气持续增产，进一步提高原油采收率。推动人工智能、数字孪生、物联网、区块链等数字技术在油气等传统能源领域的创新应用，开展各种能源厂站和区域智慧能源系统集成试点示范，引领能源产业转型升级。

5. 积极发展装备制造业

围绕清洁能源产业，加快布局一批光伏、风电装备设施及服务全产业链项目，推动储能电池材料、光伏组件、风机整机、电气设备等新能源相关装备制造及服务产业发展。着力推进新能源装备制造业补链、延链、强链，引进一批延链补链项目，锻强补齐产业链条，打造中国西部新能源装备制造产业基地和装备服务中心。支持新能源产业向全产业链纵深发展，围绕企业发展实际需求，加大技术创新、人才、税收及土地优惠等政策扶持力度。

6. 提升现代服务业水平

加快发展现代物流业，加快构建以 307 国道和 303 省道为干线、县道乡道为支线的物流基础设施网络，完善农产品、消费品、生产资料、大宗工业品等行业物流体系。积极发展信息服务业。培育引进大数据服务和云服务企业，强化信息在政务管理、城市运行、企业管理、交通物流、民生服务、教育科研等领域的应用。围绕老城区商业中心，完善家乐时代广场、百盛购物中心等大型商业综合体的配套服务设施，推动夜间经济发展。新建和改造一批设施齐全、功能完善的星级酒店，大力发展经济型酒店，挖掘餐饮文化底蕴，提档升级住宿餐饮业。

7. 打造农业全产业链

加快推进马铃薯、小杂粮、蔬菜等主要农产品加工项目建设与改造提升，全力培育、招引国内龙头企业开展主食化全产业链建设。进一步完善与农业全产业链相配套的农产品流通体系，实施马铃薯冷藏保鲜整县推进，加强储藏、运输和冷链设施建设。促进畜牧业标准化规模养殖，加强高繁育性能滩羊、陕北白绒山羊、湖羊良种选育及扩大养殖规模，提高种猪场和规模养猪场等"两场"生产能力。引导支持大型企业集团发展奶制品、肉制品下游产品加工生产及标准化预冷集配等产业,推动种养加、产供销一体化运营,构建全产业链。

(二)破解瓶颈,增强定边高质量发展动能

1. 完善基础设施体系

加强交通、电力、新基建等基础设施建设,夯实定边高质量发展基础。推进定边民用机场建设,全力配合青银、京银高铁新通道过境定边前期选址论证工作,积极融入"大榆林""大银川"出行圈。提升县城路网结构,全面完成定红路、民主路、市场路等交通干道建设,打通育才路、献忠路、新华街等城区断头路。新建一批停车场、充电桩、再生水回用等市政基础设施,持续建设安全稳定的电力供应体系。加快推动信息网络建设,谋划布局工业互联网、物联网、大数据、人工智能等新基建项目,构建适应数字经济、智能社会的新型基础设施体系。

2. 强化创新驱动作用

依托秦创原(榆林)创新促进中心两链融合试验区布局,加快推进秦创原定边创新促进中心建设,按照"一个试验区、一个研究院、一支服务团、一个大项目"的要求,引进创新技术、创新型企业、创新人才,推动创新成果转化,助力科技创新与产业发展相融合。用好省内创新资源优势,主动在西安、榆林等发达园区设立孵化基地,吸引优质项目,搭建"逆向孵化"和"反向创新飞地"平台,推动人才、资本、技术、市场、供应链等创新资源与西安、榆林等地双向流通和资源共享。

3. 健全金融服务体系

推动小微企业融资增量扩面降价,强化小微企业敢贷愿贷能贷会贷长效机制建设,组织开展集中式银企对接活动,持续发挥"科技贷""税融通"等普惠型金融产品作用,为中小微企业获得信贷保驾护航。加强对"三农"、公共服务等领域的支持,最大限度地提升金融服务的普惠性、可获得性。推进县级融资平台整合升级,加快定边城投公司市场化改革步伐,探索引入产业基金模式,参与有关投融资业务,实现由单一城市建设向城市资产运营转变。

4. 夯实人才智力支撑

围绕重点产业和重点领域,深入实施高层次人才集聚和培育工程,引进引

领新兴产业发展的领军人才和创业服务团队，加快补齐医疗卫生、文化教育、农业农村等专业人才短板。推动优秀年轻干部和专业技术人才到东部先进地区跟班学习常态化，进一步解放思想、提升能力。建立健全技能培训与产业发展对接机制，落实面向全体劳动者的终身职业技能培训制度，推行企业新型学徒制与工学结合的技术工人培养模式，全面提高劳动者技能素质。坚持刚性引才与柔性引才相结合，拓宽引进人才渠道，通过政策支持、环境优化、主动服务、产业依托等措施，完善人才服务机制。

5. 提升优化营商环境

以全省加快推进营商环境突破年为契机，着力优化提升定边营商环境，为定边高质量发展保驾护航。深入推进"放管服"改革，加快梳理划转剩余行政审批事项，依法依规最大程度地减环节、优流程、压时间、增便利，推进政务服务事项集成化办理，努力做到"一件事一次办"。开展星级政务服务创建活动，推进便民服务事项向乡镇（街道）、社区下沉，大力推行首问负责、一次告知、一窗受理、并联办理、限时办结、延时服务等制度，着力打造办事更高效的政务环境、市场更满意的政策环境、支撑更有力的要素环境。

6. 扩大内外开放水平

加强与东南沿海发达地区对接，抓好产业转移承接和经贸交流合作。抢抓高质量共建"一带一路"机遇，搭乘中欧班列"长安号"，加快特色农产品出口，积极融入中蒙俄经济走廊，打造榆林向西、向北开放门户。发挥太中银、青银等公铁骨干线路优势，探索与青岛、西安、榆林、银川等开放平台合作，共建定边无水港、飞地型物流园区等平台载体。培育省级农副产品出口基地，打造粗粮、肉类贸易集散基地和商品分拨中心，不断增强拓展海外市场的能力。充分利用进口博览会、丝博会、农高会、广交会、亚欧博览会、东盟博览会、"一带一路"特色商品展览会等交流平台，加大定向招商和务实招商力度，建立招引项目承诺事项跟踪督办机制，吸引和承接外资，不断提升对外开放水平。

（三）全力满足人民美好生活需要，打造宜居宜业幸福定边

1. 增强县城综合承载力

按照"西融、南联、中优、北提、东扩"城区空间发展思路，全面提升

县城规划建设管理水平。优化城区路网结构，提高道路密度和连通度，着力解决停车难问题。加快推进海绵城市、地下综合管廊建设，统筹升级改造城区水、电、气、热管网，着力补齐基础设施短板，夯实县城运行基础支撑。合理布局医疗、教育、文化、养老等公共服务，加快推进公共图书馆、文化馆、博物馆"三馆"建设进度，全面提升县城公共服务水平。探索各类空间形态创新，支持科创走廊、科学城、生态城、文化城、未来社区、共享农庄等多样化发展，形成一批创新共同体、城乡融合体等。

2. 全面推进乡村振兴

落实巩固拓展脱贫攻坚成果责任，强化防止返贫动态监测，健全分层分类的社会救助体系，巩固提升"三保障"和饮水安全保障成果。促进农民工职业技能提升，加强返乡入乡创业园、农村创业孵化实训基地等建设，整县推进"三变"改革，深入推动农村资源变资产、资金变股金、农民变股东，激发城乡统筹发展新活力。坚持以党建引领乡村治理，强化县、乡、村三级治理体系功能，推动乡镇扩权赋能，夯实村级基础。强化农村基层党组织政治功能和组织功能，派强用好驻村第一书记和工作队，强化对村干部全方位管理和经常性监督。深化农村群众性精神文明创建，积极弘扬和践行社会主义核心价值观。

3. 改善城乡人居环境

紧盯薄弱环节，持续精准发力，深入开展人居环境整治，进一步巩固和提升定边城乡人居环境整体水平。大力推进城市更新行动，开展街景改造及绿化工程，推进老旧小区背街小巷改造，持续增加绿地广场、口袋公园，不断提升城市管理精细化、智能化水平。实施城北防洪排涝和城市雨污分流改造工程，推动生活垃圾分类处理。扎实巩固国家卫生县城、省级文明城市创建成果，积极创建省级生态园林县城。全面提升环境基础设施水平，形成由县城向建制镇和乡村延伸覆盖的环境基础设施网络。常态化开展农村环境整治行动，扎实推进农村厕所革命，持续推进农村垃圾治理，梯次推进农村生活污水治理。着力实施农村街道、美好广场、房院整治以及排水、绿化、亮化、硬化等工程，着力提升村容村貌，建设一批设施齐全、功能完备、特色突出的美丽宜居乡村。

4. 持续增进民生福祉

始终把保障和改善民生摆在重要位置，持续推进定边民生实事落地落细，让现代化建设成果更多更公平地惠及定边全体人民。构建优质均衡的基本公共

教育服务体系。强力推进项目建设进度，保障学位供给，持续推进"双减"工作，加大对公费师范生、高校研究生等高层次人才招聘力度和省市级名师等紧缺人才引进力度，带动教师素质全面提升。深入实施健康定边行动。推进县人民医院搬迁工程、县地方病防控中心 P2+生物实验室项目建设，加大农村订单学生和特岗医生招聘力度，加强医疗卫生人才队伍建设。健全社会保障体系。聚焦基本民生兜底保障体系，持续加大低保、低保边缘家庭等社会救助对象扩围增效力度，提升困境儿童信息管理水平；加快城乡社区居家养老服务设施建设，推进智慧养老服务工作。

参考文献

韩正平、史春海：《协同推进设施建设　促进环境高质量发展》，《财经界》2022 年第 6 期。

贾若祥、王继源、窦红涛：《如何做好"共同"与"富裕"两篇大文章》，《中国经济报告》2022 年第 6 期。

曲哲涵：《发挥财税作用　促进发展增"绿"》，《人民日报》2023 年 8 月 21 日。

沈辉、丘水林：《"两化"视角下生态产品价值实现赋能乡村振兴的实践探索》，《环境保护》2023 年第 17 期。

B.30
黄河口国家公园建设研究

卢庆华　张文彬　单凯*

摘　要：　黄河口是中华民族母亲河黄河的入海口，拥有我国暖温带最完整的河口湿地生态系统，是落实黄河流域生态保护的关键区域。为贯彻落实党中央、国务院决策部署，加强黄河口自然生态系统保护，在全面总结黄河口国家公园创建经验的基础上，设立黄河口国家公园。本文在分析黄河口国家公园建设的总体要求、目标定位和核心价值的基础上，结合黄河口国家公园作为全国第一家陆海统筹型国家公园独特的优势，提出了下一步发展的具体措施：一是加强组织保障，高标准创建国家公园；二是坚持统筹推进，打造生态保护样板；三是坚持系统修复，促进河流生态系统健康；四是坚持科学保护，生物多样性更加丰富。

关键词：　黄河口国家公园　陆海统筹　生物多样性

国家公园的概念始于美国，是指基于自然保护目的，由国家政府宣布作为公共财产而划定的以保护自然、文化和民众休闲为目的的区域。随着时代发展，国家公园从最初保障全体国民风景权益发展到对生态过程和生态系统的保护。尽管不同国家和地区对国家公园的定义有所差异，但各国国家公园定义中均强调了对有代表性的地理空间及该地理空间存在的动植物、自然和文化景观的保护。其中，世界自然保护联盟（IUCN）对国家公园的定义得到了全球学术组织的普遍认同，即"国家公园这种保护区是指大面积的自然或接近自然的区域，重点是保护大面积完整的自然生态系统。设立目的是保护大规模的

---

* 卢庆华，山东社会科学院副研究员，主要研究方向为产业经济、生态经济；张文彬，东营市社会科学院助理研究员，主要研究方向为教育学原理、生态文明；单凯，山东黄河三角洲国家级自然保护区管理委员会正高级工程师，主要研究方向为野生动物保护。

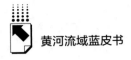

生态过程，以及相关的物种和生态系统特性。这些保护区为公众提供了理解环境友好型和文化兼容型社区的机会，例如精神享受、科研、教育、娱乐和参观"。

一 我国国家公园建设的发展历程

2017年9月，中共中央办公厅、国务院办公厅印发《建立国家公园体制总体方案》，对中国国家公园给出了明确定义：国家公园是指由国家批准设立并主导管理，边界清晰，以保护具有国家代表性的大面积自然生态系统为主要目的，实现自然资源科学保护和合理利用的特定陆地或海洋区域。

（一）重大意义

我国自然保护地经过60多年的努力建设，在维护国家生态安全、保护生物多样性、保存自然遗产和提高生态环境质量等方面发挥了重要作用。但长期以来存在的顶层设计不完善、管理体制不顺畅、产权责任不清晰等问题，与新时代发展要求不相适应。为此，2013年11月，党的十八届三中全会首次明确提出建立国家公园体制，尝试运用国家公园这种新型保护地类型解决我国自然保护方面存在的困境和难题，并将其列为我国生态文明制度改革的重要任务之一，以期有效保护国家重要自然生态系统原真性和完整性，形成自然生态系统保护的新体制新模式，促进生态环境治理体系和治理能力现代化，保障国家生态安全，实现人与自然和谐共生。

作为自然保护地的主体，中国国家公园建设遵循坚持生态保护第一、坚持国家代表性和坚持全民公益性三大理念，以保护具有国家代表性的自然生态系统为主要目的，同时发挥科研、教育、游憩等综合功能，最终实现国家所有、全民共享和世代传承。

（二）国家公园、自然保护区与自然公园的关系

目前，我国自然保护地按照自然生态系统原真性、整体性、系统性及其内在规律，依据管理目标与效能并借鉴国际经验，分为国家公园、自然保护区和自然公园3类，其中国家公园是自然保护地体系的，是自然保护地的最重要类

型之一，属于全国主体功能区规划中的禁止开发区域，被纳入全国生态保护红线区域管控范围，实行最严格的保护。除不损害生态系统的原住居民生活生产设施改造和自然观光、科研、教育、旅游外，禁止其他开发建设活动。

（三）国家公园的选定标准

《建立国家公园体制总体方案》明确中国国家公园选定标准应同时具备国家代表性、面积适宜性和管理可行性，指出国家公园设立应"确保自然生态系统和自然遗产具有国家代表性、典型性，确保面积可以维持生态系统结构、过程、功能的完整性，确保全民所有的自然资源资产占主体地位，管理上具有可行性"。

一是国家代表性：国家公园应具有国家代表性，选定区域应是我国自然生态系统中最重要、自然景观最独特、自然遗产最精华、生物多样性最富集的区域，具有全球价值、国家象征。

二是面积适宜性：国家公园以自然生态系统原真性和完整性保护为主要目的，选定区域应打破因行政区划、资源分类造成的条块割裂局面，确保生态系统完整、物种栖息地连通。

三是管理可行性：国家公园坚持国家所有，选定区域应以全民所有的自然资源资产为主体，或全民所有自然资源资产占比较低，但集体土地具有通过置换、赎买或保护地役权等措施满足统一管理需求的潜力。

（四）国家公园的管理

2015 年 5 月，国家发展改革委同中央编办、财政部、国土部、环保部、住建部、水利部、农业部、林业局、旅游局、文物局、海洋局、法制办等 13 个部门联合印发了《建立国家公园体制试点方案》，提出在 9 个省份开展"国家公园体制试点"。2017 年 9 月，中共中央办公厅、国务院办公厅联合印发了《建立国家公园体制总体方案》，指出"国家公园由国家确立并主导管理""整合相关自然保护地管理职能，结合生态环境保护管理体制、自然资源资产管理体制、自然资源监管体制改革，由一个部门统一行使国家公园自然保护地管理职责""国家公园设立后整合组建统一的管理机构，履行国家公园范围内的生态保护、自然资源资产管理、特许经营管理、社会参与管理、宣传推介等职

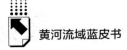

责,负责协调与当地政府及周边社区关系。可根据实际需要,授权国家公园管理机构履行国家公园范围内必要的资源环境综合执法职责",明确国家公园由国家确立并由一个部门进行统一管理。

2018年3月《深化党和国家机构改革方案》指出"……组建国家林业和草原局,由自然资源部管理。国家林业和草原局加挂国家公园管理局牌子。主要职责是,监督管理森林、草原、湿地、荒漠和陆生野生动植物资源开发利用和保护,组织生态保护和修复,开展造林绿化工作,管理国家公园等各类自然保护地等",进一步明确国家公园由国家公园管理局统一管理。2018年4月,国家林业和草原局(国家公园管理局)正式挂牌。2019年6月,中共中央办公厅、国务院办公厅印发了《关于建立以国家公园为主体的自然保护地体系的指导意见》,提出"加快建立以国家公园为主体的自然保护地体系"。2021年10月,我国正式设立三江源、大熊猫、东北虎豹、海南热带雨林、武夷山等第一批国家公园,我国国家公园体制的建设迈出了关键一步。目前,包括黄河口国家公园在内的第二批国家公园正在积极推进建设中。

二 黄河口国家公园建设现状

黄河口是中华民族母亲河黄河的入海口,拥有我国暖温带最完整的河口湿地生态系统,是落实黄河流域生态保护的关键区域。为贯彻落实党中央、国务院决策部署,加强黄河口自然生态系统保护,在全面总结黄河口国家公园创建经验基础上,设立黄河口国家公园。

(一)总体要求

深入贯彻习近平生态文明思想,牢固树立绿水青山就是金山银山理念,统筹"河陆滩海"一体化保护和系统治理,坚持生态保护第一、国家代表性、全民公益性的国家公园设立理念,以典型河口湿地生态系统原真性和完整性、珍稀濒危野生动植物及其栖息地、海洋生物重要产卵场和索饵场保护为核心,构建统一规范高效的管理体制,创新运营机制,加强生态系统原真性、完整性保护,构建高品质、多样化的生态产品体系,促进可持续发展,筑牢黄渤海区域生态安全屏障,推进人与自然和谐共生。

（二）目标定位

"十四五"期间，"河陆滩海"生态系统良性循环，珍稀濒危野生动植物种群得到恢复，生态功能和价值稳步提升，自然资源实现统一规范高效管理。

到2035年，将黄河口国家公园打造成为世界陆海统筹型自然保护区的典范、中国生态文明成果展示区和黄河流域生态保护和高质量发展先行区，成为具有国际水准的国家公园。

（三）核心价值

黄河口国家公园是我国暖温带最完整的河口湿地生态系统。黄河口是目前中国东部沿海地区人为干扰最少、生态环境自然属性最显著的地区，拥有典型草甸生态系统、盐生草甸生态系统、草本沼泽生态系统、滨海湿地生态系统等丰富的湿地生态系统类型，包含了典型河口湿地生态系统全部物理环境要素、生物过程和化学过程，拥有健康的生态系统和稳定的生态功能，其湿地类型之全、物种之典型、功能之完善，在世界河口湿地生态系统中极具代表性，是研究河口湿地生态系统及各种生物的重要基地，已被列入国际重要湿地名录。

黄河口国家公园还是全球候鸟迁徙关键区域及黄渤海区域水生生物重要种质资源库。东亚-澳大利西亚路线是全球鸟类重要的迁徙路线，环西太平洋路线也在此发挥着重要的作用，同时，这两条路线的交汇处——黄河口国家公园正是东方白鹳和黑嘴鸥的重要繁殖地，也是东方白鹳的全球最大繁殖地。丹顶鹤、白鹤、卷羽鹈鹕等多种珍稀鸟类也在此迁徙停歇、越冬和繁殖后代。因此，黄河口国家公园在全球候鸟保护中发挥着至关重要的作用，目前已被列入世界自然遗产提名地。同时，黄河与渤海海洋环境密切作用，黄河与渤海交汇处形成的良好生态环境更加适宜海洋生物生长和发育。

黄河口国家公园也拥有世界独特的河海交汇奇观。黄河三角洲是由黄河冲积而形成的地质景观，黄河入海流路在黄河径流泥沙和海洋动力共同作用下不断演变，使黄河三角洲成为我国乃至世界大河中海陆变迁最活跃、面积增长速度最快的三角洲，是我国及世界上研究三角洲地质发展演化过程的最佳场所，已被列入世界三角洲保护联盟。同时，黄河三角洲具有黄河、渤海两大水文景观系列，以及由此衍生的河海交汇景观。黄河汇入渤海时，带有大量泥沙泛黄

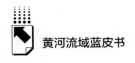
的河水倾泻入海中，浑浊的河水与清澈的海水不能迅速融合，在海面形成一道明显的"黄蓝分界线"，令人叹为观止。

（四）建设范围

统筹考虑自然生态系统原真性、完整性保护需要、资源分布特征、黄河入海流路规划、水沙关系和变化趋势以及陆海地质演变规律，兼顾当地经济社会可持续发展，将典型河口湿地生态系统、珍稀濒危野生动植物重要分布区、水生生物重要产卵场和索饵场划入国家公园，确保生态系统和野生动植物栖息地得到有效保护。

黄河口国家公园总面积 3522.91 平方公里，包括陆域面积 1371.41 平方公里、海域面积 2151.50 平方公里，位于黄河入海口处，东至垦利区黄河口镇海岸线东侧 16.8 公里处、西至河口区新户镇潮河东岸、南至 S228 与滨海大道交叉口东侧大堤的南侧 32.3 公里处、北至河口区新户镇潮河北侧 12.6 公里处，地理范围为东经 118°13′55.28″~119°30′57.00″，北纬 37°25′02.67″~38°17′53.47″。涉及山东省东营市垦利区、河口区和利津县等 3 个县（区），刁口乡、仙河镇、黄河口镇、孤岛镇、永安镇、新户镇、汀罗镇、陈庄镇、河口街道和六合街道等10 个乡镇（街道）（见表 1）。

表 1　黄河口国家公园涉及区县面积统计

市	县	县（区）面积（平方公里）	划入面积（平方公里）	占县（区）比例（%）	占国家公园比例（%）	乡镇数（个）	市面积（平方公里）	占市比例（%）
东营市	河口区	2270.41	423.18	18.64	12.01	5	8259.94	5.13
	垦利区	2339.83	819.36	35.02	23.26	2		9.92
	利津县	1301.03	128.87	9.91	3.66	3		1.56

注：市、县（区）面积根据国土三调数据测算，海域未纳入表格统计，海域面积为 2151.50 平方公里。

黄河口国家公园共涉及 8 个自然保护地，划入面积 2816.14 平方公里，占国家公园总面积的 79.94%。包括 1 个国家级自然保护区，1 个国家地质公园，1 个国家森林公园，4 个国家级海洋特别保护区，1 个国家级水产种质资源保护区。按照核心保护区、一般控制区管控。相关区域为自然保护区等保护地的，分区管控措施不得低于有关法律、行政法规规定的保护要求。

一是核心保护区。将黄河口国家公园的河口湿地生态系统、珍稀濒危鸟类栖息地、水生生物产卵场和索饵场等生态系统服务功能最重要、生态保护价值最高的区域划入核心保护区，面积为 1841.03 平方公里，占国家公园总面积的 52.26%。对核心保护区内的自然生态系统和自然资源实行最严格的保护，除为满足国家特殊战略、国防和军队建设、军事行动需要，以及法律法规政策允许的其他活动外，原则上禁止人为活动。

二是一般控制区。将核心保护区外围缓冲区域和与当地经济可持续发展相关的区域划为一般控制区，面积为 1681.88 平方公里，占国家公园总面积的 47.74%。是对退化的自然生态系统、野生动物栖息地和野生植物生境进行修复的区域，是国家公园内居民生产生活的主要区域及开展自然教育、游憩体验等活动的主要场所。一般控制区除满足国家特殊战略需要的有关活动外，原则上禁止开发性、生产性建设活动，仅允许对生态功能不造成破坏的有限人为活动。

三　黄河口国家公园建设的优势条件

（一）自然禀赋

黄河口国家公园拥有永久性河流、草本沼泽、灌木沼泽、内陆盐沼、潮间盐水沼泽、淤泥质海滩等丰富的湿地生态系统和河口生态系统、海草床生态系统、浅海生态系统等典型海洋生态系统类型以及大面积天然芦苇荡和天然柽柳灌木林，是中国沿海地区最大的海滩自然植被区，为各类动植物尤其是鸟类的生长发育和繁衍生息创造了良好的条件，是我沿海珍稀濒危野生动植物高度聚集区，共记录各类野生植物 411 种和野生动物 1764 种，记录国家级重点保护野生动植物 107 种，在海洋与海岸生物多样性保护中占有极其重要的地位。

（二）运行管理

黄河口国家公园内全民所有自然资源资产所有者职责，经国务院授权，由自然资源部委托山东省人民政府代理履行。在山东省人民政府设立国家公园管理机构，实行山东省人民政府与国家林草局（国家公园局）双重领导、以山东省人民政府为主的管理体制。坚持优化协同高效，整合国家公园内各类自然保护地管理机构和人员编制。自然资源部、国家林草局（国家公园局）对国家公园管理工作开展派驻监督。国家林草局（国家公园局）与山东省人民政府建立黄河口国家公园工作协调机制，协调解决国家公园保护发展重大问题。国家公园管理机构设置有关事宜按照中央有关规定执行。

（三）主要任务

一是加强生态系统保护修复。坚持以自然恢复为主，对国家公园内未受明显人为干扰或人为干扰较轻的原始生态区域，采取严格封禁保护措施，维持其自然生态过程。加强"河陆滩海"一体化保护修复，统筹实施湿地水系连通、生态海岸线修复、退化湿地生态修复、陆海环境联动综合治理、互花米草综合防治等保护修复工程，促进生态系统健康发展。加强森林防火、农林业有害生物防治及候鸟疫源疫病防控。

二是加强生物多样性保护。以东方白鹳、黑嘴鸥和鹤类为保护重点，开展珍稀濒危鸟类救护、栖息地保护恢复、环志和卫星跟踪，打造中国东方白鹳和黑嘴鸥保护示范基地和中国鹤类之乡。以文蛤、蛏等为目标种，建设优质贝类繁育场，实施原生物种增殖放流，逐渐恢复黄河口原生贝类。以中国对虾、三疣梭子蟹、中华绒螯蟹等为目标种，建设鱼虾蟹综合保育区，开展鱼虾蟹增殖放流，促进鱼虾蟹繁衍生息。以野大豆、柽柳、旱柳为保护重点，建立保护基地，实行封闭式管理，保护好野大豆、天然柳林、柽柳林种质资源。

三是统筹国家公园协调发展。鼓励原住居民参与国家公园建设管理，设置生态公益性岗位，优先聘用国家公园内符合条件的社区居民。完善基础设施，提升公共服务能力。严格遵循分区管控要求，在不损害生态系统的前提下，在一般控制区内依法实行特许经营，合理确定特许经营内容和项目，发展生态旅游和相关生态产业，推动绿色产业发展，促进文旅产业融合，强化农业科技创新，促进国家公园及周边社区可持续发展。妥善调处国家公园内确权海域、养殖坑塘、盐田、社区人口和油田生产等矛盾冲突问题，维护相关权利人合法权益，平稳有序地退出不符合管控要求的人为活动。

四是加强综合监测与自然教育。健全国家公园生物多样性监测体系和管理信息系统，完善生物多样性本底信息。按照自然资源资产和生态环境监测有关要求，综合应用卫星遥感监测、近地面遥感监测、地面监测和海洋监测等手段，建立全天候快速响应的天空地海一体化监测体系，构建黄河口国家公园大数据云服务平台，建成国家公园感知系统，形成黄河口国家公园"一张图、一个库、一套数据、一个平台"及智慧应用。建设野外观测站点和自然教育基地，完善科普宣教和生态体验设施，通过多种途径开展自然教育活动和生态体验，培育国家公园文化。

五是加强国际合作与社会参与。深化国际交流与合作，积极与国外国家公园管理机构建立紧密交流合作机制，与湿地国际、世界鹤类基金会等国际环保组织建立合作关系，加强跨域保护合作和科研合作，定期组织交流活动，借鉴国外先进管理经验。健全社会参与和志愿者服务机制，搭建多方参与合作平台，吸引企业、公益组织和社会各界志愿者参与国家公园生态保护建设。加强信息公开和宣传引导，打造黄河口国家公园网站、微信公众号等多元化自然教育展示平台，完善社会监督机制，提高公众生态意识，形成全社会参与国家公园生态保护的良好局面。

四 展望

2021年10月，第一批国家公园正式设立，黄河口国家公园作为全国正式启动创建的第一家陆海统筹型国家公园已全部完成审批流程，被列入第二批国家公园首家审批单位，下一步要继续加强组织保障，高标准创建国家公园，争取早日获批。

一是加强组织领导。山东省各级政府要坚持生态保护第一、国家代表性、全民公益性的国家公园设立理念，切实承担起黄河口国家公园建设的主体责任，完善组织保障体系，建立生态保护绩效考核评价机制。自然资源部、国家林草局（国家公园局）等有关部门要做好对地方的指导督促检查，完善相关政策措施，加强统筹协调，形成工作合力。

二是强化资金保障。立足国家公园公益属性，按照自然资源领域中央与地方财政事权划分原则，建立完善以财政投入为主的多元化资金保障机制。健全

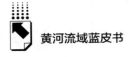

生态补偿制度。鼓励在严格保护的基础上，通过政府购买服务方式开展生态管护和社会服务。继续争取中央预算内投资支持，加强生态保护修复、配套基础设施建设、科研监测和宣传教育等。完善社会捐赠制度。

三是加强科技支撑。建立国家公园科研机构和多层次科研合作平台，强化与高校、科研院所合作，加强新生湿地形成和演化规律及生态响应、滨海湿地生态系统保护与修复、滨海湿地生态环境演变等重大科研课题、关键领域和技术问题研究，加快科技成果转化应用。

四是健全法治保障。出台《黄河口国家公园条例》，推动建立健全国家公园管理法律法规和自然资源资产管理、特许经营等制度。依法做好军事设施保护工作，制定相关技术标准规范。

参考文献

关晨歆：《高质量建设黄河口国家公园　努力打造黄河流域生态保护样板》，《东营日报》2022年12月13日。

刘希娟：《拟建黄河口国家公园探讨》，《绿色科技》2020年第16期。

张建松：《黄河国家文化公园的育人价值及其实现路径》，《华北水利水电大学学报》（社会科学版）2024年第4期。

张小云、张宇航：《习近平生态文明思想视域下黄河口国家公园建设研究》，《环境与发展》2024年第2期。

郑代玉：《山东黄河三角洲国家级自然保护区　加大生态保护和湿地修复力度　高标准建设黄河口国家公园》，《东营日报》2021年6月8日。

朱梦洵等：《黄河口国家公园生态保护补偿机制探究》，《湿地科学与管理》2024年第2期。

社会科学文献出版社

皮书

智库成果出版与传播平台

❖ 皮书定义 ❖

皮书是对中国与世界发展状况和热点问题进行年度监测，以专业的角度、专家的视野和实证研究方法，针对某一领域或区域现状与发展态势展开分析和预测，具备前沿性、原创性、实证性、连续性、时效性等特点的公开出版物，由一系列权威研究报告组成。

❖ 皮书作者 ❖

皮书系列报告作者以国内外一流研究机构、知名高校等重点智库的研究人员为主，多为相关领域一流专家学者，他们的观点代表了当下学界对中国与世界的现实和未来最高水平的解读与分析。

❖ 皮书荣誉 ❖

皮书作为中国社会科学院基础理论研究与应用对策研究融合发展的代表性成果，不仅是哲学社会科学工作者服务中国特色社会主义现代化建设的重要成果，更是助力中国特色新型智库建设、构建中国特色哲学社会科学"三大体系"的重要平台。皮书系列先后被列入"十二五""十三五""十四五"时期国家重点出版物出版专项规划项目；自2013年起，重点皮书被列入中国社会科学院国家哲学社会科学创新工程项目。

权威报告·连续出版·独家资源

皮书数据库
ANNUAL REPORT(YEARBOOK) DATABASE

分析解读当下中国发展变迁的高端智库平台

所获荣誉

- 2022年，入选技术赋能"新闻+"推荐案例
- 2020年，入选全国新闻出版深度融合发展创新案例
- 2019年，入选国家新闻出版署数字出版精品遴选推荐计划
- 2016年，入选"十三五"国家重点电子出版物出版规划骨干工程
- 2013年，荣获"中国出版政府奖·网络出版物奖"提名奖

皮书数据库

"社科数托邦"
微信公众号

成为用户

登录网址www.pishu.com.cn访问皮书数据库网站或下载皮书数据库APP，通过手机号码验证或邮箱验证即可成为皮书数据库用户。

用户福利

- 已注册用户购书后可免费获赠100元皮书数据库充值卡。刮开充值卡涂层获取充值密码，登录并进入"会员中心"—"在线充值"—"充值卡充值"，充值成功即可购买和查看数据库内容。
- 用户福利最终解释权归社会科学文献出版社所有。

数据库服务热线：010-59367265
数据库服务QQ：2475522410
数据库服务邮箱：database@ssap.cn
图书销售热线：010-59367070/7028
图书服务QQ：1265056568
图书服务邮箱：duzhe@ssap.cn

法律声明

"皮书系列"（含蓝皮书、绿皮书、黄皮书）之品牌由社会科学文献出版社最早使用并持续至今，现已被中国图书行业所熟知。"皮书系列"的相关商标已在国家商标管理部门商标局注册，包括但不限于 LOGO（ ▧ ）、皮书、Pishu、经济蓝皮书、社会蓝皮书等。"皮书系列"图书的注册商标专用权及封面设计、版式设计的著作权均为社会科学文献出版社所有。未经社会科学文献出版社书面授权许可，任何使用与"皮书系列"图书注册商标、封面设计、版式设计相同或者近似的文字、图形或其组合的行为均系侵权行为。

经作者授权，本书的专有出版权及信息网络传播权等为社会科学文献出版社享有。未经社会科学文献出版社书面授权许可，任何就本书内容的复制、发行或以数字形式进行网络传播的行为均系侵权行为。

社会科学文献出版社将通过法律途径追究上述侵权行为的法律责任，维护自身合法权益。

欢迎社会各界人士对侵犯社会科学文献出版社上述权利的侵权行为进行举报。电话：010-59367121，电子邮箱：fawubu@ssap.cn。

社会科学文献出版社